"十三五"江苏省高等学校重点教材（编号：2018-01-082）

北大社·"十三五"普通高等教育本科规划教材

高等院校机械类专业"互联网+"创新规划教材

特 种 加 工

（第 3 版）

 刘志东　主编

北京大学出版社

PEKING UNIVERSITY PRESS

内容简介

本书为"十三五"江苏省高等学校重点教材，高等院校机械类专业"互联网+"创新规划教材。

全书分为七章，分别为绪论、电火花加工、电火花线切割加工、电化学加工、高能束流加工、增材制造技术、微细及其他特种加工技术。本书涵盖了特种加工的主要工艺，并介绍了高效放电加工、精密电解加工、增材制造在航空航天、医工结合等领域的应用及水导激光切割、四维打印技术等新的特种加工方法。本书为彰显特种加工发展历程所体现的创新思维及机理分析的重要性，结合编者数十年特种加工工作实践及教学科研经历，增加了"主编点评"环节。

本书采用双色印刷，每种特种加工工艺方法均有对应视频展示其原理及实际应用。190余段视频配以对应的二维码，读者只需利用移动设备扫描对应知识点的二维码即可在线观看。为方便教师授课，本书配有附带主要视频内容的教学参考课件。

本书可作为高等工科院校机械类专业特种加工课程教材，同时可作为从事特种加工研究及生产方面的工程技术人员及技术工人的培训、参考用书。

图书在版编目(CIP)数据

特种加工/刘志东主编 . —3 版 . —北京： 北京大学出版社， 2022. 2
高等院校机械类专业"互联网+"创新规划教材
ISBN 978 - 7 - 301 - 32754 - 8

Ⅰ. ①特⋯　Ⅱ. ①刘⋯　Ⅲ. ①特种加工—高等学校—教材　Ⅳ. ①TG66

中国版本图书馆 CIP 数据核字(2021)第 259277 号

书　　　　　名	特种加工（第 3 版）	
	TEZHONG JIAGONG（DI-SAN BAN）	
著作责任者	刘志东　主编	
策 划 编 辑	童君鑫	
责 任 编 辑	黄红珍	
数 字 编 辑	蒙俞材	
标 准 书 号	ISBN 978 - 7 - 301 - 32754 - 8	
出 版 发 行	北京大学出版社	
地　　　　　址	北京市海淀区成府路 205 号　　100871	
网　　　　　址	http://www. pup. cn　　新浪微博：@北京大学出版社	
电 子 信 箱	pup_6@ 163. com	
电　　　　　话	邮购部 010 - 62752015　发行部 010 - 62750672　编辑部 010 - 62750667	
印 刷 者	河北滦县鑫华书刊印刷厂	
经 销 者	新华书店	

787 毫米×1092 毫米　16 开本　25.25 印张　588 千字
2013 年 1 月第 1 版　2017 年 5 月第 2 版
2022 年 2 月第 3 版　2023 年 6 月第 2 次印刷

定　　　　　价　78.00 元

序　言

特种加工作为先进制造技术中的重要组成部分，在现代社会发展中起了不可或缺的重要作用。《特种加工》（第 3 版）全面涵盖了目前特种加工的主要工艺方法，包括电火花加工、电火花线切割加工、电化学加工、高能束流加工、增材制造技术、微细及其他特种加工技术等。全书内容丰富，结合实际，追踪前沿，彰显了特种加工技术的发展、应用及我国在该领域的研究特色。全书在内容选取、结构安排、写作思路、版面布局、多媒体应用等方面注重突出特种加工的思维创新、技术创新、融合创新、可持续优质发展及满足社会需求的主线。

本书作者长期从事特种加工领域的科学研究、生产实践及人才培养工作，既有深厚的基础理论知识和丰富的课堂教学经验，又有丰富的工程实践经历。书中既有对技术的具体介绍，又有对技术发展趋势的前瞻分析，将基础理论与工程实践融会贯通。本书特别介绍了特种加工在航空航天领域的诸多典型技术应用，诸如高效放电加工、电火花小孔高速加工、精密电解加工、金属增材制造等，突出体现了各种特种加工工艺在航空航天难加工材料、形状复杂零件、特殊要求零件加工中所发挥的不可替代的作用。

全书贯穿特种加工发展历程中所体现的创新思维理念，结合作者数十年特种加工工作实践及教学科研的经历，围绕特种加工发展历程的典型创新事例，采用"主编点评"方式，通过对典型事例的剖析，达到进一步培养学生创新思维及能力的目标。书中对我国在特种加工技术领域的发展和贡献也进行了重点阐述，从而达到培养学生爱国情怀和"工匠精神"的目的。

我相信，本书的出版发行，对促进特种加工技术的推广、应用及发展，对提高特种加工的教学水平及培养特种加工技术人才，都将产生积极的促进作用。

朱荻

2021 年 10 月于南京

朱荻：中国科学院院士，国际生产工程科学院（CIRP）会士，中国机械工程学会特种加工分会主任。

第 3 版前言

制造业是国民经济的主体，是立国之本、兴国之器、强国之基。随着科学技术的发展和社会的进步，各种新材料、新结构及形状复杂的精密、微细零件和器件大量涌现，对制造业提出了一系列迫切需要解决的难题。特种加工直接利用物理、化学能量场及相关能量场的复合、组合进行加工制造，与传统加工方法相比，在加工制造各种难加工材料、复杂型面、微细结构等方面具有明显的技术优势，并且能获得相当高的尺寸精度和表面质量，已成为先进制造技术的关键组成部分并以其独特的制造性能在制造领域发挥着不可或缺的作用。

特种加工技术目前已经在工业生产中获得了广泛应用，特种加工的新技术、新工艺不断涌现，尤其是近年来电加工技术（包括电火花成形加工、电火花小孔高速加工、电火花线切割加工及电化学加工等）作为先进制造技术中的新工艺、新技术在航空航天等国防工业和汽车、模具等民用工业部门及民营企业中的广泛应用，解决了大量传统加工方法难以解决甚至无法解决的加工难题；而增材制造技术目前已被认为是推动新一轮工业革命的重要契机，引起了全世界的广泛关注。

特种加工技术是集光、电、声、磁、液、精密机械、材料、传感、计算机、信息网络、智能控制等技术为一体的高端技术的集合，其所涉及的相关技术的发展、革新速度非常迅速。为适应特种加工技术的迅速发展和应用的需求，本书以尽可能全面、专业角度及直观、易懂的方式介绍了各种特种加工方法的机理、工艺规律和工程应用，力求做到：基础理论与工程实践相结合，国外及国内特种加工研究与应用成果相结合，微观机理分析与宏观加工应用相结合。

本书尽可能涵盖了目前特种加工的工艺方法，包括电火花加工、电火花线切割加工、电化学加工、高能束流加工、增材制造技术、微细及其他特种加工技术等；同时围绕特种加工在航空航天领域的典型应用，重点介绍了近期的研究热点——高效放电加工（高速电弧放电加工、电火花电弧复合铣削加工、放电诱导可控烧蚀加工、短电弧加工、阳极机械切割）、发动机叶片气膜孔电火花小孔高速加工、精密电解加工等典型工艺应用；在增材制造部分，融入了医工结合的应用；并且介绍了一些新的特种加工方法，如水导激光切割、四维打印技术等。本书在前两版的基础上，根据最新特种加工技术的进展对涉及的主要特种加工工艺的发展趋势进行了阐述。为彰显特种加工发展历程所体现的创新思维及机理分析的重要性，编者结合自己数十年的特种加工工作实践及教学科研经历，围绕特种加工发展历程的典型创新事例，增加了"主编点评"环节，期望通过对典型事例的剖析，达到进一步培养学生创新能力的目标。本书采用双色印刷，突出重点，便于学习。书中每种特种加工工艺方法均有对应视频展示其原理及实际应用。190 余段教学参考视频配以对应的二维码，读者只需利用移动设备扫描对应知识点的二维码即可在线观看，增强了学生、读者对特种加工工艺方法的认识和理解，进一步达到提高教学效果、授课质量及培养学生"工匠精神"的目的，同时也适于读者自学。此外为方便教师授课，本书配有附带主要视

频内容的教学参考课件,可联系客服索要。

本书可作为高等工科院校机械类专业或其他相近专业的"特种加工"课程教材及"放电加工技术""高能束流及增材制造技术""现代加工技术"等课程辅助教材,也可作为研究生课程的参考教材,还可作为相关工程技术人员的参考用书。

本书由中国机械工程学会特种加工分会常务理事、江苏省特种加工学会理事长,南京航空航天大学博士生导师刘志东教授主编,具体编写分工如下:刘志东教授编写第1~3章,赵建社教授编写第4章电解加工部分,沈理达教授编写第4章电沉积加工部分及第5章,田宗军教授编写第6章,邱明波副教授编写第7章。刘志东教授进行全书的补充、修改、统稿及审定,并进行了多媒体资料的收集、整理及编撰工作。

在本书的编写过程中,编者参阅了大量资料,得到了特种加工界众多专家和朋友的支持与帮助;南京航空航天大学云乃彰教授对书稿进行了审定,并提出宝贵意见;电光先进制造团队的博士研究生韩云晓、谢德巧、梁绘昕、孔令蕾、江伟、吕非、张明、潘红伟、邓聪、焦晨及其他研究生也参与了大量的编辑、整理及多媒体的制作工作,在此表示衷心感谢。

今年恰逢恩师余承业教授诞辰100周年,谨以此书致以深切怀念!

由于书中涉及内容广泛且技术发展迅速,加之编者水平所限,书中难免存在不妥之处,望读者批评指正。

编者的电子邮箱:liutim@nuaa.edu.cn

电光先进制造团队网址:http://edmandlaser.nuaa.edu.cn/

刘志东

2020 年 11 月

资源索引

本书课程思政元素

　　本书课程思政元素从中国传统文化"格物、致知、诚意、正心、修身、齐家、治国、平天下"的角度着眼，"推究事物的原理法则而总结为理性知识"，并结合社会主义核心价值观"富强、民主、文明、和谐、自由、平等、公正、法治、爱国、敬业、诚信、友善"设计出课程思政的主题，始终围绕"价值塑造、知识传授、能力培养"课程建设的目标，通过教学要点、实例、主编点评等教学素材的设计运用，潜移默化地在课程的传授过程中，将正确的价值追求、创新的思维方法及当代青年的责任担当有效地传递给学生，以期培养当代大学生的理想信念、价值取向、政治信仰、社会责任，全面提高大学生缘事析理、明辨是非、勇于担当的能力，把学生培养成为德才兼备、勇于创新、全面发展的人才。

　　每个思政元素的教学活动过程都包括内容导引、挖掘内涵、分析讨论等环节。在课程思政教学过程中，老师和学生共同参与，在课堂教学中，教师可结合下表中的内容导引，针对相关的知识点或案例，引导学生进行思考、分析和讨论，达到激励学生奋发图强、刻苦钻研，追求真理、严谨治学，心怀祖国、服务人民，家国情怀、责任担当等学习目标。

页码	内容导引	问题与思考	课程思政元素
2	特种加工的诞生	特种加工是如何诞生的？	科学精神 辩证思想 科技发展
9	特种加工的主要应用领域	航空航天、军工制造领域为什么与特种加工技术密不可分？	爱祖国 爱人民 责任与使命 专业与社会
11	特种加工对制造工艺技术的影响	特种加工对制造工艺产生了什么影响？	求真务实 辩证思想 专业能力
14	特种加工的发展趋势 4. 绿色	特种加工"绿色化"发展主要体现在哪几个方面？	社会责任 环保意识 能源意识 可持续发展
17	电火花加工的特点	电火花加工有什么优点和局限性？	辩证思想 科技发展

续表

页码	内容导引	问题与思考	课程思政元素
36	直线电动机在电火花成形机床主机的应用	直线电动机为什么在电火花加工中能做到珠联璧合?	互补创新 科学精神
42	等能量脉冲电源	等能量脉冲电源有什么优点?	科学精神 专业能力
56	极间电容效应	为什么大面积镜面加工很困难?	求真务实 科学精神
57	混粉加工	混粉加工的主要原理是什么?	科学素养 创新意识
64	电火花加工安全防护 防止火灾	如何防止电火花加工时意外火灾的发生?	专业与社会 安全意识
71	汽车发动机喷油嘴倒锥孔加工	电火花微细倒锥形喷孔如何加工?	科学精神 创新意识 环保意识 能源意识
72	高效放电加工	高效放电加工主要有哪几类?	科学精神 专业与社会 创新意识 工匠精神
73	放电诱导可控烧蚀加工	1. 放电诱导可控烧蚀加工是如何发明的? 2. 为什么说放电诱导可控烧蚀加工技术是我国原创性特种加工模式?	辩证思想 开拓创新 专业与国家 产业报国
84	电解电火花放电复合加工法	非导电材料电解电火花加工的原理是什么?	科学精神 求真务实 融合发展
91	电火花线切割加工的应用范围	电火花线切割加工应用与加工精度要求分布图说明了什么问题?	科学精神 专业与社会
93	高速走丝机走丝原理	我国自主研制的高速走丝机有什么主要特点?	工匠精神 民族自豪感

续表

页码	内容导引	问题与思考	课程思政元素
99	贮丝筒固定旋转式运丝系统工作原理	贮丝筒固定旋转式运丝系统与传统运丝结构相比有什么优点？	创新意识 工匠精神 民族自豪感
101	张力机构	张力机构的不断改进和完善说明了什么？	专业能力 创新意识 工匠精神
108	工作液及循环过滤系统	复合型工作液的研发体现了什么？	求真务实 专业与社会 创新意识 环保意识
114	退火拉直自动穿丝机构原理	退火拉直自动穿丝机构的设计原理是什么？	精益求精 专业能力 科技发展
116	双丝全自动切换走丝系统	双丝全自动切换走丝系统的设计思路是什么？	精益求精 专业能力 科技发展
117	电极丝旋转切割技术	电极丝旋转切割技术的发明体现了什么？	精益求精 专业能力 科技发展 创新意识
119	电极丝	低速走丝电火花线切割电极丝的发展历程说明了什么？	创新意识 逻辑思维 专业能力
133	节能型脉冲电源	节能型脉冲电源是如何做到节能的？	科学精神 专业与社会 能源意识 环保意识
135	抗电解脉冲电源	抗电解脉冲电源的工作原理是什么？	科学精神 专业与社会 逻辑思维

页码	内容导引	问题与思考	课程思政元素
146	电火花线切割加工表面质量	高速走丝线切割表面条纹分为哪几类？如何解决？	科学精神 求真务实 专业能力
175	电解加工的原理及特点	电解加工的原理及特点是什么？	科学精神 辩证思想 专业与社会
186	电解加工表面质量	电解加工表面质量有什么特点？	科学精神 专业与社会
190	电解液	常用的电解液有哪几种？各有什么特点？	专业与社会 环保意识 可持续发展
202	混气电解加工	混气电解加工能起到什么作用？	科学精神 融合发展 求真务实 科技发展
204	精密电解加工工艺	精密电解加工工艺的关键点是什么？	融合发展 科学精神 求真务实 科技发展
210	叶片型面电解加工	在叶片型面电解加工方面已经取得了哪些显著成效？	专业与国家 民族自豪感
228	电铸速度提高措施	摩擦辅助电铸有什么优点？	科学精神 融合发展 工匠精神 民族自豪感
234	电刷镀	电刷镀在再制造领域的应用	科技发展 专业能力 社会责任 环保意识
240	激光加工	激光加工有什么特点？	科学精神 专业与社会

续表

页码	内容导引	问题与思考	课程思政元素
258	激光精密切割	激光精密切割主要使用什么类型激光器？有什么特点？	科学精神 精益求精 辩证思想 专业与社会
264	激光相变硬化	1. 激光相变硬化有什么特点？ 2. 激光相变硬化与常规金属表面处理有什么差异？	科学精神 辩证思想 专业与社会
268	超高速激光熔覆	超高速激光熔覆为什么被誉为替代传统电镀工艺的先进绿色制造技术？	科学精神 专业与社会 创新精神 环保意识 可持续发展
269	激光冲击强化	激光冲击强化的特点是什么？	科学精神 专业与社会
272、273	激光抛光 激光清洗	激光抛光、激光清洗与传统的抛光、清洗有什么差异？	科学精神 辩证思想 专业与社会
277	水导激光切割	水导激光切割有什么优势？	科学精神 专业与社会 创新精神
278	超声振动辅助激光熔覆	超声振动辅助激光熔覆有什么好处？	精益求精 融合发展 科学精神 专业能力
284	电子束焊接	电子束焊接为什么可以确保焊接质量？	科学精神 专业与社会
287	离子束加工	离子束加工有哪些主要形式？	科学精神 专业与社会
295	增材制造的工艺过程	增材制造工艺过程包括哪些步骤？	科学精神 专业与社会

页码	内容导引	问题与思考	课程思政元素
296	增材制造的技术特点	增材制造的技术特点是什么？	科学精神 专业与社会
298	增材制造技术的典型工艺与应用	从立体光固化成形到数字光处理成形，再到连续液态界面制造到最近的容积三维打印技术的发展说明了什么？	科学精神 逻辑思维 专业能力
317	四维打印技术	四维打印技术的含义是什么？	科学精神 科学发展 专业与社会
321	金属增材制造技术	金属增材制造技术主要有哪些方法？	科学精神 专业与社会 工匠精神
329	增材制造技术在航空航天领域的应用	举例说明增材制造技术在航空航天领域的典型应用。	爱祖国 爱人民 责任与使命 专业与社会
332	增材制造技术在生物医学领域的应用	举例说明增材制造技术在生物医学领域的典型应用。	爱祖国 爱人民 责任与使命 专业与社会
337	增材制造技术在汽车行业的应用	举例说明增材制造技术在汽车行业的典型应用。	责任与使命 专业与社会
345	线电极电火花磨削	简述线电极电火花磨削的原理。	科学精神 专业与社会 创新精神
346	微细电火花加工关键技术	微细电火花加工的关键技术有哪些？	科学精神 精益求精 专业与社会
359	LIGA 技术	简述 LIGA 技术的原理及准 LIGA 技术的提出。	科学精神 求真务实 专业与社会
372	超声振动切削	从超声振动切削到超声椭圆振动切削，再到三维椭圆超声振动加工说明了什么？	科学精神 求真务实 科技发展

注：教师版课程思政内容可以联系北京大学出版社索取。

目　　录

第1章 绪 论

 本章教学要点

知识要点	掌握程度	相关知识
特种加工的诞生	掌握特种加工的特点	"电火花加工"方法的发明及特种加工产生的历史背景
特种加工的分类	熟悉主要特种加工方法采用的能量形式	一般按能量来源及形式与作用原理划分特种加工的种类
特种加工的主要应用领域	了解特种加工的主要应用领域	特种加工在航空航天、军工、精密模具、汽车、微机电系统等领域的应用
特种加工对制造工艺技术的影响	掌握特种加工对机械制造和零件结构工艺性产生的影响	特种加工对机械制造和结构工艺性产生的重大影响及存在的不足
特种加工的发展趋势	了解特种加工的发展趋势	"独特、智能、融合、绿色、优质"五大发展趋势

导入案例

　　同学们在金工实习时接触到的车、铣、刨、磨通常称为传统加工。传统加工必须以比加工对象硬的刀具，通过刀具与加工对象的相对运动以机械能的形式完成加工。图1.1所示的用高速钢车刀对碳钢工件进行的车削加工就属于传统加工。但目前难切削加工的材料越来越多，如硬质合金、淬火钢、金刚石，如何对它们进行加工？对于这些难加工材料的加工正是特种加工的主要应用范畴之一。特种加工可以用比加工对象硬度低的工具甚至是最简单的圆棒状工具，通过电能、化学能、光能、热能等形式加工材料。并且特种加工具有很多工艺形式，具有不同的特点，这就是本书要介绍的内容。

图1.1　车削加工

1.1　特种加工的诞生

特种加工的
定义及分类

　　特种加工也称"非传统加工"（non-traditional machining，NTM）或"非常规机械加工"（non-conventional machining，NCM），是指那些不属于传统加工工艺范畴的加工方法。它不同于使用刀具、磨具等直接利用机械能切除多余材料的传统加工方法，泛指用电能、热能、光能、电化学能、化学能、声能及特殊机械能等能量达到去除或增加材料的加工方法，从而实现材料的去除、变形、增材、改变性能或被镀覆等工艺目标。特种加工中采用电能为主要能量形式的电火花加工和电解加工，泛称电加工。

　　特种加工公认的起源是苏联拉扎连柯夫妇（Boris Lazarenko and Natalya Lazarenko）系统性解释了电火花放电原理并于1943年正式获得苏联政府颁发的发明证书。

　　1938年拉扎连柯在攻读研究生阶段，导师给他的研究课题是"研究触点的电腐蚀机理及寻找解决的途径"。当时随着电气化和自动化的快速发展，接触器、开关及继电器等许多电器产品都遇到了触点电腐蚀问题，严重影响了电气产品的可靠性和寿命。

　　拉扎连柯的科研小组进行了大量的研究工作，并在实验中把触点浸入油中（图1.2），希望可以减少火花导致的电蚀问题。但实验并未获得成功，可是在实验中他们发现浸入油中的触点产生的火花电蚀凹坑比空气中的更加一致并且大小可控，于是他们就想到利用这种现象，采用火花放电的方法进行材料的放电腐蚀，由此发明了一种全新的"电火花加工"方法，并随后研制了世界上第一台电火花加工机床。1943年4月拉扎连柯和他夫人获得了"导电材料电火花加工方法"的发明证书。

　　几乎同时，美国一家公司的三个电气工程师哈罗德·斯塔克（Harold Stark）、维克托·

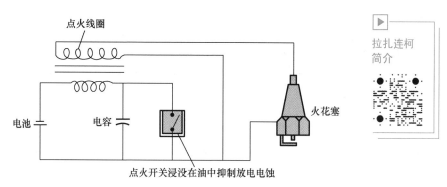

图 1.2　拉扎连柯夫妇实验用的钨开关自动点火系统

哈丁（Victor Harding）和杰克·比弗（Jack Beaver）发明了一种用电火花加工方法去除在铝制水阀上折断的钻头和丝锥的机器，而后他们又对这种方法进行了不断的改进并申请了专利。

电火花加工方法的发明，使人类首次摆脱了传统的以机械能和切削力并且利用比加工材料硬度高的刀具来去除多余金属的历史，进入了利用电能和热能进行"以柔克刚"加工材料的新时代。

第二次世界大战后，特别是进入 20 世纪 50 年代，由于材料科学、高新技术的发展和激烈的市场竞争，以及发展尖端国防产品及科学研究的急需，产品更新换代日益加快，而且要求产品具有很高的强度重量比和性能价格比，并朝着高速度、高精度、高可靠性、耐腐蚀、高温高压、大功率、尺寸大小两极分化的方向发展。为此，各种新材料、新结构、形状复杂的精密机械零件大量涌现，对机械制造业提出了一系列迫切需要解决的新问题。例如，各种难切削材料的加工；各种结构形状复杂、尺寸微小或特大、精密零件的加工；薄壁、弹性元件等低刚度、特殊零件的加工；等等。对此，采用传统加工方法已经十分困难，甚至无法加工。于是，人们一方面通过研究高效加工的刀具和刀具材料、自动优化切削参数、提高刀具可靠性和在线刀具监控系统、开发新型切削液、研制新型自动机床等途径，进一步改善切削状态，提高切削加工水平，并解决了一些问题；另一方面，则冲破传统加工方法的束缚，不断探索、寻求新的加工方法，于是一种本质上区别于传统加工的特种加工应运而生，并不断获得发展。人们从广义上对特种加工进行了定义：将电能、热能、光能、化学能、电化学能、声能及机械能等或其组合施加在工件的加工部位上，从而实现材料去除、变形、增材、改变性能或被镀覆等的非传统加工方法，统称为特种加工。

特种加工有别于传统加工的特点体现如下。

（1）加工时主要用电能、热能、光能、化学能、电化学能、声能等能量形式去除多余材料，而不是主要靠机械能量切除多余材料。

（2）"以柔克刚"，特种加工的工具与被加工工件基本不接触，加工时不受工件的强度和硬度的制约，故可加工超硬脆材料和精密微细零件，工具材料的硬度可低于工件材料的硬度。

（3）加工机理不同于一般金属切削加工，不产生宏观切屑，不产生强烈的弹、塑性变形，故可获得很低的表面粗糙度，其残余应力、冷作硬化、热影响等也远比一般金属切削

加工小。

(4) 适合微细加工，有些特种加工，如超声、电化学、射流、磨粒流等不仅可加工尺寸微小的孔或狭缝，还能获得高精度、极低粗糙度的加工表面。

(5) 两种或两种以上的不同类型的能量可相互组合形成新的复合加工形式，加工能量易于控制和转换，加工范围广，适应性强。

特种加工技术广泛应用始于 20 世纪 50 年代。当时出现了第一台商业化的电火花加工机床，并且相继发明了能满足零件几何尺寸、几何形状和精度要求的电解、电解磨削及电铸成形等工艺技术。到 60 年代，半导体工业的振兴，为电火花加工的发展提供了良机，提高了电火花成形机床的可靠性，而且加工表面的质量也得到改善。在这个时期，电火花线切割开始起步。60 年代末至 70 年代初，数控技术的介入使加工更加精确，使电火花线切割加工技术前进了一大步。通过几十年的努力，电火花加工的电源技术、自动化技术，以及控制功能都得到了极大提高。

中国第一台电火花加工机床诞生于 1954 年。1958 年研制成功的具有材料去除率高、电极损耗小优点的 DM5540 型电火花机床，开始了电火花加工机床进入以模具加工为主的时期。1965 年出现的晶体管脉冲电源 D6140 型电火花成形机床，拓宽了电火花加工在型腔模具加工中的应用。可控硅电源和晶体管电源电火花加工机床在 20 世纪 70 年代得到较大的发展，它们与不断完善的平动头相结合，使型腔模电火花加工平动工艺日趋成熟。

约在 1960 年，苏联科学院中央电工实验室首先研制出低速单向走丝靠模仿形电火花线切割机床，之后的两三年中，从靠模仿形发展到光电跟踪。1962 年前后，瑞士阿奇公司开始研究电火花线切割加工的数字控制技术，五六年后达到了实用化程度。中国科学院电工研究所于 1964 年研制出光电跟踪电火花线切割机床，较大地提高了切割速度，缩短了制造周期并降低了加工成本，增加了切割更复杂型面的可能性，提高了工艺的适应性和"柔性"。

第一代电火花线切割机床使用煤油介质，切缝较窄，排屑不畅，所以切割速度很低，只有 $2\sim5\,mm^2/min$，并且电极丝一次性使用也很浪费。我国上海电表厂张维良工程师对此做了创新性改进，在阳极机械切割工艺和机床的基础上，采用了往复、高速走丝和油基工作液为加工介质的方式，使切割速度获得成倍、数十倍提高，并且可进行大厚度切割。此后上海机床电器厂与复旦大学数学系联合研制出线切割简易数控系统，后经用户、生产厂、科研院所、高校等科研人员和技术人员多方面的改进和完善，最终形成了具有我国自主知识产权和中国特色的高速往复走丝电火花线切割机床。

目前电火花加工机床生产企业主要分布在日本及欧洲地区，而美国很少，其主要是因为日本在第二次世界大战中基础工业设施遭受到毁灭性的重创，因此对于电火花加工这种新型的加工方式十分愿意接纳，同时也投入了相当的精力促成了电火花加工业在日本的发展；同样在欧洲电火花加工业借助于苏联的研究成果也迅速得到推广；而对于美国而言，由于第二次世界大战并没有触及其工业基础，因此直到现在对电火花加工产业的接受仍然需要一定的过程。

在我国经济持续发展的背景下，作为特种加工最重要工艺方法的电火花加工在我国生产中已日益获得广泛应用，而且发展极为迅速，在航空航天、军工、家电、建材等相关行业尤其是乡镇工业和家庭作坊式个体企业获得了广泛应用，应用领域已经从传统的模具加工及特殊零件的试制加工发展到中小批量零件的加工生产。近年来电火花加工机床产量有了飞速增长。20 世纪末我国各种电火花加工机床年总产量在1万台左右，目前年产量已经增长到3万～8万台，产量及拥有量均居世界前列。其中电火花线切割机床产量占到电火花加工机床的70%以上，已成为国内外冲压模具制造及零部件生产中不可缺少的重要装备。在我国电火花线切割机床分为两大类：一类为我国自主研制生产的高速往复走丝电火花线切割机床，另一类为国外生产的低速单向走丝电火花线切割机床。在高速往复走丝电火花线切割机床性能提升方面，20世纪80年代上海医用电子仪器厂杜炳荣高级工程师和南京航空学院（现南京航空航天大学）金庆同教授带领的课题组率先对其多次切割的可行性及工艺实践进行了深入研究，随着计算机软硬件及控制技术的发展，结合21世纪初刘志东教授提出并研制的复合工作液的广泛应用，业内称为"中走丝"的具有多次切割功能的高速往复走丝电火花线切割机床于21世纪初在江苏、浙江迅速推广，目前"中走丝"加工已经成为一种改善切割表面质量及提高切割精度的工艺方法。我国电火花加工机床的生产企业目前主要集中在江苏、浙江及北京，这些企业生产的产品大部分仍是技术含量低、售价和利润也很低的业内称为"快走丝"的高速往复走丝电火花线切割机床，但"中走丝"的份额正在高速增长，而高档及精密的低速单向走丝电火花线切割机床还需要从国外进口。

低速走丝线切割

高速走丝线切割

电火花成形加工

电解加工的应用

1.2　特种加工的分类

特种加工一般按能量来源及形式与作用原理分类，常用特种加工方法分类见表1-1。

表1-1　常用特种加工方法分类

	特种加工方法	能量来源及形式	作用原理	英文缩写
电火花加工	电火花成形加工	电能、热能	熔化、气化	EDM
	电火花小孔高速加工	电能、热能	熔化、气化	EDM-D
	电火花线切割加工	电能、热能	熔化、气化	WEDM
	短电弧加工	电能、热能	熔化	SEAM
	放电诱导烧蚀加工	电能、化学能、热能	燃烧、熔化、气化	EDM-IAM
电化学加工	电解加工	电化学能	阳极溶解	ECM
	电解磨削	电化学能、机械能	阳极溶解、磨削	EGM（ECG）
	电解研磨	电化学能、机械能	阳极溶解、研磨	ECH
	电铸	电化学能	阴极沉积	EFM
	电刷镀	电化学能	阴极沉积	EPM

续表

	特种加工方法	能量来源及形式	作用原理	英文缩写
激光加工	激光切割、打孔、焊接	光能、热能	熔化、气化	LBM
	激光打标	光能、热能	熔化、气化	LBM
	激光处理、表面改性	光能、热能	熔化、相变	LBT
电子束加工	切割、打孔、焊接	电能、热能	熔化、气化	EBM
离子束加工	刻蚀、镀覆、注入	电能、动能	离子撞击	IBM
等离子弧加工	切割（喷涂）、焊接	电能、热能	熔化、气化（涂覆）	PAM
超声加工	切割、打孔、刻印、抛光、研磨	声能、机械能	磨料高频撞击	USM
化学加工	化学铣削	化学能	腐蚀	CHM
	化学抛光	化学能	腐蚀	CHP
	光刻	光能、化学能	光化学腐蚀	PCM
增材制造	光固化快速成形	光能、化学能	增材法制造	SLA
	激光选区烧结成形	光能、热能		SLS
	叠层实体制造	光能、机械能		LOM
	熔融沉积成形	电能、热能、机械能		FDM
	三维打印	电能、热能、机械能		3DP
	数字化光处理	光能、化学能		DLP
	激光熔化沉积	光能、热能		LMD
	激光选区熔化成形	光能、热能		SLM
	电子束选区熔化	电能、热能		EBSM

激光切割

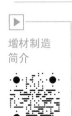

增材制造简介

特种加工在发展过程中也形成了某些介于常规机械加工和特种加工工艺之间的过渡性工艺。例如在切削过程中引入超声振动或低频振动切削，在切削过程中通以低电压大电流的导电切削、加热切削及低温切削等。这些加工方法是在切削加工的基础上发展起来的，目的是改善切削条件，基本上还属于切削加工。在特种加工范围内还有一些属于降低表面粗糙度或改善表面性能的工艺，前者如电解抛光、化学抛光、离子束抛光等；后者如电火花表面强化、镀覆、刻字，激光表面处理、改性，电子束曝光，离子镀、离子束注入掺杂等。

随着半导体大规模集成电路生产发展的需要，上述提到的电子束加工、离子束加工已经成为超精微加工，即所谓原子级、分子级单位的纳米加工方法的主要手段。

此外，还有一些不属于尺寸加工的特种加工，如爆炸成形加工等，本书只进行简单介绍。

本书主要讲述电火花加工、电化学加工、激光加工、电子束加工、离子束加工、增材制造及微细特种加工等加工方法的原理、设备、工艺规律、主要特点及适用范围。表1－2为常用特种加工方法的综合比较。

表1－2　常用特种加工方法的综合比较

加工方法	可加工材料	工具损耗率/（%）最低/平均	材料去除率/（mm³/min）平均/最高	加工尺寸精度/mm 平均/最优	加工表面粗糙度 Ra/μm 平均/最优	主要适用范围
电火花成形加工	导电金属材料	0.1/10	30/3000	0.03/0.003	10/0.04	（1）穿孔加工：加工各种冲模、挤压模、粉末冶金模，各种异形孔及微孔等；（2）型腔加工：加工各类型腔模及各种复杂的型腔零件；（3）约占电火花机床总数的20%
电火花小孔高速加工	导电金属材料	30/50	30～60[①] mm/min	孔径 $\phi 0.02～\phi 3$		（1）线切割预穿丝孔；（2）深径比很大的小孔，如喷嘴等；（3）占电火花机床总数的5%～10%
电火花线切割加工		0.01/5～300000mm²[②]	80/500[②] mm²/min	0.02/0.002	5/0.01	（1）切割各种冲模和具有直纹面的零件；（2）中小批量零件生产，下料、切割和窄缝加工；（3）约占电火花机床总数的70%
短电弧加工	导电材料	2/4	900/1500 （g/min）	IT12	50	加工各种硬度大于45HRC的导电材料，适合于外圆、内圆、平面、端面、各种异形面加工及开槽、切割等
放电诱导烧蚀加工	可燃烧金属	0.3/1	100/300		4/10	利用金属可燃性进行可控烧蚀加工的技术，可结合电火花、电解、机械加工进行修整加工

加工方法	可加工材料	工具损耗率/（%）最低/平均	材料去除率/（mm³/min）平均/最高	加工尺寸精度/mm 平均/最优	加工表面粗糙度 Ra/µm 平均/最优	主要适用范围
电解加工	导电金属材料	不损耗	100/10000	0.1/0.01	1.25/0.16	加工细小零件到1t以上的超大型零件及模具，如仪表微型小轴，涡轮叶片，炮管膛线，螺旋花键孔、各种异形孔，锻模、铸模，以及抛光、去毛刺等
超声加工	任何脆性材料	0.1/10	1/50	0.03/0.005	0.63/0.16	加工、切割硬脆材料，如玻璃，石英，金刚石，半导体单晶锗、硅等；可加工型孔、型腔、小孔、深孔等
激光加工	任何材料	不损耗	瞬时去除率很高；受功率限制，平均去除率不高	0.01/0.001	10/1.25	精密加工小孔、窄缝及成形切割、刻蚀，如金刚石拉丝模、钟表宝石轴承、化纤喷丝孔；在镍钢板、不锈钢板上打小孔；切割钢板、石棉、纺织品、纸张；还可焊接、热处理
电子束加工					1.25/0.2	在各种加工材料上打微孔、切缝、刻蚀、曝光及焊接等，常用于大规模集成电路曝光处理
离子束加工			可实现原子级去除	/0.01µm	/0.01	对零件表面进行超精密、超微量加工、抛光、刻蚀、掺杂、镀覆等
射流加工			>300	0.2/0.1	20/5	下料、成形切割、剪裁
增材制造	增材加工，无可比性			0.3/0.1	10/5	快速制造样件、模具

① 电火花小孔高速加工考核的指标主要是单位时间的穿孔深度。

② 线切割加工的材料去除率按惯例均用 mm²/min（切割速度）为单位。电火花线切割机床分为低速单向走丝电火花线切割机床和高速往复走丝电火花线切割机床两大类，但加工指标差异较大，一般只有后者考虑工具电极（钼丝）损耗。

1.3　特种加工的主要应用领域

特种加工已成为先进制造技术不可或缺的重要部分，被广泛应用于各工业领域，解决了大量用传统加工方法难以解决甚至是无法解决的加工难题，在航空航天、军工、精密模具、汽车及其他交通运输装备、微机电系统、生物医疗等高端制造领域有着大量不可替代的需求。

1. 航空航天、军工制造领域

航空航天、军工制造领域存在大量采用难切削材料制成的零件，并且具有形状复杂、结构微细的特点，是特种加工的"用武之地"。数控高效放电铣、高速电弧蚀除、高效激光切割等特种加工技术及装备，将越来越广泛地应用在钛合金、高温合金等难切削材料零件的高效低成本下料、大余量去除乃至最终成形加工中；数控电火花成形机床、数控电化学加工设备是航空航天发动机整体叶盘、叶片、机匣、炮管膛线加工的关键设备；航空航天发动机中各类叶盘、叶片、涡轮转子及外环件、火焰筒、安装边、燃油喷注器等关键零件上有大量空间位置复杂、加工精度及表面质量要求高的复杂曲面和微小孔，需要五轴及六轴联动数控电火花加工机床、多轴联动电解加工机床、高速电弧放电加工机床、数控电火花小孔高速加工机床、数控电火花微孔加工机床、数控激光微小孔加工机床等特种加工装备进行加工；而航空发动机中的蜂窝环、钛合金网板、深槽精缝、精密阀孔加工等需要电火花成形加工、电火花线切割加工、电解加工、激光加工技术及装备完成。电化学去毛刺设备也在航空航天的泵阀偶件、齿轮等精密零件制造中毛刺的去除方面获得广泛的应用；激光连接技术及装备将更好满足航空航天飞行器轻质高强机身壁板、框架结构件等复杂构件的连接需求；激光修复及表面强化技术也是发动机叶片损伤修复及应力调控强化的关键技术。作为信息化和制造技术高度融合的增材制造技术，其能够实现高性能复杂结构金属零件的无模具、快速、全致密、近净成形，特别是对于激光立体成形和修复的零件，其力学性能同锻件性能相当，航空航天领域必然是增材制造技术的首要应用领域，也必将成为应对航空航天复杂结构件制造和修复的最佳新技术途径。所以航空航天与国防高端装备的关键零部件的制造均离不开特种加工技术。

2. 精密模具制造领域

模具是现代工业各种材料零件大批量、低成本、高效率、高一致性生产的关键基础工艺装备，是衡量一个国家工业化水平的重要标志。目前，我国模具行业有数万家企业，电火花加工机床是制造模具的关键装备之一。在模具制造中应用的电加工机床主要有数控电火花成形机床、低速单向走丝电火花线切割机床、高速往复走丝电火花线切割机床、电火花小孔高速加工机床等。此外激光表面强化、改性及损伤修复技术等也正在模具制造中获得更为广泛的应用。

3. 汽车及其他交通运输装备制造领域

在汽车、高铁、轮船等运输装备的发动机制造中，需要各种电加工、激光加工装备，如满足国Ⅳ、国Ⅴ排放要求的柴油发动机燃油喷嘴精密微孔电火花加工机床等。一些发动机关键零件，也需要采用各类特种加工装备进行加工，如喷油嘴压力室球面、油嘴油泵偶件回油槽的电化学成形加工；齿轮、连杆、曲轴、缸体、阀体的电化学去毛刺加工；各类零件加工中折断工具的电弧蚀除取出；各类关键零件的激光表面强化、激光熔覆修复及再制造等。运输装备中大量形状复杂的结构件、覆盖件除了采用模具成形之外，也广泛采用激光二维、三维切割装备进行加工，特别是运输装备的轻量化绿色发展中，一些轻质、复合、高强材料的连接，将越来越多依赖先进的激光焊接技术及装备完成。

4. 微机电系统（MEMS）制造领域

微制造技术已成为现代制造技术的主要发展趋势之一，微机电系统可以完成大尺寸机电系统所不能完成的任务，也可以嵌入大尺寸系统中，把自动化、智能化和可靠性水平提高到一个新的高度，对工业、农业、信息、环境、生物工程、医疗、空间技术、国防和科学发展产生了重大的影响。微机电系统涉及电子、机械、材料、制造、信息与自动控制、物理和生物等多种学科，集成了当今科学技术发展的许多尖端成果。微机电系统及其他各种微细加工的发展，迫切需要更高水平的微加工制造技术与装备。传统的加工技术难以适应微机电系统制造中器件组合材料种类越来越多、尺度越来越微细、结构复杂程度越来越高的发展态势。特种加工在微机电系统的制造中具有独特的优势，具有广阔的应用前景。激光直写刻蚀、激光微铣削、激光抛光清洗、激光微细切割、激光微连接、激光微细制孔、聚焦离子束刻蚀、电子束直写、微细电火花加工、微细电解加工、电解微细丝切割、电火花电解微小孔加工、电火花电解微细铣削及磨削、光刻电解加工、微细电铸等诸多技术及装备，将在微机电系统的制造中实现微细轴、微齿轮、微型腔、微传感器结构等的制作，各种气液喷注及导流微小孔加工、液晶屏电极图案制作、薄膜太阳能电池图形结构制作、电子电路的刻蚀及修调、微电子及光电子器件功能层选择性剥离、光学器件的微结构制作，超大集成电路、各种微传感器、植入芯片的封装，以及微细结构、线路的连接等。

5. 其他一些重要制造领域

在典型超硬工具材料聚晶金刚石加工中，电火花、电化学、激光、超声及复合特种加工技术是主要加工手段。

在先进刀具、工具制造中，越来越多采用电火花磨削，电火花线切割技术及装备对超硬刀具、工具、砂轮进行精密修形及修锐加工。

在电工行业的磁性材料、太阳能行业的硅片制造中，电火花线切割机床、电解-机械复合线切割机床是主要的切割装备。

在钢材生产中，需要采用电火花或激光加工装备，对轧辊进行表面毛化加工。

在医疗器械行业，钛合金制件、新型的注射针正在应用电火花加工技术进行复杂型面成形及大量微细结构的加工。

在核能装备方面，许多采用特殊材料制作的零件、构件需要特种加工技术进行加工。

在玻璃、蓝宝石、陶瓷、纤维增强复合材料及柔性高聚物等新型非金属材料切割中，激光切割及水射流切割技术及装备的应用在不断拓展。

在化纤生产中，化纤喷丝板的各种精密、微细、异形喷丝孔的加工主要依靠电火花加工技术及装备完成。

1.4　特种加工对制造工艺技术的影响

特种加工与传统机械加工不同的工艺特点，对机械制造工艺技术产生了显著影响。例如对材料的可加工性、工艺路线的安排、新产品的试制过程及周期、产品零件的结构设计、零件结构工艺性好坏的衡量标准等产生了一系列的影响。特种加工对机械制造和结构工艺性产生的重大影响主要包括以下几点。

（1）提高了材料的可加工性。以往认为金刚石、硬质合金、淬火钢、石英、玻璃、陶瓷等是很难加工的，现在对广泛采用金刚石、聚晶（人造）金刚石和硬质合金等制造的刀具、工具、拉丝模具等，均可用电火花、电解、激光等多种方法进行加工。材料的可加工性不再与硬度、强度、韧性、脆性等成比例关系。对电火花、线切割加工而言，一般淬火钢比未淬火钢更易加工。特种加工方法使材料的可加工范围从普通材料发展到硬质合金、超硬材料和特殊材料。

（2）改变了零件的典型工艺路线。工艺人员都知道，除磨削外，其他切削加工、成形加工等都应在淬火热处理之前加工完毕。但特种加工的出现改变了这种典型的工艺模式。因为特种加工基本不受工件硬度的影响，可以先淬火后加工。例如电火花线切割加工、电火花成形加工和电解加工等都宜在工件淬火后进行。

（3）缩短了新产品的试制周期。在新产品试制时，如采用电火花线切割加工，可直接加工出各种标准和非标准直齿轮（包括非圆齿轮、非渐开线齿轮），微电机定子、转子硅钢片，各种变压器铁芯，各种特殊或复杂的二次曲面体零件，从而省去设计和制造相应刀具、夹具、量具、模具及二次工具时间，大大地缩短了试制周期。

（4）影响产品零件的结构设计。例如花键孔与轴的齿根部分，为了减少应力集中应设计并制成小圆角。但拉削加工时刀齿做成圆角对切削和排屑不利，容易磨损，只能设计与制成清棱清角的齿根。而用电解加工时存在尖角变圆现象，可以采用圆角的齿根。又如各种复杂冲模（山形硅钢片冲模），利用常规制造方法不易制造，往往采用镶拼结构。而采用电火花线切割加工后，即使是硬质合金的刀具、模具，也可以制成整体结构。

（5）重新衡量传统结构工艺性的好坏。过去认为方孔、小孔、弯孔和窄缝等工艺性很差，在结构上应尽量避免。但特种加工的应用改变了这种认知。对于电火花穿孔加工、电火花线切割加工来说，加工方孔和加工圆孔的难易程度是一样的。喷油嘴小孔、喷丝头小异形孔，涡轮叶片大量的小冷却深孔、窄缝，静压轴承、静压导轨的内油囊型腔，采用电加工后均由难变易。

（6）特种加工已经成为微细加工和纳米加工的主要手段。如大规模集成电路、光盘基片、微型机器人零件、细长轴、薄壁零件、弹性元件等低刚度零件加工均是采用微细加工和纳米加工技术进行的，而借助的工艺手段主要是电子束、离子束、激光、电火花、电化学等电物理、电化学特种加工技术。

目前特种加工已经成为难切削材料、复杂型面、精细零件、低刚度零件、模具加工、增材制造及大规模集成电路等领域不可缺少的重要工艺手段并发挥着越来越重要的作用。

但特种加工技术也存在一些不足。

（1）某些特种加工技术的加工机理尚需进一步研究。如电弧加工技术，加工过程比较复杂，控制难度较高。

（2）加工过程会对环境产生污染。如电化学加工，在加工过程产生的废渣和有害气体会对环境和人体健康产生影响。

（3）加工精度和生产率还有待提高。特种加工技术普遍存在材料去除率较传统机械加工偏低的问题。

（4）一些特种加工设备复杂，设备成本高，使用维修费用高。

1.5 特种加工的发展趋势

特种加工作为一种重要的制造方法，可以解决传统加工难以解决甚至无法解决的制造难题，伴随着新的技术产业变革，特种加工必将获得更高水平的发展及更为广泛的应用。未来特种加工技术及装备在创新驱动下，将呈现"独特、智能、融合、绿色、优质"五大发展趋势。

1. 独特

特种加工将不断深化对物理、化学效应及多能场复合效应利用的研究，探索新的加工方法，创新发展其独有、特殊的加工制造性能，以解决新一轮技术产业变革中不断涌现的传统加工方法难以解决或无法解决的制造难题，更加突出地发挥特种加工不可或缺和不可替代的作用，不断增强其独有的竞争优势。

（1）难加工材料的加工。在新一轮技术产业变革中，将有更多新材料获得更广泛的应用，这些新材料大多因为特硬、特脆、特韧、特软、特薄、特耐高温（如单晶高温耐热合金、钛合金、硬质合金、陶瓷、宝石、金刚石、石英、硅锗、薄膜材料、纤维增强材料、高聚物等），使得传统的加工方法难以进行加工或难以达到相关制造业的要求；也有一些材料需要用特种加工的方法进行表面改性；有一些异种材料需要用特种加工的方法进行高质量、高效的组合连接。因此必须发挥特种加工所独有的特殊加工特性，研究新的工艺方法，突破一些关键技术，解决一些目前还无法加工或虽能加工但加工效果还不能满足要求的难题。

（2）特殊复杂型面零件的加工制造。先进高端装备中一些关键零件由于需要满足更高、更特殊功能的要求，越来越多地采用特殊复杂型面形体设计，如新型航空航天航海发动机的带冠扭曲叶型整体涡轮盘、随形流道、复杂内部结构的高温高压叶片、精密模具中的复杂型腔、传动零件的非圆曲面、生物医疗中的人体器官和骨骼等。这些特殊复杂的型面形体零件往往需采用特殊难加工材料制造，用传统加工方法往往由于切削刀具伸入干涉或其他原因而无法加工。特种加工将充分利用自身的加工制造优势，如采用复杂型面电极＋多轴数控搜索进给、线电极独有的数学模型切割成形、加工能束的三维空间扫描减材或增材制造等，在不断满足高端需求中创新发展。

（3）微细结构的加工制造。未来微机电系统将获得更为突出的发展及更广泛的应用，因此对微精喷射零件、微植入式生物系统、生物检测芯片、微纳光学器件、微传动零件、微型模具、微流控芯片、微电子器件、微结构连接封装等的制造要求也会越来越高、需求越来越大。特种加工将进一步创新拓展以柔克刚、加工能量微细精准可控、可减材或增材的优势，在微制造领域发挥不可或缺的重要作用。

（4）精密、超精密的加工制造。在高端装备、精密仪器设备、医疗器械、新型发动机、微电子器件、精密模具等制造中，对零件精度要求越来越高，越来越多的要达到微米乃至纳米级的要求，因此研发更加精准可控的能量发生系统，采用高精度甚至超高精度的装备本体及新的加工方法、工艺技术、检测手段，更好地发挥特种加工对难加工材料、复杂微细结构进行精密、超精密加工的优势，以满足高端精密加工制造的需求。

2. 智能

特种加工不仅仅是加工过程中对轴的运动轨迹进行控制，更重要的是在时间、空间维度上，根据加工工件及环境的宏微观状态，精准快速地感知、判断，对加工能量、轴运动状态、工作介质等诸多工艺参数进行智能决策控制，以达到最佳的物理化学效应及多能场复合效应。可以说，智能控制是特种加工的本质要求。没有智能控制，就无法有效、顺利、高水平地进行特种加工。目前，特种加工实质上已步入了初步智能化阶段，更加深入、全面、高水平地实现智能化，不仅能明显提升特种加工的加工性能，而且能使特种加工实现原来不能完成的加工制造目标，实现重大甚至颠覆性的创新。智能化是特种加工迈向高端、占据未来竞争制高点的必然选择和必由之路，是今后长时期的主攻方向。特种加工技术及装备在智能化发展过程中，必将伴随着数字化、自动化的进一步发展和提升，相互之间融为一体，迈向更高水平。

3. 融合

通过各类特种加工技术及与其他加工技术和工艺方法的融合，与各种新技术的融合，与不断出现的用户需求相融合，推动特种加工技术实现不断创新，使之性能更优异、内涵更丰富、生命力更旺盛，更好地满足市场的需求，获得更强的竞争优势。

（1）各类工艺技术的融合。电加工、激光加工、增材制造、超声加工等特种加工技术中各种不同工艺技术的复合、组合，特种加工各种工艺技术与机械切削、模具成形、生物制造等其他工艺技术的复合、组合，可以催生更多新的加工方式及制造技术，解决目前难以解决的加工制造难题，使加工制造的材料去除率、加工精度及表面质量更高、更好，更加节能、节材，更加绿色环保。

车灯模具的制造

（2）与新技术的融合。应用各种先进材料，现代信息（互联网）技术，新的电子器件、新型机电基础件功能部件、新型传感器及检测技术，新型能源技术，先进的控制理论、控制技术，新的设计分析技术，新的计算机软硬件平台等，将能使各类特种加工技术的发展增加新动力、新活力，使之性能日新月异、水平不断攀升。

（3）与应用需求的融合。在涌动的新技术、新产业革命中，各相关领域将会出现越来越多各种新的更加特殊、难度更大的需求，将会为特种加工的创新发展提供难得的机遇，即与应用需求的紧密融合，为用户提供解决方案的研发创新，使其更好肩负对国民经济、

社会发展的特殊责任，实现新的跨越。

4. 绿色

绿色化是国民经济和制造业可持续发展的必然要求，也是特种加工可持续发展的必然要求。特种加工要追求产品从设计、制造、使用、维护到报废整个生命周期中能源、资源、利用率最高，有害排放物最少，对环境及人体的影响最低，同时也要为其他产业的绿色发展提供先进的技术及装备支撑。

（1）节能高效加工。研制各类电感储能代替电阻耗能的电火花加工脉冲电源、大功率高效脉冲电解加工电源、高效光电转化新一代工业激光器，明显降低加工能量发生或转化过程中的能量消耗，降低加工制造的成本；智能优化特种加工过程的微宏观检测及控制技术，注重实现高效加工同时具有更好的表面质量；研发、提升电弧放电成形加工、放电诱导烧蚀加工、高功率短脉冲激光加工等新型高效加工技术。

（2）对人体及环境的保护。围绕光、电、磁辐射（传导）、有害介质排放、危险机械运动等危害人体、环境及装备本体的因素，研究突破相关技术，制定执行更加严厉的标准及规范，使特种加工对人体、环境及装备本身的危害程度降至最低；同时注重发展加工制造过程中耗材、废料的可循环利用技术。

（3）支撑制造业绿色发展。围绕相关领域发展绿色制造、绿色产品的需求，研发相关的特种加工技术及装备，如具有倒锥的精密燃油喷嘴微孔加工技术及装备，汽车等产品轻量化需要的增强复合材料的高效优质切割技术及装备，轻质、高强及异种材料大型复杂结构件的连接技术及装备，高效复杂随形流道的制造技术及装备，等等。

5. 优质

质量是企业的生命。以企业家精神、工匠精神，注重细节、追求极致，打造优质特种加工产品，是特种加工技术及装备走向高端、跻身世界一流的根本途径，是提升产品品牌、争夺国际市场的根本保障。

（1）性能先进稳定。追求一流性能水平，执行先进的标准，加工制造过程可控，结果稳定达标并可在线检测、智能修整。

（2）运行可靠、长寿。运行可靠、安全，预期寿命有保障。具有故障自诊断、辅助维修等功能。

（3）服务及时优良。提供高水平的培训，提供及时、周到的排障服务；根据用户的需求提供指导及解决方案，远端的故障诊断、性能检测、技术服务；提供精良的耗材、备品、备件。

（4）外形美观精致。产品造型美观大方，制作精良，时代感强，操作维护方便宜人，对人体环境有效保护。

思 考 题

1-1 请从特种加工的产生和发展事例说明"上帝给你关了一扇门，必然会为你开启一扇窗"这句话的哲学含义，以及对科学研究的启示。

1-2 特种加工有别于传统加工的特点体现在哪些方面？

1-3　特种加工对制造工艺技术产生了哪些影响？试举出几种因采用特种加工工艺，对材料的可加工性和结构工艺性产生重大影响的实例。

1-4　特种加工的主要应用领域有哪些？试结合实例简单说明。

1-5　常规加工工艺和特种加工工艺之间有何关系？应该如何正确处理常规加工和特种加工之间的关系？

1-6　简述特种加工的发展趋势。

主编点评

主编点评1-1　细致观察、逆向思维、机理分析
——电火花加工的诞生

同学们在学习特种加工这门课时，会不断发现该技术的产生和发展离不开创新思维，而创新思维的基础则离不开对实验现象的细致观察和对机理的深入研究。

那什么是创新思维呢？所谓创新思维，简而言之就是不受现成常规思路的约束，寻求对问题全新的独特性的解答方法的思维过程。创新是敢想，而不是乱想，而敢想的前提是细致的观察及深入的机理分析，即需要深入研究事物变化的理由与道理。

从电火花加工的发明中可以看到，研究人员起初一直在想办法研究电腐蚀形成的原因和防止的方法，然而在研究过程中，研究人员发现电腐蚀这件坏事可以用来蚀除导电材料，并且观察到浸入油中的触点产生的火花电蚀凹坑比空气中的更加一致并且大小可控，由此逆向思维地考虑利用电火花进行材料的蚀除，将电腐蚀的负面影响成功转变为正面效果，开创了全新的电火花加工方法。这是一种典型的"逆向思维"方式，从中可以看到任何事物均有对立和统一面，关键是要学会如何进行转换。当然这个过程必须建立在对电蚀现象深入试验、细致观察及分析的基础上。

需要提醒同学们的是对于放电机理的分析方面，由于电火花加工的特点具有抽象性（放电间隙 $0.01\sim0.05$mm，放电通道内的温度大于 $10000℃$，目前还没有任何传感器可以深入极间），因此就需要同学们在学习的过程中，充分发挥想象，"钻到放电的极间"，琢磨两极到底发生了什么？并且全面地考虑电极、工作介质、加工工件这一极间系统到底发生了什么现象？相互间有什么影响？

第**2**章
电火花加工

 本章教学要点

知识要点	掌握程度	相关知识
电火花加工概述	了解电火花加工的基本概念、各种电火花加工方法的适用范围；掌握电火花加工的特点及应具备的条件	电火花加工相比传统加工的优点与缺点，电火花加工应具备的条件
电火花放电的微观过程	掌握电火花加工放电的微观过程	电火花放电微观过程的四个阶段及典型放电加工波形
电火花加工的基本规律	掌握电火花加工的基本规律	电火花加工的极性效应及吸附效应；影响电火花加工材料去除率的因素；材料去除率和电极损耗的关系；影响电火花加工精度的主要因素；电火花加工的表面质量
电火花成形机床	熟悉电火花成形机床的组成及作用	电火花成形机床主机、脉冲电源、自动进给机构、伺服控制系统等及加工过程中的参数控制
电火花加工工艺	熟悉电火花加工的基本工艺	电极制备、工件的准备及装夹定位、冲抽液方式选择、加工规准选择
电火花加工方法	了解几种常见的电火花加工方法	电火花穿孔加工、电火花型腔加工、电火花铣削加工
电火花加工安全防护	熟悉电火花加工的安全防护方法	电火花加工火灾的防止和有害气体的防护
电火花小孔高速加工	掌握电火花小孔高速加工方法	电火花小孔高速加工原理，机床组成、加工特点，应用实例
高效放电加工	熟悉高效放电加工方法	高速电弧放电加工技术、电火花电弧复合铣削加工技术、放电诱导可控烧蚀加工技术、短电弧加工技术、阳极机械切割
其他电火花加工及复合加工方法	了解一些其他电火花加工方法；熟悉非导电材料电火花加工的几种方式	PCD刀具电火花磨削、蜂窝结构电火花磨削、电火花共轭回转加工、金属电火花表面强化、非导电材料电火花加工

导入案例

  提到电火花加工必然会联想到模具制造，因为电火花加工与模具制造有着紧密联系，如人们日常生活中用到的塑料制品都是采用注塑模具生产的，其模具加工过程基本上是采用机械切削加工模具的外表及粗铣型腔，而后对于刀具精铣困难或无法精铣的部位采用电火花成形加工的方式用纯铜或石墨成形电极进行拷贝式加工，因此电火花成形加工是模具加工的必要手段。图2.1所示的显示器注塑模就是采用上述方法加工的。那么到底什么是电火花加工？电火花加工的微观过程有什么特征和规律？电火花成形机床的主要组成有哪几部分？加工工艺及规律如何？加工过程需要注意什么？除了电火花成形加工外，还有哪些电火花加工方式？电火花加工能对绝缘材料进行加工吗？这些就是本章要叙述的内容。

图 2.1　显示器注塑模

2.1　电火花加工概述

2.1.1　电火花加工的基本概念

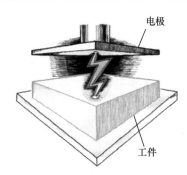

图 2.2　电火花加工原理

　电火花加工（electrical discharge machining，EDM）是指在介质中，利用两电极［工具电极（以下简称电极）与工件电极（以下简称工件）］之间脉冲性火花放电时的电腐蚀对材料进行加工，使工件的尺寸、形状和表面质量达到预定要求的加工方法。如图2.2所示，在电火花放电时，火花通道内瞬时产生的高密度热量致使两电极表面的金属产生局部熔化甚至气化而被蚀除。电火花加工表面不同于普通金属切削表面，其表面是由无数个不规则的放电凹坑组成的，而金属切削表面则具有规则的切削痕迹，如图2.3所示。

图2.3所示。

2.1.2　电火花加工的特点

　电火花加工与金属切削加工相比有其独特的加工特点，再加上数控水平和工艺技术的不断提高，其应用领域日益扩大，已经覆盖机械、航空航天、电子、核能、仪器、轻工等领域，用以解决各种难加工材料、复杂形状零件和有特殊要求的零件制

  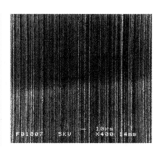

（a）电火花成形加工　　　（b）电火花线切割加工　　　（c）磨削加工

图 2.3　不同加工方式表面微观形貌

造，成为常规切削、磨削加工的重要补充和拓展，其中模具制造是电火花加工应用最多的领域。

1. 电火花加工的优点

（1）适合于难切削材料的加工。由于材料的去除主要依靠放电时的电、热作用，材料的可加工性主要与材料的导电性及热学特性［如电阻率、熔点、沸点（气化点）、比热容、热导率等］有关，而几乎与其力学性能（硬度、强度等）无关，因此可以突破传统切削加工中对刀具的限制，实现用软的工具加工硬、韧材料，甚至可以加工像聚晶金刚石、立方氮化硼一类的超硬材料。目前电极材料多选用纯铜（俗称紫铜）或石墨制造。

（2）可以加工特殊及复杂形状的零件。由于加工中电极与工件不直接接触，没有机械加工的切削力，因此适宜加工低刚度工件及微细加工。由于可以简单地将电极的形状复制到工件上，因此特别适用于表面形状复杂零件的加工，如复杂型腔模具加工等；另外，数控技术的应用也使得采用简单电极加工形状复杂的零件成为可能。

（3）易于实现加工过程的自动化。由于直接利用电能加工，而电能、电参数较机械量易于实现数字控制、适应控制、智能化控制和无人化操作等。

（4）通过改进结构设计，改善结构的工艺性。可以将镶拼结构的硬质合金冲模改为用电火花加工的整体结构，减少加工和装配工时，延长使用寿命。如喷气发动机中的叶盘，采用电火花加工后可以将镶拼、焊接结构改为整体式结构，既大大提高了工作可靠性，又减小了重量并提高了质量。

（5）脉冲放电持续时间短，放电时产生的热量传导范围小，材料受热影响范围小。

2. 电火花加工的局限性

（1）一般只能加工金属等导电材料。电火花加工不像切削加工那样可以加工塑料、陶瓷等绝缘的非导电材料。但近年来研究表明，在一定条件下电火花加工也可加工半导体和聚晶金刚石等非导体超硬材料。

（2）材料去除率较低。通常在工艺安排时多采用先用切削加工去除大部分材料余量，然后进行电火花加工，以求提高总体生产率。但最近的研究表明，采用特殊水基不燃性工作液进行电火花加工，其粗加工材料去除率已经基本接近于切削加工。

（3）存在电极损耗。由于电火花加工靠电、热蚀除金属，因此电极也会产生损耗，而且电极损耗多集中在尖角或底面，影响成形精度。但近年来粗加工时已能将电极相对损耗率降至 0.1%，甚至更小。

（4）最小角部半径有限制。一般电火花加工能得到的最小角部半径略大于加工放电间隙（通常为 0.02～0.03mm），若电极有损耗或采用平动头加工，则角部半径还要大。近年来多轴数控电火花加工机床采用 X、Y、Z 轴数控摇动加工，可以棱角分明地加工出方孔、窄槽的侧壁和底面。

（5）加工表面有变质层甚至微裂纹。

2.1.3 电火花加工应具备的条件

实现电火花加工应具备以下条件。

（1）电极和工件之间在加工中必须保持一定的间隙，一般是几微米至数百微米。若两电极距离过大，则脉冲电压不能击穿介质而形成火花放电；若两电极短路，则在极间没有脉冲能量消耗，也不可能实现电蚀加工。因此，加工中必须采用自动进给调节系统以保障加工间隙随加工状态而改变，如图 2.4 所示。

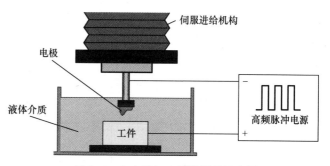

图 2.4 电火花加工系统原理示意图

（2）火花放电必须在有一定绝缘性能的液体介质中进行，如油基工作液、水溶性工作液或去离子水等。液体介质具有压缩放电通道的作用，同时液体介质还能将电火花加工过程中产生的金属蚀除产物、炭黑等从极间排出，并对电极和工件起到较好的冷却作用。

（3）放电点局部区域的功率密度足够高，即放电通道要有很高的电流密度（一般为 10^5～$10^6 A/cm^2$）。放电时产生的热量足以使放电通道内金属局部产生瞬时熔化甚至气化，从而在被加工材料表面形成电蚀凹坑。

（4）火花放电是瞬时的脉冲性放电，放电持续时间一般为 10^{-7}～$10^{-3}s$。由于放电时间短，放电时产生的热量来不及扩散到工件材料内部，能量集中，温度高，放电点可集中在很小范围内。如果放电时间过长，就会形成持续电弧放电，使工件加工表面及电极表面的材料大范围熔化烧伤而无法保障加工中的尺寸精度。

（5）在先后两次脉冲放电之间，需要有足够的停歇时间排出极间蚀除产物，使极间介质充分消电离并恢复绝缘状态，以保证下次脉冲放电不在同一点进行，避免形成电弧放电，使重复性脉冲放电顺利进行。

脉冲电源的放电电压及电流波形如图 2.5 所示。

2.1.4 电火花加工的类型及适用范围

按电极和工件相对运动的方式及用途不同，可将电火花加工大致分为电火花穿孔成形加工，电火花线切割加工，电火花内孔、外圆和成形磨削，电火花同步共轭回转加工，电

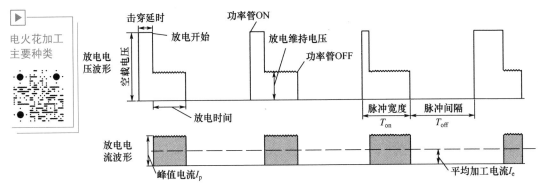

图 2.5　脉冲电源的放电电压及电流波形

火花小孔高速加工，电火花表面强化六大类。前五类属于电火花成形加工，是用于改变工件形状和尺寸的加工方法；后者属于表面加工，用于改善或改变零件表面性能。目前电火花穿孔成形加工和电火花线切割加工应用广泛。表 2-1 为各种电火花加工方法的特点及适用范围。

表 2-1　各种电火花加工方法的特点及适用范围

工艺类型	特　点	适用范围	备　注
电火花穿孔成形加工	(1) 电极和工件间有相对伺服进给运动； (2) 电极为成形电极，与被加工表面有相对应的形状	(1) 穿孔加工：加工各种冲模、挤压模、粉末冶金模及异形孔、微孔等 (2) 型腔加工：加工各类型腔模及各种复杂的型腔零件	约占电火花加工机床总数的 20%，典型机床有 DK7125、DK7140 等电火花成形机床
电火花线切割加工	(1) 电极为移动的线状电极； (2) 电极与工件在两个水平方向同时有相对伺服进给运动	(1) 切割各种冲模和具有直纹面的零件； (2) 下料、截割和窄缝加工	约占电火花加工机床总数的 70%，典型机床有 DK7725、DK7632 等往复走丝型线切割机床及单向走丝型线切割机床
电火花内孔、外圆和成形磨削	(1) 电极与工件有相对的旋转运动； (2) 电极与工件间有径向和轴向的进给运动	(1) 加工高精度、表面粗糙度小的小孔，如拉丝模、挤压模及微型轴承内环、钻套等； (2) 加工外圆、小模数滚刀等	约占电火花加工机床总数的 2%～3%，典型机床有 D6310 电火花小孔内圆磨床等

续表

工艺类型	特　点	适用范围	备　注
电火花同步共轭回转加工	（1）电极与工件均做旋转运动，但二者角速度相等或成整倍数，相对应接近的放电点有切向相对运动速度； （2）电极相对工件可做纵、横向进给运动	以同步回转、展成回转、倍角速度回转等不同方式，加工各种复杂型面零件，如高精度的异形齿轮，精密螺纹环规，高精度、高对称度、表面粗糙度小的内、外回转体表面等	
电火花小孔高速加工	（1）采用细管（通常直径为 $\phi 0.3 \sim \phi 3mm$）电极，管内通入高压水； （2）细管电极做旋转运动； （3）打孔速度高（30～60mm/min）	（1）线切割预穿丝孔； （2）深径比很大的小孔，如喷嘴等	占电火花加工机床总数的 5%～10%，典型机床有 D703A 电火花小孔高速机等
电火花表面强化	（1）电极在工件表面振动，在空气中进行火花放电； （2）电极相对工件移动	模具刃口，刀具、量具刃口表面强化和镀覆	

2.2　电火花放电的微观过程

电火花加工机理

每次电火花放电的微观过程都是电场力、磁力、热力、流体动力、电化学和胶体化学等综合作用的过程。这一过程大致可分为以下四个连续阶段：极间介质的电离、击穿，形成放电通道；介质热分解，电极材料熔化、气化热膨胀；电极材料的抛出；极间介质的消电离。

2.2.1　极间介质的电离、击穿，形成放电通道

任何物质的原子均是由原子核与围绕着原子核且在一定轨道上运行的电子构成的，而原子核又由带正电的质子和不带电的中子组成，如图 2.6 所示。极间的介质也一样，当极间没有施加放电脉冲时，极间状况如图 2.7 所示。当脉冲电压施加于电极与工件之间时，极间立即形成电场。电场强度与电压成正比，与距离成反比，随着极间电压的升高及

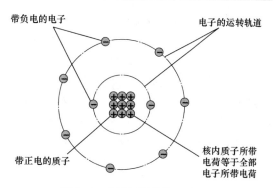

图 2.6　介质原子结构示意图

极间距离的减小，极间电场强度增大。由于电极和工件的微观表面凹凸不平，极间距离又很小，因而极间电场强度是很不均匀的，极间离得最近的突出或尖端处的电场强度最大。当电场强度增加到一定程度后，将导致介质原子中绕轨道运行的电子摆脱原子核的吸引成为自由电子，而原子核则成为带正电的离子，并且电子和正离子在电场力的作用下，分别向正极与负极运动，从而形成放电通道，如图 2.8 所示。

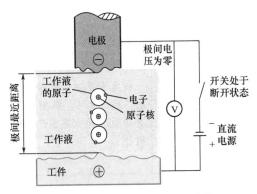

图 2.7　极间未施加放电脉冲时的状况

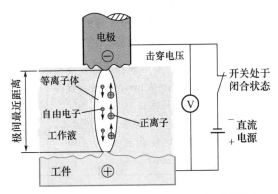

图 2.8　极间施加放电脉冲形成放电通道的状况

2.2.2　介质热分解，电极材料熔化、气化热膨胀

极间介质一旦被电离、击穿，形成放电通道后，脉冲电源建立的极间电场将使放电通道内的电子高速奔向正极，正离子奔向负极，使电能变成动能。动能通过带电粒子对相应电极或工件材料的高速碰撞转变为热能，使放电通道区域两电极表面产生高温，放电通道内的温度可以高达 8000～12000℃，高温除了使工作液汽化、热分解外，也使两电极金属材料熔化甚至气化，这些汽化的工作液和金属蒸气，瞬间体积猛增，在放电间隙内成为气泡，并迅速热膨胀，就像火药、爆竹点燃后具有爆炸的特性一样。观察电火花加工过程，可以看到放电间隙内冒出气泡，工作液逐渐变黑，并可听到轻微而清脆的爆炸声。

2.2.3　电极材料的抛出

放电通道区域两电极表面放电点的瞬时高温使工作液汽化并使两电极对应表面金属材料产生熔化、气化，如图 2.9 所示，放电通道内的热膨胀产生很高的瞬时压力，使汽化生成的气体体积不断向外膨胀，形成一个扩张的"气泡"，进而将熔化或气化的金属材料推挤、抛出，并使其进入工作液，抛出的带电荷的两电极材料在放电通道内汇集后进行中和及凝聚，如图 2.10 所示，最终形成微小的中性圆球颗粒，成为电火花加工的蚀除产物，如图 2.11 所示。实际上熔化和气化了的金属材料在抛离两电极表面时，会向四处飞溅，除绝大部分被抛入工作液中收缩成小颗粒外，还有一小部分飞溅、镀覆、吸附在对面的电极或工件表面上，这种互相飞溅、镀覆及吸附的现象，在某些条件下可以用来减少或补偿电极在加工过程中的损耗。

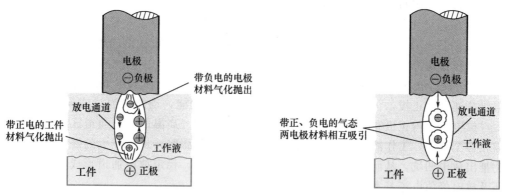

图 2.9 两电极表面熔化甚至气化　　　图 2.10 两电极被蚀除的材料在放电通道内汇集

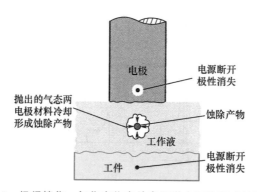

图 2.11　极间熔化、气化产物在放电通道内汇集形成蚀除产物

2.2.4　极间介质的消电离

随着脉冲电压的关断，脉冲电流也迅速降为零，但此后仍应有一段间隔时间，使极间介质消除电离，即放电通道内的正、负带电粒子复合为中性粒子（原子），并且将通道内已形成的放电蚀除产物及一些中和的微粒尽可能排出通道，使得本次放电通道处恢复极间介质的绝缘强度，并降低两电极表面温度等，从而避免由于此放电通道处绝缘强度较低，下次放电仍然可能在此处形成，致使在同一处形成重复击穿放电，最终产生电弧放电的现象，进而保证在极间按相对最近处形成下一放电通道，以形成均匀的电火花加工表面。

结合上述微观过程的分析，在放电加工过程中，实际得到的典型放电加工波形即极间电压和电流波形如图 2.12 所示。

可以把放电加工波形分为五个阶段。

0～1 阶段：脉冲电压施加于两极间，极间电

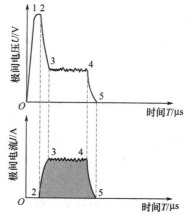

0～1　电压上升阶段；1～2　击穿延时；

2～3　介质击穿，放电通道形成；

3～4　火花维持电压和电流；

4～5　电压、电流下降

图 2.12　极间电压和电流波形

压迅速升高，并在两极间形成电场。

1～2 阶段：由于极间处于间隙状态，因此极间介质的击穿需要延时时间。

2～3 阶段：介质在 2 点开始击穿后，直至 3 点建立起一个稳定的放电通道，在此过程中极间电压迅速降低，而极间电流则迅速升高。

3～4 阶段：放电通道建立后，脉冲电源建立的极间电场使放电通道内被电离介质中的电子高速奔向正极，正离子奔向负极。电能转换为动能，动能又通过碰撞转换为热能，因此在放电通道内正极和负极对应表面达到很高的温度。高温使放电通道区域金属材料产生熔化甚至气化，工作液汽化及金属材料气化导致体积膨胀，从而产生的爆炸气压将蚀除产物推出放电凹坑，从而形成工件的蚀除及电极的损耗。稳定放电通道形成后，放电维持电压及放电峰值电流基本维持稳定。

4～5 阶段：4 点开始，脉冲电压关断，通道中的带电粒子复合为中性粒子，逐渐恢复液体介质的绝缘强度，极间电压、电流随着放电通道内绝缘状态的逐步恢复，回到零位 5。

当然极间介质的冷却、洗涤及消电离的完全恢复还需要通过后续的脉冲间隔进行。

在电火花加工中，极间的放电状态一般分为五种类型，如图 2.13 所示。

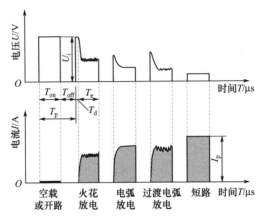

图 2.13　电火花加工中五种典型的极间放电状态

(1) 空载或开路。放电间隙没有击穿，极间有空载电压，但间隙内没有电流通过。

(2) 火花放电。极间介质被击穿形成放电，有效产生蚀除，图 2.12 即为正常火花放电波形，其放电波形上有高频振荡的小锯齿。

(3) 电弧放电（稳定电弧放电）。由于排屑不良，放电点不能正常转移而集中在某一局部位置。因放电点固定在某一点或某一局部，因此称为稳定电弧放电。稳定电弧放电常使电极表面形成积碳、烧伤。电弧放电的波形特点是没有击穿延时，并且放电波形中高频振荡的小锯齿基本消失。

(4) 过渡电弧放电（不稳定电弧放电，或称不稳定火花放电）。过渡电弧放电是正常火花放电与稳定电弧放电的过渡状态，是稳定电弧放电的前兆，其波形中击穿延时很少或接近于零，仅成为尖刺，电压电流波形上的高频分量成为稀疏的锯齿形。

(5) 短路。放电间隙直接短路，间隙短路时电流较大，但间隙两端的电压很小，极间没有材料蚀除。

2.3　电火花加工的基本规律

2.3.1　电火花加工的极性效应

由电火花放电的微观过程可知，无论是正极还是负极，都会受到带电粒子的轰击从而产生不同程度的电蚀，即使是相同材料（如钢加工钢），正、负极的电蚀量也不同。这种单纯由于正、负极性不同而彼此电蚀量不一样的现象称为极性效应（polarity effect）。如果两电极材料不同，则极性效应更加复杂。在我国，通常把工件接脉冲电源的正极（工具电极接负极）定义为"正极性"加工；反之，把工件接脉冲电源的负极（工具电极接正极）定义为"负极性"加工，又称"反极性"加工。

产生极性效应的原因很复杂，对这一问题的原则性解释如下：在放电过程中，正、负极表面分别受到电子和正离子的轰击和瞬时热源的作用，在两电极表面所分配到的能量不一样，因而熔化、气化抛出的电蚀量也不一样。因为电子的质量和惯性均小，容易获得很大加速度和速度，在击穿放电的初始阶段就有大量的电子奔向正极，把能量传递到正极表面，使其迅速熔化和气化；而正离子则由于质量和惯性较大，起动和加速较慢，在击穿放电的初始阶段，大量的正离子来不及到达负极表面，到达负极表面并传递能量的只有一小部分正离子。所以在用短脉冲加工时，电子对正极的轰击作用大于正离子对负极的轰击作用，因此正极的材料去除率大于负极的材料去除率，这时工件应接正极；当采用长脉冲（放电持续时间较长）加工时，质量和惯性大的正离子将有足够的时间加速，到达并轰击负极表面的正离子数将随放电时间的延长而增多；由于正离子的质量大，对负极表面的轰击破坏作用强，因此长脉冲时负极的材料去除率将大于正极的，这时工件应接负极。因此，当采用短脉冲（如纯铜电极加工钢，$T_{on} < 10\mu s$）精加工时，应选用正极性加工；当采用长脉冲（如纯铜加工钢，$T_{on} > 100\mu s$）粗加工时，应采用负极性加工，以得到较高的材料去除率和较低的电极损耗。通常长短脉冲的分界以 $T_{on} = 100\mu s$ 划分。

能量在两电极上的分配对两电极电蚀量的影响是一个极重要的因素，而电子和正离子对两电极表面的轰击则是影响能量分布的主要因素，因此，电子轰击和正离子轰击无疑是影响极性效应的重要因素。但是近年来的生产实践和研究结果表明，正极表面能吸附油性工作介质因放电高温而分解游离出来的碳微粒，形成炭黑膜保护膜，从而减小电极损耗。因此极性效应是一个较复杂的问题。它除了受脉冲宽度、脉冲间隔的影响外，还受正极吸附炭黑膜和脉冲峰值电流、放电电压、工作液及电极对材料等因素的影响。

从提高材料去除率和减小电极损耗的角度来看，极性效应越显著越好，故在电火花加工过程中必须充分利用极性效应。当用交变的脉冲电压加工时，单个脉冲的极性效应会相互抵消，增加了电极损耗。因此，电火花加工一般都采用单向脉冲电源（低速单向走丝电火花线切割的抗电解电源除外）。

除了充分地利用极性效应、正确地选用极性、最大限度地降低电极损耗外，还应合理地选用电极的材料，根据电极对材料的物理性能和加工要求选用最佳的电参数，使工件的材料去除率最大，电极损耗尽可能小。

2.3.2 影响电火花加工材料去除率的因素

1. 电参数的影响

在电火花加工过程中,无论正极或负极,单个脉冲的蚀除量与单个脉冲能量在一定范围内均成正比关系,而工艺系数与电极材料、脉冲参数、工作介质等有关。某段时间内的总蚀除量约等于这段时间内各单个有效脉冲蚀除量的总和,因此正、负极的材料去除率与单个脉冲能量、脉冲频率成正比。

为便于理解,可以近似形象描述如下:如图2.14所示,假设放电击穿延时时间相等,则放电脉冲宽度决定了放电凹坑直径的大小,而如图2.15所示,放电的峰值电流则决定了放电凹坑的深浅。

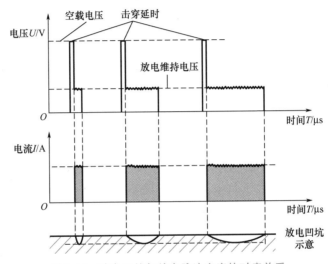

图2.14 放电凹坑与放电脉冲宽度的对应关系

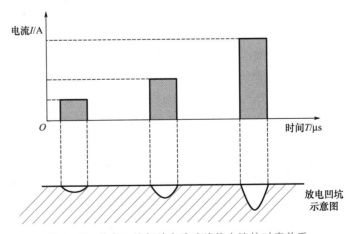

图2.15 放电凹坑与放电脉冲峰值电流的对应关系

关于电参数对材料去除率的影响,近期的研究还发现放电的蚀除量不仅与脉冲能量有关,还与蚀除的形式有关。窄脉冲宽度高峰值电流放电产生的蚀除形式主要是材料的气化,而大脉冲宽度低峰值电流放电产生的蚀除形式主要是材料的熔化,气化形式的材料去除率要比熔化形式的高 30％～50％，并且表面残留金属少，表面质量明显提高，如图 2.16 所示。

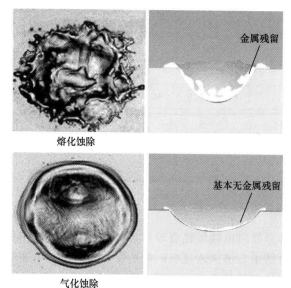

熔化蚀除

气化蚀除

图 2.16　放电蚀除形式不同产生的表面质量及蚀除凹坑形状差异

因此，如果要提高材料去除率，在正常加工的前提下，可以采用提高脉冲频率、增加单个脉冲能量或者增加平均放电电流（或脉冲峰值电流）和脉冲宽度、减小脉冲间隔的方式获得。此外，还可以通过采用窄脉冲宽度并增加脉冲峰值电流，以获得气化蚀除方式，从而达到既提高材料去除率，同时又改善表面质量和降低变质层厚度的目的。

当然，实际加工时要考虑这些因素之间的相互制约关系和对其他工艺指标的影响，如脉冲间隔过短，易引起电弧放电；随着单个脉冲能量的增加，加工表面粗糙度也随之增大等。

2. 金属热学物理常数的影响

金属热学物理常数是指熔点、沸点（气化点）、热导率、比热容、熔化热、气化热等。显然，当脉冲放电能量相同时，金属的熔点、沸点、比热容、熔化热、气化热越高，电蚀量将越少，越难加工；而且，热导率越大，瞬时产生的热量越容易传导到材料基体内部，也会降低放电点本身的蚀除量。

钨、钼、硬质合金等熔点、沸点较高，所以难以蚀除；纯铜的熔点虽然比铁（钢）的低，但因导热性好，所以耐蚀性也比铁好；铝的热导率虽然比铁（钢）的大好几倍，但其熔点较低，所以耐蚀性比铁（钢）差。石墨的熔点、沸点相当高，热导率也不太低，故耐蚀性好，适于制作电极。表 2-2 列出了几种常用材料的热学物理常数。

表 2-2　几种常用材料的热学物理常数

热学物理常数	材　料				
	铜	石墨	钢	钨	铝
熔点/℃	1083	3727	1535	3410	657
比热容 C/［J/（kg·K）］	393.56	1674.7	695.0	154.91	1004.8

续表

热学物理常数	材 料				
	铜	石墨	钢	钨	铝
熔化热 q_r/（J/kg）	179258.4	—	209340	159098.4	385185.6
沸点 T_f/℃	2595	4830	3000	5930	2450
气化热 q_q/（J/kg）	5304256.9	46054800	6290667	—	10894053.6
热导率 λ/［W/（m·k）］	3.998	0.800	0.816	1.700	2.378
热扩散率 a/（cm²/s）	1.179	0.217	0.150	0.568	0.920
密度 ρ/（g/cm³）	8.9	2.2	7.9	19.3	2.54

3. 工作介质的影响

电火花加工中工作介质对电蚀量也有较大的影响，其主要作用如下：被电离击穿后形成放电通道，并在放电结束后迅速恢复极间的绝缘状态；对放电通道产生压缩作用以提高放电能量密度；帮助电蚀产物的抛出和排除；对电极、工件起到冷却作用。介电性能好、密度和黏度大的工作液有利于压缩放电通道，提高放电的能量密度，强化电蚀产物的抛出效果；但黏度大，不利于电蚀产物的排出，影响正常放电。目前电火花成形加工主要采用油类作为工作介质，粗加工时采用的脉冲能量大、加工间隙也较大、爆炸排屑抛出能力强，以往常选用介电性能、黏度较大的机油，并且机油的燃点较高，大能量加工时着火燃烧的可能性小；而在中、精加工时放电间隙比较小，排屑比较困难，故一般选用黏度小、流动性好、渗透性好的煤油作为工作介质。目前，已研制并使用多种可满足从粗加工到精加工需求的具有低黏度、高闪火点、高沸点、绝缘性好、对工件不污染、不腐蚀及使用寿命长且价格便宜的电火花加工专用油。

由于油类工作介质有味、易燃烧，尤其在大能量粗加工时高温分解会产生很大的烟气，因此寻找一种像水那样流动性好、不产生炭黑、不燃烧、无色无味、价廉的工作介质一直是人们努力的目标。水的绝缘性能和黏度较低，在同样加工条件下，和煤油相比，水的放电间隙较大、对通道压缩作用差、蚀除量较少、易锈蚀机床，但通过选用各种添加剂，可以改善其性能。最新的研究结果表明，水基工作介质加工时的材料去除率可大大高于煤油，甚至接近切削加工，但在大面积精加工方面较煤油还有一定差距。而对于电火花线切割而言，低速单向走丝选用去离子水作为工作介质，而高速往复走丝则采用油基工作液、水基工作液或复合工作液等水溶性的工作介质。

4. 其他因素的影响

还有一些因素也会影响材料去除率。首先是加工过程的稳定性，加工过程不稳定将干扰甚至破坏正常的火花放电，使有效脉冲利用率降低。随着加工深度、加工面积的增加或加工型面复杂程度的增加，均不利于电蚀产物的排出，影响加工稳定性，降低材料去除率，严重时会形成积碳拉弧，使加工难以进行。为改善排屑条件，提高材料去除率和防止拉弧，常采用强迫冲液和电极定时抬刀等措施。

如果加工面积较小，但采用的加工电流较大，也会使局部电蚀产物浓度过高，放电点不易分散转移，放电后的余热来不及扩散而积累，造成过热，形成电弧，破坏加工的稳定性。

2.3.3 材料去除率和电极损耗的关系

电火花加工时，电极和工件同时遭到不同程度的电蚀，单位时间内工件的蚀除量称为材料去除率，业内称为加工速度或生产率；单位时间内工具电极的蚀除量称为损耗速度。

1. 材料去除率

电火花成形加工的材料去除率一般采用体积材料去除率 v_w（mm^3/min）表示，即单位时间被加工掉的体积。

$$v_w = \frac{V}{t}$$

有时为了测量方便，也采用质量材料去除率 v_m 来表示，单位为 g/min。

提高材料去除率的途径在于增加单个脉冲能量，提高脉冲频率，提高工艺系数，同时还应考虑这些因素间的相互制约关系和对其他工艺指标的影响。

单个脉冲能量的增加，即增大脉冲峰值电流和增加脉冲宽度可以提高材料去除率，但同时会使表面粗糙度变差并降低加工精度，因此一般只用于粗加工和半精加工场合。

提高脉冲频率可有效地提高材料去除率，但脉冲间隔过小，会使加工区域放电通道内工作介质来不及消电离，不能及时排出电蚀产物及气泡以恢复其介电性能，因而易形成破坏性的稳定电弧放电，使电火花加工过程不能正常进行。

提高工艺系数的途径很多，如合理选用电极材料、电参数和工作介质，改善工作介质的循环过滤方式等，从而提高有效脉冲利用率，达到提高工艺系数的目的。

电火花加工的材料去除率如下：粗加工（加工表面粗糙度 $Ra10 \sim Ra20\mu m$）时可达 $200 \sim 300mm^3/min$；半精加工（$Ra2.5 \sim Ra10\mu m$）时降低到 $20 \sim 100mm^3/min$；精加工（$Ra0.32 \sim Ra2.5\mu m$）时一般在 $10mm^3/min$ 以下。随着表面粗糙度的降低，材料去除率显著下降。材料去除率与平均加工电流 I_e 有关，对于电火花成形加工，一般条件下，每安培平均加工电流的材料去除率约为 $10mm^3/min$。

2. 电极相对损耗速度和相对损耗比

在生产中衡量电极是否损耗，不仅看电极损耗速度 v_e，还要看同时能达到的材料去除率 v_w。因此，一般采用相对损耗比 θ 作为衡量电极损耗的指标，即

$$\theta = \frac{v_e}{v_w} \times 100\%$$

式中的材料去除率和损耗速度如均以 mm^3/min 为单位计算，则 θ 为体积相对损耗比；如均以 g/min 为单位计算，则 θ 为质量相对损耗比。

为了降低电极的相对损耗，必须充分利用好电火花加工过程中的各种效应。这些效应主要包括极性效应、吸附效应、传热效应等，这些效应是相互影响、综合作用的。

（1）正确选择极性

一般而言，在短脉冲精加工时采用正极性加工（即工件接电源正极），而长脉冲粗加工时则采用负极性加工。对不同脉冲宽度和加工极性的关系，试验得出了图 2.17 所示的曲线。试验用的电极为 $\phi6mm$ 的纯铜，加工工件为钢，工作介质为煤油，电源为矩形波脉冲电源，加工脉冲峰值电流为10A。由图可见，负极性加工时，纯铜电极的相对损耗比随

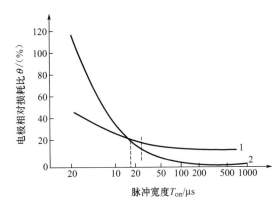

图 2.17　电极相对损耗比与极性、脉冲宽度的关系
1—正极性加工；2—负极性加工

脉冲宽度的增加而减少，当脉冲宽度大于 $120\mu s$ 后，电极相对损耗比小于 1％，可以实现低损耗加工。如果采用正极性加工，不论采用哪一挡脉冲宽度，电极的相对损耗比都难以低于 10％。然而在脉冲宽度小于 $15\mu s$ 的窄脉冲宽度范围内，正极性加工的电极相对损耗比小于负极性加工。

（2）利用吸附效应

用煤油之类的碳氢化合物做工作介质时，在放电过程中将发生热分解，从而产生大量游离的碳微粒，碳微粒和金属蚀除产物结合后会形成金属碳化物微粒，即胶团。研究表明胶团具有负电性，在电场作用下会向正极移动，并吸附在正极表面，形成一定强度和厚度的化学吸附碳层，即炭黑膜。由于金属碳化物微粒的熔点和气化点很高，因此可对电极起到保护和补偿作用。吸附效应在有些教材中也称覆盖效应。

由于炭黑膜只能在正极表面形成，因此，要利用炭黑膜的补偿作用实现电极的低损耗必须采用负极性加工。试验表明，当脉冲峰值电流、脉冲间隔一定时，炭黑膜厚度随脉冲宽度的增加而增大；而当脉冲宽度和脉冲峰值电流一定时，炭黑膜厚度随脉冲间隔的增大而减小，这是由于脉冲间隔增大，将引起放电间隙中介质消电离作用增强，胶团扩散，浓度降低，使吸附效应减弱。反之，随着脉冲间隔的减小，电极损耗随之降低。但过小的脉冲间隔将使放电间隙中介质来不及消电离并使电蚀产物排除，容易形成拉弧烧伤。

影响吸附效应的除上述电参数外，还有冲、抽液的影响。采用强迫冲、抽液，有利于间隙内电蚀产物的排除，使加工稳定，但强迫冲、抽液会使吸附效应、镀覆效应减弱，因而增加了电极的损耗。所以，加工过程中采用冲、抽液时，应在稳定加工的前提下，注意控制冲、抽液的压力，不使其过大。

（3）利用传热效应

在放电初期限制脉冲电流的增长率（$\mathrm{d}i/\mathrm{d}t$）对降低电极损耗是有利的，这样可使放电初期电流密度不致太高，从而使电极表面温度不致过高而形成较大的损耗。脉冲电流增长率太大时，对在热冲击作用下易脆裂的电极（如石墨）的损耗影响尤为显著。此外，由于电极的导热性能一般比工件好，如果采用较大的脉冲宽度和较小的脉冲峰值电流进行加工，导热作用将使电极表面温度升高较少而减少损耗，而工件表面温度仍较高而得到蚀除。

（4）选用合适的电极材料

钨、钼的熔点和沸点较高，损耗小，但其机械加工性能不好，价格高，所以除电火花线切割用钨、钼丝外，其他类型的电火花加工很少采用。纯铜的熔点虽较低，但其导热性好，因此损耗较少，而且方便制成各种精密、复杂的电极，常作为中、小型腔加工的电极。石墨电极不仅热学性能好，在长脉冲粗加工时能吸附游离的碳补偿电极损耗，所以相对损耗低，目前已广泛用作型腔加工的电极。铜碳、铜钨、银钨合金等复合材料，不仅导热性好，而且熔点高，因而电极损耗小，但由于其价格较高，因此一般只在精密电火花加

30

工时采用。

上述诸因素对电极损耗的影响是综合作用的，应根据实际加工经验，进行必要的试验和调整。

2.3.4 影响电火花加工精度的主要因素

与传统机械加工一样，机床本身的各种误差，以及工件和电极的定位、安装误差都会影响加工精度，但电火花加工精度主要还是取决于与电火花加工工艺相关的因素。

影响加工精度的主要因素有放电间隙的大小及一致性、电极的损耗及稳定性。

电火花加工时，电极与工件之间存在一定的放电间隙，如果加工过程中放电间隙能保持不变，则可以通过修正电极的尺寸对放电间隙进行补偿，以获得较高的加工精度。然而，实际加工中放电间隙的大小是变化的。

除了间隙能否保持一致性外，间隙大小对加工精度也有影响，尤其是对复杂形状的加工表面。棱角部位电场强度分布不均，并且放电能量越大，间隙变化量也越大。因此，为了减少加工误差，应该采用较小的加工规准，减少放电间隙，这样不但能提高仿形精度，而且放电间隙越小，可能产生的间隙变化量也越小；另外，还必须尽可能使加工过程稳定。加工规准对放电间隙的影响是非常显著的，精加工时放电间隙一般只有 0.01mm（单面），而在粗加工时则可达到 0.5mm 左右。

电极的损耗对尺寸精度和形状精度都有很大的影响。电火花穿孔加工时，电极可以贯穿型孔从而补偿电极的损耗，但型腔加工则无法用这一方法，精密型腔加工时一般可采用更换电极，用粗、半精、精加工的方法保障加工精度；也可采用电极平动或工作台摇动的方法进行修整。

影响电火花加工形状精度的因素还有"二次放电"。二次放电是指在已加工表面上由于有电蚀产物的介入而再次进行的非正常放电，集中反映在加工深度方向产生斜度和加工棱角、棱边变钝等方面。

加工过程中，由于电极下端部加工时间长，因此绝对损耗大，而电极入口处的放电间隙则由于电蚀产物的存在，二次放电的概率增加而扩大，因而形成了图 2.18 所示的加工斜度。

电火花加工时，电极的尖角或凹角很难与工件成形面对应，这是因为当电极为凹角时，工件上对应的尖角处放电蚀除的概率大，容易遭受电蚀而成为圆角，如图 2.19（a）所示。当电极为尖角时，一是由于放电间隙的等距性，工件上只能加工出以尖角顶点为圆心、放电间隙为半径的圆弧；二是电极上的尖角本身因尖端放电蚀除的概率大而损耗成圆角，如图 2.19（b）所示。采用高频窄脉冲宽度精加工，放电间隙小，圆角半径可以明显减小，因而提高了仿形精度，可以获得圆角半径小于 0.01mm 的尖棱，这对于加工精密小模数齿轮等冲模是很重要的。

目前，电火花加工的精度可达 0.01～0.05mm，在精密光整加工时可小于 0.005mm。

2.3.5 电火花加工的表面质量

电火花加工的表面质量也称表面完整性，主要包括表面粗糙度、表面变质层和表面力学性能三部分。

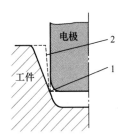

1—电极无损耗时的工具轮廓线；
2—电极有损耗而不考虑二次放电时的工件轮廓线

图 2.18　电火花加工时的加工斜度

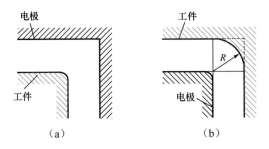

（a）　　　　　　　　（b）

图 2.19　电火花加工时电极尖角变圆

1. 表面粗糙度

电火花加工表面是由无方向性的无数放电小凹坑和硬凸边叠加而成的，有利于保存润滑油，而机械加工表面则存在切削或磨削刀痕，具有方向性。两者相比，在相同的表面粗糙度和有润滑油的情况下，电火花加工表面的润滑性能和耐磨损性能均比机械加工表面好。

对表面粗糙度影响最大的因素是单个脉冲能量，因为脉冲能量大，每次脉冲放电的蚀除量就大，放电凹坑既大又深，从而使表面粗糙度恶化。

电火花穿孔、型腔加工的表面粗糙度可以分为底面粗糙度和侧面粗糙度，同一规准加工出来的侧面因为有二次放电的修光作用，其粗糙度往往要稍好于底面粗糙度。要获得更好的侧面粗糙度，可以采用平动头或数控摇动工艺来修光。

电火花加工的表面粗糙度和材料去除率之间存在很大的矛盾，如表面粗糙度从 $Ra2.5\mu m$ 降到 $Ra1.25\mu m$，材料去除率要降低十多倍。为获得较好的表面粗糙度，需要采用很低的材料去除率。因此，一般电火花加工到 $Ra2.5\sim Ra1.25\mu m$ 后，通常采用研磨方法改善其表面粗糙度，这样比较经济。

工件材料对加工表面粗糙度也有影响，熔点高的材料（如硬质合金），在相同能量下加工的表面，其粗糙度要比熔点低的材料（如钢）好。当然，材料去除率会相应下降。

精加工时，电极的表面粗糙度也将影响加工表面粗糙度。由于石墨电极很难加工出非常光滑的表面，因此用石墨电极加工的表面粗糙度较差。

虽然影响表面粗糙度的因素主要是脉冲宽度与脉冲峰值电流的乘积，即单个脉冲能量，但在实践中发现，即使可以将单个脉冲能量做到很小，但在电极面积较大时，表面粗糙度也很难低于 $Ra0.32\mu m$，如果要达到镜面（$Ra<0.15\mu m$）就更加困难，而且加工面积越大，可达到的最佳表面粗糙度越差。这是因为在火花油介质中工作的电极和工件相当于电容器的两个极，具有"潜布电容"（寄生电容），相当于在放电间隙上并联了一个电容器。当小能量的单个脉冲到达两极时，由于能量太小，不能击穿介质形成放电，因此该脉冲能量会被此电容"吸收"，只能起"充电"作用，极间电极面积越大，充电效应就越明显，而当多个脉冲充电到较高的电压，积蓄了较多的电能后，才能引起介质击穿形成放电，此时所释放的能量是诸多小脉冲能量的累积，将加工出较大较深的放电凹坑。这种由于潜布电容使加工较大面积时表面粗糙度恶化的现象，称作电容效应。这就是电火花加工中大面积放电不能获得镜面或较好表面质量的原因。

2. 表面变质层

电火花加工过程中，在火花放电的瞬时高温和工作介质的快速冷却作用下，工件材料的表面层化学成分和组织结构会发生很大的变化，其性质改变了的部分称为表面变质层。表面变质层包括松散层、重铸层和热影响层，如图 2.20 所示。

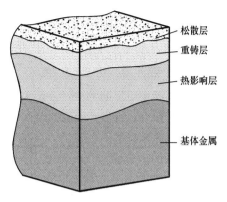

图 2.20　电火花加工表面变质层

（1）松散层。松散层是由放电后蚀除产物的飞溅黏附在重铸层表面，从而形成的一层很薄的松散颗粒构成的，极易剥落，因此在有些教材中不将其列为变质层的组成部分。

（2）重铸层。重铸层处于工件表面最上层，被放电时的瞬时高温熔化后又滞留下来，受工作介质快速冷却而凝固故又称熔化凝固层，再铸层。对于碳钢，重铸层在金相照片上呈现白色，故又称白层。它与基体金属完全不同，是一种晶粒细小的树枝状淬火铸造组织，与内层的结合并不牢固。

（3）热影响层。处于重铸层和基体金属之间。热影响层的金属材料并没有熔化，只是受到高温的影响，使材料的金相组织发生了变化，它与基体金属间没有明显的界限。对淬火钢，热影响层包括再淬火区、高温回火区和低温回火区；对未淬火钢，热影响层主要为淬火区。因此，淬火钢的热影响层厚度比未淬火钢厚。

重铸层和热影响层的厚度随着脉冲能量的增加而增大，一般变质层厚度有几十微米。

（4）显微裂纹。电火花加工表面由于受到瞬时高温作用并迅速冷却而产生拉应力，往往出现显微裂纹。试验表明，一般裂纹仅在重铸层内出现，只有在脉冲能量很大的情况下（粗加工时）才有可能扩展到热影响层。

脉冲能量对显微裂纹的影响是非常明显的，能量越大，显微裂纹越宽越深。不同工件材料对裂纹的敏感性不同，硬脆材料更容易产生裂纹。工件预先的热处理状态对裂纹产生的影响也很明显，加工淬火材料要比加工淬火后回火或退火的材料容易产生裂纹，因为淬火材料硬脆，原始内应力也较大。

3. 表面力学性能

（1）显微硬度及耐磨性。电火花加工后表面层的硬度一般均比较高，但对某些淬火钢，也可能稍低于基体硬度。对未淬火钢，特别是含碳量低的钢，热影响层的硬度都比基体金属高；对淬火钢，热影响层中的再淬火区硬度稍高或接近于基体金属硬度，而回火区的硬度比基体金属低，高温回火区又比低温回火区的硬度低。因此，一般情况下，电火花加工表面最外层的硬度比较高，耐磨性好。但对于滚动摩擦，由于是交变载荷，尤其对于干摩擦，则因重铸层和基体的结合不牢固，容易剥落而加快磨损。因此，有些要求高的模具需把电火花加工后的表面变质层研磨掉。

（2）残余应力。电火花加工表面存在由于瞬时先热胀后冷缩作用而形成的残余应力，而且表现为拉应力。残余应力的大小和分布主要与材料在加工前的热处理状态及加工时的脉冲能量有关。因此，对表面层质量要求较高的工件，应尽量避免使用较大的加工规准加工。

（3）抗疲劳性能。电火花加工表面存在较大的拉应力，还可能存在显微裂纹，因此其抗疲劳性能比机械加工的表面低很多。采用回火、喷丸等处理方式有助于降低残余应力，或使残余拉应力转变为压应力，从而提高其抗耐疲劳性能。

4. 减少变质层与微裂纹的方法

减少表面变质层的方法：一是采用较小的加工规准，二是采用较小的脉冲宽度。在同样单个脉冲能量下，可加大峰值电流而减小脉冲宽度使单位时间内输入的能量密度加大，使得此时部分工件材料不是在熔化状态而是在气化状态下被抛出蚀除，这样会使重铸层变薄。

对于表面微裂纹而言，针对不同的工件材料，减小单个脉冲能量，即使是硬质合金，也可以做到表面基本不产生微裂纹。

试验表明，当表面粗糙度在 $Ra0.32\sim Ra0.08\mu m$ 时，电火花加工表面的抗疲劳性能与机械加工表面相近。这是因为电火花精微加工表面所使用的加工规准很小，重铸层和热影响层均非常薄，不易出现显微裂纹，而且表面的残余拉应力也较小。

电火花成形
加工自动化

2.4 电火花成形机床

2.4.1 电火花成形机床的结构及组成

电火花成形加工设备一般由机床主机、脉冲电源、控制系统三部分组成。机床主机主要由床身、立柱、主轴头、工作台及工作液槽等部分组成，其作用是使电极与工件保持一定度的相对运动，并通过工作液循环过滤系统排出蚀除产物，使加工正常进行。脉冲电源的作用是为电火花成形加工提供放电能量。控制系统的作用是控制机床按指令运动并控制脉冲电源的各项参数及监控加工状态等，主要包括主轴自动进给控制、运动轴位置伺服控制、型腔加工联动控制及加工过程参数控制。最典型的 C 型机床的主要组成如图 2.21 所示。C 型结构适合中、小型机床采用，此外还有龙门式结构、滑枕式结构、摇臂式结构、台式结构、便携式结构等。随着模具制造业的发展，目前已有各种结构形式的三轴（或多于三轴）数控电火花成形机床及带有电极库并按程序自动更换电极的电火花加工中心。

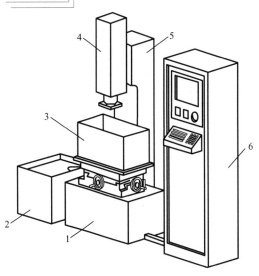

1—床身；2—工作液箱；3—工作台及工作液槽；
4—主轴头；5—立柱；6—控制柜

图 2.21　电火花成形机床（C 型）的主要组成

2.4.2　机床主机

下面以比较典型的 C 型三轴数控电火花成形机床主机为例介绍其各部分的结构及作用。

1. 床身、立柱及数控轴

床身、立柱（图 2.22 中的 1、2）是基础结构件，其作用是保证电极与工作台、工件之间的相互位置，立柱上承载的横向（X）、纵向（Y）及垂直方向（Z）轴（图 2.22 中的 4、3、5）的运动，对加工精度至关重要。C 型结构使机床具有较高的稳定性、精度保持性、刚性及承载能力。

2. 工作台

固定工作台（图 2.22 中的 6）结构使工件及工作液的质量对加工过程没有影响，加工更加稳定，同时方便大型工件的安装固定及操作者的观察。

目前数控电火花成形机床一般采用精密滚珠丝杠、滚动直线导轨和高性能伺服电动机等部件，以满足精密模具的加工要求。

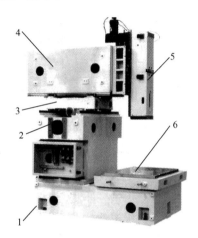

1—床身；2—立柱；3—Y 拖板；4—X 拖板；5—主轴头；6—固定工作台

图 2.22 C 型三轴数控电火花成形机床主机

X、Y 轴的伺服进给一般采用伺服电动机（或手轮）通过联轴器带动精密滚珠丝杠转动，进而带动螺母及拖板移动。双向推力球轴承和单列向心球轴承起支撑及消除反向间隙的作用，丝杠副采用消间隙结构，X、Y 轴方向的传动原理如图 2.23 所示。导向部分通常采用滚动直线导轨。

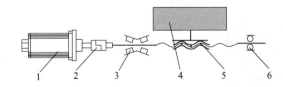

1—伺服电动机（或手轮）；2—联轴器；3—双向推力球轴承；
4—拖板；5—丝杠副；6—单列向心球轴承

图 2.23 X、Y 轴方向的传动原理

3. 主轴头

主轴头是电火花成形机床的关键部件，以实现 Z 轴方向的上下运动。主轴头由伺服进

给机构、导向和防扭机构、辅助机构三部分组成。主轴头的性能直接影响材料去除率、几何精度及表面粗糙度等工艺指标。

主轴头的伺服进给一般采用伺服电动机驱动，经同步带带动同步齿轮减速，再带动丝杠副转动，进而驱动主轴做上下（Z 向）移动。主轴头结构如图 2.24（a）所示，实物如图 2.24（b）所示。

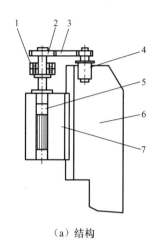 

（a）结构   （b）实物

1—双向推力球轴承；2—带轮；3—同步带；
4—伺服电动机；5—丝杠副；6—立柱；7—主轴头

图 2.24 机床主轴头

图 2.25 丝杠与交流伺服电动机
直联驱动主轴头结构

为进一步提高主轴头的运动精度及灵敏性，主轴头的伺服进给也有采用丝杠与交流伺服电动机直联驱动的，并在直线导轨导向作用下带动主轴头做上下（Z 向）移动，如图 2.25所示。

4. 直线电动机在电火花成形机床主机的应用

电火花加工过程中脉冲电源的输出是微秒级的，在 1s 内，极间就会有成万至几十万个脉冲输出，并产生放电，因此电火花加工极间的状态是瞬息万变的，机床主轴头及工作台的运动必须根据检测到的极间状态，在控制系统的指令要求下，尽可能"实时"地对极间加工状态做出反应并调整。

直线电动机可以将电能直接转换为直线运动的机械能，而不需要通过任何中间转换机构，其结构原理示意图如图 2.26所示。直线电动机可视为将传统圆筒型电动机的初级展开拉直，变初级的封闭磁场为开放磁场，而旋转电动机的定子则变为直线电动机的初级，旋转电动机的转子变为直线电动机的次级。在电动机的三相绕组中通入三相对称正弦电流后，在初级和次级间产生气隙磁场，气隙磁场的分布情况与旋转电动机相似，沿展开的直线方向呈正弦分布。当三相电流随时间变化时，气隙磁场按定向相序沿直线移动，这个气隙磁场称为行波磁场。次级的感应电流和行波磁场相互作用便产生了电磁推力，如果初级固定不动，次级就能沿着行波磁场的运动方向做直线运动。把直线电动机的初级和次级分别直接安装在机床的主轴头与立柱上，或者安装在工作台与床身上，即可实现直线电动机直接驱动主轴头或工作台做进给运动。由于这种运动方式的传动链缩短为"0"，因此被称为"零传动"。图2.27所示为采用直线电动机的主轴头及驱动轴，其中主轴头由直线电动机的陶瓷溜板（主轴）、电枢线圈、永久磁铁构成执行机构；由平衡气缸、直线滚动导轨构成导向和防扭机构；由光栅尺进行位置检测，并输出检测信号；还配有冷却系统，以减少因热变形而造成的精度误差。

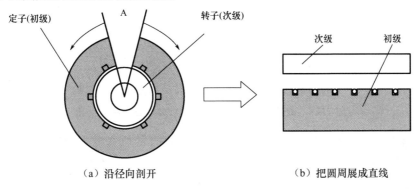

图 2.26　直线电动机结构原理示意图

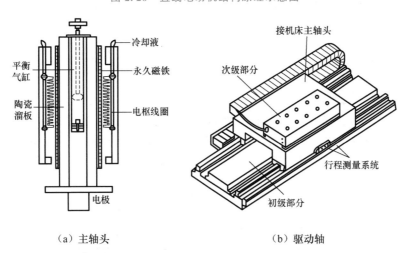

图 2.27　采用直线电动机的主轴头及驱动轴

　　旋转电动机的伺服方式是通过编码器的信号来控制位置［图2.28（a）］和速度，同时还必须采用滚珠丝杠把旋转运动转变为直线运动；另外，还要通过检测放电间隙的电压来保持一定的加工间隙。由于放电间隙极小，只有几微米至几十微米，因此主轴的往复运动很容易受到传动间隙误差的影响。而直线电动机本身就是一个直接的驱动体，所以光栅尺的信号能直接传递到电动机上［图2.28（b）］，无传动间隙的影响；而且由于电极能直接安装在电动机的主体上，因此可以把两者的动作视为一个整体，并能实现高速、高响应性及高稳定加工。

　　直线电动机的优点：一是避免了把旋转运动转变为直线运动的滚珠丝杠所引起的螺距

直线电动机
驱动电火花
加工

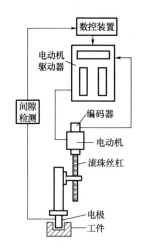

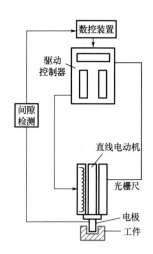

（a）旋转电动机驱动位置检测　　　（b）直线电动机驱动位置检测

图 2.28　旋转电动机及直线电动机驱动位置检测对比

误差、反向间隙等诸多问题，采用光栅尺得到的工作台的位置能直接反馈至直线电动机，无间隙的影响，并可以通过闭环控制实现高精度的位置控制，因此具有良好的跟踪性，能实现高速度及高响应性，适用于对动态特性及精度要求较高的高精密和高速加工的场合。电火花加工机床主轴头或工作台采用直线电动机驱动，必然会提高其伺服跟踪速度和定位精度，提高机床的加工性能。二是直线电动机的传递效率高，在采用电动机驱动的系统中，由于驱动电动机本身及滚珠丝杠旋转运动时存在摩擦阻力，会产生能量损失，而直线电动机加速所需要的电能则可全部转换为动能。

5. 工作液循环及过滤系统

工作液循环及过滤系统一般包括工作液箱、泵、电动机、过滤器、管道、阀、仪表等。工作液箱可以放入机床内部成为一体，也可以与机床分开单独放置。对工作液进行强制循环，是加速电蚀产物排除、改善极间加工状态的有效手段。工作液循环及过滤系统原理如图 2.29 所示。

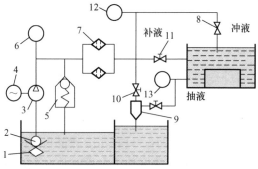

1—粗过滤器；2—单向阀；3—涡旋泵；4—电动机；5—安全阀；6—压力表；
7—精过滤器；8—压力调节阀；9—射液抽吸管；10—冲液选择阀；11—快速进液控制阀；
12—冲液压力阀；13—抽液压力阀

图 2.29　工作液循环及过滤系统原理

电火花加工所用的工作液主要是煤油或电火花专用油。加工中由于蚀除产物的颗粒很小，浮游在工作液中，并可以存于放电间隙中，使加工处于不稳定状态，直接影响材料去除率和表面粗糙度，因此必须保持工作液清洁。在工作液循环系统中一般使用过滤器进行工作液的净化，目前广泛使用纸芯过滤器，如图2.30所示。其优点是过滤精度较高，阻力小，更换方便，耗油量小，适用于大、中型电火花加工机床，而且经反冲或清洗仍可继续使用。纸芯过滤器一般可连续使用250～500h。

图 2.30　电火花加工用各类纸芯过滤器

2.4.3　脉冲电源

脉冲电源在电火花加工过程中提供放电能量，其功能是把工频正弦交流电转变为适应电火花加工需要的脉冲能量。脉冲电源输出的各种电参数对电火花加工的材料去除率、表面粗糙度、电极损耗及加工精度等各项工艺指标都有重要的影响。

1. 脉冲电源的要求及分类

为了在电火花加工中做到高效低耗、稳定可靠和兼作粗精加工之用，一般对脉冲电源有以下要求。

（1）脉冲电压波形的前、后沿应该很陡，即脉冲电流及脉冲能量的变化较小，以减小因极间间隙变化或极间介质污染程度变化等引起的工艺过程波动。

（2）脉冲电压波形是单向的，即没有负半波或负半波很小，这样才能最大限度地利用极性效应，实现高效低耗加工。

（3）脉冲电源的主要参数如脉冲峰值电流、脉冲宽度、脉冲间隔等应能在很宽的范围内调节，以满足粗、中、精加工的不同需求。

（4）工作稳定可靠，操作维修方便，成本低，寿命长，体积小。

脉冲电源按主要元件分类，包括弛张式脉冲电源、电子管式脉冲电源、闸流管式脉冲电源、脉冲发电机式脉冲电源、晶闸管式脉冲电源和晶体管式脉冲电源；按输出波形分类，包括矩形波脉冲电源、矩形波派生脉冲电源和非矩形波（如正弦波、三角波等）脉冲电源；按受间隙状态影响分类，包括非独立式脉冲电源、独立式脉冲电源和半独立式脉冲电源；按工作回路数目分类，包括单回路脉冲电源和多回路脉冲电源。

2. 弛张式脉冲电源（非独立式脉冲电源）

弛张式脉冲电源工作原理是利用电容器充电储存电能，而后瞬时释放，形成火花放电蚀除金属。因为电容器时而充电，时而放电，一弛一张，故称弛张式脉冲电源。

RC电源是弛张式脉冲电源中最简单、最基本的一种，如图2.31所示，其由两个回路组成：一个是充电回路，由直流电源U、限流电阻R（可调节充电速度，同时限流以防电流过大及转变为电弧放电）和电容器C（储能元件）组成；另一个是放电回路，由电容器C、电极和工件及其间的放电间隙组成。

当直流电源接通后，电流经限流电阻 R 向电容器 C 充电，电容器 C 两端的电压按指数曲线逐步上升，因为电容器两端的电压就是电极和工件间隙两端的电压，因此当电容器 C 两端的电压 u_c 上升到等于电极和工件间隙的击穿电压 u_d 时，极间被击穿，间隙电阻瞬时降低，电容器上储存的能量瞬时释放，形成脉冲电流，如图 2.32 所示。电容器的能量释放后，其两端的电压下降到接近于零，间隙中的工作液又迅速恢复绝缘状态，此后电容器再次充电，重复前述过程。

如果工具电极和工件间隙过大，极间无法击穿，则电容器上的电压 u_c 按指数曲线上升到接近直流电源电压 U。

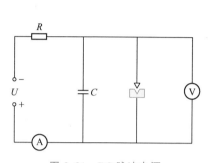

图 2.31　RC 脉冲电源

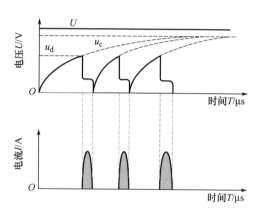

图 2.32　RC 脉冲电源的电压波形和电流波形

弛张式脉冲电源是电火花加工中最早使用、结构最简单的脉冲电源。充放电回路的阻抗可以是电阻 R、电感 L、非线性元件（二极管）及其组合。除最基本的 RC 脉冲电源外，还包括 RLC、RLCL、RLC-LC 脉冲电源。这类电源可以产生很窄的脉冲宽度，优点是加工精度高、加工表面质量好、工作可靠、装置简单、操作维修方便；缺点是脉冲波形及参数受到极间间隙状态的制约，极间距离及介质状态均会对放电电压、峰值电流、脉冲宽度、脉冲间隔，甚至能否形成放电产生决定性影响，因此该类电源又被称为非独立式脉冲电源。采用弛张式脉冲电源加工时，材料去除率低，电极损耗大。

3. 晶闸管式脉冲电源

晶闸管具有功率大、效率高、频率特性好、承受电压和电流冲击的性能强等特点。因此，晶闸管式脉冲电源具有电参数调节范围大、功率大、过载能力强等优点。尤其是因晶闸管的耐压高，允许在回路中使用电感，因此其电源的回路电流上升率低，非常有利于提高石墨电极材料的电火花加工性能。晶闸管式脉冲电源曾在中、大型电火花加工设备中获得广泛的应用，其缺点是高频性能仍不及晶体管式脉冲电源。

4. 晶体管式脉冲电源

晶体管式脉冲电源是利用功率晶体管作为开关元件而获得单向脉冲电流进行加工的，其输出功率及生产率不易做到像晶闸管式脉冲电源那样大，但它具有脉冲频率高、脉冲参数可调范围广、脉冲波形易于调整、易于实现多回路加工和自适应控制等特点，所以应用范围非常广泛，中小型脉冲电源几乎都采用晶体管式脉冲电源。

晶体管式脉冲电源的线路较多，但其主要部分均由主振级、放大级（前置放大）、功率级（功率输出）和直流电源等几部分构成，如图2.33所示。主振级用以产生脉冲信号，电源参数（脉冲宽度、脉冲间隔等）可用它调节。主振级输出的脉冲信号比较弱，不能直接推动末级功率管，因此需要通过放大级将脉冲信号放大，而后推动末级功率管导通或截止。实际使用时，通过采用多管分路并联输出的方法以提高输出功率，精加工时，可只用其中一路或二路输出。

为进一步提高电源的脉冲利用率，达到高效低耗、稳定加工及一些特殊需求，在晶体管式脉冲电源的基础上，派生出不少新型电源和线路，如高低压复合脉冲电源、多回路脉冲电源及等能量脉冲电源等。

5. 高低压复合脉冲电源

如图2.34所示，高低压复合脉冲电源放电间隙并联两个供电回路：一个为高压脉冲回路，脉冲电压较高（300V左右），平均电流很小，主要起击穿间隙的作用；另一个为低压脉冲回路，脉冲电压比较低（60～80V），电流比较大，主要起蚀除金属的作用，也称加工回路。二极管VD用于阻止高压脉冲进入低压脉冲回路。高低压复合的作用是显著提高脉冲的击穿率和利用率，并使放电间隙增大，排屑良好，加工稳定，在"钢打钢"时显示出很大的优越性。

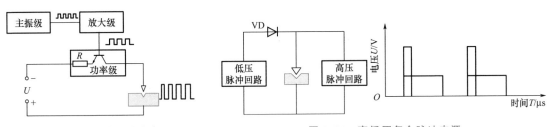

图2.33 晶体管式脉冲电源　　　　　图2.34 高低压复合脉冲电源

6. 多回路脉冲电源

多回路脉冲电源在电源的功率级并联分割出相互隔离绝缘的多个输出端，同时供给多个回路进行放电加工，如图2.35所示。其基本出发点是通过将单个大能量脉冲分散为数个小能量脉冲，在保障总去除率不低的前提下，降低加工表面粗糙度，从而提高加工表面质量，适用于大面积、多工具和多孔加工。

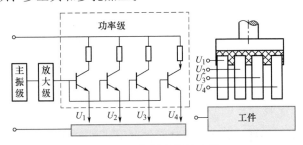

图2.35 多回路脉冲电源

采用多回路脉冲电源加工时，材料总去除率并不与回路数完全成正比，因为当某一回路极间短路时，全部回路都会停止工作，并整体回退。因此回路数必须选取得当，一般采用2～4个回路。加工越稳定，回路数可取得越多。

7. 等能量脉冲电源

等能量脉冲电源是指每个脉冲在介质击穿后放电所释放的单个脉冲能量相等。对于矩形波等能量脉冲电源而言，由于每次放电时放电维持电压和峰值电流基本相同，等能量即意味着每个脉冲放电电流持续时间相等。等能量脉冲电源可以在一定表面粗糙度条件下获得较高的材料去除率。

获得相同放电电流持续时间（宽度）的方法通常是在间隙加上直流电压后，利用火花击穿信号（击穿后电压突然降低）来控制脉冲电源主振级中的延时电路，令它开始延时，并以此作为脉冲电流的起始时间。延时结束后，发出信号，关断导通功率晶体管，使它中断脉冲输出，切断火花通道，从而完成一次脉冲放电。而后经过一定的脉冲间隔，发出下一个信号使功率晶体管导通，开始第二个脉冲周期。等能量脉冲电源的电压波形和电流波形如图 2.36 所示，每次脉冲放电电流宽度相等，而电压脉冲宽度则不一定相等。

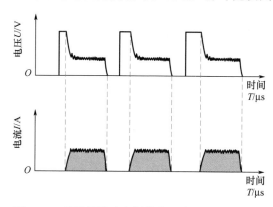

图 2.36 等能量脉冲电源的电压波形和电流波形

其他派生的脉冲电源还有分组脉冲电源、梳形波脉冲电源等，这些脉冲电源为进一步提高材料去除率和加工精度、改善加工表面完整性、降低电极损耗、扩大工艺应用范围等起到了较好的作用。

随着新技术的不断出现，电火花加工的脉冲电源系统也在不断地创新和完善。同时，为满足自动化加工的需要，自适应控制（adaptive control，AC）系统被引入脉冲电源系统。自适应控制系统在加工过程中可连续地检测电火花加工状态，根据预先设定的优化自适应控制（adaptive control optimization，ACO）或约束自适应控制（adaptive control constraint，ACC）模式，自动地调节有关脉冲参数，使加工保持理想的工作状态。

此外，模糊控制（fuzzy control）技术也已用于脉冲电源系统，用以控制更加复杂的加工过程。

2.4.4 主轴自动进给控制

加工过程中，电极与工件之间应该维持基本恒定的放电间隙，以适应正常的间隙火花放电要求，若间隙过大，则不易击穿，造成开路；若间隙过小，则会引起拉弧烧伤或短路。

为此电极的进给速度应与该方向上材料的蚀除速度相等。由于材料的蚀除速度受加工面积、排屑、排气等影响而不可能为定值，因此如果采用恒速进给的方式肯定是不合适的，必须通过自动进给调节系统控制电极的进给。

自动进给调节系统的任务在于维持一定的平均放电间隙，保证电火花加工正常而稳定进行，以获得较好的加工效果。

与其他任何一个完善的调节系统一样，放电加工用的自动进给调节系统也是由测量环节、比较环节、放大环节和执行环节组成的，如图 2.37 所示。实际应用时根据电火花成形机床的完善程度，其组成部分可略有增减。

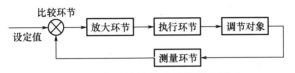

图 2.37 自动进给调节系统基本组成

1. 测量环节

由于加工中放电通道内存在上万度的高温，放电间隙很小，而且在不断变化，因此直接测量间隙值是很困难的。但放电间隙的大小和极间放电电压或电流之间存在一定的内在联系，所以可以通过测量电压或电流参数间接反馈间隙值的大小和变化。

具体的测量环节可按电极间隙的电压、电流或电压及电流三种方式获取信号，其本质是相同的。例如，当极间间隙由零变大时，电压信号也由零变大，而电流信号则由大变零，并且两者变化相位相反。当取电压及电流双信号时，可以获得多一倍的信号源，而且可以取长补短，更真实地反映间隙状态，常用的放电状态检测方法有如下两种。

（1）平均间隙电压检测法

如图 2.38 所示，间隙电压经电阻 R_1，由电容器 C 充电滤波后，成为平均值，又经电位器 R_2 分压取其一部分，输出的电压 U 即为表征间隙平均电压的信号。充电时间常数 $R_1 C$ 应略大于放电时间常数 $R_2 C$。图 2.39 所示的检测电路带整流桥。该电路的优点是电极、工件的极性变换不会影响输出信号 U 的极性。电火花成形加工时，因需经常切换极性，所以常采用此电路采样。

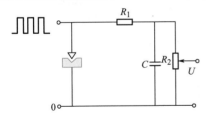

图 2.38 平均间隙电压检测电路

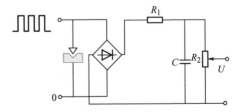

图 2.39 与极性无关平均间隙电压检测电路

（2）脉冲峰值电压检测法

如图 2.40 所示，图中的稳压管 VS 选用 30V 左右的稳压值，它能阻止和滤除比其稳压值低的火花维持电压（约25V），其作用相当于在取样回路中设置了一道门槛，只有当两极出现大于 30V 的空载峰值电压时，电信号才能越过稳压管稳压值设定的门槛，通过稳压管 VS 及二极管 VD，向电容器 C 充电，滤波后经电阻 R

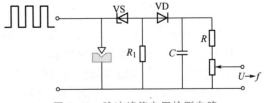

图 2.40 脉冲峰值电压检测电路

及电位器分压输出。此电路突出了空载峰值电压的控制作用，因为只有极间存在比较大的空载电压，检测电路才能检测到信号 U，并通过压频转换器件，将检测到的电压转换为计算机插补运算的频率 f，控制机床进给运动，其常用于需加工稳定，尽量减少短路率，宁可欠进给的工况。

2. 比较环节

比较环节用于根据设定值调节进给速度，以适应粗、中、精加工不同的加工规准。实质上是把从测量环节得来的信号和设定值进行比较，再按差值控制加工过程。大多数比较环节包含或合并在测量环节中，如脉冲峰值电压检测法中的门槛电压即为设定值。

3. 放大环节

测量环节获得的信号，一般都很微弱，难以驱动执行元件，必须经过一个放大环节，通常称它为放大器。为获得足够的驱动功率，放大环节要有一定的放大倍数，但若放大倍数过高，将会使系统产生过大的超调，即出现自激现象，使电极时进时退，调节不稳定。

4. 执行环节

执行环节也称执行机构，它根据控制信号的大小及时调节电极的进给量，以保持合适的放电间隙，从而保证电火花加工正常进行。电火花加工自动进给调节系统的执行环节大致可分为如下几种。

电液压式（喷嘴-挡板式）：企业中仍有应用，但已停止生产。

步进电动机：价廉，调速性能稍差，用于中小型电火花成形机床及往复走丝型电火花线切割机床。

宽调速力矩电动机：价格高，调速性能好，用于高性能电火花成形机床。

直流伺服电动机：用于大多数电火花成形机床。

交流伺服电动机：无电刷，力矩大，使用寿命长，用于大、中型电火花成形机床。

随着数控技术的发展，国内外的高档电火花成形机床均采用了高性能直流或交流伺服电动机，并采用直接拖动丝杠的传动方式，再配以光电编码盘、光栅、磁尺等作为位置检测环节，从而大大提高了机床的进给精度、性能和自动化程度。

5. 调节对象

调节对象是指电极与工件间的放电间隙，通常控制在 $0.1\sim0.01$mm。

2.4.5　运动轴位置伺服控制

1. 电动机伺服控制系统

（1）半闭环直流、交流伺服电动机位置伺服系统

半闭环位置伺服系统的位置检测器与伺服电动机同轴相连，可通过它直接测出电动机轴旋转的角位移，进而推知当前执行机构（如机床工作台）的实际位置。由于位置检测器不直接安装在执行机构上，位置闭环只能控制到电动机轴为止，因此称为半闭环。数控机床进给驱动半闭环位置伺服系统如图 2.41 所示，一般采用伺服电动机（直流伺服电动机或交流伺服电动机）作为执行元件，与普通电动机相比，其具有调速范围宽和短时输出力矩大的特点。这样，设计系统时不必再为保障低速性能和增大力矩而使用减速齿轮，可将电动机轴与滚珠丝杠直接连接，使传动链误差和非线性误差（齿轮间隙）大大减小，在机床导轨几何精度和润滑良好时，可以达到微米级的位置控制精度。另外，系统还可以采用节距误差补偿和间隙误差补偿的方法提高控制精度。这种结构在当前数控机床进给驱动位置伺服系统中普遍采用。

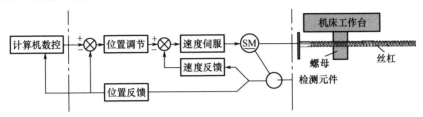

图 2.41　数控机床进给驱动半闭环位置伺服系统

（2）全闭环位置伺服系统

全闭环位置伺服系统如图 2.42 所示，将位置检测器件直接安装在机床工作台上，从而可以获取工作台实际位置的精确信息，通过反馈闭环实现高精度位置控制。理论上，这是一种最理想的位置伺服控制方案。

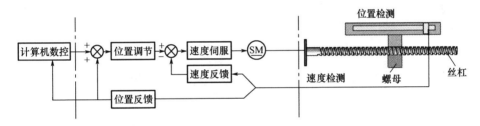

图 2.42　全闭环位置伺服系统

（3）直线电动机伺服控制系统

在旋转电动机驱动方式下，由于电动机、编码器、联轴器、丝杠螺母、工作台的传动链较长，必然存在控制滞后问题，使工作台的刚性和响应速度不能达到理想状态。

在直线电动机驱动方式下，将电动机直接安装在工作台上使其成为一个整体，直接做直线运动，光栅尺安装在电动机上，即直接安装在工作台上；同样主轴头上的电极也可以实现和电动机一同动作，这样，伺服系统的跟踪性能可以得到极大提高，能实现对极间放电状态改变的高速度、快响应调整。

2. 双向伺服控制系统

加工对开模时，需要电极既能向下又能向上进行伺服进给［图 2.43（a）］，有时还需要在型腔模的两个侧壁上加工出花纹或文字商标，这样又需要横向（左右或前后）进行伺服进给运动［图 2.43（b）］。

3. 旋转轴伺服控制系统

旋转轴伺服控制是指对旋转轴运动进行正反向的伺服进给，即旋转进给或回退，其包括 C 轴分度加工、A 轴（辅助轴）加工、C 轴和 Z 轴联动螺旋加工（图 2.44）等。

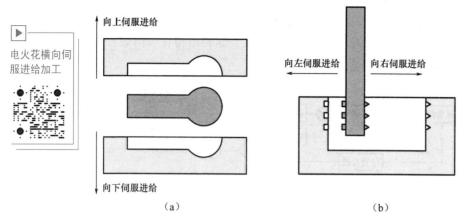

电火花横向伺服进给加工

图 2.43　双向伺服进给和横向伺服进给

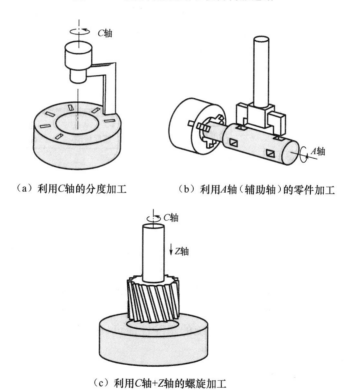

电火花R轴和C轴加工

（a）利用C轴的分度加工　　　（b）利用A轴（辅助轴）的零件加工

（c）利用C轴+Z轴的螺旋加工

图 2.44　旋转轴伺服进给

2.4.6　型腔加工联动控制

电火花成形机床数控系统对轴的定义与其他数控机床类似，除了有三个直线移动的 X、Y、Z 轴外，还有三个绕坐标轴的转动轴，其中绕 X 轴转动的称为 A 轴、绕 Y 轴转动的称为 B 轴、绕 Z 轴转动的称为 C 轴。C 轴运动可以是数控连续转动，也可以是不连续的分度转动或某一角度的转动。有些机床主轴 Z 轴可以连续转动，但不能数控，这不能称作 C 轴，只能称为 R 轴，其进行旋转的目的主要是改善极间的加工状态。

1. 平动头一般型腔加工

电火花成形加工时，对于一般的冲模和型腔模，采用单轴数控加平动头附件即可进行加工。由于火花放电间隙按粗、中、精加工逐渐递减，如果用一个电极进行加工，粗加工后，型腔底面和侧壁的表面粗糙度会很差，为将其修光，需通过转换小规准逐挡进行修整。由于后挡规准的放电间隙比前挡小，对底面可以通过主轴进给修光，但对侧壁无法进行修整，而平动头的设计就是为了对侧壁修整及提高尺寸精度。

平动头是一个能使装在其上的电极进行向外机械补偿动作的附件，它在电火花成形加工采用单电极加工型腔时，可以补偿前后两个加工规准之间的放电间隙差和表面粗糙度之差，达到型腔侧壁修光的目的。

平动头的工作原理：利用偏心机构将伺服电动机的旋转运动通过平动轨迹保持机构，使电极上每一点都能围绕其原始位置在水平面内做小圆周运动，许多小圆的外包络线即形成了加工表面，如图 2.45 所示。

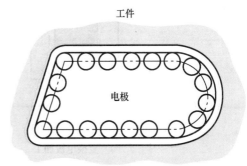

图 2.45　平动加工原理

如果不采用平动加工，用粗加工电极对型腔进行粗加工后，型腔四周侧壁将留下较大的放电间隙，而且表面粗糙度很差；后续如改用精加工规准进行修整，由于极间间隙太大将导致无法进行正常的放电加工；此时只好更换一个尺寸较大的精加工电极进行加工，如图 2.46（a）所示。这样将大大提高生产成本及生产周期。如果采用平动加工，如图 2.46（b）所示，只需要用一个电极向四周平动，逐步切换、减小加工规准，就可以加工出型腔。

电火花加工
平动头工作
原理

单电极平动加工的最大优点是只需要一个电极一次装夹定位，便可达到±0.05mm 的加工精度；缺点是很难加工出清棱、清角的型腔模，一般清角圆弧半径大于偏心半径。

平动加工随着电火花成形机床数控技术的不断发展，正在被数控工作台及机床主轴由程序控制的轨迹运动功能所取代。

2. 数控摇动加工

使电极向外逐步扩张运动称为平动，而工作台和工件向外逐步扩张的运动称为摇动。摇动加工的主要特点：逐步修光侧面和底面；可以精确控制加工尺寸及精度；可以加工出清棱、清角的侧壁及底边；变全面加工为局部面积加工，有利于排屑和稳定加工。

数控摇动加工除像平动头做小圆轨迹运动外还可以进行方形、棱形、叉形和十字形等轨迹运动。图 2.47 为电火花三轴数控摇动加工功能示意图。图 2.47（a）所示为摇动加工修光六角型孔侧壁和底面；图 2.47（b）所示为摇动加工修光半圆柱侧壁和底面；图 2.47（c）所示为摇动加工修光半球柱的侧壁和球头底面；图 2.47（d）所示为摇动加工修光四方孔侧壁和底面；图 2.47（e）所示为摇动加工修光圆柱孔孔壁和孔底；图 2.47（f）所示为摇动加工三维放射进给对四方孔底面修光并清角；图 2.47（g）所示为摇动加工三维放射进

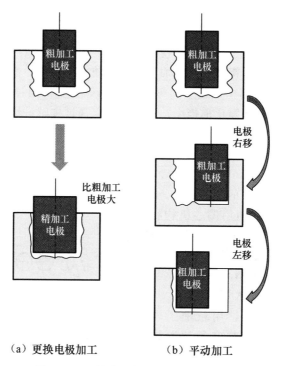

（a）更换电极加工　　　　　　（b）平动加工

图 2.46　更换电极与平动加工过程对比

给修清圆柱孔底面、底边；图 2.47（h）所示为用圆柱形电极摇动展成加工出任意角度的内圆锥面。

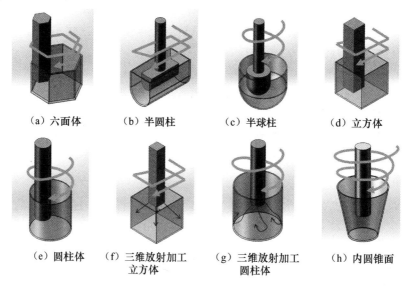

（a）六面体　　　（b）半圆柱　　　（c）半球柱　　　（d）立方体

（e）圆柱体　　　（f）三维放射加工　　（g）三维放射加工　　（h）内圆锥面
　　　　　　　　　　立方体　　　　　　　圆柱体

图 2.47　电火花三轴数控摇动加工功能示意图

对于一般的冲模和型腔模，采用单轴数控加平动头附件或摇动模式即可进行加工。

3. 复杂型腔数控联动加工

复杂型腔模需采用 X、Y、Z 三轴数控联动加工。常见的联动功能示意图如图 2.48 所示。联动加工可分为三轴三联动加工和三轴两联动加工。三轴两联动加工也称两轴半或2.5轴数控加工，即三个数控轴中，只有两个轴（如 X、Y 轴）有走斜线和走圆弧的数控插补联动功能，但是可以选择、切换三种不同的插补平面 XY、XZ、YZ，故称为"两轴半"。

在圆周上有分度的模具或有螺旋面的零件、模具，需采用 X、Y、Z 轴和 C 轴四轴数控联动加工。有些航空航天发动机中的带冠和扭曲叶片的整体叶盘，就需用 X、Y、Z、C、A、B 六轴或五轴数控联动加工（A、B 轴往往采用数控回转台附件的形式安置在数控机床的工作台上）。

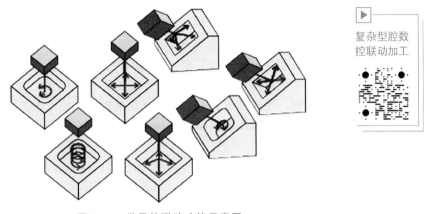

复杂型腔数控联动加工

图 2.48　常见的联动功能示意图

2.4.7　加工过程参数控制

电火花加工过程中除了正常火花放电外，还有拉弧、短路和空载等异常情况出现，因此必须不断对加工过程进行检测并在出现异常情况时做出快速响应。异常加工情况主要表现为拉弧和短路两种。

所谓拉弧，就是放电连续发生在某个电极表面的同一位置，形成了稳定的电弧放电，其脉冲电压波形的特征通常是没有击穿延时或放电维持电压稍低且高频分量少。拉弧在最初几秒就会显出很大的危害性，电极或工件上会立即烧蚀出一个深坑，产生严重的热影响区，深度可达几毫米，并可能以 1mm/min 以上的速度加深，使工件和电极报废。

短路虽然本身不产生材料蚀除，也不损伤电极，但在短路处会形成加热点，短路多次后，由于该区域极间介质和电极状态的异常，也易引发拉弧。

拉弧是电火花加工中对加工表面及电极表面破坏最严重的异常放电方式，应竭力避免。其形成原因主要是极间放电状态差，如介质没有充分消电离，排屑不畅，极间表面没有充分冷却，表面有积碳等。一旦发现拉弧现象，可采用以下方法给予补救。

（1）增大脉冲间隔。

（2）调大伺服参考电压（加工间隙）。

（3）引入周期抬刀运动，加大电极上抬和加工的时间比。

（4）减小放电电流（峰值电流）。

（5）暂停加工，清理电极和工件（如用细砂纸轻轻研磨）后再重新加工。

（6）试用反极性加工一段时间，使积碳表面加速损耗。

电火花加工的速度虽不算快，但每秒都有数万甚至几十万个脉冲输入极间，因此脉冲放电是一个快速复杂的过程，并且加工中会受到多种因素的干扰，对加工的工艺效果产生影响，因此为实现加工过程的充分自动化，进行适应控制是完全必要的。

适应控制比传统的开环、闭环控制系统前进了一大步，它能按预定的评估指标（即反映控制效果的准则），随着外界条件的变化自动改变加工控制参数和系统的特性（结构参数），使之尽可能接近设定的目标。

在电火花加工中采用的适应控制一般分为两类：一类是约束适应控制，它通过一些约束条件实现，如保证异常放电脉冲、短路脉冲等不超过一定的范围，相对击穿延时（T_d/T_{on}）不低于某一值（如 10%）等，这种方式对保证加工安全很有效，但不能发挥加工设备的最大潜力；另一类是最佳适应控制，它具有使系统达到评估指标极值的能力，从而引导加工过程达到所需的最优特性，如实现高生产率、高精度（低电极损耗）、低成本等，为此，加工过程要进行多种输出量的检测，然后进行分析、计算，根据控制策略以决定新的控制参数值并调整系统特性，所以最佳适应控制的作用不仅在于自动化，而且可使加工过程优化。依靠计算机、电子技术和机床本身质量的提高，加上工艺知识的积累及对参数间相互关系的深入了解，适应控制有了坚实的基础。目前在许多机床上已装备不同水平的适应控制系统。

图 2.49 所示为一典型的控制系统，其参数的控制可以通过几种不同的反馈环节实现。

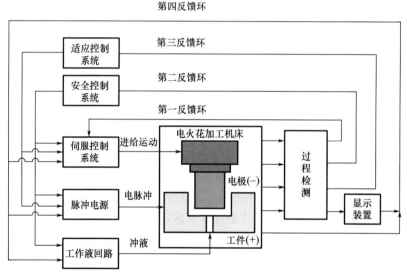

图 2.49　典型的控制系统

第一反馈环：加工间隙（伺服进给）控制环，是所有电火花加工机床需具备的基本环节。

第二反馈环：安全控制环，常用一种快速响应的附加回路，以防加工过程恶化。例如拉弧时加大脉冲间隔、减小电流，在紧急情况下快速回退电极，甚至切断电源，自动关机。

第三反馈环：适应控制环，对加工过程进行连续的控制，以实现自动化和最佳化。

第四反馈环：人工控制环，由操作人员自己评估加工情况，并进行控制参数的适当调整。机床常配备各种显示装置（如放电状态分析仪等），可帮助操作人员了解加工情况；在发生突发事件时，也需进行人工处理操作。

2.5　电火花加工工艺

电火花加工的基本工艺包括电极制备、工件准备及装夹定位、冲抽液方式选择、加工规准选择等。

2.5.1　电极制备

1. 电极材料的选择

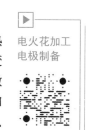

电火花加工
电极制备

电火花加工中电极材料应满足高熔点、低热膨胀系数、良好的导电导热性能和力学性能等基本要求，从而在使用过程中具有较低的损耗率和抵抗变形的能力；一般认为减小材料晶粒尺寸可降低电极损耗率，因此电极具有微细结晶的组织结构对降低电极损耗是有利的；此外，电极材料应使电火花加工过程稳定、生产率高、工件表面质量好，而且电极材料本身应易于加工、来源丰富并价格低廉。

目前生产中使用的电极材料主要有纯铜、铜钨合金、银钨合金及石墨等。由于铜钨合金和银钨合金的价格高，机械加工困难，故选用的较少，常用的为纯铜和石墨，这两种材料的共同特点是在长脉冲粗加工时能实现低损耗。

（1）铜电极

纯铜（电解铜）电极质地细密，加工稳定性好，相对电极耗损较低，适应性广，适于加工贯通模和型腔模，若采用细管电极可加工小孔，也可用电铸法制作的电极加工复杂的三维形状，尤其适用于制造精密花纹模电极。但其精车、精密机械加工比较困难。

黄铜电极适宜于中小规准情况下的加工，加工稳定性好，制造也较容易，但是电极损耗率较一般电极大，加工零件不容易一次成形，所以只用在简单的模具加工或通孔加工、取断丝锥等方面。

铜的熔点较低，精加工电极损耗率较大，因此需要引入另一种高熔点材料以降低电极损耗率。铜钨合金兼有铜的导热性好和钨的熔点高、热膨胀系数低和耐电火花侵蚀能力的特点，因此成为一种高性能的电极材料。铜钨合金电极含钨量高，可有效地抵御电火花加工时的损耗，能保证极低的电极损耗，在极困难的加工条件下也能实现稳定的加工，主要用于加工模具钢和碳化钨工件，其中的铜、钨含量比一般为 25:75。但铜钨合金价格昂贵，材料来源困难，因此在通常加工中很少采用铜钨合金电极，只有在高精密模具及一些特殊场合加工中使用。

（2）石墨电极

石墨具有良好的导电导热性和可加工性，是电火花加工中广泛使用的电极材料。石墨电极材料分为特微级、极细级、超细级、精细级、中等级、粗糙级等，如图 2.50 所示，可根据加工的精度、效率要求选择。选用时主要取决于电极的工作条件（粗加工、半精加工或精加工）及电极的几何形状。工件加工表面粗糙度与石墨颗粒尺寸有直接关系，通常颗粒平均尺寸在 $1\mu m$ 以下的石墨电极专门用于精加工。

与其他电极材料相比，石墨电极可采用较大的放电电流进行电火花加工，因而生产率较高，粗加工时电极的损耗率小，但精加工时电极损耗增大，加工表面粗糙度较差。

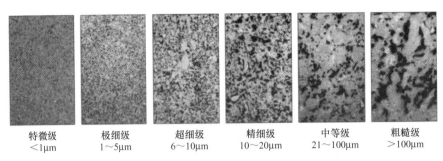

特微级	极细级	超细级	精细级	中等级	粗糙级
<1μm	1~5μm	6~10μm	10~20μm	21~100μm	>100μm

图 2.50　石墨电极的颗粒度分类

（3）铸铁电极

铸铁电极制造容易，价格低廉，材料来源丰富，放电加工稳定性也较好，而且机械加工性能好，与凸模黏接在一起成形磨削也较方便，特别适用于复合式脉冲电源加工，电极损耗一般在20%以下，比较适合加工冷冲模具。

（4）钢电极

与铸铁电极相比，钢电极加工稳定性差，材料去除率也较低，但它可以把电极和凸模合为一体，一次成形，精度易保证，可减少冲头与电极的制造工时，电极耗损与铸铁电极相似，适合"钢打钢"冷冲模加工。

2. 电极的设计

（1）穿孔加工

穿孔加工时，由于凹模的精度主要取决于电极的精度，因此对其有较严格的要求，一般要求电极的尺寸精度和表面粗糙度比凹模高一级，一般精度不低于IT7，表面粗糙度低于 $Ra1.25\mu m$，并且直线度、平面度和平行度在 100mm 长度上不大于 0.01mm。

电极应有足够的长度，要考虑端部损耗后仍有足够的修光长度。

加工硬质合金时，由于电极损耗较大，还应适当加长。

电极的截面轮廓尺寸除考虑配合间隙外，还要考虑比预定加工的型孔尺寸均匀地缩小一个火花放电间隙。

（2）型腔模电极设计

加工型腔模时的电极尺寸不仅与模具的大小、形状、复杂程度有关，而且与电极材料、加工电流、深度、余量及间隙等因素有关。当采用平动加工时，还应考虑所选用的平动量。

与主轴头进给方向垂直的电极尺寸称为水平尺寸，计算时应考虑放电间隙和平动量，任何有内、外直角及圆弧型腔的，可用式（2-1）确定。

$$a = A \pm Kb \tag{2-1}$$

式中，a 为电极水平尺寸；A 为图样上型腔的名义尺寸；K 为与型腔尺寸标注有关的系数，直径方向（双边）$K=2$，半径方向（单边）$K=1$；b 为电极单边缩放量（包括平动头偏心量，一般取 0.5~0.9mm）。

$$b = S_L + H_{max} + h_{max} \tag{2-2}$$

式中，S_L 为电火花加工时单面加工间隙；H_{max} 为前规准加工后表面微观不平度最大值；

h_{max}为本规准加工后表面微观不平度最大值。

式(2-1)中的"±"号按缩放原则确定，如图2.51（a）中计算a_1时用"－"号，计算a_2时用"＋"号。

电极在垂直方向总高度的确定如图2.51（b）所示，可按式(2-3)计算。

$$H=l+L_1+L_2 \tag{2-3}$$

式中，H为除装夹部分外的电极总高度；l为电极每加工一个型腔，在垂直方向的有效高度，包括型腔深度和电极端面损耗量，并扣除端面加工间隙值；L_1+L_2为考虑加工结束时，电极夹具不与夹具模块或压板发生接触，以及同一电极需重复使用而增加的高度。

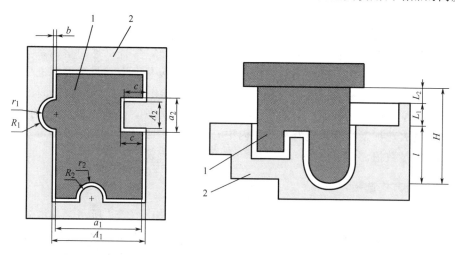

（a）电极水平截面尺寸缩放示意图　　　（b）电极总高度确定示意图

1—电极；2—工件型腔

图 2.51　型腔模电极设计

3. 电极制造

纯铜电极可采用普通机械加工、数控铣、电火花线切割、电火花磨削、电铸等方式制造。

石墨电极应选用质细、致密、颗粒均匀、气孔率低、灰粉少、强度高的高纯石墨制造。

由于石墨是一种在加压条件下烧结而成的碳素材料，因此有一定程度的各向异性。使用中应采用石墨坯块的非侧压方向的面作为电极端面，否则加工中易剥落、损耗大。电极制造方法有机械加工、加压振动成型、成型烧结、镶拼组合、超声加工、砂线切割等。目前制作石墨电极有专门的石墨数控雕铣机。

4. 电极的装夹与校正

电极装夹与校正的目的是使电极正确、牢固地装夹在机床主轴的电极夹具上，使电极轴线与机床主轴轴线一致，保持电极与工件的垂直和相对位置。电极装夹主要由电极夹头完成。电极装夹后，应进行校正，主要检查电极的垂直度，使其轴线或轮廓线垂直于机床工作台面。保证电极与工件在垂直情况下进行加工。电极的装夹方式有自动装夹和手动装夹两种。具有自动

纯铜电极
安装

装夹电极功能的数控电火花加工机床可实现加工过程的全自动运行，通过机床的电极自动交换装置和配套使用的电极专用夹具（如 EROWA、3R）完成电极的换装，并实现电极的自动校正，这样能够保证电极与机床正确的相互位置，大大减少电火花加工过程中装夹、重复调整的时间。手动装夹电极是指使用通用的电极夹具，通过可调节电极角度的夹头来校正电极，由人工完成电极装夹、校正操作。

2.5.2　工件的准备及装夹定位

电火花加工前，工件型腔部位要进行预加工，并留适当的电火花加工余量。余量的大小应能补偿电火花加工的定位、找正误差及机械加工误差。对形状复杂的型腔，余量要适当加大，对需要淬火处理的型腔，根据精度要求安排热处理工序。

电火花加工时将工件安装于工作台并对工件进行校正，保证工件的坐标系与机床的坐标系方向一致。电火花加工最常用的定位方式是利用电极基准中心与工件基准中心之间的距离来确定加工位置，称为"四面分中"。利用电极基准中心与工件单侧之间的距离确定加工位置的定位方式也比较常用，称为"单侧分中"。另外，还有一些其他的定位方式。目前的数控电火花加工机床都具有自动找内中心、找外中心、找角、找单侧等功能，只要输入相关的测量数值，即可实现加工定位，比手动定位方便。

2.5.3　冲抽液方式选择

工作液强迫循环方式可分为冲液式和抽液式两种，如图 2.52 所示。冲液式排屑能力强，但电蚀产物通过已加工区，可能产生二次放电，影响加工精度；抽液式电蚀产物从待加工区排出，不影响加工精度，但加工过程中分解出的可燃气体容易积聚在抽液回路的死角处而引起"放炮"现象。

为了防止工作液越用越脏，影响加工性能，必须不断净化、过滤，通常采用纸芯过滤法。

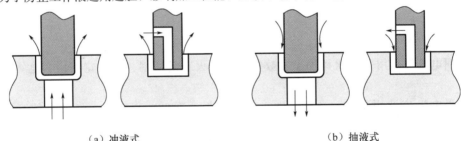

　（a）冲液式　　　　　　　　　　　　　　　（b）抽液式

图 2.52　工作液强迫循环方式

2.5.4　加工规准选择

加工规准是指电火花加工过程中的电参数，如电压、电流、脉冲宽度、脉冲间隔等。加工规准的选择直接影响加工工艺指标，故应根据加工要求、电极和工件材料、加工工艺指标等因素确定加工规准，并在加工过程中根据具体情况及时切换。

粗加工要求获得高的材料去除率和低电极损耗，可选用长脉冲宽度、大电流的粗规准进行加工。电流要根据工件具体情况而定，如刚开始加工时，接触面积小，电流不宜过大，随着加工面积的增大，可逐步增加电流；当粗加工到接近的尺寸时，应逐步减小电流，改善表面质量，以尽量减少后续中加工的修整量。

单电极加工场合，从中规准开始就应利用平动运动补偿前后两种加工规准的放电间隙差和表面粗糙度差。中规准为粗规准、精规准的过渡，与粗规准间并没有明显界限，选用的脉冲宽度、电流应比粗规准相应小些。

精加工时，采用窄脉冲宽度、小电流的精规准，将表面粗糙度改善到优于 $Ra2.5\mu m$ 的范围。精规准加工时电极相对损耗大，可达 $10\% \sim 25\%$，但因加工量很少，所以绝对损耗并不大。

在中、精规准加工时，有时还需要根据工件尺寸和复杂情况适当切换几挡参数。

为了得到较高的材料去除率和尽可能低的电极损耗，要求每挡规准加工的凹坑底部刚能达到（或稍深，以去除上次加工的表层）上挡加工的凹坑底部，以达到既能修光，又能使中、精加工的去除量最少的目的。

加工规准与工艺指标间的关系如下。

（1）材料去除率。影响材料去除率的关键参数是电流密度、脉冲宽度、间隙电压。电流密度是单位面积通过的电流，可以通过加大峰值电流或减小脉冲间隔实现。电流密度与材料去除率成正比，电流密度越大，材料去除率越高。但电流密度不可以无限加大，超出一定范围，电极损耗就会急剧增加；并且当电流过大，电蚀产物的生成速度超过排出速度时，极间会产生严重积碳，材料去除率反而会下降，严重时会产生拉弧，烧伤电极和工件。而且随着峰值电流的增大，放电间隙、表面粗糙度也会随之增加，而且型腔加工的 R 角也随之增大。所以粗加工时，虽然主要目标是提高材料去除率，但对其他的因素也要加以考虑，把峰值电流控制在合理的范围内（一般纯铜电极小面积加工时电流密度为 $3 \sim 5A/cm^2$，大面积加工时为 $1 \sim 3A/cm^2$；石墨的耐热和抗冲击能力强于纯铜，故石墨电极加工时的电流密度可适当大些），否则损耗过大，仿形精度无法保证。过大的放电间隙和表面粗糙度给下一步精修也增加了难度。

适当减小脉冲间隔，改变脉冲宽度、调整占空比，提高脉冲频率，也可以达到增大平均电流密度的目的。这种方法也可以提高材料去除率，但不如加大峰值电流明显。脉冲间隔的选择原则：长脉冲时一般取脉冲宽度的 $1/5 \sim 1/3$，精加工时取脉冲宽度的 $5 \sim 10$ 倍，或更大些。

改变脉冲宽度可提高材料去除率。在加工中，不同的脉冲电流，都对应一个最佳的脉冲宽度，它随脉冲电流的大小而改变，随着峰值电流的增加，最佳脉冲宽度也随着变宽。

图 2.53 是铜打钢时材料去除率与脉冲宽度和峰值电流的关系曲线。

（2）电极损耗。电极损耗直接影响电火花成形加工的仿形精度，特别是对于型腔加工，电极损耗指标较材料去除率更重要。为了减小电极损耗必须很好地利用电火花加工中的各种效应（极性效应、吸附效应、热传导效应等），使电极表面形成炭黑膜，利用炭黑膜的补偿作用降低电极损耗。

① 增加脉冲宽度对降低电极损耗有明显的效果，随着脉冲宽度的增加，电极损耗逐步减小，呈明显的下降趋势，但也并非越宽越好，因为过大的脉冲宽度会使放电间隙、表面粗糙度都受影响，尤其是加工截面积很小时，过大的脉冲宽度易造成放电间隙温度过高，放电点不易转移，易形成积碳或烧伤，反而导致电极损耗增加。大脉冲宽度也会使加工棱角变钝、R 角增大。

② 电流密度过高会造成电极损耗加大，也会使放电点不易转移，放电后的余热来不及扩散，积累后造成过热，形成电弧，破坏了炭黑膜生成的条件，减弱了覆盖效应，导致电极损耗增加。

图 2.54 为铜打钢时电极相对损耗比与脉冲宽度和峰值电流的关系曲线。

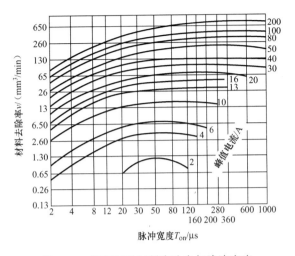

图 2.53　铜打钢时材料去除率与脉冲宽度
和峰值电流的关系曲线

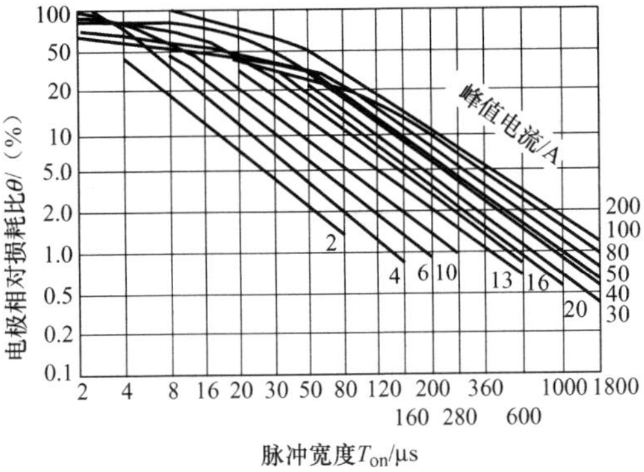

图 2.54　铜打钢时电极相对损耗比与脉冲宽度
和峰值电流的关系曲线

（3）表面粗糙度。表面粗糙度是指加工表面上的微观几何形状误差。国家标准规定：加工表面粗糙度用 Ra（微观轮廓平面度的平均算术偏差值）或 Rz（微观轮廓不平度平均高度值）评定，单位为 μm。在某些国家也有用微观轮廓平面度的最大高度值 R_{max} 表示的。

电火花加工表面由无方向性的无数小坑和硬凸起组成，加工表面粗糙度直接影响产品使用性能，如耐磨性、接触刚度、疲劳强度等。尤其对高速高压工作条件下的模具和零件，表面粗糙度往往是决定其使用性能和寿命的关键。图 2.55 为铜打钢时表面粗糙度与脉冲宽度和峰值电流的关系曲线。

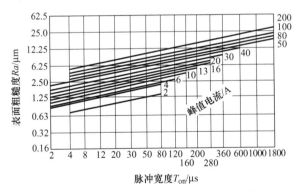

图 2.55　铜打钢时表面粗糙度与脉冲宽度和峰值电流的关系曲线

要协调好加工规准，处理好材料去除率、电极损耗、放电间隙、表面粗糙度之间的关系，才能快速、低损耗、高精度地完成加工。

在 2.3.5 电火花加工的表面质量中已叙述过，电火花成形加工中虽然单脉冲能量可以设计得很小，但由于浸没在火花油中的电极与工件相当于构成了一个电容，由于极间电容效应的存在，微小能量的单脉冲不能在极间产生介质击穿，只是不断地对两极进行充电，直至累积的能量达到可以形成极间介质击穿为止，而一旦形成介质击穿后所释放的能量则是先前诸多脉冲能量的累积，将产生较大的蚀除坑，并且两极面积越大，电容效应就越明显，导致在加工面积较大时表面粗糙度很难低于 $Ra0.32\mu m$。因此当要求获得大面积较高质量表面甚至是镜面加工要求的情况下，一般都是通过人工抛光的方法来获得的，如图 2.56 所示。由于电火花加工也存在一些表面质量要求很高的复杂、窄槽、窄缝零件，如图 2.57 所示，而这些零件无法采用人工抛光，为此在 20 世纪末，日本率先研制了混粉电火花加工（简称混粉加工，powder mixed electrical discharge machining，PMEDM）工艺，可以较大面积地加工出 $Ra0.05 \sim Ra0.1 \mu m$ 的镜面。其基本方法是在煤油工作液中混入直径 $\phi1 \sim \phi2 \mu m$ 的硅或铝导电微粉，并不断搅拌，避免其沉淀。之所以选择硅或铝导电微粉主要是因为该类材料较轻，可以尽可能保障导电微粉均匀地混合在介质中，并能均匀地进入两极间，延长其沉降所需的时间。传统煤油介质加工与混粉加工微观表面对比如图 2.58 所示，可看到与传统加工相比，混粉加工的表面放电凹坑大且浅。

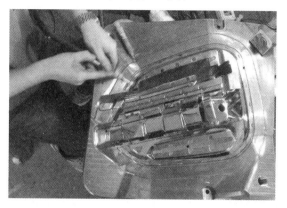

图 2.56　人工抛光工件表面

模具表面
抛光

图 2.57　表面质量要求高的复杂、窄槽、窄缝零件

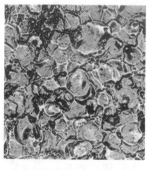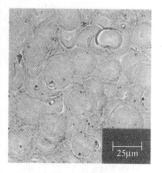

混粉加工

（a）传统煤油介质加工微观表面　　（b）混粉加工微观表面

图 2.58　传统煤油介质加工与混粉加工微观表面对比

混粉加工之所以能加工出大面积镜面，主要机理如下。

① 放电介质混入硅或铝的导电微粉后，使得极间介质的电阻率降低，放电间隙成倍

扩大，由于极间电容反比于极间距离，因此极间潜布、寄生电容大量减少，极间储能能力降低，释放出的脉冲能量减少，导致放电凹坑变浅；并且由于极间距离的增加，排屑、冷却及消电离特性显著改善，加工稳定性大大提高，其极间的状况如图 2.59 所示。

② 混粉加工每次进行的放电，带电粒子不是直接轰击到工件表面，而是通过极间的微粉将能量逐级传递到工件表面，从而减少了脉冲能量，导致放电凹坑进一步变浅。

③ 混粉加工放电能量在传递过程中，形成了扇面的扩散，使得到达工件表面的脉冲能量被进一步"分散"减少，形成了大且浅的放电凹坑，如图 2.60 所示。

④ 介质中硅或铝的导电微粉，通过混粉加工后，工件表面还可以形成特殊的"玻璃"层，提高了工件表面的耐磨及耐腐蚀性能。

混粉加工获得的大面积镜面加工表面如图 2.61 所示，一般混粉加工会单独使用一套工作液系统。

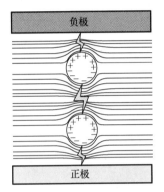

图 2.59 极间的状况

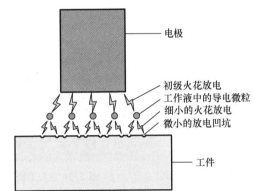

图 2.60 放电分散原理图

图 2.61 混粉加工获得的大面积镜面加工表面

（4）加工精度。电火花加工精度主要包括尺寸精度、形状精度和位置精度。

① 尺寸精度。尺寸精度是指加工后零件的实际尺寸与零件公差带中心的相符合程度。满足尺寸精度的条件是要符合加工尺寸的公差要求。由于电火花加工的表面是由一层微小的放电坑组成的，对于型腔模还要对其进行抛光处理，因此，在考虑这些部位的尺寸精度时要计算抛光余量。

② 形状精度。形状精度是指电火花加工完成部位的形状与加工要求形状的符合情况。

③ 位置精度。位置精度是指电火花加工的形状相对工件上某几何参照系的尺寸准确度，如加工位置有无偏位，加工位置对基准的平行度、垂直度等。

2.6 电火花加工方法

电火花加工包括穿孔加工和成形加工两大类。电火花穿孔加工的电极损耗可由进给进行补偿，而成形加工时的电极损耗将直接影响仿形精度。

2.6.1 电火花穿孔加工

冲模加工是电火花穿孔加工的典型应用之一，主要是对冲头和凹模进行加工，冲头往往采用机械方法加工，而凹模往往采用电火花线切割或电火花穿孔的方法加工，在有些情况下用机械加工方法加工凹模往往很困难，并且工作量大，质量也不易保证，甚至不可能。

凹模的质量指标主要包括尺寸精度、冲头与凹模的单边配合间隙、刃口斜角、刃口高度和落料角。凹模采用电火花穿孔加工时的尺寸精度主要靠电极保证，冲模电火花穿孔加工主要有以下几种加工方法。

电火花
多电极及
多头加工

1. 直接加工法

直接加工法是将凸模直接作为电极用以加工凹模形孔。此法适用于形状复杂，凸、凹模配合间隙在 0.03~0.08mm 的多形孔凹模加工。它的特点是工艺简单，加工后的凸、凹模配合间隙均匀，在加工时，不需要做电极，但因为电极材料的原因，放电加工性能较差。模具常用于对电机的定、转子片及各种硅钢片冲孔。具体做法是先将凸模长度适当加长，非刃口端作为电极端面，加工凹模后，再按图样尺寸将凸模加长部分割去。

电火花
成形加工
键盘模具

如图 2.62 所示，用钢凸模作为电极直接加工凹模，加工时将凹模刃口端朝下，加工后形成向上的"喇叭口"，加工后将工件翻过来使"喇叭口"（此喇叭口有利于冲模落料）向下作为凹模。

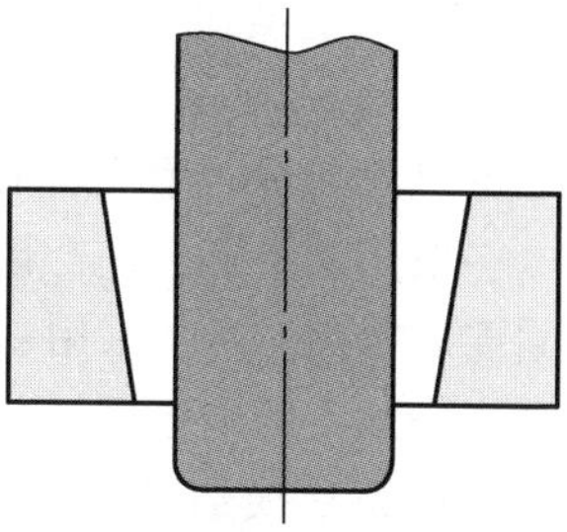

2. 间接加工法

间接加工法是将凸模与加工凹模的电极分开制造，即根据凹模尺寸设计电极，并加工制造电极，然后对凹模进行放电加工，再按冲裁间隙配制凸模。此法适用于凸、凹模配合间隙大于 0.12mm 或小于 0.02mm（双面）的凹模加工。加工后的凸、凹模间隙值，可由下述公式计算：凸、凹模配合间隙值＝电极尺寸/2＋放电间隙－凸模尺寸/2。它的特点是电极材料可以自由选择，不受凸模的限制，但凸、凹模间隙会受到放电间隙的限制，而且由于凸模单独制造，间隙不易保证均匀。

图 2.62 凹模的电火花加工

3. 混合加工法

混合加工法是电极与凸模选用的材料不同，通过焊锡或其他导电黏合剂，将电极与凸模黏接在一起加工成形，然后对凹模进行加工。加工后，再将电极与凸模分开。此法有直接加工法的工艺效果，可提高生产率。若电极采用较好材料，放电加工性能会更好，质量和精度都比较稳定、可靠。

加工规准的选择直接影响模具加工工艺指标，通常选择粗、中、精三种规准。粗规准用

于去除大部分材料，剩小部分加工余量；中规准用于过渡性加工，以进一步减少精加工的加工余量，提高材料去除率；精规准用来最终保证模具所要求的配合间隙、表面粗糙度、刃口斜度等质量指标，同时尽可能提高材料去除率。有时也可只选择粗、精两种规准。

2.6.2 电火花型腔加工

电火花型腔加工方法主要有单电极平动加工法、多电极更换加工法、分解电极加工法、集束电极加工法等，选择时要根据成形的技术要求、复杂程度、工艺特点、机床类型及脉冲电源的技术规格、性能特点而定。

1. 单电极平动加工法

单电极平动加工法在型腔模电火花成形加工中应用最广泛。工具电极借助于平动头在垂直于型腔深度方向的平面内做相对于工件的微小圆周平动。它采用一个电极按粗、中、精的顺序逐级切换规准，并依次加大电极的平动量，以补偿前后两个规准之间型腔侧面放电间隙差和表面微观不平度差，实现型腔侧面的仿型修光。

单电极平动加工的优点是只需一个电极，一次装夹定位，便可达到较好的加工精度；平动加工可使电极损耗均匀，改善排屑条件，加工稳定。其缺点是普通平动头难以获得高精度的型腔模，特别是难以加工出内清角（平动时，电极上的每一个点都按平动头的偏心半径做小圆周运动，清角半径由偏心半径和放电间隙决定）；电极损耗的不均匀性和电极表面的剥落会使尺寸精度和表面质量降低，有时在型腔表面还会产生波纹。

采用数控电火花加工机床时，可以利用工作台按一定轨迹做微量移动进行侧面修光，此运动方式称为摇动。摇动加工的轨迹由数控系统产生，所以有灵活多样的模式，因此更加适合复杂形状模具侧面的修光，尤其可以做到尖角处的清根，这是平动加工无法做到的。

2. 多电极更换加工法

多电极更换加工法是分别采用粗、中（半精）、精加工电极依次加工同一个型腔。

如图 2.63 所示，先用粗加工电极去除大量金属，然后换半精加工电极完成粗加工到精加工的过渡，最后用精加工电极进行精加工。每个电极加工时，须把上一规准的放电痕迹去掉。一般用两个电极进行粗、精加工就可以满足一般型腔模的要求，当型腔模的精度和表面质量要求很高时，才采用粗、半精、精加工电极进行加工，必要时还要采用多个精加工电极来修正精加工的电极损耗。

多电极更换加工法的优点是仿形精度高，尤其适用于尖角、窄缝多的型腔加工；缺点是需要用精密机床制造多个电极，而且更换电极时需要有高的重复定位精度，需要附件和夹具进行配合，因此一般只用于精密型腔加工。

3. 分解电极加工法

分解电极加工法是单电极平动加工法和多电极更换加工法的综合应用。其工艺灵活性强，仿形精度高，适用于尖角窄缝、沉孔、深槽多的复杂型腔模加工。根据型腔的几何形状，把电极分解为主型腔电极和副型腔电极，先用主型腔电极加工出主型腔，再用副型腔电极加工尖角、窄槽、异形盲孔等，如图 2.64 所示。图 2.65 所示为复杂型腔采用分解电极加工法加工实例。

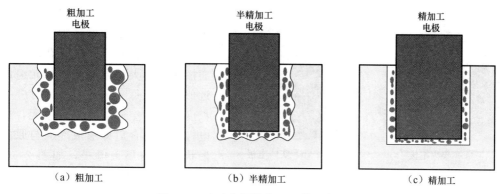

（a）粗加工　　　　　　　　　（b）半精加工　　　　　　　　　（c）精加工

图 2.63　多电极更换加工工艺示意图

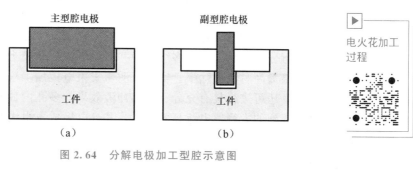

（a）　　　　　　　　　　（b）

图 2.64　分解电极加工型腔示意图

电火花加工
过程

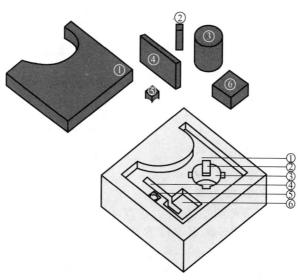

图 2.65　复杂型腔采用分解电极加工法加工实例

分解电极加工法的优点是可根据主、副型腔不同的加工条件，选择不同的电极材料和加工规准，有利于提高加工速度和改善表面质量，同时还可简化电极制造，便于电极修整；缺点是主型腔和副型腔间的定位精度要求高，需要采用高精度的数控机床和完善的电极装夹附件。

4. 集束电极加工法

针对传统电火花成形加工中复杂电极制造成本高并且材料去除率低等问题，研究人员

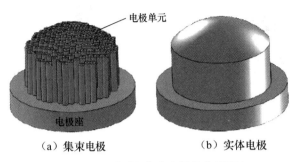

电极单元

电极座

（a）集束电极　　　　（b）实体电极

图 2.66　成形与集束电极转化原理

提出了一种利用空心管状电极组成的集束电极进行加工的新方法，即集束电极加工法。它将三维复杂电极型面离散化为由大量微小截面单元组成的近似曲面，每一个截面单元对应一个长度不等的空心管状电极单元，这些电极单元组合后即形成端面与原曲面形状近似的集束电极，如图 2.66 所示。这样就把一个复杂三维成形电极型面转化为由单个微小截面管状电极的长度截取和排列问题，从而大大降低了电极的加工难度和制造成本。每个微小电极均为中空结构，可将工作液强迫冲出，改善极间冷却、洗涤及消电离状况，再辅以摇动功能，就可以获得一种经济、高效的电火花加工新方法，尤其适用于工件材料的大余量去除粗加工。若将电极单元进行分组绝缘并采用多组脉冲并联供电方式，相当于多台脉冲电源同时投入工作，还可以成倍提高材料去除率。实践证明，集束电极加工法不仅能显著降低电极制造成本和制备时间，还可进行具有充分、均匀冲液效果的多孔内冲液加工，从而实现传统实体成形电极无法达到的大峰值电流高效加工，并且电极成本也大幅下降，但其仿形精度不如实体电极。

2.6.3　电火花铣削加工

　　电火花铣削加工是 20 世纪 90 年代发展起来的电火花加工技术。其利用简单电极，也称标准电极（如棒状电极），在多轴联动数控电火花加工机床上对三维型腔或型面进行展成加工。它避免了传统电火花成形加工需要依照加工工件形状制造复杂电极的问题，如图 2.67 所示。这种加工借鉴数控铣削加工方式，通过简单电极与工件间的放电，加工

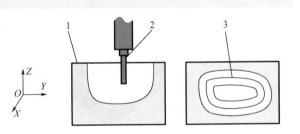

1—工件；2—圆柱电极；3—走刀轨迹

图 2.67　电火花铣削加工示意图

出所需要工件形状。电火花铣削加工的运动方式与铣削加工类似，能够进行孔、平面、斜面、沟槽、曲面、螺纹等典型零件的加工。图 2.68 所示为电火花铣削加工的几种典型方式。

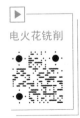

电火花铣削

　　　　与普通电火花成形加工相比，电火花铣削加工具有明显的优势。电火花成形加工必须事先制作成形电极，简单二维型腔电极比较容易制作，但三维复杂型腔电极的制作则较困难。另外，由于加工中电极损耗不均匀，往往需要制作多个电极以满足粗、中、精加工的要求，加工成本高、加工周期长。电火花铣削加工不需事先准备成形电极，缩短了电极的制造周期，降低了制造成本，提高了加工柔性。但电火花铣削加工又与数控铣削加工有很大的差别，电火花铣削加工是靠放电蚀除金属，虽然不受工件材料硬度、强度限制，电极制造简单，成本很低，但是它在加工过程中会不断产生径向和长度方向上的损

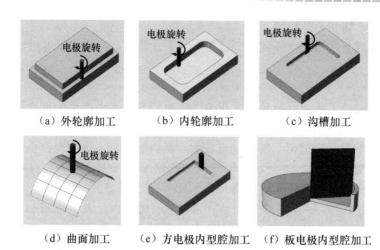

（a）外轮廓加工　　　（b）内轮廓加工　　　（c）沟槽加工

（d）曲面加工　　　（e）方电极内型腔加工　　　（f）板电极内型腔加工

图 2.68　电火花铣削加工的几种典型方式

耗，因而它的刀具补偿是动态的，规律的复杂程度远超过铣削加工，加上其材料去除率较低，同时又受到同期高速铣削工艺的冲击，因此距商业化应用一直存在差距。电火花铣削加工实物如图 2.69所示。

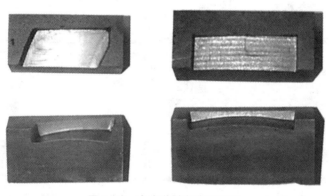

图 2.69　电火花铣削加工实物

2.7　电火花加工安全防护

2.7.1　电气安全

电火花加工是利用电能蚀除金属的工艺方法，机床及电源上设有强电及弱电回路，除与一般机床相同的用电安全要求外，对接地、绝缘、稳压还有一些特殊要求。

电源（或控制柜）外壳、油箱外壳要可靠接地，防止人员触电，并起到抗干扰及电磁屏蔽的作用。

需经常检查电极（主轴头）及工作台与电源连接线的绝缘情况，防止连接线的破损引起短路，造成电源故障或引起火灾。加工中，禁止用手直接接触加工区内任何金属物体，若需调整冲液装置必须停机进行，以保障操作人员安全，不允许在工作箱内放置不必要或

暂不使用的物品，防止意外短路。

电源进线应加装稳压及滤波装置，以提高抗干扰能力，减少对外电磁污染。

2.7.2　防止火灾

电火花加工时，工作液（通常是火花油、煤油）或加工中产生的可燃气体在空气中被放电火花点燃时，会有引起火灾的危险。电火花加工时工作液面要高于工件一定距离（30～100mm），如果液面过低，加工电流较大，易引起火灾。由于操作不当，可能导致意外发生火灾的情况，如图2.70所示。因此电火花加工机床需安装烟火自动检测和自动灭火装置，并且操作人员不能较长时间离开。

电火花加工过程中，一旦发生火情，在最初短暂时间内，着火范围一般局限在工作液槽内，火势容易控制，好扑灭。如果发生火灾，应先切断总电源，然后用机床旁配备的灭火器材扑救，必要时向消防部门报警；在处理完事故、解除现场保护后，尽早清除灭火器材喷洒后的残留物，减少灭火物对机床造成的腐蚀。

（a）电极和喷嘴相碰
引起火花放电

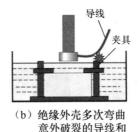

（b）绝缘外壳多次弯曲
意外破裂的导线和
工件夹具间火花放电

（c）加工的工件在工作液
槽中位置过高

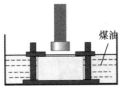

（d）工作液槽中没有
足够的工作液

（e）电极和主轴连接不牢固，
意外脱落时，电极和
主轴之间的火花放电

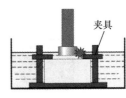

（f）电极的一部分和工件夹具
产生意外的放电，并且放电
在非常接近液面的地方

图2.70　意外发生火灾的情况

鉴于电火花加工中的灭火对象包括油类、电气设备及其他可燃物（如油漆、橡皮、塑料等涂层及零部件），灭火剂只能选用二氧化碳灭火剂、卤代烷灭火剂、干粉灭火剂等，不允许用水灭火剂及泡沫灭火剂。

2.7.3　有害气体的防护

电火花加工时，现场空气中存在火花油或煤油的蒸发气体，以及加工后产生的一氧化碳、丙烯醛、低碳氢化合物、氰化氢等对人体有害气体。在一般加工情况下，各种有害气体均应低于国家规定的最高容许浓度。但由于工作液属于石油分馏产物，所产生的烟气对人有一定刺激并产生某些症状，仍需采取防护措施，主要是通风净化。电火花加工时的通风一般采用局部吸（排）气方式。

2.8　电火花小孔高速加工

2.8.1　电火花小孔高速加工简介

电火花小孔高速加工采用中空管状铜材或铜基合金材料作为电极，利用火花放电蚀除原理，在导电材料工件上加工出直径与电极直径相当的深小孔，具有材料去除率高、工艺简单、成本较低、能在工件表面非法向加工贯通孔或盲孔等优点，尤其可在高强韧类、高硬脆类等难切削材料（如硬质合金和导电陶瓷、导电聚晶金刚石等）加工直径为 $\phi0.3\sim\phi3mm$、深径比大于 300∶1 的小孔，被制造领域越来越多地用来解决许多传统机械钻削无法加工的深小孔、微孔、群孔、异形小孔及特殊超硬材料的小孔加工等难题。电火花小孔高速加工主要应用于航空航天、军工等特殊材料的关键零件的群孔、深小孔加工。

日本沙迪克公司从 20 世纪 80 年代初开始研究该技术，随后，日本三菱电机公司、日本 JAPAX 公司等电加工设备制造企业也相继推出类似产品。20 世纪 80 年代中期，以苏州电加工机床研究所、北京机床研究所及南京航空学院为代表的国内研究机构开始对该技术进行研究探索。

从 20 世纪 90 年代后期一直到现在，我国航空航天等企业逐渐将电火花小孔高速加工技术作为零件小孔加工的主流工艺方法，用于发动机叶片、涡轮环件、安装边、火焰筒等零件上直径为 $\phi0.5\sim\phi3.0mm$ 的小孔加工。随着我国自主创新研发的不断深入，国产航空发动机将逐渐成为主流，国防装备的升级换代也将加速，关键零件的孔加工将成为批量化和常态化，高性能、智能化的多轴数控电火花小孔高速加工设备需求量将进一步扩大。

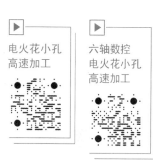

2.8.2　电火花小孔高速加工机床结构

电火花小孔高速加工机床（图 2.71）主要包括电气柜、坐标工作台、主轴头、旋转头、高压工作液系统、数显装置及数控系统。

机床的机械传动如图 2.72 所示，工作台装在机床底座上，由上拖板、下拖板及接液盘等组成。拖板运动由导轨导向和丝杠螺母传动。坐标工作台的 X、Y 运动方向装有数显尺，可使工作台精确定位。考虑到机床的防锈性能，工作台通常由黑色大理石制成，工作台下装有不锈钢接液盘，并配有机玻璃防护罩。机床电控系统一般位于底座内，装有脉冲电源、主轴进给伺服系统、机床电器等控制系统。

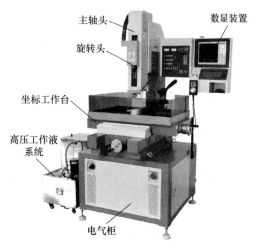

图 2.71　电火花小孔高速加工机床

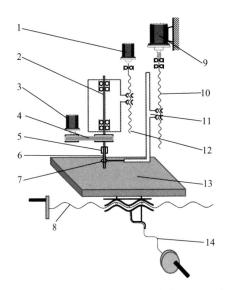

1—伺服电动机；2—主轴；3—旋转电动机；4—同步带；5—电极夹头；6—空心电极；
7—导向器；8—X 轴丝杠；9—主轴升降电动机；10—升降丝杠
11—升降滑台；12—伺服进给丝杠；13—工作台；14—Y 轴丝杠

图 2.72　机床的机械传动

2.8.3　电火花小孔高速加工特点

电火花小孔高速加工有别于一般电火花加工，主要特点如下。

（1）采用中空管状电极。

（2）管状电极中通有高压工作液，一方面可以强制冲走加工蚀除产物，另一方面高压工作液可以增加管状电极的刚性。

（3）加工过程中电极需做旋转运动，以使管状电极的端面损耗均匀，不致受到放电及高压工作液的反作用力而产生振动移位，而且使高压流动的工作液以类似液体静压轴承的原理通过小孔的侧壁按螺旋线的轨迹排出小孔，从而使得管状电极与夹头旋转轴线保持一致，不易产生短路，以加工出直线度和圆柱度较好的深小孔。加工时管状电极做轴向进给运动，其中通入 1～7MPa 的高压工作液（自来水、去离子水、蒸馏水或煤油），加工原理如图 2.73（a）所示，加工区域微观示意图如图 2.73（b）所示。

高压工作液能强制将放电蚀除产物排出，并且能强化电火花放电的蚀除作用，因此这种加工方法的最大特点是加工速度高。一般电火花小孔加工速度可达到 30～60mm/min，比机械加工钻削小孔快。这种加工方法最适于加工直径 $\phi 0.3 \sim \phi 3$mm、深径比大于 300：1 的小孔。

用一般空心管状电极加工小孔，即使电极旋转也容易在工件上留下料芯，料芯会阻碍工作液的高速流通，而且料芯过长、过细时会产生歪斜，引起短路。为此加工时通常采用特殊冷拔的双孔、三孔甚至四孔管状电极，如图 2.74 所示。这样电极转动时在工件上不会留下料芯。

电火花小孔高速加工时放电区域很小，容易形成在某个小区域的集中放电，因此放电中含有电弧放电成分；同时虽然有高压冲液及电极旋转，其放电的极间条件还是比较恶劣

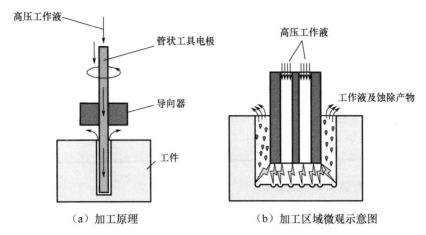

（a）加工原理　　　　　（b）加工区域微观示意图

图 2.73　电火花小孔高速加工

的，这也是造成电火花小孔高速加工电极相对损耗很高的主要原因。正常加工中电极的相对损耗超过 20%，对于直径小于 $\phi0.5\text{mm}$ 的小孔而言，加工中电极的损耗超过 50%。由于电极的损耗规律受到诸多因素的影响，在加工盲孔时，深度精确控制十分困难。

电火花小孔高速加工方法可以在斜面和曲面上打孔，已被广泛应用于线切割工件的穿丝孔、喷嘴及耐热合金等难加工材料的小孔加工中；也广泛应用在航空航天工业产品中具有小孔、深孔、斜孔等结构的零件加工方面。电火花小孔高速加工现场及加工实例如图 2.75 所示。

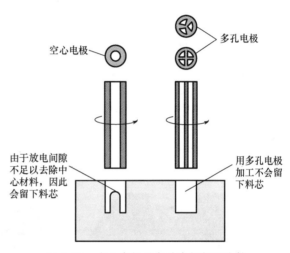

图 2.74　空心电极及多孔电极加工比较

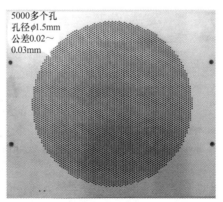

图 2.75　电火花小孔高速加工现场及加工实例

电火花小孔高速加工属于高速、粗加工、微蚀除量的加工方法，加工通常使用黄铜管作为电极，由于与煤油相比，水的放电间隙较大，有利于深孔排屑，使加工能够持续稳定进行，而且无火灾隐患，因此加工中一般采用高压的纯净水或自来水为工作液。

由于黄铜管电极内径很小，工作液在管内流动的阻力比较大，因此，必须采用高压工作液强迫排渣来维持间隙正常放电状态，使孔加工能够高速稳定地进行。在加工直径 $\phi0.3$mm 的小孔时，通入黄铜管电极中工作液的压力需要达到 5～7MPa 才能正常加工。

电火花小孔高速加工电极直径为 $\phi0.3$～$\phi3$mm，标准电极长度为 400mm。加工时电极做旋转运动，转速为 20～120r/min。

2.8.4 电火花小孔高速加工典型应用

1. 航空发动机涡轮叶片气膜孔加工

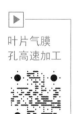

叶片气膜孔高速加工

目前，先进的航空发动机涡轮叶片主要选择镍基单晶高温合金材料制造，同时在叶片结构设计上采用气膜孔冷却的方式以提高冷却效率，增加涡轮前温度，进而提高发动机的推重比。使用气膜冷却技术，一般可以使涡轮前温度提高 300～350℃，发动机推力提高 20%～30%。气膜冷却技术利用叶片上的大量气膜孔，使冷气在叶片运转过程中从气膜孔喷出，并在叶片表面形成气膜，以有效将高温气体和叶片阻隔开来，起到降低叶片表面温度的作用。涡轮叶片的气膜孔在每片叶片上都有数十个或上百个（图 2.76），其直径通常在 $\phi0.2$～$\phi1.25$mm，而且这些气膜孔都按不同的方向和角度分布。目前在实际加工中，应用较多的工艺方法仍然是电火花小孔高速加工。图 2.77 所示为电火花小孔高速加工叶片气膜孔现场。

图 2.76　涡轮叶片及气膜孔　　　　图 2.77　电火花小孔高速加工叶片气膜孔现场

电极自动更换电火花小孔高速加工

在加工气膜孔时，若电极伸出过长，在加工穿透后不能及时控制，就会造成叶片内部的流道结构和另一侧壁面的误加工，致使涡轮叶片报废。因此，小孔高速加工在穿透后必须控制电极具有合适的穿出距离。

目前，为保证电极的穿透及穿透后保持合适的穿出距离，一种常用的方法是设置合理的进给深度。设置的进给深度根据电极损耗和需要加工的孔深确定，电极损耗则需要通过对工件材料进行大量试验测算得到。但影响电极损耗因素复杂，并且每一种材料的加工都需要耗费大量时间进行试验测算，该方法既困难又不经济。同时，实际加工时，由于电极损耗很难全面准确把握，加工条件的细微波动都会导致电极损耗量出现偏差，并最终导致该方法失效。故可采用对小孔加工进行穿透检测的方法，主动控制电极穿透后的行为。但电火花小孔高速加工状态复杂且不稳定，如间隙电压、加工电流、工作液压力等反映穿透特征的参数受加工状态的干扰较大，其精确穿透检测的难度还是比较大的。

此外，由于电火花小孔高速加工主要依靠电蚀实现材料的去除，因此气膜孔壁面会产生重铸层和热影响区，虽然通过优化电火花加工参数，可以将重铸层厚度控制在 $20\mu m$ 左右（峰值电流 6A，脉冲宽度 $10\mu s$，50％占空比），如图 2.78 所示，但仍需要通过后处理去除。

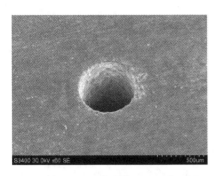 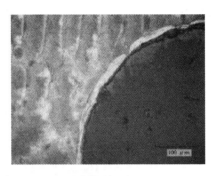

（a）小孔形貌　　　　　　　　　（b）重铸层

图 2.78　电火花小孔高速加工优化参数后的小孔形貌和重铸层

综合考虑穿透控制及重铸层去除问题，进行了电火花电解复合加工电极穿透检测的研究，采用电导率为 $4000\mu S/cm$ 的硝酸钠溶液为工作液。

图 2.79 所示为电火花电解复合小孔高速加工穿透前后的加工状态及间隙工作液的分布。从图 2.79（a）可看出，穿透前，工作液从中空管电极中喷入，流经端面加工间隙，从侧壁加工间隙反向喷出，此时整个间隙内工作液充分；一旦穿透，如图 2.79（b）和图 2.79（c）所示，电极逐渐穿出工件底层，工作液直接从已穿透的工件底部小孔中喷出，不再流经加工间隙。穿透过程中间隙内工作液的缺失，导致了电化学溶解效应的消失，该加工状态的改变可用于复合加工的穿透检测。

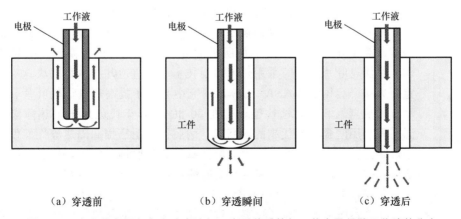

（a）穿透前　　　　　　（b）穿透瞬间　　　　　　（c）穿透后

图 2.79　电火花电解复合小孔高速加工穿透前后的加工状态及间隙工作液的分布

因此可以根据极间加工的状况，记录下电火花电解复合小孔高速加工极间电压波形，如图 2.80 所示，其中 V_0 为电源空载电压。从测试的极间电压波形可以看出复合加工的过程大致分为三个阶段。

① 穿透前。此阶段电火花电解复合加工从小段时间的过渡期进入一段相对较长的稳定期，表现在电压波形上，最高电压幅值从 V_0 逐渐降低至另一常量 V_1，并在之后一段相对较长时间内，由于加工过程稳定，最高电压幅值维持 V_1 不变。

② 穿透瞬间。此阶段工件局部穿透，管电极尚未完全穿出工件底层，工件仍有一定的反液作用，两极的间隙内存在部分工作液，因而仍存在电化学溶解效应，但较穿透前稍弱，表现在电压波形上，这段电压幅值介于电源空载电压 V_0 和穿透前电压幅值 V_1 之间。

③ 穿透后。工件穿透后，工作液流失，电极和工件的间隙内不再存在工作液，电化学溶解效应消失且不再影响两极间火花放电作用，此阶段电压幅值重新回到电源空载电压 V_0。

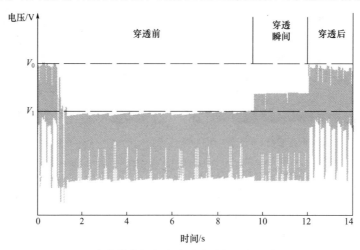

图 2.80　电火花电解复合小孔高速加工极间电压波形

因此电火花电解复合加工过程中可以设定当电压幅值超过某设定阈值且电压幅值增量梯度也超过其设定阈值时，工件穿透。

按此依据进行电路设计及检测，结果表明电火花电解复合小孔高速加工穿透检测平台的检测成功率超过 97%，大部分孔在穿出距离 0～0.5mm 时即已检测成功。

激光及电火花加工热障涂层孔

随着发动机更高的推重比和效率需求的增加，单纯依靠发展新型耐高温合金材料、研制先进的冷却技术和提升叶片结构设计等方面在较短时间内已经难以满足叶片安全可靠工作所需的高温抗蠕变强度和高温抗腐蚀性等要求。在涡轮叶片上同时采用热障涂层技术和先进冷却技术是解决这一问题的重要方法。美国的 NASA-Lewis 研究中心为了提高燃气涡轮叶片、火箭发动机的抗高温和耐腐蚀性能，早在 20 世纪 50 年代就提出了热障涂层的概念，即利用陶瓷材料优越的耐高温、耐腐蚀、耐磨损和隔热等性能使其以涂层形式与叶片基体复合，以提高叶片抵抗高温腐蚀的能力，使涡轮叶片同时具有金属的高韧性、高塑性和陶瓷的耐高温、耐腐蚀等双重优点。并在带有涂层材料的叶片上加工圆形气膜孔或异形气膜孔，将相对低温气体（约 900K）通过分布于叶片表面的气膜孔喷射出来在叶片表面形成冷却气膜实现对高温高压气体的隔离。而在带有热障涂层叶片上实现高品质和高精度冷却气膜孔的加工是发动机制造技术的难点。考虑到热障涂层具有不导电的特性，因而电加工工艺方式无法实现陶瓷涂层的加工。针对该问题，开发了激光-电火花复合加工工艺，先利用激光实现叶片上热障涂层的去除加工，然后在合金材料上采取电火花加工方式实现基体材料的去除。

2. 汽车发动机喷油嘴倒锥孔加工

喷油嘴作为燃油喷射系统的重要组成部分，其喷孔的尺寸、形状、入口的圆角及表面

形貌等，对喷孔的流量系数、喷雾射程、雾滴的
直径及均匀性和燃油与空气的混合均匀性均有着
重要影响。随着汽车工业的发展和环保要求的不
断提高，喷油嘴的喷孔直径在不断减小，传统的
直喷孔已经被淘汰。目前研究表明，减小喷孔直
径并采用倒锥型喷孔（即喷孔直径沿柴油喷射方
向逐渐变小），如图 2.81 所示，能有效改善雾化
效果，进一步提高喷孔的流量系数。目前满足欧
Ⅳ（国Ⅳ）以上的排放标准的倒锥孔喷孔直径范
围在 $\phi0.1\sim\phi0.15$mm，欧Ⅴ、欧Ⅵ喷孔直径分别为
$\phi0.09\sim\phi0.12$mm、$\phi0.08\sim\phi0.09$mm，喷孔的燃油
进出口直径差在 $0\sim30\mu$m，壁厚为 $0.8\sim1.2$mm，
材料为 18CrNi8 等不锈钢，锥顶角度为 $1\sim2°$，喷
孔入口处加工圆角并保证喷孔内壁粗糙度。

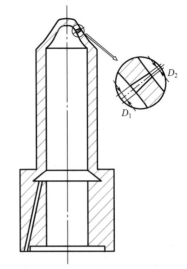

图 2.81 喷油嘴微孔倒锥示意图（$D_1 > D_2$）

传统的电火花小孔高速加工由于加工过程中
蚀除产物与孔壁侧向会形成二次放电，加工出的小孔一般呈现入口大出口小
的正锥形孔径形状。

为实现微细倒锥形喷孔加工，解决倒锥角度高分辨率连续可调、无自转电
极丝伺服进给的同时在锥形包络面内摆动、微小锥角顶点精确定位等关键技术
问题，研究设计了一种微细倒锥孔电火花加工电极丝锥角推摆机构模块。利用
误差缩小原理，在锥角顶点的确定距离上采用电极丝偏心量连续可调方法，精
确调控微细倒锥角大小；通过控制微细电极丝绕偏心圆轨迹的摇摆运动
（图 2.82）形成加工倒锥孔包络面。当然，该功能实现的前提是机床的主轴系统具有很高的制造
及装配精度。喷油嘴加工完毕采用液体磨粒流进行表面光整加工，如图 2.83 所示。

喷油嘴电火
花微孔批量
加工

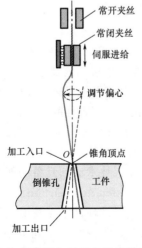

图 2.82 倒锥孔加工时电极丝摇摆运动

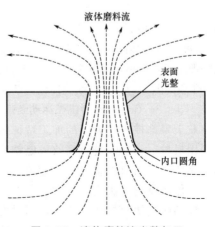

图 2.83 液体磨粒流光整加工

2.9　高效放电加工

蓝弧加工

　　制造高性能、高可靠性的航空航天产品是制造业核心竞争力的体现。目前为满足航空航天产品越来越高的特殊性能要求，钛合金、高强度钢、新型高温合金、金属基复合材料等诸多性能优异、组织特殊的先进材料得到越来越多的应用。但这些材料也给加工带来了极大的挑战，同时为保证材料的高温可靠性及内部组织强度的一致性，发动机高温部件等毛坯目前大多为整体锻件，从毛坯到成品，材料去除率高达80%以上，给加工带来了诸多难题，特种加工作为对付难切削加工材料的有效手段，尤其是传统的电火花加工方法，在材料去除率方面，一直难以取得令人满意的效果。目前高效放电加工技术就是以实现难切削材料的高效加工为突破点而研发的新型加工工艺。美国 GE 公司在 21 世纪初已开始进行低电压、大电流及采用蓝色专用电解液高压冲刷的蓝弧加工技术研究。

　　高效放电加工主要包括高速电弧放电加工、电火花电弧复合加工、放电诱导烧蚀加工、短电弧加工、阳极机械切割等。在高效放电加工技术方面，我国的总体研究水平处于世界领先地位，但研究起步较晚，其加工机理、加工工艺与装备等都尚待深入研究。

2.9.1　高速电弧放电加工

　　在常规的电火花加工中，电弧放电是绝对不允许的，但如果能对高能量密度的放电弧柱进行控制，在充分利用其高效蚀除材料的同时，使放电电弧快速移动至新位置，避免烧伤和损坏工件，则能达到高效加工的目的。具体来说，就是需要采用可靠的移弧甚至断弧手段，避免形成稳态的驻留电弧。因此，有效的断弧机制是电弧放电加工成功的关键。

高速电弧放电加工技术

　　断弧机制实现的主要方法分为机械运动断弧和流体动力断弧两种。机械运动断弧采用电极和工件之间高速相对运动的方式，通过极间电弧沿切向移动、拉长甚至拉断，达到避免烧伤工件的目的。机械运动断弧适合于电极与工件有相对运动的车、铣等加工方式。流体动力断弧是由上海交通大学赵万生教授提出的，当加工间隙中存在较高速（每秒可达数十米）流场时，等离子体会沿流场方向发生偏移，极间阻抗也随着放电等离子体弧柱长度的增加而增大，当阻抗增大到无法维持正常放电时，等离子体弧柱就会中断，其核心是利用高效流场控制电弧放电并高效蚀除工件材料。流体动力断弧可使用特殊设计的成形电极（如集束电极）实现强制多孔内冲液，从而实现三维复杂型腔的沉入式加工。

　　从机理上讲，机械运动断弧即电极与工件的相对运动引发的断弧是电弧弧根的快速移动和电弧周边介质的阻力造成的；而流体动力断弧则是流体直接作用于弧柱的结果，两者是不同的断弧机制。图 2.84 (a) 所示为机械运动断弧，图 2.84 (b) 所示为流体动力断弧。

　　航空航天零部件中，大量的加工特征为型腔或者是由曲面构成的半封闭空间。采用棒状电极利用机械运动断弧进行高效放电铣削加工是电弧加工技术必须具备的能力。

　　基于流体动力断弧的高速电弧放电加工（blasting erosion arc machining，BEAM）极间的高速工作液流场是实现流体动力断弧的先决条件，专用循环冲液系统装置可以提供保证电弧柱移动或被切断的冲液流速，同时可以根据加工形式实现装夹不同类型的多孔集束电极。高速电弧放电加工所应用的多孔内冲液，不仅可以高效地排出蚀除产物并改善极间

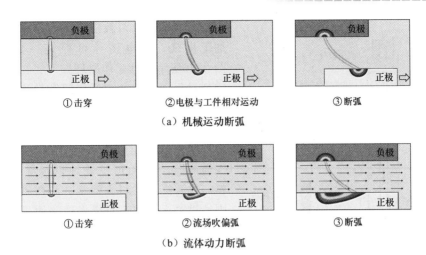

①击穿　　②电极与工件相对运动　　③断弧

（a）机械运动断弧

①击穿　　②流场吹偏弧　　③断弧

（b）流体动力断弧

图 2.84　两种不同的断弧机制

放电环境，而且可以有效地实现流体动力断弧以避免集中稳定电弧的形成，并具备大面积三维型腔的高速去除加工能力。

高速电弧放电加工通过在两极间施加数百甚至上千安培的电流可以获得远大于传统电火花加工的材料去除率，这是一种很有潜力的难切削材料蚀除手段，为难切削材料的大余量高效加工难题的解决提供了新思路。

2.9.2　电火花电弧复合加工

电火花电弧复合加工（electric spark and arc machining）是由中国石油大学刘永红教授提出的一种高效放电铣削加工技术，其原理如图 2.85 所示。加工中采用由高压脉冲电源和低压大功率直流电源组成的新型大功率脉冲电源，两者通过二极管相互隔离，避免相互影响。加工时，电极在向工件移动到足够近距离时，高压脉冲电源首先击穿工作液，形成等离子通道，而后来自直流电

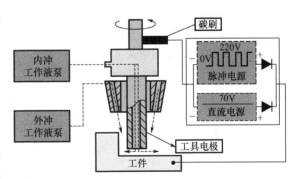

图 2.85　电火花电弧复合加工原理

电火花电弧复合加工

源的电流会流过等离子通道，从而形成电弧，工件因电弧引起的高温高压熔化，受到工作液冲刷及电极旋转的作用，最终形成断弧，极间压力和温度的突然变化导致熔化的工件材料抛出，从而实现工件材料的蚀除。

电火花电弧复合加工包括提供放电间隙击穿高电压的击穿模块和提供高效放电能量蚀除的直流电弧模块；不但具备普通电火花加工非接触式的优势，而且可实现对工件材料的快速去除，其材料去除率甚至高于常规高速铣削加工。

2.9.3　放电诱导可控烧蚀加工

放电诱导可控烧蚀加工（EDM-induced ablation machining，EDM-IAM）是由南京航

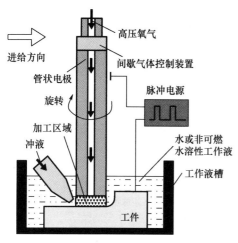

图 2.86　放电诱导可控烧蚀铣削原理

放电诱导
雾化烧蚀
铣削加工

空航天大学刘志东教授提出的一种原创性特种加工模式。放电诱导可控烧蚀铣削原理如图 2.86 所示。其工作原理如下：在常规电火花铣削过程中，向加工区域间歇性通入氧气，使加工处于放电诱导可控烧蚀与常规电火花加工交替进行状态。该过程的本质是利用电火花放电诱导使氧气与金属（钛合金、铁基合金等）在通氧阶段产生可控烧蚀以蚀除大量金属材料，显著提高材料去除率；而在氧气关闭阶段则通过电火花加工对已燃烧表面进行质量及精度修整。该方法与传统电火花铣削相比可以获得很高的材料去除率及类似的表面质量。相对于传统电火花加工，放电诱导可控烧蚀加工的材料去除率可以呈现数量级的提高。该加工模式可以通过电极与工件相对位置及运动形式的变换，形成包括车、铣、钻及成形加工等一系列新型加工方法。

放电诱导可控烧蚀加工微观过程主要分为三个阶段，如图 2.87 所示。

通氧初期及放电引燃阶段：如图 2.87（a）所示，电极与工件发生常规火花放电，产生高温活化区。

通氧持续阶段：如图 2.87（b）所示，活化区与氧气发生反应，释放出大量热量，形成烧蚀产物，加工以燃烧为主并在冲液作用下产生高效蚀除。

氧气关闭修整阶段：如图 2.87（c）所示，氧气关闭，处在工作介质及冲液环境中，为常规电火花加工，采用电火花加工方式对工件表面修整，保障加工表面的质量与精度。

重复上述过程直至加工结束。

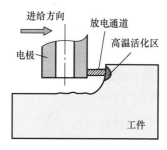

（a）通氧初期，常规放电
形成高温活化区

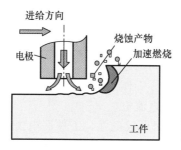

（b）持续通氧，活化区
燃烧放热并扩大

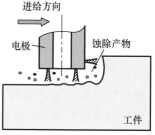

（c）氧气关断，常规放电修正

图 2.87　放电诱导可控烧蚀加工微观过程

放电诱导可控烧蚀加工具有以下特点：首先，缓解了难加工金属材料切削难度高与电火花加工材料去除率低之间的矛盾，尤其适合钛合金、高温合金、高强度钢等难切削材料的加工；其次，该加工模式宏观上仍属于无切削力加工，适合复杂型面、薄壁件及大型零件的加工，对设备刚性要求可适当降低；再次，由于电火花加工只起到诱导燃烧及表面修整作用，在加工中所占比重较小，并且电极受到气体冷却作用，电极损耗较低，加工精度及表面质量容易得到保障；最后，采用了非可燃性工作液，不存在常规电火花加工中产生的有害气体污染及火灾隐患等问题，具有绿色制造的优点。

放电诱导可控烧蚀加工在诱导及修整阶段仍然是传统的电火花加工方式，由于本身并不需要利用电弧进行高效蚀除，不存在需要断弧等问题，因此可控性大大优于高速电弧放电加工方式，更加适合型腔的高效加工，而且由于主要利用金属燃烧释放的化学能加工，因此并不需要大功率脉冲电源。

雾化烧蚀成形加工

放电诱导可控烧蚀加工可加工任何导电且可燃烧的金属材料，在镍基高温合金、冷作模具钢、钛合金等难加工材料的高效去除加工方面表现出优异的加工效果，特别是在放电诱导雾化烧蚀成形加工大深径比异形盲孔难加工材料方面，其加工能力处于国际领先地位。图 2.88 所示为放电诱导雾化烧蚀成形加工钛合金 TC4 方形孔样件，

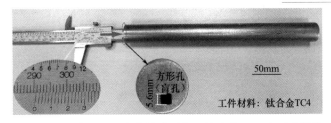

图 2.88　放电诱导雾化烧蚀成形加工钛合金 TC4 方形孔样件

合金 TC4 方形孔样件，孔深达 290mm，型孔边长 5.6mm，深径比达到 52∶1。

2.9.4　短电弧加工

短电弧加工（short electric arc machining，SEAM）是指在一定比例带压力气液混合物工作介质的作用下，利用两极间产生的受激发短电弧放电群组或微弧火花放电群组，来蚀除金属或非金属导电材料的一种电去除加工方法。

短电弧加工技术

短电弧加工和电火花加工相比，既有相同之处，也有不同之处。其相同之处在于都是脉冲性放电，都是在电场作用下，局部、瞬时使金属熔化和气化而形成蚀除；不同之处是短电弧加工电源的脉冲宽度、脉冲峰值电流、单个脉冲能量和平均能量远比电火花加工大得多，因此具有很高的材料去除率，但要获得较好的加工精度、表面粗糙度及表面质量也有一定难度。

通过有效地控制短电弧放电，可以实现外圆、内圆、平面、切割、大螺距、小孔、开坡口及其他异型面的快速去除加工，也可利用现有车床、磨床、钻床、铣床、镗床、刨床等改装或进行机电复合加工。

1. 短电弧加工的原理

短电弧加工过程类似于焊接过程的反过程，即对正、负极通电，高密度的强电子流达到很高的能量密度，在电弧通道中瞬时产生很高的温度和热量，使工件表层局部迅速熔化，在高速工作液的冲击下，熔化金属热膨胀，爆离工件基体，以达到零件加工要求的尺寸精度和表面粗糙度。

2. 短电弧加工的主要特点

（1）材料去除率高，噪声较大。由于脉冲放电的能量密度很高，对于一般导电材料高效粗加工，机床单边切深可超过 20mm，金属去除率可达 900～1500g/min。由于加工中金属材料是爆离基体，因此加工过程中噪声较大。轧辊短电弧加工现场如图 2.89 所示。

图 2.89　轧辊短电弧加工现场

（2）加工工件精度和表面质量通常较低，一般适合材料的大余量高效去除。

（3）工件表面会产生变质层，变质层厚度与加工能量有关。

（4）电极和工件之间必须有快速相对运动。快速相对运动的作用是靠机械作用拉断电弧，形成短电弧放电，而不形成有害的稳定电弧。

3. 短电弧加工的应用

各类短电弧加工设备已经应用于航空航天、船舶、军工、汽车、石油、冶金、矿山、水泥、煤炭等领域。

（1）短电弧加工的航空应用。短电弧加工技术可以针对航空用零件的外圆、内圆、端面、沟槽铣削及孔加工，重点解决高温合金、钛合金、钛铝合金等难加工导电材料的低应力高效加工问题。

图 2.90 所示为短电弧对发动机蜂窝外环零件磨削加工实例。

（a）工装　　　　　　　（b）零件短电弧磨削表面

图 2.90　短电弧对发动机蜂窝外环零件磨削加工实例

（2）短电弧加工在再制造领域的应用。短电弧技术可以在传统的钢铁轧制、水泥生产、电力设备、矿山机械、石油化工五大领域的再制造方面获得重要的应用，一方面，短电弧可以给各种新品轧辊加工弧形或各种槽形，短电弧加工效率是现有加工方法的数倍；另一方面短电弧可以对旧轧辊焊前焊后进行表面高效清理加工。

短电弧加工在再制造领域应用路线图如图 2.91 所示。采用短电弧加工技术对产品进行修复可以大幅度降低产品成本，提高产品重复利用率。

以水泥领域再制造应用为例，短电弧加工水泥磨辊工艺流程如图 2.92 所示。先对水泥磨辊进行缺陷检测，如图 2.92（a）所示；再用短电弧清除疲劳层，如图 2.92（b）所示，清除完毕保证磨辊无缺陷和损伤，如图 2.92（c）所示；然后堆焊以恢复磨辊尺寸，如图 2.92（d）、图 2.92（e）所示；最后对堆焊表面进行精加工处理，最终产品如图 2.92（f）所示。

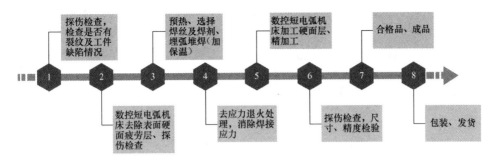

图 2.91　短电弧加工在再制造领域应用路线图

（a）检测待修复的磨辊　　　（b）短电弧清除疲劳层　　　（c）清除疲劳层后的磨辊

（d）堆焊处理　　　（e）堆焊结束表面　　　（f）最终产品

图 2.92　短电弧加工水泥磨辊工艺流程

2.9.5　阳极机械切割

阳极机械切割是从二十世纪五六十年代开始获得发展和日臻完善的一种金属高效切割工艺方法，是基于电化学、机械、电弧放电等综合作用蚀除金属材料的特种加工方法，原理如图 2.93 所示。切割加工中，由伺服系统控制电极对工件进行伺服进给，在快速运动的电极（带状或盘状）与工件之间施以直流或脉冲直流电源及钝化性工作液（硅酸钠，俗称水玻璃），在电源的作用下，工作液在工件（阳极）表面因电解作用形成绝缘膜，随着快速运动的电极与工件渐近并产生波动接触摩擦，绝缘膜局部破坏，从而形成电弧放电，此时工件材料被高温熔化、气化而蚀除，并被工作液带走。电弧放电导致电极与工件之间间距加大，又会在工件表面形成新的绝缘膜，实现断弧。通过电极的快速运动形成电弧移动及电极表面绝缘膜的"形成—破坏—形成"的交替作用，实现放电电弧的高速切割加工。

阳极机械切割主要用于切割高强度、高硬度、高韧性或脆性的金属材料，如硬质合金、耐热合金、淬火钢、不锈钢、磁钢、钛合金等，其特点是材料去除率不受工件材料力学性能的影响，同时具有对工件材料热影响小、切口无毛刺和成本低等优点，此外锯口损失少，切口平整，消耗电能少，锯条简单、便宜，切割表面热影响层厚度小也是其应用特点。但其切割精度低、表面粗糙度大、加工环境噪声大，相关技术还需进一步研究提升。图 2.94 所示为阳极机械切割的工件。

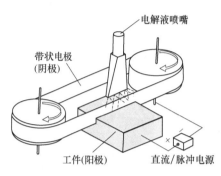

图 2.93　阳极机械切割原理

图 2.94　阳极机械切割的工件

带式阳极机械切割机加工现场如图 2.95 所示。

阳极机械切割

图 2.95　带式阳极机械切割机加工现场

2.10　其他电火花加工及复合加工方法

2.10.1　电火花取折断丝锥及紧固件

1. 便携式取断丝锥电火花机

机械加工中，存在大量难加工材料，因此在加工过程中工具或刀具时常会发生折断，尤其以丝锥、钻头等居多。

便携式电火花取断丝锥机利用磁性底座吸附固定在工件表面，而后可以方便、无损、快速地利用放电的方式去除折断在工件中的丝锥、钻头、铰刀、螺钉、塞规等。可在任意大小、形状的工件上加工，尤其对难在一般电火花机床上加工的大型工件，采用"小马

（机床）拉大车（工件）"的方法，利用电火花加工无宏观加工力的特性，在取丝锥过程中对原有内孔螺纹无损伤，因此被广泛应用于各类零件的取断丝锥、加工非精度要求的孔及打标等。

便携式电火
花加工机

便携式电火花取丝锥机的结构如图 2.96 所示，主要由磁性底座、升降臂、横臂、主机单元、电极夹头及电器控制主机组成。典型（便携式）电火花取丝锥机如图 2.97 所示。

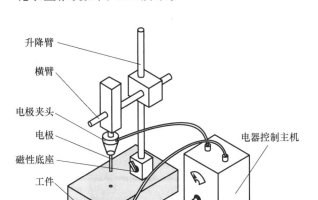

图 2.96　便携式电火花取丝锥机的结构　　　图 2.97　典型（便携式）电火花取丝锥机

2. 电火花手枪钻

飞机是由许多零件及组件构成的，而这些零件及组件必须通过紧固件进行连接，一架大型客机有 100 万个以上的铆钉和约 30 万个螺栓，并且存在数百种不同类型和规格的紧固件，如图 2.98 所示的飞机的典型紧固件。因此一旦飞机机体某些器件需要拆卸返修，或需要整体拆解，则需要拆卸紧固件，特别是永久型紧固件（如铆钉等），其工作量相当巨大。

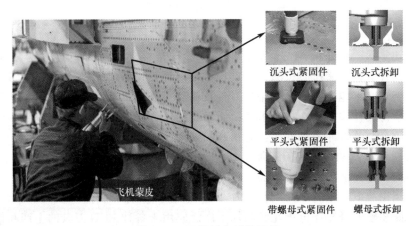

图 2.98　飞机的典型紧固件

电火花手枪钻是专门针对各种类型飞机紧固件开发的一款快速拆卸紧固件的设备，可以用来拆卸由钛合金、高温合金、不锈钢等难加工、高硬度材料制备的永久性紧固件或其他难拆卸紧固件。电火花手枪钻系统（图 2.99）主要包括电器控制系统、工作液供给系统、真空泵吸附系统、电源及枪钻本体。其工作原理如图 2.100 所示。在拆卸紧固件时，先将校准密封定位器放置并紧贴在紧固件一端，为局部放电加工去除区域提供一个封闭的冲液放电环境，同时也为电极放电加工的位置提供找正依据；然后将枪钻头放置在校准密封定位器上，枪钻头安装有密封导向适配器，与定位器密封配合在一起，为放电加工提供一个封闭的放电空间，枪钻头中部安装一根导电支撑及中空管状电极，将工件有效连接电源并对需要加工区域进行放电，提高放电加工材料去除率；最后，按下电火花手枪钻的工作按钮，自动向极间通入工作液介质，加工出预设定深度的圆形槽，并预留一段非常薄的断裂点，以便手工敲击折断，完成紧固件的拆卸。加工过程中，通过真空泵的吸附作用将密封空间内的工作液及蚀除产物吸走，减少蚀除产物对工作环境的影响。

电火花手枪钻体积小、质量轻，相对于便携式电火花取丝锥机更加具有灵活性，适用于各种曲面、方向及复杂表面零件上紧固件拆卸。

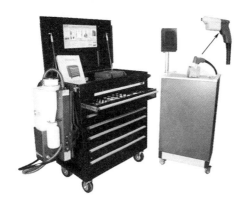

图 2.99　电火花手枪钻系统

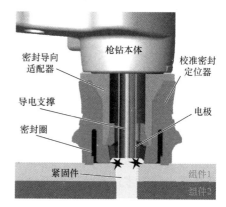

图 2.100　电火花手枪钻工作原理

2.10.2　电火花磨削

1. PCD 刀具电火花磨削

在加工硬实木、中纤板、胶合板、刨花板、石膏板、人造大理石、复合地板、亚克力、塑料、铝合金、三聚氰胺板的生产过程中，广泛使用各种 PCD 刀具，如 PCD 木工铣刀、锣刀、锯片、木地板刀具、线路板刀具及亚克力雕铣刀具等。PCD 刀具是聚晶金刚石层与硬质合金衬底在超高压、高温下烧结而形成的复合片，因此具有金刚石的硬度、耐磨性，还有硬质合金的抗冲击韧性，具有很高的硬度及耐磨性。采用机械磨削对硬度极高的 PCD 复合片进行成型和微细的刀刃加工是极为困难的，因此目前加工 PCD 复合片主要采用电火花加工、激光加工、超声波加工、高压水射流等几种工艺方法，其中电火花加工效果最理想。利用放电产生的瞬时高温可使 PCD 复合片熔化、脱落，从而加工形成所要求的刀具。因此超硬刀具数控电火花磨削加工广泛应用于各种 PCD 刀具的生产和修磨。

超硬刀具数控电火花磨削加工采用纯铜电极进行放电修磨，如图 2.101 所示，机床采用车削的方法先对设定要求直径的纯铜电极进行车削加工，再采用纯铜电极对 PCD 复合片放电加工修整，加工过程中可以提前设定纯铜电极损耗，然后在加工过程中再次车削进行补偿，以避免加工过程中由于电极损耗而造成加工尺寸不准的情况。对于圆盘刀具可以通过数控拨齿机构，自动拨齿，如图 2.102 所示。

图 2.101 超硬刀具数控电火花磨削

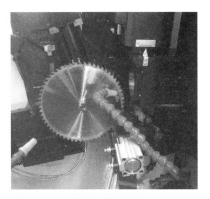

图 2.102 拨齿机构及圆盘刀具磨削

2. 蜂窝结构电火花磨削

蜂窝结构环是航空发动机广泛使用的密封件，其对处于高温、高压、高载荷工作状态的航空发动机而言，与对应转子部件的密封性配合，将对减少高温气体的流量损失，提高发动机的工作效率起到极大的作用。此外在发动机的服役过程中，由于发动机高速热气流中含有腐蚀性气体，将使蜂窝结构不断磨损，影响发动机性能。因此在发动机大修过程中，需要把磨损的蜂窝去除，然后用真空钎焊方法焊上新的蜂窝结构环。所以在制造及维修中均需对蜂窝结构环表面进行加工，使其满足与发动机转子型面相吻合的要求。一般要求蜂窝结构环表面的径向跳动控制在 0.1mm 以内，蜂窝表面不允许有明显的烧伤和划碰伤，表面粗糙度在 $Ra6.4\mu m$ 以内。

圆盘刀具放电修磨

蜂窝结构电火花磨削

蜂窝结构环是典型的薄壁低刚度工件，其正六边形蜂窝的壁厚只有 0.03～0.06mm，自身刚度极差，其材质多为耐热合金。常规机械加工时，在机械切削力作用下，材料无法自基体切除，会倒向一边，从而堵塞蜂窝孔，不能够满足使用要求。而采用电火花磨削，电极与工件间作用力很小，不致引起低刚度工件的变形，且蜂窝结构类型工件的蚀除量很小，采用电火花磨削的加工效率较高。图 2.103 所示为石墨电极电火花磨削蜂窝结构环。

图 2.103 石墨电极电火花磨削蜂窝结构环

2.10.3 电火花共轭回转加工

电火花共轭回转加工方法由我国的孙昌树在 1978 年提出。电火花共轭回转加工的主要特点是在加工过程中，电极与工件具有特殊的相对运动形式。共轭回转加工主要包括同步回转式、展成回转式、倍角速度回转式、差动比例回转式、相位重合回转式等方法。这些方法的共同特征是工件与电极之间的切向相对运动线速度很小，几乎接近于零。所以在放电加工区域内，工件和电极近于纯滚动状态。例如，同步回转式加工内外齿轮，特别是加工非标准齿轮（图2.104）时，在加工过程中，工件与具有齿轮外形的电极始终保持同步回转，两者之间没有轴向位移，电极不断做径向进给，使电极与工件维持在能产生火花放电的距离内，最终在工件上获得与电极齿形相同的内齿轮或外齿轮。

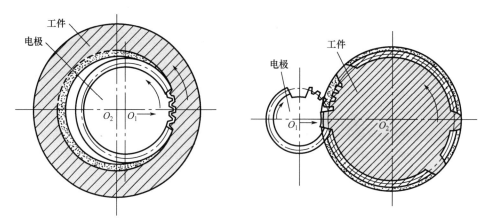

（a）两轴平行、同向同步共轭回转，　　　　（b）两轴平行，反向倍角共轭回转，用小模数
　　　用外齿轮电极加工内齿轮　　　　　　　　　齿轮电极加工齿数加倍的变模数大齿轮

图2.104　电火花共轭回转加工精密内齿轮和变模数非标准齿轮

电火花共轭
回转加工

电火花共轭回转加工主要适用于加工具有渐开线、摆线、螺旋面等复杂型面的工件，并且由于电极相对运动的特点，有利于蚀除产物的排除，可使工件获得较高的材料去除率、良好的加工精度和表面粗糙度。工件的尺寸精度能达到几微米，表面粗糙度甚至可以达到 $Ra0.05\mu m$（镜面）。

2.10.4　金属电火花表面强化

电火花表面强化也称电火花表面合金化，是利用电极与工件表面间在气体中放电，将电极的材料转移到工件表面并在表面产生物理化学变化，借以提高工件表面硬度、强度、耐磨性等性能的金属表面处理方法。图2.105所示是金属电火花表面强化加工原理。在电极和工件之间接上电源，由于振动器L的作用，使电极与工件之间处于开路、放电、短路的频繁变化中，从而实现对金属表面强化。

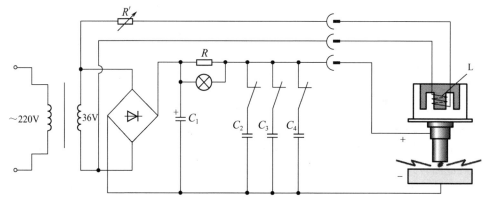

图2.105　金属电火花表面强化加工原理

电火花表面强化过程如图 2.106 所示。当电极与工件间距较大时 [图 2.106 (a)]，电源经过电阻对电容充电，同时电极在振动器的驱动下向工件运动；当间隙达到一定距离时，空气被击穿，产生火花放电 [图 2.106 (b)]，使电极和工件材料局部熔化，甚至气化；当电极继续接近工件并与工件接触时 [图 2.106 (c)]，在接触点处流过短路电流，使该处继续加热，并以适当压力压向工件，致使熔化了的电极材料相互黏结、扩散形成熔渗层；当电极离开工件时 [图 2.106 (d)]，由于工件的热容比电极大，熔渗在工件的重铸层会急剧冷凝，从而使电极材料黏结，覆盖在工件上。

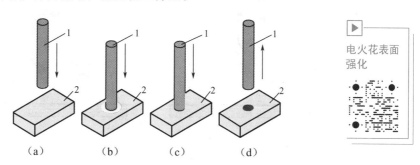

1—电极；2—工件

图 2.106　电火花表面强化过程

金属表层能够被强化是由于在脉冲放电作用下，金属表面发生了物理化学变化，主要包括超高速淬火、渗氮、渗碳、电极材料转移四个方面。由于放电使得工件表面极小面积的金属在很短时间内被加热到很高温度，并在金属基体的吸热作用下快速冷却，因此这个过程对金属表层而言是一个高速淬火过程。

电火花表面强化工艺简单、经济、效果好，因此应用于模具、刃具、量具、凸轮、导轨、水轮机和涡轮机叶片的表面强化方面。

2.10.5　非导电材料电火花加工

随着非导电工程陶瓷材料（如氧化铝、氧化锆、氮化硅、高电阻率的聚晶金刚石）及立方氮化硼等超硬材料的广泛应用，以及其形状的复杂化，对这些材料进行电火花加工的研究成为该领域的新趋势之一。非导电材料因不具有导电性，故不能把它直接作为电极对的一极进行电火花加工，一般采用高压辉光放电加工法、电解电火花放电复合加工法、绝缘陶瓷辅助电极法等进行加工。

1. 高压辉光放电加工法

在尖电极与平板电极间放入绝缘的工件（图 2.107），两极加以高压直流或工频交流电源，则尖电极附近部分绝缘被破坏，发生辉光放电；但辉光电流小，加工效果差。由于两极间存在寄生电容，把电源变为高频或脉冲性，可以流过相当多的辉光电流。一般使用高压高频电源，其电压为 5000～6000V，最高电压 12000V，频率为数万赫兹到数千万赫兹。

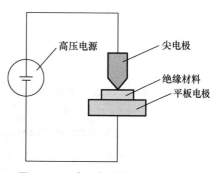

图 2.107　高压辉光放电法加工原理

图 2.108 是尖电极加工金刚石工件示意图。尖电极以自重压在金刚石上，两极接上 50Hz 交流电源，电压逐渐升高，当达到 1200V 时开始放电，到 5000V 时引起强烈放电，在加工间隙获得频率非常高的重复放电 [图 2.108（a）]；这种放电加工在加工浅坑时尚可，但在加工深坑时将发生侧面放电，使加工不能继续进行 [图 2.108（b）]。此方法加工的坑形状粗糙，后续要用机械加工修研达到加工要求。但此方法作为粗加工，加工速度快，也比较经济。

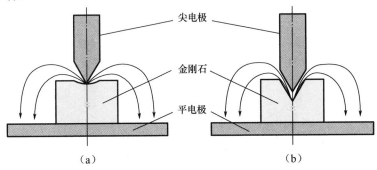

图 2.108　尖电极加工金刚石工件示意图

2. 电解电火花放电复合加工法

电解电火花放电复合加工绝缘材料

电解电火花放电复合加工法是借助于电解液中火花放电作用蚀除非导电工件的电加工方法。加工时工具电极接负极，辅助电极接正极，当两极间加上脉冲电压时，由于电化学作用，在工具电极表面产生气泡并形成气膜，由于气膜对工具电极形成包裹，因此使工具电极表面与导电的电解液间形成绝缘并产生高的电位梯度，由此两极间的脉冲电源将击穿气膜，产生放电，靠放电时形成的瞬时高温及冲击波等作用传递到绝缘工件表面，从而实现对绝缘工件材料蚀除的目的。电解电火花放电复合加工原理如图 2.109 所示。

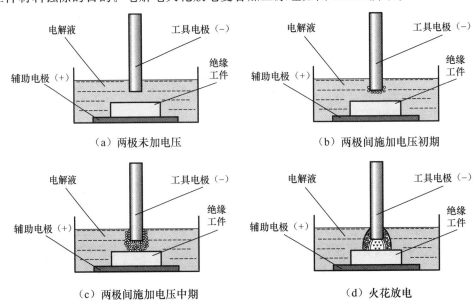

图 2.109　电解电火花放电复合加工原理

可以从极间微观状况（图 2.110）对加工过程进行说明。如图 2.110（a）所示，首先，工具电极与辅助电极通过电解液形成电化学反应，在阴极（工具电极）表面产生大量气泡，从而形成气膜，并将工具电极与电解液隔绝。虽然在辅助电极上也会产生气泡，但由于辅助电极与电解液接触面积大，产生气泡相对较少且分散，形成不了致密的气膜隔绝层；其次，随着电场强度的增加，阴极（工具电极）表面气膜被击穿而引起火花放电，在工具电极与电解液间形成一个截面积很小、电流密度很高的放电通道，其局部温度可达 $10000℃$ 左右。因此火花放电将击穿工具电极下部电解液薄膜并将部分能量直接传递到绝缘工件表面，使得局部绝缘工件材料瞬时软化、熔融甚至气化，并在放电爆炸力及局部热冲击力作用下被直接溅射抛出，在工件表面形成微小的凹坑，如图 2.110（b）所示。

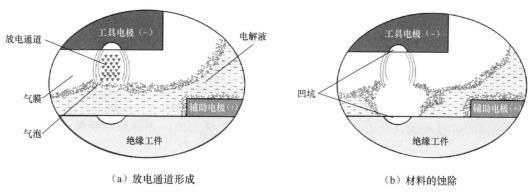

（a）放电通道形成　　　　　　　　　　　　　（b）材料的蚀除

图 2.110　电解电火花放电复合加工极间微观状况

由于电解液导热性好，并且体积大，因此在整个放电过程中，大部分火花放电产生的能量将散失在电解液中，并用于加热电解液，部分电解液直接汽化而将下部工件暴露出来，使得火花放电后部分能量可直接作用于绝缘工件表面。加工过程能量传递热物理模型如图 2.111 所示。

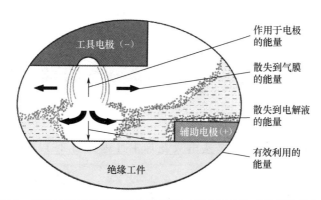

图 2.111　加工过程能量传递热物理模型（箭头粗细表示传输能量的大小）

由上述物理模型可知，放电通道内产生的能量即使再大，最终传输到绝缘工件表层的也仅仅是其中一小部分，为此要尽量减少能量的散失，尤其是要减少电解液对放电能量的吸收，并使放电能量尽可能集中在一个狭小的区域内，以实现对绝缘工件的快速稳定加工。为此可采用雾化喷嘴实现电解液的雾化。此时的加工介质为气液两相流，由于气相的存在，可大大减少电解液的体积，从而减少电解液对放电能量的吸收，增加作用于绝缘工

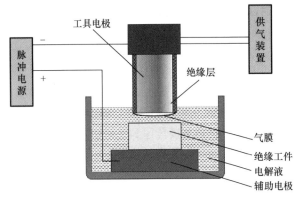

图 2.112　充气式电解电火花放电复合加工原理

件的火花放电能量。

上述电解电火花放电复合加工是由于工具电极表面因电化学作用产生了气膜，从而在工具电极与电解液之间产生较高的电位梯度，通过击穿气膜而产生放电，因此可以通过主动在工具电极与电解液间产生气膜节省电化学反应需要的能量，并提高放电的利用率。由此发明了充气式电解电火花放电复合加工，其原理如图 2.112 所示。

其基本原理如下：加工时由气压可调的供气装置，通过工具电极的内孔向工具电极与工件间充气，为限制放电区域，提高放电利用率，可在工具电极上套上绝缘层，使其只能在工具电极的端面形成一层气膜。当脉冲电压施加到工具电极与辅助电极之间时，便会在工具电极表面气膜形成电场。当某处电场强度达到击穿强度时，便在该处产生火花放电，靠放电时的瞬时高温及冲击波等作用传递到绝缘工件表面，达到蚀除绝缘工件材料的目的。

3. 绝缘陶瓷辅助电极法

绝缘陶瓷辅助电极法加工原理如图 2.113 所示，直接在绝缘陶瓷表面紧压金属板、金属网等导电材料，或通过蒸镀、涂覆等方法在绝缘陶瓷表面形成金属、碳素等导电层，并以煤油为工作液，利用火花放电瞬间产生的高温使煤油热分解出碳，并与工具电极溅射出来的金属及其化合物在绝缘陶瓷表面形成新的导电层，从而在绝缘陶瓷与工具电极之间一直能形成放电回路，使电火花

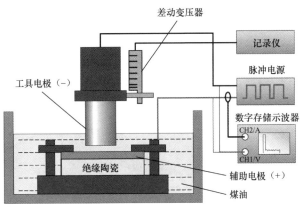

图 2.113　绝缘陶瓷辅助电极法加工原理

加工持续进行。绝缘陶瓷辅助电极法电火花加工过程如图 2.114所示。

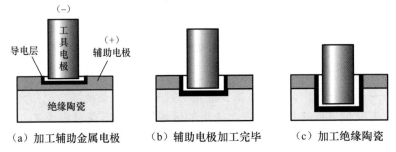

（a）加工辅助金属电极　　（b）辅助电极加工完毕　　（c）加工绝缘陶瓷

图 2.114　绝缘陶瓷辅助电极法电火花加工过程

4. 电火花机械复合磨削

电火花机械复合磨削加工原理（双电极同步伺服）如图 2.115 所示。将高速旋转的导电砂轮接脉冲电源正极，紧贴工件表面并将向导电砂轮做伺服进给运动的铜片电极接负极，利用导电砂轮和铜片电极之间产生的火花放电形成的热能作用蚀除或软化非导电陶瓷材料，同时伴随着砂轮产生的机械磨削综合作用去除非导电陶瓷材料。

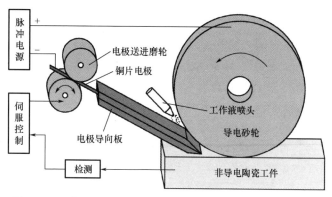

图 2.115 电火花机械复合磨削加工原理（双电极同步伺服）

思 考 题

2-1 请简述电火花加工的概念、优点及局限性。

2-2 电火花加工需要具备哪些条件？电火花加工主要分为哪几类？

2-3 请简述电火花放电的微观过程，并绘制其典型的放电加工波形。

2-4 电火花加工中的极性效应指的是什么？

2-5 电火花加工中的吸附效应指的是什么？

2-6 电火花成形加工在什么加工条件下选择纯铜为电极？什么条件下选择石墨为电极？并阐述加工中降低电极损耗的一般原则。

2-7 "二次放电"形成的原因是什么？

2-8 电火花加工后的表面质量包括哪些内容？表面变质层又分为哪几部分？

2-9 电火花加工为什么要使用直流脉冲电源？

2-10 请阐述直线电动机应用于电火花加工的优点。

2-11 电火花加工为什么不能采用恒速进给系统？

2-12 电火花成形加工中为什么很难获得大面积的镜面加工表面？混粉加工的原理是什么？

2-13 为什么电火花小孔高速加工具有比电火花成形加工高得多的电极损耗？

2-14 放电诱导可控烧蚀加工与一般电火花加工的本质差异在什么方面？

2-15 电解电火花放电复合加工绝缘工件材料的机理是什么？

主编点评

主编点评 2-1 他山之石可攻玉的互补性创新思维法
——直线电动机在电火花加工中的成功应用

自 1955 年，直线电动机已经进入了全面的开发阶段，因此该技术并不是最新的发明技术。日本沙迪克公司于 1998 年率先完成了三轴直线电动机驱动的电火花加工机床

AQ 系列的产品化,将电火花加工机床的移动速度提高到 36m/min,最大加速度达到 1.2g,进给分辨率 0.1μm,使主轴移动速度提高了 20 多倍,在电加工界引起了很大反响。采用直线电动机后,加工工艺指标得到改善,尤其是利用其高速下降和快速提升的特性,解决了极间蚀除产物的排出问题,对于深型腔或深型孔的加工有了质的飞跃。直线电动机所具有的"零传动链"及高速响应的特性正是瞬息万变的电火花加工过程需要的。由于可以对极间状态进行快速响应,因此直线电动机在电火花加工中的应用,做到了"珠联璧合"。

主编点评 2-2 寻找新视角考虑问题的创新思维法
——混粉镜面加工

面积稍大的电火花加工很难得到表面粗糙度很小的镜面,事实证明按传统思维方式,一味想通过减小脉冲能量获取高质量表面是不行的。但现实生产中又有镜面要求的窄缝、深槽、形状复杂的模具的加工要求,因此研究人员必须寻找新的视角来解决这一问题。原有的放电加工系统由工件、电极、介质、电源及进给系统构成。混粉加工的提出从介质方面改变了原有系统的组成,降低了大面积电极间的能量储存,改善了极间的冷却和排屑状态;通过"串联"式火花放电,使得真正消耗、作用在工件表面的火花放电能量,经分散之后只有原单个脉冲能量的几分之一,加工出了火花凹坑浅且平整的镜面。因此在科研过程中,将某个影响因素做到极致(如减小脉冲能量)并不一定能解决问题,换一个新的视角(改变工作介质)往往能够奏效。

主编点评 2-3 逆向及拓展性思维的创新思维法
——放电诱导可控烧蚀加工技术的诞生

2011 年 9 月,刘志东教授的博士生在进行管状电极通氧电火花加工钛合金的试验中,两电极间发生了爆炸,瞬间将 10mm 厚的 TC4 钛板炸出一个坑,如图 2.116 所示,从现象看此次试验是失败的。但刘志东教授则认为此次的试验蕴藏着一个至关重要的现象,那就是瞬间在极间形成的爆炸能量竟然如此之大,如果能很好地利用并控制这个能量,将其应用于加工方面,就会极大地提高材料去除率。此次发生爆炸是因为极间通入了氧气,那么如果控制住氧气,不就控制住了能量?!这一逆向及拓展性的思维导致了放电诱导可控烧蚀加工技术的发明。这种技术利用金属自身氧化反应释放的巨大能量,使材料去除率相对于传统电火花加工成倍甚至数十倍的提高。

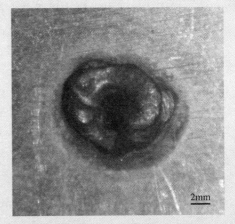

图 2.116 钛合金通氧放电加工中产生爆炸的工件

第**3**章
电火花线切割加工

 本章教学要点

知识要点	掌握程度	相关知识
电火花线切割加工基本原理、特点及应用范围	掌握电火花线切割加工基本原理； 熟悉电火花线切割的特点及应用范围	电火花线切割加工基本原理、特点及应用范围
电火花线切割机床分类	掌握电火花线切割机床的分类及特点	高速走丝及低速走丝电火花线切割机床性能比较
电火花线切割机床主机	了解电火花线切割机床组成及功能； 掌握采用双丝全自动切换走丝系统的目的及效果； 掌握低速走丝电火花线切割采用镀锌电极丝的机理	高速走丝及低速走丝电火花线切割机床的基本组成
电火花线切割机床控制系统	了解电火花线切割机床控制系统的组成； 熟悉几类工作台驱动方式	电火花线切割加工轨迹控制，伺服进给控制，机床电气控制功能，交流伺服电动机半闭环、全闭环控制和直线电动机全闭环控制
电火花线切割脉冲电源	熟悉电火花线切割加工脉冲电源的分类及特点； 掌握抗电解脉冲电源的工作原理	高速走丝及低速走丝电火花线切割机床的典型脉冲电源
线切割编程及仿形编程	了解线切割编程方法及仿形编程系统	线切割编程方法、仿形编程系统工作流程
电火花线切割加工基本工艺规律	熟悉电火花线切割加工基本规律； 了解高速走丝电火花线切割表面形成条纹的成因； 掌握复合型工作液提高表面质量的机理； 掌握拐角形成的原因及解决办法	切割速度、表面质量、加工精度等对电火花线切割加工性能的影响，电火花线切割加工工艺及拓展

导入案例

　　第 2 章已经介绍电火花成形加工是通过工具电极相对于工件做进给运动，把工具电极的形状和尺寸反拷在工件上，从而加工出所需要的零件。其主要应用于塑料模、锻模、压铸模、挤压模等各种型面零件的加工。而对于各类冲裁模、级进模等凸模与凹模的加工，

可以用一根移动的线状电极按预定的轨迹进行电火花切割加工，将整块材料掏掉，这样可以大大提高加工效率，同时也可以节省工件材料，这就是电火花线切割加工。图 3.1 所示为电火花线切割加工的典型模具零件。那么电火花成形加工与电火花线切割加工有什么区别？电火花线切割是如何完成对工件的切割加工的？其机床主要分为哪几类？各有什么特点？机床的主要组成部分有哪些？其加工的基本规律如何？这些就是本章需要讨论的内容。

图 3.1　电火花线切割加工的典型模具零件

3.1　电火花线切割加工基本原理、特点及应用范围

3.1.1　电火花线切割加工基本原理

　　电火花线切割加工（wire cut electrical discharge machining，WEDM）是在电火花加工基础上，于 20 世纪 50 年代末最先在苏联发展起来的一种用线状电极（铜丝或钼丝）靠火花放电对工件进行切割的工艺形式，故称电火花线切割。目前国内外的电火花线切割机床已占电火花加工机床总数的 70% 以上，并且还在迅速增长。

　　电火花线切割加工与电火花成形加工一样，都是基于电极间脉冲放电时的电蚀现象。所不同的是，电火花成形加工必须事先将工具电极做成所需的形状并保证一定的尺寸精度，在加工过程中将它逐步复制在工件上，以获得所需要的零件。电火花线切割加工则是用一根细长的金属丝作电极，并以一定的速度沿丝轴线方向移动，不断进入和离开切缝内的放电加工区。加工时，脉冲电源的正极接工件，负极接电极丝，并在电极丝与工件切缝之间喷注液体介质；同时，安装工件的工作台由数控装置根据预定的切割轨迹控制电动机驱动，从而加工出所需要形状的零件。目前电火花线切割加工采用的都是计算机数控系统。图 3.2 所示为电火花线切割机床的组成。

3.1.2　电火花线切割加工的特点

　　电火花线切割加工具有电火花加工的共性，金属材料的硬度和韧性并不影响切割速度，常用来加工淬火钢和硬质合金，其工艺特点如下。

　　（1）不像电火花成形加工那样需要制造特定形状的电极，只需输入控制程序。

　　（2）加工对象主要是贯穿的平面形状，当机床具有能使电极丝做相应倾斜运动的功能

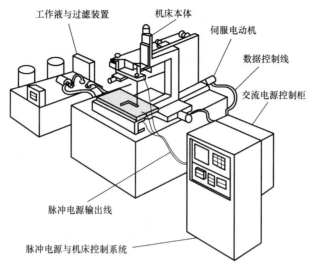

工作液与过滤装置　机床本体　伺服电动机　数据控制线　交流电源控制柜　脉冲电源输出线　脉冲电源与机床控制系统

图 3.2　电火花线切割机床的组成

时，也可加工斜面。

（3）利用数控的多轴合成运动，可方便地加工复杂形状的直纹表面，如上下异形面。

（4）电极丝直径较细（$\phi 0.02 \sim \phi 0.30\text{mm}$），切缝很窄，有利于材料的利用，还适合加工细小零件，如采用直径 $\phi 0.03\text{mm}$ 的钨丝作电极丝，切缝可小到 0.04mm，内角半径可小到 $R0.02\text{mm}$。

（5）电极丝在加工中是移动的，不断更新（低速单向走丝电火花线切割机床）或往复使用（高速往复走丝电火花线切割机床），可以完全或短时间内不考虑电极丝损耗对加工精度的影响。

（6）依靠计算机对电极丝轨迹的控制和偏移轨迹的计算，可方便地调整凹凸模的配合间隙，依靠斜度切割功能，有可能实现凹凸模一次同时加工。

（7）常用去离子水（低速单向走丝电火花线切割机床）、油基型工作液、复合型工作液和水基型工作液（高速往复走丝电火花线切割机床）作工作介质，不会着火，可连续运行。

（8）自动化程度高、操作方便、加工周期短、成本低（尤其对于高速往复走丝电火花线切割机床）。

3.1.3　电火花线切割加工的应用范围

电火花线切割加工现已广泛应用于国民经济各个生产制造部门，并成为一种必不可少的工艺手段，目前主要用于加工冲模、挤压模、拉深模、塑料模、电火花成形用的工具电极及各种复杂零件等。由于其切割速度、表面质量、加工精度的迅速提高，低速走丝电火花线切割已达到可与坐标磨床相竞争的程度，加上它所能加工的内角半径很小，使许多采用镶拼结构和曲线磨削加工的复杂模具和零件，现都改用电火花线切割加工完成，而且制造周期缩短 $3/4 \sim 4/5$，成本降低 $2/3 \sim 3/4$。常见电火花线切割加工应用与加工精度要求分布如图 3.3 所示。电火花线切割加工的适用范围见表 3-1。

线切割在模具制造中的应用

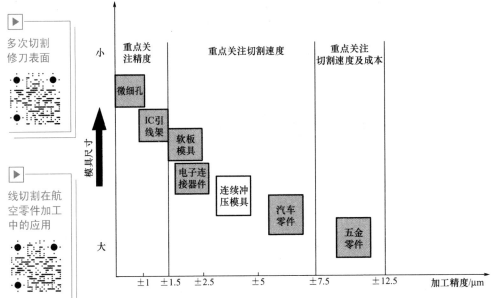

图 3.3　常见电火花线切割加工应用与加工精度要求分布

表 3-1　电火花线切割加工的适用范围

分类	适用范围
二维形状模具	冷冲模（冲裁模、弯曲模和拉伸模），粉末冶金模，挤压模，塑料模
三维形状模具	冲裁模，落料凹模，三维型材挤压模，拉制模
电火花加工成形电极	微细、形状复杂的电极，通孔加工用电极，带斜度的型腔加工用电极
微细精密加工	化学纤维喷丝头，异形窄缝、槽，微型精密齿轮及模具
试制品及零件加工	制品直接加工，多品种、小批量加工几何形状复杂的零件，材料试件
特殊材料零件加工	半导体材料、陶瓷材料，聚晶金刚石、非导电材料、硬脆材料微型零件

3.2　电火花线切割机床分类

电火花线切割机床按电极丝运动方式不同，可分为两类：一类为我国自主生产的高速往复走丝电火花线切割机床（high speed wire-cut electrical discharge machines），目前国家标准称其为往复走丝型电火花线切割机床（reciprocating traveling type wire electrical discharge machines），简称高速走丝机，俗称快走丝机；另一类主要是国外生产的低速单向走丝电火花线切割机床（low speed wire-cut electrical discharge machines），目前国家标准称其为单向走丝型电火花线切割机床（unidirectional traveling type wire electrical discharge machines），简称低速走丝机，俗称慢走丝机。

高速走丝机是由我国于20世纪60年代末研制成功的。由于它结构简单，性价比高，在我国得到迅速发展，并出口到世界各地。目前年产量为3万台，最高年产量曾超过8万台，整个市场的保有量已超过60万台。其外观如图3.4所示，走丝原理如图3.5所示。电极丝从周期性往复运转的贮丝筒输出，经过上线架、上导轮，穿过上喷嘴，再经过下喷嘴、下导轮、下线架，最后回到贮丝筒，完成一次走丝。带动贮丝筒的电动机周期反向运转时，电极丝会反向送丝，实现电极丝的往复运转。高速走丝机的走丝速度一般为8~10m/s，电极丝为直径$\phi0.08$~$\phi0.2$mm的钼丝或钨钼丝，工作液为油基型工作液、复合型工作液或水基型工作液等。高速走丝机目前能达到的加工精度一般为±0.01mm，表面粗糙度为$Ra2.5$~$Ra5.0\mu m$，可满足一般模具的加工要求，但对于要求更高的精密加工则比较困难。高速走丝机主要由电极丝把工作液带入极间进行冷却，因此适合高厚度工件切割，目前商品化高速走丝机的最高切割厚度已经达到2000mm以上，机床由南京航空航天大学与杭州华方数控机床有限公司联合研制，切割样件如图3.6所示。

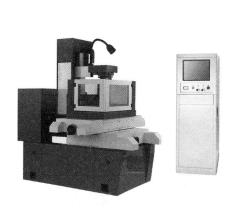

图3.4　高速走丝机外观

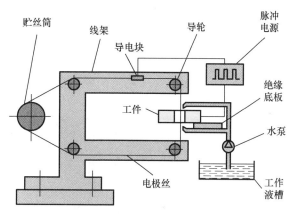

图3.5　高速走丝机走丝原理

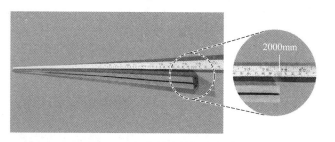

图3.6　超高厚度的切割样件

业内俗称的"中走丝"机实际上是指具有多次切割功能的高速走丝机，其通过多次切割可以提高切割表面质量及精度，目前能达到的指标一般为经过三次切割（割一修二）后表面粗糙度小于$Ra1.2\mu m$，切割精度可达±0.008mm左右，目前最佳表面粗糙度小于$Ra0.4\mu m$，最佳切割精度可达±0.005mm，已经达到甚至部分超过中档低速走丝机的工艺指标，但在切割指标的稳定性及持久性方面还需增强。

低速走丝机外观如图3.7所示。电极丝通过走丝系统以低速（0.25m/s

以下）通过切缝单向运动，其收丝控制电动机控制电极丝走丝速度，供丝盘控制电极丝张力。采用的电极丝为黄铜丝、镀锌铜丝等，直径一般为 $\phi 0.15 \sim \phi 0.35mm$，在微细加工时采用细钨丝，工作介质用去离子水，特殊情况下用煤油。目前先进的精密低速走丝机可以采用 $\phi 0.02 \sim \phi 0.03mm$ 的钨丝切割，主要用于 IC 行业的引线框架模加工，还有微型插接件、微型电动机铁芯、微型齿轮等模具加工，如图 3.8 所示；图 3.9 所示为采用 $\phi 0.02mm$ 钨丝切割的冰花图形（工件厚度 0.5mm，材料 PD613，尺寸外形 1.0mm）。

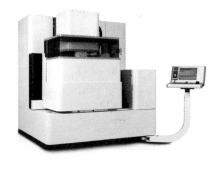

图 3.7　低速走丝机外观

低速走丝机走丝平稳，电极丝的张力容易控制，加工精度比较高，一般可达 $\pm 0.005mm$，最高可达 $\pm 0.001mm$；低速走丝线切割的排屑条件较差，因此必须采用高压喷液加工，加工大厚度工件时比较困难，切割厚度超过 200mm 后，切割速度会明显降低；因单向走丝，电极丝消耗量很大，运行成本较高，其运行成本一般是高速走丝机的数十倍甚至近百倍。低速走丝机通常用于精密模具和零件的加工。通常将低速走丝机分为顶级、高档、中档、入门四个档次。

高速走丝机与低速走丝机的性能比较见表 3-2。

电火花线切割加工零件

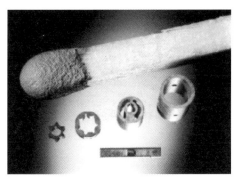

图 3.8　细丝切割的引线框架模及微小零件

1.0mm

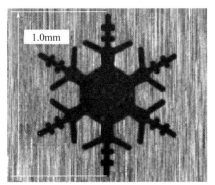

图 3.9　采用 $\phi 0.02mm$ 钨丝切割的冰花图形

电火花线切割配合件

高速走丝线切割配合件

表 3－2　高速走丝机与低速走丝机的性能比较

比较内容	高速走丝机	低速走丝机
走丝速度/（m/s）	8～10	0.01～0.25
走丝方向	往复	单向
工作液	油基型工作液/复合型工作液（浇注冷却）	去离子水（高压喷液）
电极丝材料	钼丝/钨钼丝	黄铜丝/镀锌丝
切割速度/（mm²/min） 最高切割速度/（mm²/min）	60～120 400	120～200 500
加工精度/mm 最高加工精度/mm	±0.01～0.02 ±0.005	±0.005～±0.01 ±0.001～±0.002
表面粗糙度 Ra/μm 最佳表面粗糙度 Ra/μm	2.5～5.0 0.4	0.63～1.25 0.05
最高切割厚度/mm	＞2000	800
参考价格（中等规格）/万元	RMB 2～10	RMB 40～200

3.3　电火花线切割机床主机

3.3.1　高速往复走丝电火花线切割机床基本组成

高速走丝机一般由机床主机、控制系统和脉冲电源三大部分组成，其运动原理如图 3.10 所示。

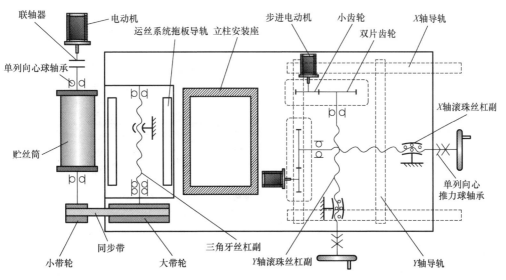

图 3.10　高速走丝机运动原理

1. 床身

床身是机床的基础部件,是 X、Y 拖板及工作台、运丝系统、线架的支撑座。床身一般采用铸铁制造,箱型结构,如图 3.11 所示。

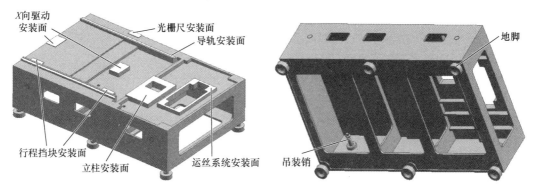

图 3.11　床身三维结构图

2. 上下拖板及工作台

在机床使用过程中上拖板主要受压,所以在其内表面可以布置方型加强筋,而下拖板既要受压又要受弯,因而在其内表面布置了斜加强筋,其三维结构如图 3.12 所示。

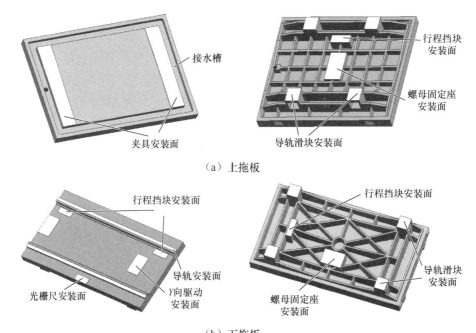

(a)上拖板

(b)下拖板

图 3.12　拖板三维结构

目前高速走丝机工作台大多采用反应式步进电动机或混合式步进电动机作为驱动元件,电动机通过齿轮箱减速,驱动丝杠从而带动工作台运动,步进电动机驱动工作台移动时，要求的进给分辨率是 0.001mm，因此一般需要通过齿轮减速才能达到。

图 3.13 所示为步进电动机驱动工作台原理。齿轮采用渐开线圆柱齿轮，由于齿轮啮合传动时有齿侧间隙，因此当步进电动机改变转动方向时，会出现传动空行程。为减少和消除齿轮侧隙，可采用齿轮副中心距可调整结构或双片齿轮弹簧消除齿轮侧隙结构。图 3.14 为工作台驱动机构的三维爆炸图。

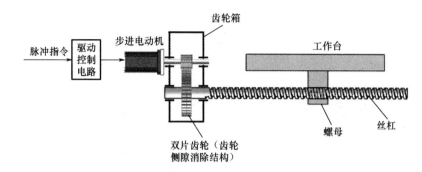

图 3.13　步进电动机驱动工作台原理

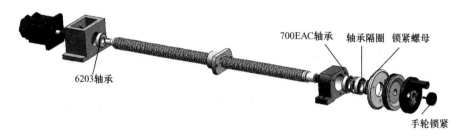

图 3.14　工作台驱动机构的三维爆炸图

机床的 X、Y 拖板沿着两根平行导轨运动，导轨主要起导向作用，因此对导轨的精度、刚度和耐磨性要求较高。因为滚动摩擦具有摩擦系数小、需用的驱动力小、运动轻便、反应灵敏、定位精度和重复定位精度高的特点，所以线切割机床普遍采用的是滚动导轨。滚动导轨有滚珠导轨、滚柱导轨和直线滚动导轨等几种形式。其中直线滚动导轨由于运动精度高、刚性强、承载能力大、能够承受多方向载荷、具有抗颠覆力矩、在数控机床上可方便地实现高的定位精度和重复定位精度，因此是数控机床导轨的主要选择。直线滚动导轨由滑块、导轨、滚珠或滚柱、保持器、自润滑块、返向器及密封装置组成。图 3.15 所示为直线滚动导轨的结构。在导轨与滑块之间装有滚珠或滚柱，使滑块与导轨之间的滑动摩擦变成滚动摩擦。当滑块与导轨做相对运动时，滚珠沿着导轨上经过淬硬和精密磨削加工而成的四条滚

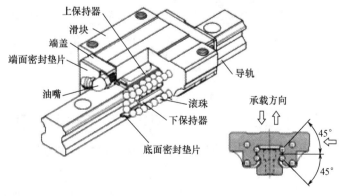

图 3.15　直线滚动导轨的结构

道滚动，在滑块端部滚珠又通过返向器进入返向孔后再循环进入导轨滚道，返向器两端装有防尘密封垫片，可有效地防止灰尘、屑末进入滑块体内。图 3.16 为拖板与直线滚动导轨在机床上的安装图。

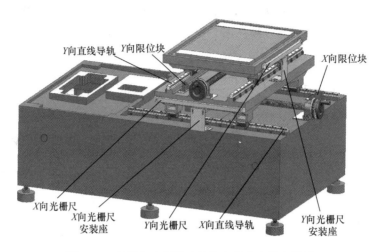

图 3.16　拖板与直线滚动导轨在机床上的安装图

丝杠传动副由丝杠和螺母组成。其作用是将电动机的旋转运动变为拖板的直线运动。丝杠副分为滑动丝杠副和滚珠丝杠副两种。目前常用的滚珠丝杠副是由丝杠、螺母、滚珠、返向器、注油装置和密封装置组成的。图 3.17 所示为双螺旋滚珠丝杠副。螺纹为圆弧形，螺母与丝杠之间装有滚珠，使滑动摩擦变为滚动摩擦。返向器的作用是使滚珠沿圆弧轨道向前运行，到前端后进入返向器，返回后端，再循环向前。返向器有外循环与内循环两种结构，螺母有单螺母与双螺母两种结构。

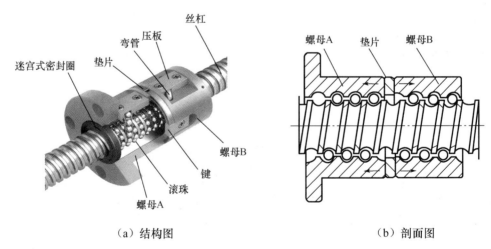

（a）结构图　　　　　　　　　　　（b）剖面图

图 3.17　双螺旋滚珠丝杠副

步进电动机与丝杠间的传动一般通过齿轮箱里的齿轮实现，以达到降速增扭的作用。

3. 运丝系统

运丝系统（图 3.18）的功能是带动电极丝按一定的线速度周期往复走丝，并将电极丝螺旋状排绕在贮丝筒上。运丝系统由电动机、联轴器、贮丝筒、丝筒座、齿轮副（或同步带）、拖板、丝杠螺母副、导轨、底座等部件组成。图 3.19 是运丝系统的三维爆炸图（不含导轨、底座），电动机通过弹性联轴器驱动贮丝筒，贮丝筒转动带动电极丝走丝，并通过齿轮副或同步带机构减速驱动丝杠螺母副，丝杠螺母副带动拖板做左右移动，使电极丝螺旋状排列在贮丝筒上。

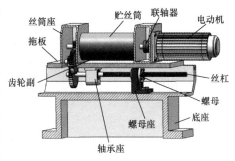

图 3.18　运丝系统

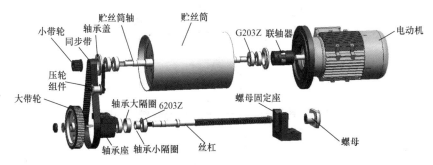

图 3.19　运丝系统的三维爆炸图

运丝系统贮丝筒要完成旋转和左右往复直线运动，以实现螺旋排丝功能。因此贮丝筒在旋转和直线运动过程中易产生振动，目前已有厂家设计了一种贮丝筒固定旋转式运丝系统，其将贮丝筒固定，以质量较小的排丝架作为往复直线运动的排丝部件，贮丝筒和运丝电动机只做转动而没有轴向的往复运动。其工作原理如图 3.20 所示，实物如图 3.21 所示。此结构有效减少了钼丝走丝振动与钼丝高速运动的抛丝现象，使加工时机床运行的平稳性有所提高，切割精度、表面粗糙度有一定改善。

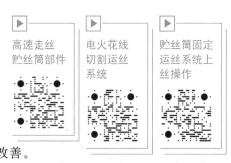

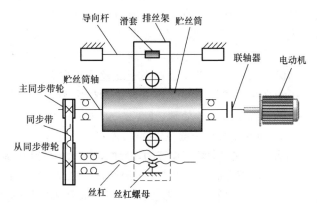

图 3.20　贮丝筒固定旋转式运丝系统工作原理

图 3.21　贮丝筒固定旋转式运丝系统实物

4. 线架、导电块、导轮及导向器

线架主要对电极丝起支撑作用，并使电极丝的工作部分与工作台平面保持垂直或成一定的几何角度。线架按功能可分为固定式、升降式和斜度式三种类型；按结构形式分为音叉式和 C 型结构。

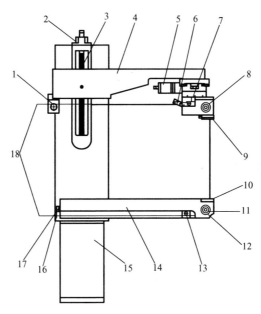

1—后导轮；2—丝杠轴承座；3—升降丝杠；4—上线架；5—电动机；6—断丝保护；7—上导电块
8—上导轮；9—上出水口；10—下出水口；11—下导轮套；12—下导轮；13—下导电块
14—下线架；15—线架立柱；16—挡丝棒；17—挡丝棒座；18—电极丝

图 3.22　可调音叉式线架

该结构采用电流通断式断丝保护系统，上线架两个触点，下线架一个进电触点，上线架的两个触点一个用于断丝保护，一个作为进电，并且为了减少电极丝跳动导致的断丝误判，采用上线架两触点与电极丝一上一下接触方式。进电之所以采用双触点，主要是为了减少正反向走丝切割时电极丝从进电点至加工区由于电极丝自身电阻而引起的压降差异。上线架的断丝保护与上导电块均与机床绝缘，它们作为断丝信号检测点，只有在两者与电极丝同时接触的情况下才能形成通路。将断丝保护和上导电块两检测点接入断丝保护电路，此时电极丝就相当于断丝保护电路中的导线，这样，电极丝的通断就会在断丝保护电路中形成电流通断信号，上导电块和断丝保护之间的电极丝就相当于断丝保护电路中的开关，一旦断丝，断丝保护电路就会立刻切断高频电源输出并关停运丝电动机及水泵，同时使计算机停止插补计算，并记下断丝点坐标位置等待后续处理。

高速走丝机的走丝速度可达到 8～10m/s，而导轮直径一般在 ϕ40mm 左右，因此加工时导轮的转速可以达到 6000～8000r/min。由于导轮工作在弥散着工作液的环境中，因此一旦混有高硬度蚀除产物的工作液进入导轮组件内部的轴承，其寿命将很快降低，因此导轮组件内轴承的防水问题至关重要。导轮组件结构主要有单支承、双支承两种。图 3.23（a）所示为单支承导轮组件，其挂丝方便，并且导轮套可做成偏心结构，便于工作区电极丝垂直度的调整，但由于导轮是单支承悬臂梁结构，刚性及使用寿命较低；图 3.23（b）所示为双支承分体导轮组件，此结构导轮由两端轴承支撑，导轮居中，刚性好，使用寿命长。图 3.23（c）所示为导轮组件实物。

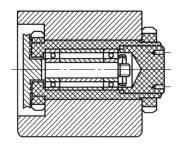

（a）单支承导轮组件

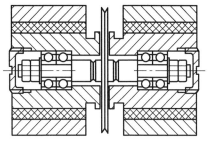

（b）双支承分体导轮组件

（c）导轮组件实物

图 3.23　导轮组件

导轮要求使用硬度高、耐磨性好的材料制成（如 Cr12、GCr15、W18Cr4V），也可选用硬质合金、陶瓷、人造宝石（蓝宝石）、氧化锆等材料增强导轮 V 形槽工作面的耐磨性和耐蚀性。

高速走丝机加工过程中由于电极丝高速运行及定期换向，使得电极丝空间位置的稳定性不易保证，从而影响加工精度及表面质量，导向器是解决这一问题的关键部件，目前使用较普遍的是圆孔形导向器（图 3.24），俗称"眼模"。其可以对电极丝全方位限位，故限位效果较好。但在安装时必须保证导向器的小孔轴线与上下主导轮之间的钼丝重合即电极丝"正好"穿过导向器。

图 3.24　圆孔形导向器

5. 张力机构

高速走丝机加工过程中，一方面，电极丝处在火花放电的高温状态，在张力的作用下，放电受热后会产生延伸、损耗变细，因此随着加工时间的延续，电极丝将会伸长而变得松弛；另一方面，电极丝在贮丝筒带动下往复走丝，经过一段时间加工后，电极丝会逐步在贮丝筒上出现一端松一端紧的现象，俗称"单边松丝"现象，因此加工过程中必须对电极丝张力进行控制。以往普遍采用人工紧丝方式控制电极丝的张力，一般工作一个班次（8h）就需要进行一次人工紧丝。随着对电极丝张力控制必要性认识的加深及加工要

"中走丝"机导向器的安装

求的提高，目前已经有相当一部分机床配有电极丝张力自动紧丝机构，而张力机构也由简单的机械式张力机构逐渐发展为闭环张力控制系统。

目前张力机构分为重锤式张力机构、双向弹簧式张力机构、闭环张力控制系统等几类。

重锤式张力机构是最早使用的电极丝张力控制机构，主要分为单向重锤式张力机构和双向重锤式张力机构。

单向重锤式张力机构工作原理及实物如图 3.25 所示，其通过安装在重锤上的张紧导轮向下移动的距离来储存电极丝在放电过程中产生的伸长量，达到电极丝张力在一定周期内保持恒定的目的。该机构结构简单，配重恒定，对稳定张力有一定的作用；但其是单边张紧电极丝，运丝系统在正、反向切换时会产生冲击载荷，造成张力突变，从而易产生断丝。

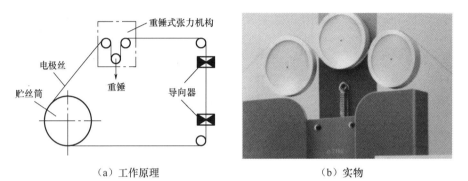

（a）工作原理　　　　　　　　　　（b）实物

图 3.25　单向重锤式张力机构工作原理及实物

双向重锤式张力机构工作原理及实物如图 3.26 所示，其主要由定位直线导轨、移动板、张紧导轮、定滑轮、绳索及重锤等组成。该机构的工作原理是将移动板的最右端作为起始位置，走丝系统工作时，移动板在重锤的作用下自右向左移动，通过位移的距离来储存电极丝在放电过程中产生的伸长量，实现电极丝张力在一定范围内保持恒定。

该机构的优点是导向部件采用直线滚动导轨，反应灵敏度高，摩擦阻力小，直线运动性和动态响应好，两个张紧导轮呈上下对称分布，可实现双边同时张紧，配重恒定，张力稳定，环境影响因素少；缺点是受机床结构限制，安装尺寸偏大，通用性不强，走丝系统在正反向切换时仍存在瞬间冲击载荷，导轮数量多，加工制造精度要求较高，辅助环节较多，成本相对较高。

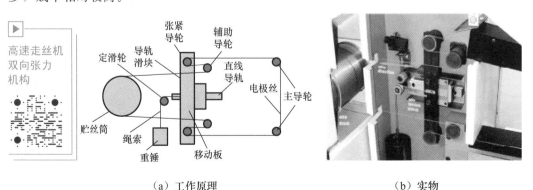

（a）工作原理　　　　　　　　　　（b）实物

图 3.26　双向重锤式张力机构工作原理及实物

双向弹簧式张力机构是目前"中走丝"机使用较多的一种张力控制机构。这种机构利用弹簧的弹性变形产生的弹力，分别施加在加工区域上、下两部分电极丝上对电极丝张力进行控制。在实际加工中弹簧会产生伸长变形来补偿电极丝在放电加工中产生的伸长量，弹簧伸长后其弹性力会下降，这样必然会导致电极丝张力的下降，因此双向弹簧式张力机构在加工过程中并不能保证电极丝张力的恒定。但弹簧在压缩时会储存较大的弹性势能，当电极丝张力发生微小变化时，张力机构会快速响应，因此双向弹簧式张力机构相对于重锤式张力机构的显著优点是张力机构的移动调节部件质量小，如果采用轻质材料则惯性更小，响应速度将更快，从而克服了重锤式张力机构惯性大、响应慢的缺点。

双向弹簧式张力机构示意图如图 3.27 所示，实物如图 3.28 所示。这种机构主要由固定支座、导向导杆、移动滑块及压缩弹簧等组成，具有结构紧凑、通用性和互换性强、适用性广、安装和维护方便的特点。

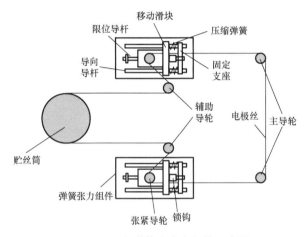

图 3.27 双向弹簧式张力机构示意图

图 3.28 双向弹簧式张力机构实物

闭环张力控制系统是将电极丝本身作为一个弹性体，利用胡克定律弹性变形的原理来直接控制电极丝张力。该系统一般由检测元件、控制器、驱动系统和执行机构等组成，其串联在走丝回路中，与其他辅助导轮和贮丝筒构成一个闭合的走丝系统。张力调节的实施方式是利用检测元件检测电极丝张力，并将检测到的信号输入控制器与预设值对比，然后控制器对驱动系统发出控制信号，驱动系统驱动执行机构动作，通过改变走丝路径中电极丝的长度来控制电极丝张力。闭环张力控制系统工作原理如图 3.29 所示。闭环张力控制系统的张力值可以灵活设置，可实时跟踪、检测、自动控制及调整张力，控制灵敏度高，响应速度快，调整精度高，误差小。

6. 锥度机构

斜度切割是基于 X、Y 平面和 U、V 平面四轴联动完成的，在斜度切割中导轮对电极丝定位后，当机构进行斜度运动时导轮的定位切点将发生变化，如图 3.30 所示，导致电极丝实际位置偏离理论位置，造成误差，并且切割的斜度越大，导轮直径越大，误差越严重。当电极丝垂直时，电极丝在导轮上的切点是 A、B 点，当电极丝倾斜后，切点变为 A'、B' 点。电极丝的理想位置应是 DE 线，但实际变为 $A'B'$ 线，DE 线到 $A'B'$ 线之间在刃口面的差距就是产生的交切误差 δ。交切误差理论上可以通过数学模型进行误差补偿，

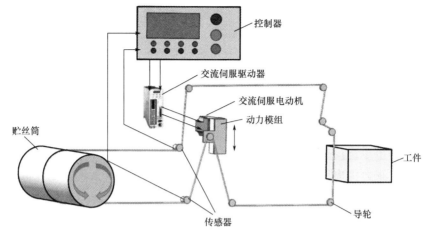

图 3.29 闭环张力控制系统工作原理

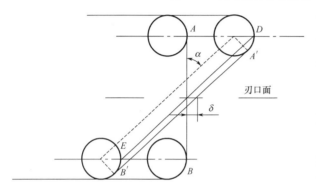

图 3.30 U 向运动导轮半径引起的斜度切割误差

但在实际切割过程中，由于大锥度机构并不能达到理论模型要求的精度，而且无规律可循，因此按建立的数学模型进行误差补偿往往达不到预期效果，有时补偿后误差反而更大。

锥度机构根据上下线架运动形式的不同，分为两大类：一类是单动式；另一类是双动式。单动式锥度机构一般采用上导轮移动或摆动进行斜度切割；双动式锥度机构是指上、下定位导轮均进行移动或摆动形成斜度切割。锥度机构的具体形式根据线架结构不同又分为单臂移动式、双臂移动式、摆动式、六连杆式等。

三种典型的移动式锥度机构的运动图如图 3.31 所示。

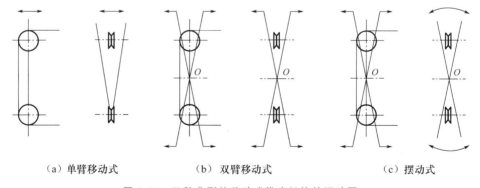

（a）单臂移动式　　　　（b）双臂移动式　　　　（c）摆动式

图 3.31 三种典型的移动式锥度机构的运动图

（1）单臂移动式锥度机构。如图 3.31（a）所示，下导轮中心轴线固定不动，上导轮通过步进电动机驱动 U、V 十字拖板，带动其沿四个方向移动，使电极丝与垂直线偏移角度，并与 X、Y 轴按轨迹运动实现斜度切割，即四轴联动。采用该机构斜度不宜过大，否则电极丝会从轮槽中跳出或拉断，导轮易产生侧面磨损，工件上有一定的加工圆角。单臂移动式锥度机构适合±3°（工件厚度50mm）以下小斜度切割。对于一般冷冲模，落料斜度不超过1.5°，在小斜度切割时，电极丝的拉伸量很小，一般不会引起跳槽或造成切割不稳定的现象。目前这种锥度机构在小锥度机床上应用非常广泛。锥度头运动原理如图3.32所示，步进电动机通过一级齿轮减速，驱动精密丝杠副，螺母采用消间隙结构。U、V向十字拖板是悬挂式结构，其导轨选用双V自封式滚珠钢导轨。

图3.33是上导轮U、V向平移图，下导轮固定不动，上导轮在U向前后平移，移动的距离越大，角度α变化越大。导轮向前移动，电极丝会被拉长；导轮向后移动，电极丝会失去张力变松。在小锥度切割时，电极丝的伸缩量处在弹性变形范围内，电极丝弹性拉长可自动复原，不会影响正常切割加工。

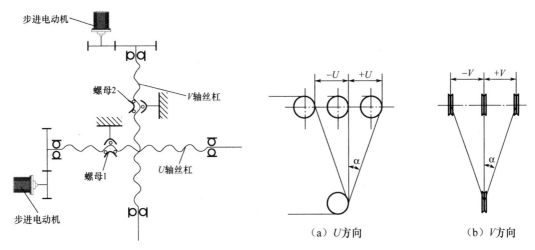

图3.32　锥度头运动原理　　　　　图3.33　上导轮U、V向平移图

　　图3.34所示为音叉式线架小锥度结构，在上线架前端安装一个锥度头，上导轮悬挂在锥度头的下方。十字拖板悬挂式锥度装置一般采用滚珠导轨，步进电动机驱动减速齿轮、小导程微型丝杠实现驱动位移，其结构如图3.35所示。

图3.34　音叉式线架小锥度结构　　　　图3.35　十字拖板悬挂式锥度装置结构

C 型机床将锥度装置和 Z 轴升降机构设计在一起，安装在上线架前端，如图 3.36 所示。U、V 轴分别采用高刚性的导轨支撑，具有良好的承载能力，并且 U、V 轴的步进电动机与丝杠采用直联的方式，传动误差较小，可以达到较高的加工精度。锥度装置结构如图 3.37 所示。

图 3.36　C 型机床锥度装置

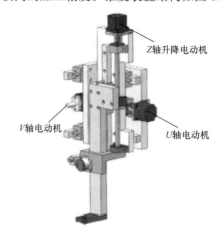

Z轴升降电动机

V轴电动机

U轴电动机

图 3.37　锥度装置结构

（2）双臂移动式锥度机构。如图 3.31（b）所示，上、下线架同时绕中心点 O 移动，此时如果模具刃口在中心点 O 上，则加工圆角近似为电极丝半径。双臂移动式锥度机构的切割斜度也不宜过大，一般在 ±3°范围内。由于此机构结构复杂，需要由四个步进电动机驱动两副小十字拖板，难以制造、装配和调试，控制系统复杂，目前已经不再生产。

（3）摆动式锥度机构。如图 3.31（c）所示，上、下线架分别沿导轮径向平动和轴向整体摆动。采用该机构加工斜度对导轮不产生侧边磨损影响。摆动式锥度机构的最大切割斜度通常可达 ±6°，但其制造比较复杂，并且线架高度一般难以调节，目前已基本没有厂家生产。

（4）六连杆摆动式大锥度机构。六连杆摆动式大锥度机构目前最大切割斜度已经达到 ±45°。可以用来进行一些特殊斜度的切割，如对塑胶模、铝型材拉伸模等的切割。图 3.38所示为几种特殊斜度切割要求。

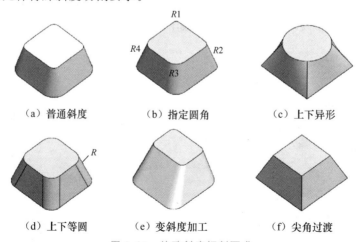

（a）普通斜度　　　　　　（b）指定圆角　　　　　　（c）上下异形

R1
R4　R2
R3

R

（d）上下等圆　　　　　　（e）变斜度加工　　　　　　（f）尖角过渡

图 3.38　特殊斜度切割要求

具有电极丝导向器及喷液随动机构的六连杆摆动式大锥度机构如图 3.39 所示。其装配示意图如图 3.40 所示。所谓六连杆，是指上下线架、上下连杆、套筒连杆及电极丝。

张力装置采用重锤结构，使用导向装置后电极丝的空间位置变化将受到限制，同时喷液也随着电极丝的移动进行调节，使工作液始终环绕着电极丝进行冷却，为大斜度精密切割和多次切割创造了必备的条件。

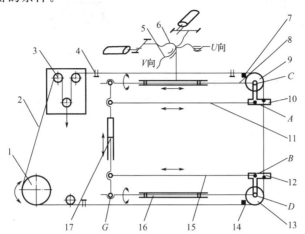

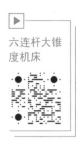

六连杆大锥度机床

1—贮丝筒；2—电极丝；3—张力机构；4—宝石叉；5—V 向丝杠；6—U 向丝杠；
7—上导电块；8—上线架轴；9—上导轮；10—上导向器；11—上连杆；12—下导向器；
13—下导轮；14—下导电块；15—下连杆；16—下线架轴；17—伸缩套筒连杆

图 3.39　六连杆摆动式大锥度机构

六连杆摆动式大锥度机构的 U 向传动过程如下：在 U 向电动机的驱动下，通过齿轮、U 向丝杠带动上线架轴前后运动。此时整个上线架轴和上下连杆的前后旋转中心为下线架后端点 G。当上线架轴前伸或后退时，上连杆通过 A 转动点带动上导向器绕旋转中心 C 点逆时针或顺时针旋转，与此同时下连杆在伸缩套筒连杆的带动下也会前后运动并通过 B 转动点带动下导向器绕旋转中心 D 点逆时针或顺时针旋转，伸缩套筒连杆在锥度机构运动过程中可以自动伸长和缩短，在锥度运动过程中电极丝的伸长量由恒张力机构进行补偿，走丝系统的进电由上下导电块完成。这样的运动可以保证上下导向器转动一个角度，使得里面导向块能够随电极丝斜度的变化做出相应的调整。

六连杆摆动式大锥度机构的 V 向传动过程如下：在 V 向电动机的驱动下，通过齿轮、V 向丝杠带动上线架轴左右平动，并通过伸缩套筒连杆带动整个锥度机构左右平动，此时整个上下线架的旋转轴为下线架轴的轴线 DG，V 向运动时随动导向器运动示意图如图 3.41 所示。

图 3.40　六连杆摆动式大锥度
机构装配示意图

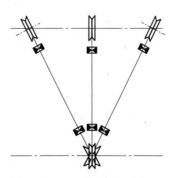

图 3.41　V 向运动时随动导向
器运动示意图

六连杆摆动式大锥度机构实物及加工现场如图3.42所示。

（a）实物 （b）加工现场

图 3.42 六连杆摆动式大锥度机构实物及加工现场

7. 工作液及循环过滤系统

电火花线切割工作液在加工过程中不仅是放电介质，还对极间起着冷却、洗涤、消电离等作用，其性能的好坏直接影响放电加工能否顺利进行，并且对切割速度、表面粗糙度、加工精度均有很大影响。对电火花线切割工作液性能要求如下。

（1）具有一定的绝缘性。电火花线切割加工必须是在具有一定绝缘性的介质中进行，其工作液电阻率为 $10^3 \sim 10^5 \Omega \cdot cm$。

（2）具有良好的浸润性。以保证工作液黏附在电极丝表面，随电极丝带入切缝。

（3）具有良好的洗涤性。洗涤性是指工作液具有较小的表面张力，能渗透进入切缝，并具有洗涤及去除电蚀产物的能力。洗涤性好的工作液，切割完毕工件会自行滑落。

线切割
工作液

（4）具有较好的冷却性。在放电加工时能对放电区域的电极丝及工件及时进行冷却。

（5）具有良好的防锈性。工作液在加工中不应锈蚀机床和工件，不应使机床油漆产生褪色或剥落。

（6）具有良好的环保性。工作液在放电加工中不应产生有害气体，不应对操作人员的皮肤、呼吸道产生不良影响，废工作液不应对环境造成污染。

目前工作液主要有油基型、水基型和复合型。油基型是以矿物油为基础（含矿物油 70% 左右），添加酸、碱、乳化剂和防锈剂等配制而成，加水稀释后呈乳白色，俗称"乳化液"，市面典型的产品有 DX-1、DX-2、南光-1（乳化皂）等。这类工作液的优点是加工表面和机床不易锈蚀，小能量条件下加工稳定性较好；主要缺点是加工过程中会产生黑色黏稠电蚀物，并对环境有污染。使用该工作液单位电流的切割速度一般在 20mm²/（min·A），切割表面易产生烧伤纹。目前随着社会环保意识的增强，废液不能迅速降解的油基型产品使用量正在逐步减少，目前市场容量已经缩减到 50% 以下。

不含油的水基型工作液也称合成型工作液，它的优点是适用于不同材质和不同厚度的工件，切割速度、切割表面粗糙度都优于油基型工作液，在加工过程中不产生黑色油泥，加工蚀除物容易沉淀，易于过滤，并有良好的环保性能；缺点是防锈性较差，电极丝损耗较大，并且由于电化学作用，工件切割表面较暗，长时间不开机时易产生导轮抱死及工作台不易擦拭等问题。使用该工作液单位电流的切割速度一般为 22~25mm²/（min·A）。为避免该类产品的缺陷，同时发挥其优点，实际生产中常有将水基型工作液与油基型工作液按一定比例混合使用的情况。

复合型工作液以佳润（JR）系列产品为代表，它含有比例控制严格的植物油组分，同时又具有很好的洗涤、冷却效果，电极丝的损耗可以显著降低。使用该工作液单位电流的切割速度一般为 $25 \sim 30 \text{mm}^2 / (\text{min} \cdot \text{A})$，切割表面洁白均匀，并且具有很好的环保性能，已成为目前"中走丝"机配套产品，而且随线切割机床出口世界各地。目前市面上销售的复合型工作液主要有液体、膏体及固体浓缩皂形式，其防锈能力介于油基型工作液与水基型工作液之间。

对于高速走丝机，工作液的失效判定为切割速度较初始情况降低20%以上。一般情况工作液箱容积为 $40 \sim 60 \text{L}$，工作时间按每天两班（16h）计算，工作液使用周期为 $15 \sim 20$ 天。使用寿命到后，应更换全部工作液。

由于各地水质难以实地检测，因此目前"中走丝"线切割普遍要求采用纯净水配制工作液，尤其是对抽取地下水为自来水的区域。

图3.43为线切割机床工作液循环系统结构示意图。按一定比例配制的电火花线切割专用工作液，由工作液泵输

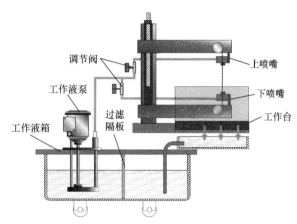

图 3.43　线切割机床工作液循环系统结构示意图

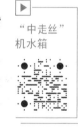

"中走丝"机水箱

送到线架上的工作液分配阀体上，通过两个调节阀，分别控制上、下线架的喷嘴的流量，工作液经加工区落在工作台上，再由回水管返回到工作液箱进行过滤。

在电火花线切割加工的过程中，工作液的清洁程度对加工的稳定性起着重要作用。目前"中走丝"机常用的双泵式（立式）高压过滤水箱及其工作原理如图3.44所示。双泵式高压过滤水箱与低速走丝机过滤水箱类似，一个泵保障过滤的进行，一个泵进行极间喷液。

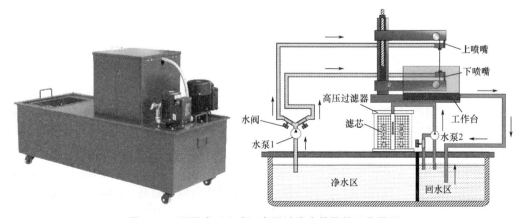

图 3.44　双泵式（立式）高压过滤水箱及其工作原理

高速走丝线切割工作液在循环使用中由于受到高温放电氧化、微生物、金属粉屑和环境介质影响会逐渐腐败变质成为废液，因此必须定期更换，变质的线切割工作液不仅金属

浓度高，而且成分复杂，需要处理后才能排放，若不经处理就排放，会污染地表水和地下水源，破坏生态环境。

8. 电极丝

高速走丝电火花线切割用电极丝以纯钼丝和钼合金丝为主，常见的有钨钼合金丝、铱钼合金丝。该类电极丝以纯钼和钼合金为原料，经过旋锻、拉制等金属压延加工过程，制取各种直径规格的丝材。电极丝的热物理特性对加工工艺指标有重要的影响。由于反复使用的特性，因此电极丝的损耗也是评估电极丝寿命的一项重要指标。钼丝电极丝的直径一般选 $\phi0.08\sim\phi0.20$mm，最常用的电极丝直径是 $\phi0.18$mm。电极丝直径的选择应该根据允许切割缝宽、工件厚度和拐角尺寸大小来确定。

3.3.2 低速单向走丝电火花线切割机床主机

低速走丝机发展极为迅速，在加工精度、表面粗糙度、切割速度等方面已有较大突破，加工精度可达 ±0.001mm，切割速度在特定条件下最高可达 500mm^2/min，经过多次精修加工后工件表面粗糙度可达 $Ra0.05\mu$m，并可将表面变质层厚度控制在 1μm 以下，致使其切割的硬质合金模具寿命可达到机械磨削水平。目前低速走丝机已经广泛应用于精密冲模、粉末冶金压制模、样板、成形刀具及特殊零件加工。由于低速走丝机的优异加工性能，目前还找不到一种加工技术可以与之竞争。

低速走丝机一般由床身、立柱、XY 坐标工作台、Z 轴升降机构、UV 坐标轴、走丝系统、夹具、工作液系统和电器控制系统等构成。低速走丝机 T 型床身的机械部分如图 3.45 所示。

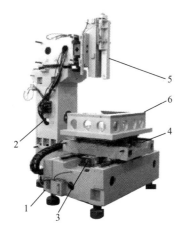

1—床身；2—立柱；3—Y 轴；
4—X 轴；5—Z 轴；6—工作台

图 3.45 低速走丝机 T 型床身的机械部分

1. 床身、立柱及工作台

低速走丝机结构需要具有高刚性、高精度的特点，此外考虑加工时热变形的影响，机床均采用对称结构设计，并且配有床身、立柱的热平衡装置，目的是使机床各部件受热后均匀、对称变形，减少因环境温度变化引起的精度改变。T 型床身采用大壁厚优质构件，各机械部件所承受的载荷均匀施加在独立床身上，避免了振动干扰。X、Y 轴分别安装在独立床身上，各轴运行不影响其他轴的精度；目前低速走丝机工作台普遍采用陶瓷材料，因陶瓷材料线膨胀系数小（是铸铁的1/3），热导率低，热变形小；绝缘性高，减小了两极间的寄生电容，精加工中能准确地在极间传递微小的放电能量，可实现小功率的精加工；耐蚀性好，在纯水中加工不会锈蚀；密度小（是铸铁的1/2），减轻了工作台的质量；硬度高（是铸铁的2倍），提高了工作台面的耐磨性，精度保持性好。

低速走丝机系统

低速走丝机工作时应置于恒温环境中，此外还需要配置冷水机，结合机体温度自动控制水温与环境温度保持一致，并对机床热位移进行补偿，以提高加工精度保持性。图 3.46 说明上、下导向器位置在加工过程中会因为温差的变化形成位置漂移，并且上、下导向器漂移的距离不同，导致电极丝空间位置的变化和倾斜,因此需要结合机体温度和水温进行机床的热位移补偿,使其回到原位,从而实现高精度的加工。由于一般低速走丝机在 Y 向均采用对称结构设计,因此热变形量的控制主要体现在 X、U 向。

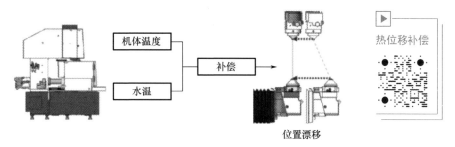

图 3.46　机床 X、U 向的热位移补偿示意图

超高精度的低速走丝机要求达到亚微米级精度,通常采用直线电动机定位系统,导轨采用四面受约束的陶瓷空气静压滑板,在此高精度的基础上,采用分辨率 $0.05\mu m$ 的光栅尺,全闭环控制,可实现最小进给分辨率 $0.05\mu m$ 的进给。

由于电火花加工无宏观切削力,但放电状态是瞬息变化的,因此其检测、控制及执行系统必须具有很高的响应速度。日本沙迪克公司在 1998 年率先在全球推出了商品化的直线电动机驱动的电火花成形机床,并且在 1999 年应用到其 AQ 系列电火花线切割机上,大大提高了可执行系统的响应速度。

2. 走丝系统

走丝系统是低速走丝机的重要组成部分,它包括送丝机构、断丝检测、恒速恒张力机构、导向机构、收丝机构等。走丝系统主要是对电极丝的走丝速度、张力大小及稳定性进行控制,以达到既要保证加工时可以获得高的加工精度和好的表面质量,又要满足高效加工的要求。当电极丝在切割加工过程中始终保持某一恰当的恒定走丝速度和恒定张力时,可使电极丝抖动最小,在其他加工条件不变的情况下可提高加工精度。此外,走丝系统的高可靠性也是一项重要指标,故对走丝系统各部件无论尺寸精度还是装配精度都有很高的要求,这就对工作环境、操作过程及维护提出了严格的要求,否则会减少走丝系统的使用寿命,或降低走丝系统工作的可靠性。

走丝系统运行时,电极丝由贮丝筒送出,经过导丝轮到张力轮、压紧轮、上导轮、自动穿丝装置、剪丝器,然后进入上导向器、加工区和下导向器,使电极丝保持精确定位;再经过下导轮、收丝轮,使电极丝以恒定张力、恒定速度回收进入废丝箱,完成整个走丝过程。典型低速走丝机走丝系统路径如图 3.47 所示,

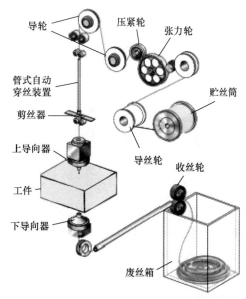

图 3.47　典型低速走丝机走丝系统路径

电极丝的张力根据丝径不同，控制在2～25N。

3. 电极丝导向机构

电极丝导向器一般分为 V 形导向器、圆形导向器及拉丝模式导向器三种。

（1）上、下均为 V 形导向器。目前改进型的 V 形导向器如图 3.48 所示，采用高精度开合系统，加长了导向器与电极丝的接触长度，可以消除切割线的弯曲，自动穿丝时，V 形导向器自动打开，电极丝很容易穿过下导向器，依靠高压喷液，即使是略有弯曲的电极丝也能十分容易穿过导向器。这种开合式的 V 形导向器在出现蚀除产物堆积在下导向器的情况时，清理起来十分容易，无须取下导向器即可进行清理。

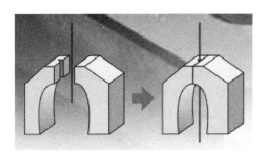

（a）导向器的开闭　　　　　　　　　　（b）导向器的清理

图 3.48　改进型的 V 形导向器

（2）上、下均为圆形导向器。圆形导向器(图 3.49)装卸较简单、使用方便，价格较 V 形导向器低。电极丝直接穿入导向器，给自动穿丝带来了一定的难度。为了便于自动穿丝，上导向器一般设计成拼合导向器，其精度取决于活动部件的导向精度，下导向器仍为圆形导向器。

（3）拉丝模式导向器。如图 3.50 所示，这种导向器能够完全包容电极丝，间隙在 0～3μm，直壁定径部分厚不到 1mm，孔的两端呈喇叭口，作为穿丝导向和斜度切割中电极丝转向之用，在使用的电极丝经过淬硬拉细、局部过热拉断出尖后，穿丝相当容易，清理也不难。

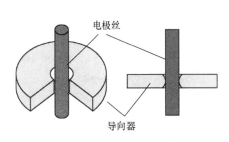

（a）导向器与电极丝的位置关系　　　（b）实物

图 3.49　圆形导向器示意图　　　　　图 3.50　拉丝模式无间隙钻石圆导向器

引导器、导电块及导向器布局如图 3.51 所示，电极丝先穿入引导器，再使电极丝压在硬质合金的导电块上，完成进电，然后通过导向器精确定位，通常加工 50～100h 后要调整导电块位置。

4. 收丝机构

收丝机构（图 3.52）的作用是使张力轮与收丝轮之间的电极丝产生恒定的张力和恒定的

走丝速度，并将用过的电极丝排到废丝箱内。压力调整装置通过调整弹簧压力使压力轮与主动轮之间形成压力，两轮夹紧电极丝做排丝转动。主动轮由电动机驱动，并通过齿轮带动压力轮同速旋转；电动机根据需要变频调速，使走丝速度可调。电极丝通过排出口进入废丝箱。吸引装置起到穿丝时吸引电极丝和将电极丝上附着的水份吸掉的作用。收丝机构实物如图 3.53 所示。由于低速走丝机使用的电极丝是一次性的，在长时间运转中，需要处理大量的废丝，为避免电极丝乱窜造成短路及大量占用空间，一些机床采用剪丝铣刀碎丝装置将废丝截断，以增大废丝的容纳量，减少短路的危险，使极间附加的电容也随之消失，对放电性能有利。碎丝装置一般安装在机床后面废丝排出口处，切碎的废丝从冲水管道排出，如图 3.54 所示。

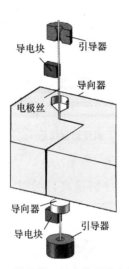

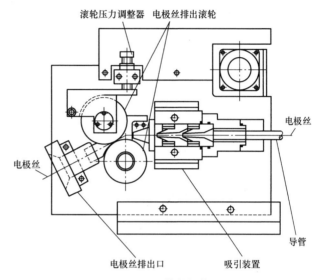

图 3.51　引导器、导电块及导向器布局　　　　　图 3.52　收丝机构

图 3.53　收丝机构实物

图 3.54　碎丝回收装置

5. 锥度机构

　　斜度切割是电火花线切割技术的重要应用，主要应用于成形刀具、电火花成形加工用电极、带有拔模斜度的模具和多种零件加工（如斜齿轮、叶片等）。斜度切割通常是采用电极丝导向器，并使其在 U、V 工作台的带动下平移，从而完成电极丝的斜度切割运动。目前该种斜度切割方式的切割斜度一般为 ±5°，最大切割斜度已经大于 ±45°（与工件厚度有关）。低速走丝机

低速走丝废
丝切断装置

锥度机构斜度切割原理及斜度切割状态如图 3.55 所示。

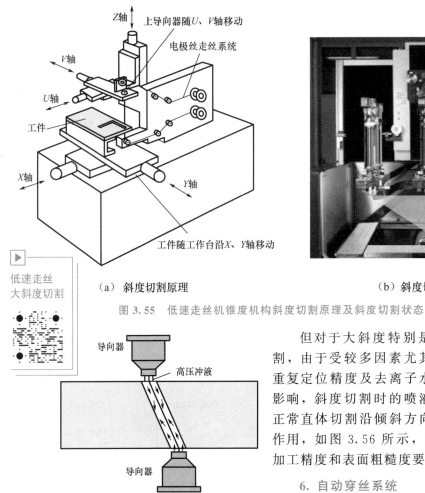

（a）斜度切割原理

（b）斜度切割状态

图 3.55　低速走丝机锥度机构斜度切割原理及斜度切割状态

低速走丝
大斜度切割

导向器

高压冲液

导向器

图 3.56　斜度切割工作介质冷却示意图

但对于大斜度特别是高厚度大斜度切割，由于受较多因素尤其是电极丝空间及重复定位精度及去离子水喷液冷却效果的影响，斜度切割时的喷液冷却和排屑只是正常直体切割沿倾斜方向的一个分量在起作用，如图 3.56 所示，因此其切割速度、加工精度和表面粗糙度要比常规加工差。

6. 自动穿丝系统

目前低速走丝机一般都配有自动穿丝（automatic wire threading，AWT）系统（有些厂家称其为 AT 系统），通常采用高压水柱引导穿丝，穿丝水柱很细，将电极丝包裹在中间，保证电极丝尖端到达下导向器时的位置在导向喇叭口范围之内，如图 3.57所示，水柱喷水自动穿丝功能一般用于工件厚度较高（大于 100mm）的自动穿丝情况。这种自动穿丝系统对于一般孔的穿丝具有很高的穿丝成功率。

传统的自动穿丝系统对于电极丝常采用剪切方式，但剪刀钝化后，电极丝在剪断时，横向剪切力的作用导致电极丝断口极不稳定，如图 3.58（a）所示，会影响穿丝的成功率，因此目前新的自动穿丝技术普遍采用退火拉直的方式，先将电极丝通电加热拉直后拉断，并冷却成最佳化的针型，如图 3.58（b）所示。

退火拉直自动穿丝机构原理如图 3.59（a）所示，其工作过程如下：电极丝导入送丝轮，再穿入导丝管，然后导入穿丝专用的拉力轮，导丝管上下两侧接入加热专用导电块，给两导电块之间的电极丝加热，送丝轮与拉力轮旋转方向相反，将加热变红的电极丝在指定点拉伸变细、尖端细化、拉断、喷液冷却，电极丝变硬，完成以上动作后，加热导电块和拉力轮自动退回原位，产生的废丝由机械机构（手）移除到侧面的废丝处理箱中，如图 3.59（b）所示，已经成针状的电极丝再由高压水柱将电极丝穿过上导向器、工件加工起始孔、下导向器。整个穿丝过程时间一般为15～20s。采用这种通电退火拉直措施后，电极丝变得挺直、坚硬、尖端细化并具有针状外形，大大提高了各种情况下的穿丝成功率，甚至可以做到在断丝点原地穿丝。

自动穿丝

图 3.57　高压水柱引导式自动穿丝系统

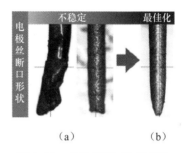

图 3.58　电极丝断口比较照片

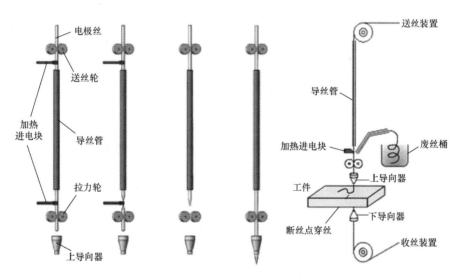

（a）自动穿丝机构原理　　　　（b）废丝处理示意图

图 3.59　退火拉直自动穿丝机构

目前高档的低速走丝机为适应无人化加工的需求，还具有对打偏的穿丝孔自动寻找并穿丝的功能，以搜索起始孔的正确位置并在穿丝后进行短路检测，其具体步骤如下。

（1）自动穿丝时电极丝到达设定点，送丝，电极丝与工件接触发生短路，告知计算机穿丝孔偏离原设定位置 [图 3.60（a）]。

（2）自动进入搜索程序，搜索范围为设定的孔半径，并且找到打偏的穿丝孔，将丝送入孔内 [图 3.60（b）]。

电极丝热熔断后自动穿丝

（3）此时如果电极丝与孔壁发生短路，则自动开始第二次搜索，寻找脱离短路位置，找到脱离短路位置后，自动切割并返回至设定的穿丝孔位置［图 3.60（c）］，然后完成后续的切割任务。

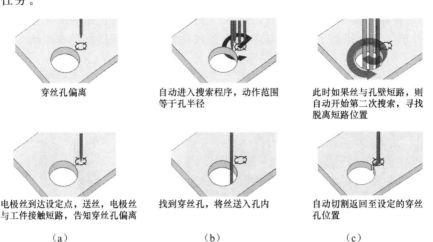

穿丝孔偏离

自动进入搜索程序，动作范围等于孔半径

此时如果丝与孔壁短路，则自动开始第二次搜索，寻找脱离短路位置

电极丝到达设定点，送丝，电极丝与工件接触短路，告知穿丝孔偏离

找到穿丝孔，将丝送入孔内

自动切割返回至设定的穿丝孔位置

（a）　　　　　　　　　　（b）　　　　　　　　　　（c）

图 3.60　自动寻找穿丝孔功能

7. 双丝全自动切换走丝系统

自动送进穿丝技术

在低速走丝电火花线切割加工中，如果只采用一种直径的电极丝切割，最大切割速度在精密冲模加工中往往难以应用，其原因是最大切割速度需要使用粗丝（直径 $\phi 0.25 \sim \phi 0.30\text{mm}$），但粗丝实现精密及细节加工则比较困难，一些精密加工只能使用细丝（如 $\phi 0.10\text{mm}$），由此出现了具有双丝全自动切换功能的走丝系统。

双丝全自动切换走丝系统是指在同一机床上按不同加工要求，无须停机，机床可以自动切换两种不同直径或不同材质的电极丝进行切割，犹如加工中心换刀一样，从而提高了低速走丝机的切割速度。这种走丝系统在进入上导向器之前是两套走丝系统，后面部分和常规结构一样。瑞士阿奇夏米尔公司的 ROBOFIL 2050TW、ROBOFIL 6050TW 双丝线切割机床，其走丝系统具有互锁结构，最高加工精度 $\pm 1\mu\text{m}$，表面粗糙度 $Ra0.05\mu\text{m}$。它能够在 45s 内实现直径 $\phi 0.25\text{mm}$ 和直径 $\phi 0.10\text{mm}$ 电极丝之间的切换。该机床的两种电极丝完全处在各自最佳工况下待命，故自动切换中无须操作者介入，从而保证了机床的连续运转。一般用直径 $\phi 0.25\text{mm}$ 的电极丝粗加工两次，换直径 $\phi 0.10\text{mm}$ 的细丝精加工三次，并完成清角和窄缝切割。粗丝切割时通过提高电极丝张力，增加加工峰值电流，使得切割速度大大提高；精加工时选用细丝，用精规准、小电流提高工件的加工精度和表面粗糙度。双丝切换机构如图 3.61（a）所示，对于直径更细的电极丝，机床可以在下部附加另外一个细丝导向器以进一步保持电极丝的定位精度，如图 3.61（b）圆圈处所示。

用双丝系统分别进行粗、精加工，解决了精密加工和高效加工的矛盾，在保证工件加工精度的前提下，使总的加工时间大为缩短，一般可省 30%～50% 的加工时间，同时可节省价格昂贵的细丝，降低加工成本。双丝走丝系统与单丝走丝系统工作时间比较如图 3.62所示，可看出，在达到同样加工精度的情况下，双丝线切割加工比常见的单丝线切割加工节省时间超过 30%。

（a）双丝切换机构　　　　（b）切换到细丝加工

图 3.61　双丝全自动切换走丝系统

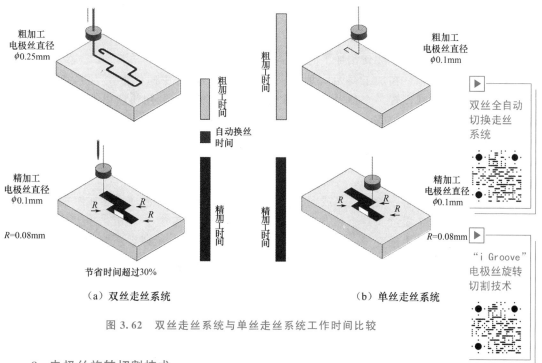

（a）双丝走丝系统　　　　　　　　　　（b）单丝走丝系统

图 3.62　双丝走丝系统与单丝走丝系统工作时间比较

8. 电极丝旋转切割技术

电极丝旋转切割技术被称为 i Groove 技术，低速走丝电火花线切割加工电极丝走丝时旋转机构使加工区域的电极丝按照一定速度和方向（左旋或右旋）旋转，以实现加工区域从上到下均在未放过电的新电极丝面上进行放电，如图 3.63 所示。由于充分利用了电极丝的新表面，工件切割的表面质量及几何精度获得显著提升，并且减少了电极丝的消耗量。试验表明，使用电极丝旋转切割技术与常规加工相比，前者方便地解决了诸如板材厚度突然变化产生的条纹；电极丝消耗量降低 30％以上，这对于减少加工的运行成本具有重要意义；采用新表面电极丝进行放电蚀除，在提高切割表面质量的同时，切割速度也提高了 10％～20％。

9. 工作液系统

图 3.64 为低速走丝机工作液系统框图。在系统设计中，加工液箱的容积大而储液箱的容积小，这是因为在加工过程中，只有少量的水在做循环，从加工液箱到过滤器、储液箱、冷却装置和纯水器。这种结构的优点是运行成本低，水质好。

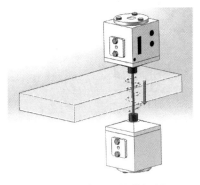

图 3.63　电极丝旋转切割

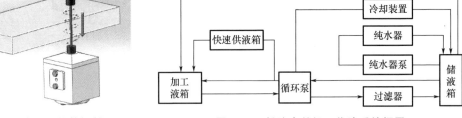

图 3.64　低速走丝机工作液系统框图

（1）加工液箱。用于线切割加工时储存工作液。

（2）快速供液箱。在加工开始时加工液箱是空的，需要快速供液，为了缩短供液时间，在储液箱的上部设置一个预先加满工作液的快速供液箱，利用快速供液箱与加工液箱高度差快速供液，可以节省 80% 供液时间。

（3）过滤器。过滤器的作用是过滤废工作液中的杂质，可以对工作液中的铁锈、沙粒和其他少量固体颗粒等进行过滤以保护设备管道上的机床配件免受磨损和堵塞，还可以保护设备的正常工作。

低速走丝机过滤器一般有一个或两个过滤筒。某型号用离子水过滤器如图 3.65 所示。过滤器拥有高效的杂质过滤效率和强大的容垢能力，过滤精度小于 $5\mu m$。过滤器在使用过程中的维护也显得尤为重要。在切割加工完成时，需要运行水循环系统至少 30min，保证加工中所产生的滤渣和灰尘能够随水流落到过滤器的底层，避免淤塞在过滤纸表面，从而保持下一轮切割工作中滤纸的过滤压力，延长滤纸的使用周期。在切割有色金属和某些硬质合金（如铝、钨钢）时，金属表面的氧化物会阻塞滤纸表面，缩短过滤器的使用寿命。过滤芯使用一段时间后，其过滤性能会降低导致泵的压力升高，此时需要及时更换滤芯，避免滤芯被冲破。

（4）纯水器。低速走丝机加工中水的质量很重要，水质传感器和纯水器用于控制纯水的电阻率，确保工作液的水质在规定的范围内。纯水的电阻率显示在控制界面上，当电阻率低于下限时，纯水器电磁阀打开，水流向纯水器，电阻率上升；当电阻率高于上限时，电磁阀关闭，纯水器不工作；随着加工时间的持续，水质会逐渐恶化，电磁阀再次打开，按上述过程循环进行，稳定纯水的电阻率。纯水器内装有离子交换树脂。离子交换树脂（图 3.66）是一种具有多孔网状结构的固体，主要由树脂母体和活性基团两部分组成。它是一种不溶于水的高分子化合物，具有较强的活性基因，为黄色或褐色半透明球状。用离子交换树脂作为离子交换剂，当水通过树脂时，离子交换树脂中的活性基团与水中的同性离子（如 Ca^{2+}、Mg^{2+}、Fe^{2+} 等离子）相互交换，以达到软化水（降低水中 Ca^{2+}、Mg^{2+} 的含量）、除盐（减少水中溶解盐类）和回收废工作液中重金属离子的目的。纯水器容积有 10L 和 20L 两种。当纯水器不能使水的电阻率上升或上升的速率极慢不能满足加工要求时，需要更换其中的离子交换树脂。

图 3.65　某型号去离子水过滤器

图 3.66　离子交换树脂

（5）冷却装置。控制工作液温度的目的是减少机床、工件、工作液及环境温度的相对温差，温度恒定可以使加工精度达到稳定。在放电加工过程中，工作液的温度会上升，控制工作液的温度可采用冷却装置，温控传感器按设定的温度控制冷却装置，使工作液的温度与室温相同。

去离子水过滤系统

（6）喷流泵、循环泵和纯水器泵。整个工作液系统有三个泵，喷流泵采用高压泵，变频调速，水的压力可以设定，向上下导向器、自动穿丝装置、加工液箱供液。循环泵用于工作液过滤、冷却及向加工液箱供液。纯水器泵用于向纯水器供液。

目前低速走丝机的加工基本均采用浸泡式供液方式，由于被加工工件浸没在工作液中，因此对加工精度及加工的稳定性有益。

10. 电极丝

低速走丝电火花线切割加工技术的飞速发展也促进了电极丝的快速发展。性能优良的电极丝可以保障电火花线切割高效加工，获得高表面质量及高精度的加工零件。目前市面上常见的电极丝为黄铜电极丝和镀锌电极丝，如图 3.67 所示。

（a）黄铜电极丝

（b）镀锌电极丝

低速走丝电火花线切割电极丝

图 3.67　低速走丝电火花线切割电极丝

低速走丝电火花线切割诞生于 20 世纪 60 年代，其自诞生起就一直沿用电火花成形加工电极材料的思路，采用的是纯铜电极丝。虽然纯铜具有非常好的导电性及导热性，但因受纯铜丝抗拉强度低的影响，在放电加工时，伴随着一定张紧力及煤油条件下的放电，极易导致电极丝熔断，致使切割速度一直得不到有效提高。

1977 年，黄铜丝开始进入市场，黄铜是纯铜与锌的合金，最常见的配比是 65% 的纯铜和 35% 的锌。由于这种电极丝大大提高了抗拉强度，可以增加放电能量，因此带来了切割速度的突破，故黄铜丝是低速走丝电火花线切割领域中真正第一代专用电极丝。当时对于厚度为 50mm 的工件，切割速度从原来的 12mm²/min 提高到 25mm²/min。在此实验过程中研究人员还发现黄铜丝中低熔点的锌（锌熔点为 420℃，纯铜熔点为 1080℃）对于改善极间的放电特性有明显的促进作用，所以从理论上讲，锌的比例应该越高越好，不过在

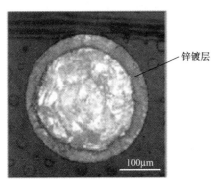

图 3.68　镀锌丝截面图

黄铜丝的制造过程中，当锌的比例超过 40% 后，材料会变得太脆而不适合把它拉成直径较小的细丝，所以黄铜中锌的比例又受到限制，于是人们想到在黄铜丝外面再加一层锌，做成包芯丝。1979 年瑞士几位工程师发明了这种制造工艺，由此产生了镀锌电极丝。其截面图如图 3.68 所示。包芯丝制造工艺的产生使电极丝的发展又向前迈进了一大步，并导致了更多新型镀层电极丝的出现。镀层电极丝目前的生产工艺主要有浸渍、电镀和扩散退火这三种方法。电极丝的芯材目前主要有黄铜、纯铜和钢。镀层的材料则有锌、纯铜、铜锌合金等。

镀锌黄铜丝能提高切割速度，而又不易断丝。如同蒸制食物（图 3.69）一样，无论外界加热的火焰温度有多高，其首先作用在水上，而水的沸点是 100℃。对于镀锌黄铜丝而言，如图 3.70 所示，虽然放电通道内的温度高达 10000℃ 左右，但这个温度首先作用在具有较低熔点的镀锌层上，锌的熔点为 420℃，镀锌层一方面通过自身的气化首先吸收了绝大部分热量，从而保护了电极丝基体，使得加工中不易断丝，同时由于镀锌层从固态被加热到气态的气化体积瞬间增大，产生了很强的爆炸性气压，爆炸性的气体会将蚀出产物推出放电区域，起到改善放电通道内洗涤性及排屑性的作用，从而大大提高了切割速度。

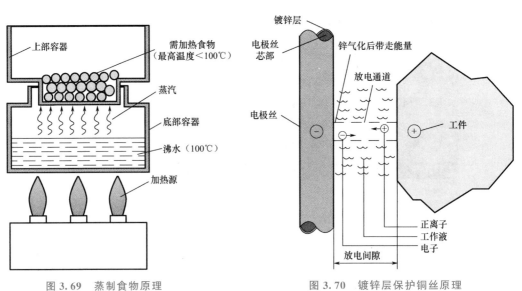

图 3.69　蒸制食物原理　　　　图 3.70　镀锌层保护铜丝原理

作为第一代低速走丝电火花线切割专用电极丝，黄铜丝因为价格较低，在一些要求不高的加工情况下，仍在采用，黄铜丝存在的主要缺点如下。

(1) 切割速度无法提高。由于黄铜中锌的比例一定，因此放电时的能量转换效率无法进一步提高；以 $\phi0.25mm$ 黄铜丝切割 30~60mm 厚的钢为例，主切速度一般在 $120mm^2/min$ 左右。

(2) 表面质量不佳。黄铜丝表面的铜粉和放电时由于电极丝表层气化而带出的铜微粒会积存在工件的加工面上形成表面积铜，同时由于冲洗性不好而在工件表面产生较厚的变质层，这些都会影响工件的表面硬度及粗糙度。

(3) 加工精度不高。特别是在加工较厚工件时，由于冲洗性不良，会产生较大的上下端尺寸误差和面轮廓度误差（俗称腰鼓度）。

相对于黄铜丝而言，镀锌电极丝的主要优点如下。

(1) 切割速度高，不易断丝。品质好的镀锌电极丝切割速度可比优质黄铜丝切割速度增加 30%~50%，目前采用 $\phi0.25mm$ 的镀锌电极丝，平均切割速度在 $150~180mm^2/min$。

(2) 加工表面质量好，无积铜，变质层得到改善，因此切割工件表面的硬度更高，模具的寿命延长。

(3) 加工精度高，特别是尖角部位的形状误差、厚工件的面轮廓度误差等均比黄铜丝切割时有改善。

(4) 导向器等部件的损耗减小。由于锌的硬度比黄铜低，同时镀锌丝不像黄铜丝那样有很多铜粉，因此不容易堵塞导向器的导向嘴，减少了对相关部件的污染。

随着低速走丝机对工件加工质量要求的不断提升，其对电极丝性能的要求也随之提高，尤其是电源对电极丝提出了更加严格的要求，需要其能承受峰值超过 1000A 和平均值超过 45A 的大电流切割，而且能量的传输必须非常有效，才能提供为达到低表面粗糙度（$Ra \leq 0.2\mu m$）所需的高频脉冲电流，因此需要电极丝具有更良好的电导率。

高精度的线切割加工要求电极丝具有误差极小的几何特性。电极丝制造的最后工序是采用多个宝石拉丝模拉制电极丝，以得到光滑、圆度极好、丝径公差为 ±0.001mm 的成品。另外，还有一些电极丝特意设计成具有相对粗糙的表面，用以提高极间介质带入及蚀除产物带出的能力，以达到改善极间放电状态从而提高切割速度的目的。

3.4 电火花线切割机床控制系统

电火花线切割机床控制系统主要包括加工轨迹（通常称切割轨迹）控制、伺服进给控制，以及走丝系统控制、机床操作控制及辅助控制等。

加工轨迹控制的作用是使机床按加工要求控制电极丝相对于工件的运动轨迹，以便对工件进行形状与尺寸加工。

伺服进给控制的作用是当电极丝相对工件进给时，根据放电间隙大小与状态自动调整工作台的进给速度，使进给速度与工件蚀除速度平衡，维持稳定加工状态。

走丝系统控制的作用是控制电极丝的走丝速度及方向。电极丝的运动既有利于把工作液带入放电间隙，同时又有利于把放电蚀除产物排出放电间隙，使加工稳定。高速走丝机的走丝控制主要是使电极丝做周期往复运动，根据贮丝筒直径及电动机转速，走丝速度在 8~10m/s。目前"中走丝"机的走丝速度还需要根据多次切割的要求进行调节，走丝速

度一般为 2～10m/s。

机床操作控制包括设备的总开通与总关断、各部分的开通与关断，以及各种手动控制功能等。

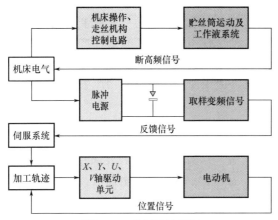

图 3.71　控制系统框图

辅助控制是指除上述基本控制之外，有利于加工顺利进行、提高操作自动化程度的各种控制电路，如自动找中心、自动找边、加工中的自动监控、出现异常的报警、自动停机及各种保护电路等。

图 3.71 是控制系统框图。

下面对线切割机床的加工轨迹控制、伺服进给控制、机床电气控制功能进行介绍，鉴于低速走丝机与高速走丝机在驱动系统的差异，还要介绍低速走丝机驱动系统。

1. 加工轨迹控制

电火花线切割机床轨迹控制是把加工零件的形状和尺寸用规定的代码和格式，编写成程序指令或在计算机上直接绘制出图形，而后输入数控系统，数控系统编辑处理后将信息处理分配，使各坐标轴移动若干最小位移量并输出指令控制驱动电动机，由驱动电动机带动精密丝杠，使工件相对于电极丝进行轨迹运动。

图 3.72　计算机数控系统框图

计算机数控系统（图 3.72）主要功能是计算机根据"命令"控制机床拖板沿给定的轨迹运动，此轨迹即是加工工件的图形，所以必须将要进行切割加工的工件图形用线切割控制系统可以接受的"语言"

编写好"命令"，输入计算机数控系统，这种"命令"称为线切割程序，编写这种"命令"的工作称为编程。计算机数控系统根据输入程序，进行插补运算后，通过驱动电路控制电动机，使工件相对电极丝做轨迹运动。

数控系统按结构可分为开环控制和闭环控制两类。开环控制系统是高速走丝机常用的一种，它没有位置反馈环节，加工精度取决于机械传动精度、控制精度和机床刚性。闭环控制系统又分为半闭环控制系统和全闭环控制系统，是低速走丝机采用的两种控制方式。半闭环控制系统的位置反馈点为伺服电动机的转动位置，一般由编码器完成，但机床丝杠的传动精度没有反馈。全闭环控制系统的位置反馈点为拖板的实际移动位置，加工精度不受传动部件误差的影响，只受控制精度的影响，是一种高精度的控制系统。

（1）插补原理

所谓插补，就是在一个曲线或工程图形的起点和终点间用足够多的短线段来逼近所给定的曲线或工程图形。常见的工程图形均可分解为直线和圆弧或其组合。常用的插补方法有逐点比较法、数字积分法、矢量判别法和最小偏差法。每种方法各有其特点，在电火花线切割机床控制系统中，采用较多的是逐点比较法。

逐点比较法的插补原理是在加工过程中，每进给一步，首先判断加工点相对给定线段的偏离位置，用偏差的正负表示，即进行偏差判别。根据偏差的正负，向逼近线段的方向进给一步，到达新的加工点后，再对新的加工点进行偏差计算，求出新的偏差，再进行判别、进给。这样，不断运算，不断比较，不断进给，总是使加工点向给定线段逼近，以完成对切割轨迹的控制。逐点比较法每进给一步，都要经过图3.73所示的四个工作步骤。

① 偏差判别：判别加工点对规定图线的偏离位置，以决定拖板的走向。

② 拖板进给：控制纵拖板或横拖板进给一步，向规定的图线逼近。

③ 偏差计算：对新的加工点进行计算，得出反映偏离位置情况的偏差，作为下一步进给的依据。

④ 终点判别：当进给一步并完成偏差计算后，应判断是否到达图形终点，如果已到达终点，则发出停止进给命令，如果未到达，则继续重复前面的工作步骤。

图3.73　逐点比较法进给的四个步骤框图

切割轨迹为斜线时，如图3.74（a）所示，若加工点在斜线的下方，系统计算出的偏差为负，这时控制加工点沿Y轴正方向移动一步；若加工点在斜线的上方，系统计算出的偏差为正，这时控制加工点沿X轴正方向移动一步。同理，切割圆弧时，如图3.74（b）所示，若加工点在圆外，应控制加工点沿Y轴负方向移动一步；若加工点在圆内，应控制加工点沿X轴正方向移动一步。据此，使加工点逐点逼近已给定的图线，直至整个图形切割完毕。

（2）斜度切割

为讨论方便，可以认为工件是静止的，电极丝相对工件运动。在带有斜度切割功能的线切割机床上，上线架有两个可在水平方向上做相互垂直运动的U、V小拖板，由它们来移动电极丝的上端做以电极丝下端为支点的倾斜运动，由电极丝平动和倾斜运动按一定方式构成锥度运动。

如图3.75所示，先使电极丝倾斜一定角度（使AA'移至AA_1），然后电极丝在O'平面内的点A_1相对电极丝下端在O平面内的A点走一个圆，在空间形成了以电极丝轨迹为母线的圆锥，呈尖锥状，如果此时，整个电极丝同时又相对工件走圆（实际为X、Y拖板走圆），只要满足这两个走圆同步，就能叠加出一个如图3.76所示的圆锥体。

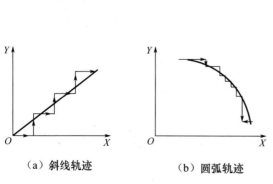

（a）斜线轨迹　　　（b）圆弧轨迹

图3.74　逐点比较法原理图

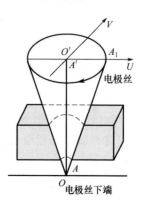

图3.75　线架走圆示意图

（3）上下异形切割

上下异形是指工件的上下表面不是相同或者相似的图形，上下表面之间平滑地过渡。上下异形切割主要用于拉制模的生产，如铝型材的拉制模等。典型的上下异形拉制模如图 3.77 所示，该模具可以将圆棒料拉制为十字花型材。

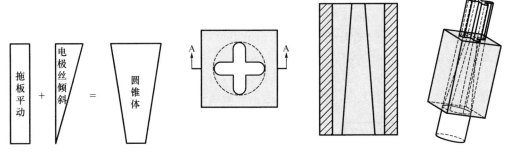

图 3.76　斜度切割成形示意图　　　　图 3.77　典型的上下异形拉制模

上下异形钨钢模具切割

对于上下异形零件的切割，由于零件上下表面的轮廓长度不一样，其加工斜度是线性变化的，这是上下异形零件的加工特点。上下异形体斜度切割时，工件上下表面轨迹按图样分别单独编程，然后经过四轴轨迹合成计算，把带圆弧或形状复杂的曲面线性化处理到上下导轮的线架平面，从而转换为空间直线段的集合，即大量直线的集合，由上下导轮按一定比例进给，其插补速度则由数控系统的行程协调函数控制，通过行程协调函数的处理，对上下表面的加工步数进行对比分析，反馈到行程协调函数中，控制 X、Y、U、V 四轴的运动，使上下表面轨迹的插补速度协调一致，最终加工出变斜度的曲面，其核心是加工轨迹的线性化计算。

对于上下两面各段起、止点都一一对应情况，如图 3.78 所示，可以认为零件是由很多小直纹曲面组成的，由于对应点位置均是已知的情况，可以不要标志，直接进行轨迹叠加合成计算。

对于上下图形几何分段数不相等，各段无法找到一一对应标志的情况，需对有些段进行拆分，从而产生新节点，使上下各节点位置一一对应，如图 3.79 所示。这种拆分段产生节点由计算机根据确定的对应点计算公式来计算。图 3.79 中 A_1、A_2、A_3、A_4、A_5 点及 B_1、B_2、B_3、B_4、B_5、B_6、B_7 点是原图形的各端点，与之对应的需要找到 A_2'、A_3'、A_4' 点及 B_2'、B_3'、B_4'、B_5'、B_6' 点。

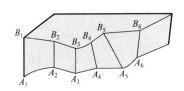
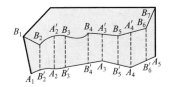

图 3.78　上下面轨迹几何分段相等　　　图 3.79　对应段拆分产生新节点

采用这种加工编程原理进行上下异形零件的加工，减少了曲线拟合误差，对零件加工精度的影响不大，应用广泛。上下异形加工实物及对应线段拆分图如图 3.80 所示。

2. 伺服进给控制

线切割加工的进给速度不能采用等速方式，而必须采用伺服进给方式。对于高速走丝电火花线切割加工而言，伺服进给控制主要是使电极丝的进给速度等于金属的蚀除速度并保持某一合适的放电间隙。

在电火花线切割加工中进给速度是由变频电路控制的，它使电极丝进给速度"跟踪"工件的蚀除速度，防止放电开路或短路，并自动维持一个合适的放电间隙。它的控制方法如下。

由取样电路测出工件和电极丝之间的放电间隙，间隙大，则加速进给；间隙小，则放慢进

（a）实物

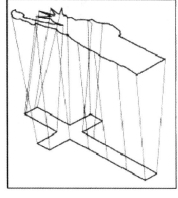
（b）线段拆分图

图 3.80　上下异形加工实物及对应线段拆分图

给；间隙为零，则为短路状态，短路状态超过一定时限，控制系统判断发生短路，电极丝需按已切割轨迹回退，以消除短路状态。

由于实际加工时，放电间隙很小，无法直接测量放电间隙的实际大小，故通常测量与放电间隙有一定关系的间隙电压、间隙电流或同时检测间隙电压和间隙电流，作为判断间隙变化的依据。较常采用的是检测间隙平均电压，然后将测量的间隙平均电压输入变频电路，变频电路是一个电压-频率转换器，它把放电间隙中平均电压的变化成比例地转换为频率的变化，间隙大，间隙平均电压高，变频电路输出脉冲频率高，进给速度快；反之，间隙小，间隙平均电压低，变频电路输出脉冲频率低，则进给速度慢或停止进给，从而实现线切割加工的自动伺服进给。

此外，当机床不处于放电加工状态时，需要使工作台移动一段距离，此时可以将自动伺服进给开关由自动挡变为手动变频挡，由变频电路内部提供一个固定的直流电压来代替放电间隙平均电压，再经变频电路输出一定频率的脉冲，触发插补运算器使 X、Y 轴（或 U、V 轴）快速移动。

取样电路设计时可以采用光电耦合器将放电间隙与取样电路隔离，使两部分没有直接的电联系，减少间隙放电对取样信号的干扰，从而提高变频电路的稳定性。

图 3.81 所示为典型峰值电压取样变频进给控制电路。在变频取样电路中，取样信号分别取自工件和电极丝，工件和电极丝之间的间隙电压经过限流电阻后，再经过 24V 稳压管，从而使 3 点电压的峰值得到一定限幅，24V 稳压管起到门槛作用（门槛电压根据不同加工情况会略有变化），即只有高于 24V 的电压才能进入取样电路，继而触发后续的插补运算器。电火花线切割加工中示波器检测的几种放电波形如图 3.82 所示，24V 电压值约在正常极间放电维持电压的下临界线上，也就是说只有放电加工中出现高于该电压的空载波及加工波时，取样电路才有信号输入，才能触发后续的插补运算器，使拖板向前进给；而当出现短路及少部分加工信号时，由于没有高于 24V 的电压信号进入取样电路，后续的插补运算器无信号发出，因此拖板不进给，而如果在设定时间内计算机没有检测到输入的取样信号，则判断为短路，从而控制工作台沿着已加工轨迹回退。放电脉冲信号进入取样电路后，由两个电容和电阻组成的 π 形滤波器将已经降幅的放电信号进行整流和滤波，

变成近似直流电压信号。33V 稳压管起限幅作用，正常加工时它不起作用，在间隙开路时，它限制取样电压在 E 处情况不能太高，以保护后面的电路。取样电压经光电耦合器输入以单结晶体管 BT32DJ 为主的变频电路。由 9 点输出变频脉冲至控制计算机进行轨迹插补运算。

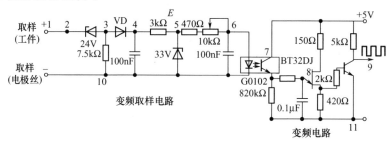

图 3.81   典型峰值电压取样变频进给控制电路

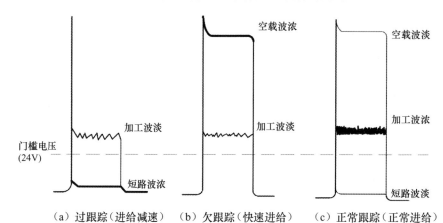

（a）过跟踪（进给减速）   （b）欠跟踪（快速进给）   （c）正常跟踪（正常进给）

图 3.82   电火花线切割加工中示波器检测的几种放电波形

一般高速走丝机采用步进电动机作为工作台驱动电动机。步进电动机有混合式和反应式两种，分别有两相、三相、四相、五相等多种型号。高速走丝机目前常用 75BF003 三相反应式步进电动机，图 3.83 所示为其控制方式。图中转子上仅画出 4 个齿，实际转子上有 40 个齿，定子上有三对开有小齿的（A、B、C 三相）磁极。A、B、C 三相可单独或同时轮流通电，通电时磁极产生磁力吸引转子转向某一位置。

控制步进电动机转动的方式有三种。

（1）单三拍控制方式

图 3.83 所示实际为单三拍控制方式。首先有一相线圈（设为 A 相）通电，则转子上 1、3 两齿被磁极 A 吸住，转子就

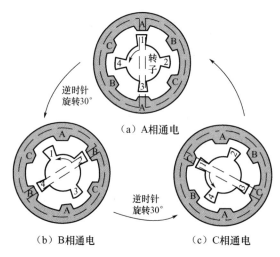

图 3.83   单三拍控制方式

停留在这个位置上，如图 3.83（a）所示。

然后，B 相通电，A 相断开，则磁极 B 产生磁场，而磁极 A 的磁场消失。磁极 B 的磁场把离它最近的齿（2、4 齿）吸引过去。这样转子自图 3.83（a）所示位置逆时针旋转了 30°，停在图 3.83（b）所示的位置上。

接下去，C 相通电，B 相断开，同样道理，转子又逆时针旋转 30°，停留在图 3.83（c）所示的位置上。

若再使 A 相通电，C 相断开，那么转子再逆时针旋转 30°，使磁极 A 的磁场把 2、4 两个齿吸住。

这样按 A→B→C→A→B→C→A……的次序轮流通电，步进电动机就一步一步地按逆时针方向旋转。通电线圈每转换一次，步进电动机旋转 30°。

如果步进电动机通电线圈转换的次序倒过来，按 A→C→B→A→C→B→A→……的顺序进行，则步进电动机将按顺时针方向

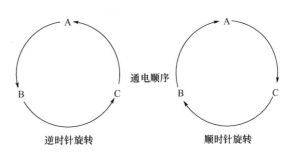

图 3.84　通电顺序与顺逆转向

旋转。通电顺序与旋转方向的关系可以形象地用图 3.84 表示。

上述控制方案称为单三拍控制，每次只有一相线圈通电。在转换时，一相线圈断电时另一相线圈刚开始通电，因此，此时不能承受力矩，容易失步（即不按输入信号一步步转动）；另外单用一相线圈吸引转子，转子容易在平衡位置附近振荡，稳定性不好，无法使用。故只能用以说明原理，实际上常采用以下的三相六拍控制方式。

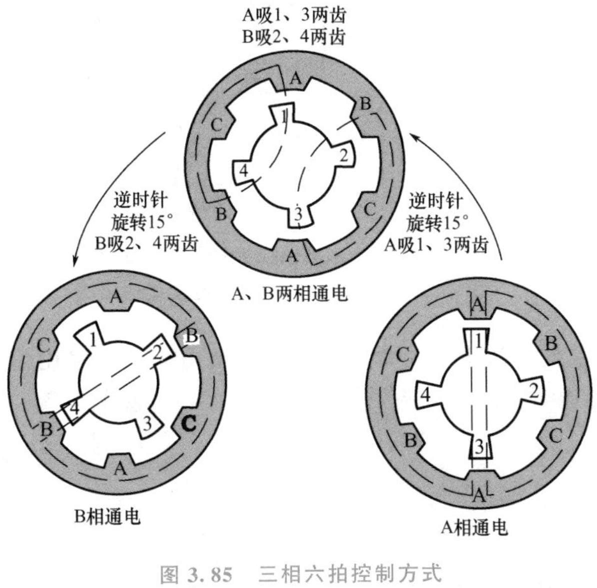

（2）三相六拍控制方式

三相六拍控制方式通电顺序按 A→AB→B→BC→C→AC→A→……进行（即一开始 A 相线圈通电，然后转换为 A、B 两相线圈同时通电，接着单 B 相线圈通电，再 B、C 两相线圈同时通电……），每转换一次，步进电动机逆时针旋转 15°，如图 3.85 所示。

若通电顺序反过来，则步进电动机顺时针旋转，如图 3.86 所示。

这种控制方式因转换时始终保证有一相线圈通电，故工作较稳定，不

A吸1、3两齿
B吸2、4两齿

逆时针旋转15°
B吸2、4两齿

逆时针旋转15°
A吸1、3两齿

A、B两相通电

B相通电

A相通电

图 3.85　三相六拍控制方式

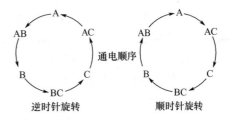

图 3.86　三相六拍控制通电顺序与转向

127

易丢步。而且三相六拍控制方式的步距比单三拍缩小了一半。

（3）双三拍控制方式

在双三拍控制方式中，通电顺序按 AB →BC →AC →AB →……（逆转）或 AB →AC →BC →AB →……（顺转）进行，如图 3.87 所示。

在这种控制方式中每次都是两相线圈同时通电，而且转换过程中始终有一相线圈保持通电不变，因而工作稳定，不易丢步，而步距与单三拍控制一样。

步距角的计算：在三相步进电动机中，三步后转子旋转了一个齿，那么，定子的相数乘以转子的齿数就是转子旋转一周（即 360°）所需的步数。步进电动机每一步旋转的角度称为步距角 θ，可由下列公式计算。

$$步距角 \theta = 360° / (定子的相数 M × 转子的齿数 N)$$

常采用的 75BF003 型步进电动机（图 3.88）是三相步进电动机，它的转子有 40 个齿，所以双三拍时的步距角 $\theta = 360° / (3 × 40) = 3°$，即每步旋转 3°，在三相六拍控制方式中步距角为双三拍时的一半，即 1.5°，相当于进行了二细分。

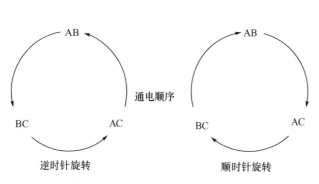

图 3.87　双三拍控制方式

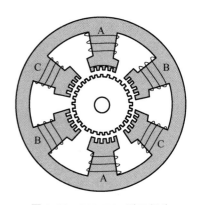

图 3.88　75BF003 型三相步进电动机的结构

步进电动机的 A、B、C 各相，通常接直流电源，每相中串接限流电阻（或采用恒流源电路）和大功率晶体管。当晶体管导通时，直流电源限流，每相有 2～2.5A 的电流，可以产生足够的驱动力矩。

3. 机床电气控制功能

机床电气控制内容及控制功能见表 3-3。

随着电路集成度的提高、计算机及数控技术的进步，近年来脉冲电源、机床电气已不再是独立的部分，而是作为机床数控系统的一部分融合在整个控制系统中。尤其在低速走丝机控制系统中，这种形式更加普遍。诸如脉冲电源的脉冲宽度、脉冲间隔、脉冲峰值电压甚至脉冲波形等电源参数，伺服进给的方式和方法及机床电气的工作液泵启停、运丝启停等相关操作均可通过操作计算机键盘，依靠软件完成。许多原本用硬件实现的功能，纷纷被软件取代，使得功能组合更合理、更完善，自动化程度更高，操作更简便，可靠性也得到进一步提高。

表 3 - 3　机床电气控制内容及控制功能

控制项目	控制内容	控制功能
走丝控制	正向、反向运转	高速走丝方式，电极丝正、反向交换运转
	调速	走丝速度控制
	断丝保护	断丝停机、停止加工
	电动机制动	高速走丝方式走丝停止与断丝停止时快速制动
走丝换向装置	停加工脉冲电源	高速走丝方式走丝方向改变时停止加工脉冲电源输出
	停计算机运算	高速走丝方式走丝方向改变时停止计算机运算
工作台控制方式的选择	自动	由切割轨迹控制系统自动控制工作台移动
	手动	手动控制工作台移动
	点动	手动点动调整工作台的坐标位置
限位控制	运动部件限位	坐标工作台与走丝机构限位，使其不超出一定位置
照明控制	机床照明	控制机床照明灯启停
其他控制	工作液泵启停	控制工作液泵电动机启停
	自动绕丝	控制绕丝电动机启停
	垂直检具	供给电极丝垂直检具电源

4. 低速走丝机驱动系统

低速走丝机工作台驱动采用的方式主要有交流伺服电动机半闭环控制、交流伺服电动机全闭环控制和直线电动机全闭环控制，最小指令单位为 $0.1\mu m$。

（1）运动轴的驱动方式。低速走丝机一般可实现五轴四联动的位置控制（X、Y、U、V 四轴联动，Z 轴定位控制）。

（2）交流伺服电动机半闭环控制。图 3.89 是交流伺服电动机半闭环控制示意图，数控装置发出程序指令给驱动器，驱动交流伺服电动机，电动机通过联轴器直接与精密滚珠丝杠连接，驱动工作台，因中间没有减速机构，所以要求电动机驱动功率大。交流伺服电动机带有精密编码器，编码器检测电动机旋转角度误差，并将其反馈到驱动器，指令电动机进行补偿。每台机床都要用激光干涉检测仪对直线运动精度进行检测，记录工作台直线运动的实际误差，该误差反映了滚珠丝杠各段螺距误差和反向间隙，将该误差补偿量固化到数控系统控制器中，并在工作台运动时进行实时补偿，以提高工作台定位精度。

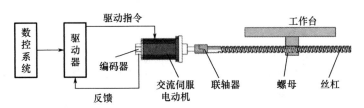

图 3.89　交流伺服电动机半闭环控制示意图

（3）交流伺服电动机全闭环控制。图 3.90 是交流伺服电动机全闭环控制示意图，在半闭环控制的基础上，于工作台上加装精密直线光栅尺，检测工作台实际移动距离，并将检测数据反馈到驱动器，与设定数据进行比较，驱动交流伺服电动机进行误差补偿。

由于采用直线光栅尺作为全闭环控制检测器件，工作台的定位精度不完全取决于精密滚珠丝杠的精度，丝杠的螺距误差、反向间隙、磨损等传动误差都不会影响工件的定位精度，因此不必定期用激光干涉仪检测工作台的直线运动误差，重新进行程序补偿。因为半闭环控制是分段进行误差补偿，而全闭环控制是实时进行误差补偿，所以全闭环控制的精度比半闭环控制的高，精密或超精密低速走丝机普遍采用全闭环控制。

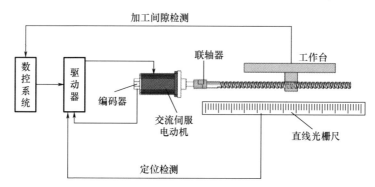

图 3.90　交流伺服电动机全闭环控制示意图

（4）直线电动机全闭环控制。图 3.91 是直线电动机全闭环控制示意图，数控装置发出程序指令给驱动器，驱动直线电动机带动工作台运动，工作台装有精密直线光栅尺，实时检测工作台定位精度，并将检测数据反馈到驱动器，与设定数据进行比较，驱动直线电动机进行补偿。

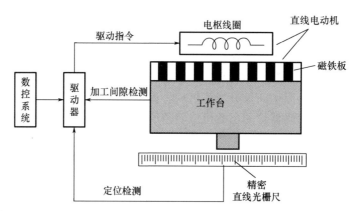

图 3.91　直线电动机全闭环控制示意图

直线电动机具有电枢线圈和磁铁板。驱动器通过交变磁场驱动工作台。因为直线电动机是通过磁场非接触式直接驱动工作台，所以不存在因滚珠丝杠将旋转运动变成直线运动而引起的各种缺陷，包括螺距误差、反向间隙、摩擦发热、磨损、耗能、弯曲等问题，使失动量减到最小。

目前电火花线切割机床驱动系统使用的直线电动机主要有两类，一类是套筒式直线电动机（图 3.92），一类是平板式直线电动机（图 3.93）。

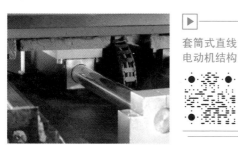

图 3.92 套筒式直线电动机　　　　　图 3.93 平板式直线电动机

3.5 电火花线切割脉冲电源

3.5.1 高速往复走丝电火花线切割脉冲电源

高速往复走丝电火花线切割脉冲电源与电火花成形加工脉冲电源类似，目前多为矩形波或分组脉冲，脉冲宽度在 $1\sim128\mu s$，脉冲间隔 $5\sim1500\mu s$ 可调，一般占空比最大 $1:12$，短路峰值电流在 $10\sim50A$，平均加工电流在 $0.1\sim10A$，由于加工脉冲宽度较窄，均采用正极性加工。通常要求脉冲电源在加工中做到高效率低丝耗、稳定可靠和兼作粗精加工之用。脉冲电源是影响加工工艺指标的重要因素。

1. 脉冲电源基本组成

脉冲电源由脉冲发生器、前置推动级、功率放大级及直流整流电源四部分组成，如图 3.94所示。

（1）脉冲发生器产生的矩形方波是脉冲源，由脉冲宽度 T_{on}、脉冲间隔 T_{off} 等参数表示。

（2）前置推动级用于放大脉冲发生器产生的脉冲信号，以驱动后面的功率放大级，一般由几个晶体管或功率放大集成电路组成。

（3）功率放大级用于放大前置推动级所提供的脉冲信号，为工件和电极丝间的加工提供所需的脉冲电压和电流，使其获得足够的放电能量。

（4）直流整流电源为上述模块提供稳压直流电源。

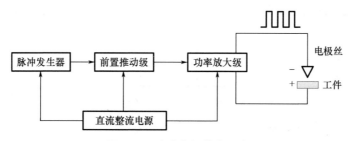

图 3.94 脉冲电源基本组成

2. 典型脉冲电源

电火花线切割用脉冲电源有多种形式，如矩形波脉冲电源、高频分组脉冲电源、节能型脉冲电源、等能量脉冲电源等。

（1）矩形波脉冲电源

图 3.95 所示为晶体管矩形波脉冲电源原理及放电波形。其工作原理如下：晶振脉冲发生器发出固定频率的矩形方波（也可以通过其他方式发出方波），经过多级分频后产生所需要的脉冲宽度和脉冲间隔，控制功率晶体管的基极形成所需的脉冲电源参数，开启的功率晶体管数目及限流电阻的大小决定了放电的峰值电流。

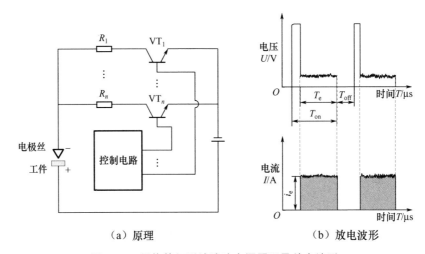

（a）原理　　　　　　　（b）放电波形

图 3.95　晶体管矩形波脉冲电源原理及放电波形

（2）高频分组脉冲电源

高频分组脉冲电源的作用是尽可能达到切割速度不显著降低，同时又能改善表面切割质量的要求。高频分组脉冲电源相当于在单位时间内，输出与矩形波脉冲电源基本相同的放电能量，但能量的输出方式不同于矩形波脉冲的一次输出，而是将能量分为几份输出，从而在一定程度上缓解了切割速度与表面粗糙度之间的矛盾。其电路原理如图 3.96 所示。

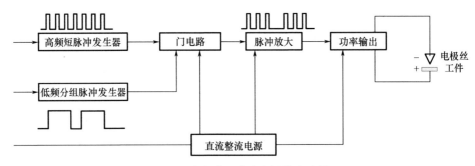

图 3.96　高频分组脉冲电源的电路原理

脉冲形成电路由高频短脉冲发生器、低频分组脉冲发生器和门电路组成。高频短脉冲发生器是产生窄脉冲宽度和窄脉冲间隔的高频多谐振荡器；低频分组脉冲发生器是产生宽脉冲宽度和宽脉冲间隔的低频多谐振荡器，两多谐振荡器输出的脉冲信号经过与门后，便输出高频分组脉冲（图 3.97）。然后与矩形波脉冲电源一样，把高频分组脉冲信号进行放大，再经功率输出级，把高频分组脉冲能量输送到放电间隙中。高频分组脉冲有窄脉冲宽度 t_{on} 和窄脉冲间隔 t_{off} 组成，由于每一个脉冲的放电能量小，切割表面粗糙度降低，但由于脉冲间隔 t_{off} 较小，对加工间隙消电离不利，因此在输出一组高频窄脉冲后，需经过一个比较大的脉冲间隔 T_{off}，使加工间隙充分消电离，再输出下一组高频分组脉冲，以达到既稳定加工同时又保障切割速度并维持较低表面粗糙度的目的。

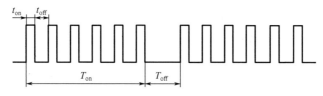

图 3.97　高频分组脉冲电源的输出波形

（3）节能型脉冲电源

节能型脉冲电源可以提高电能利用率，采用电感元件 L 代替限流电阻，除了避免发热损耗外，还可以将电感元件 L 中剩余的电能反输给电源。图 3.98 所示为节能型脉冲电源的主回路及放电波形。

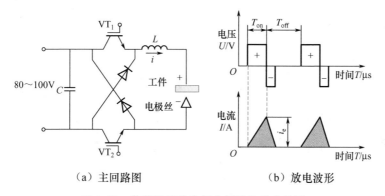

（a）主回路图　　　　　　（b）放电波形

图 3.98　节能型脉冲电源主回路和放电波形

图 3.98 中，80～100V 的电压及形成的电流经过大功率开关元件 VT_1（常用 V-MOS 或 IGBT），由电感元件 L 限制电流的突变，再流过工件和钼丝的放电间隙，最后经大功率开关元件 VT_2 流回电源负极。由于用电感 L（扼流线圈）代替了限流电阻，当主回路中电压为图 3.98（b）所示的矩形波，脉冲宽度 T_{on} 时，其电流波形由零按斜线升至 i_e 最大值（峰值）。当 VT_1、VT_2 瞬时关断截止时，电感 L 中电流不能突然截止而继续流动，通过两个二极管反输给电源，逐渐减小为零，储存在电感 L 中的能量释放出来，进一步节约了能量。

由图 3.98（b）对照电压和电流波形可见，VT_1、VT_2 导通时，电感 L 为正向矩形波；放电间隙中流过的电流由小增大，上升沿为一条斜线，因此电极丝的损耗很小。当 VT_1、VT_2 截止时，由于电感是一个储能惯性元件，其上的电压由正变为负，流过的电流不能突变为零，而是按原方向流动逐渐减小为零，这一小段"续流"期间，电感把储存的电能经放电间隙和两个二极管返输给电源，电流波形为锯齿形，这样能提高电能利用率，降低电极丝损耗。

这类电源的节能效果可达 80％以上，控制柜不发热，可少用或不用冷却风扇，电极丝损耗为一般电源的 1/3，但切割速度比一般矩形波脉冲电源低。

（4）等能量脉冲电源

在第 2 章中，已经介绍过等能量脉冲电源的基本概念，这类脉冲电源在电火花线切割加工中正逐步推广。在传统的等频脉冲电源加工中，由于从脉冲发出到极间介质击穿，一般需要一定的击穿延时时间，但因为脉冲宽度固定，就会导致实际放电维持时间忽长忽短（脉冲宽度＝放电击穿延时＋放电维持时间）。由于在一定的极间状况下，放电峰值电流基本一定，因此必然导致每个放电脉冲输出的能量不同，加工表面的放电蚀坑大小不一，如图 3.99 所示。由于加工表面粗糙度主要取决于放电蚀坑的深度，因此导致在一定表面粗糙度条件下，蚀除量减少，影响切割速度。

等能量脉冲电源通过检测放电延时后的下降沿信号，反馈到脉冲电源的控制端，使脉冲电源的输出自放电开始延时至结束维持相同的放电时间，因此每个放电脉冲形成的放电能量也基本一致，保障了放电蚀坑的均匀性，如图 3.100 所示，从而保证了加工表面的均匀并在同等表面粗糙度条件下可以获得高的切割速度。图 3.101 所示为智能型等能量脉冲电源的加工波形。

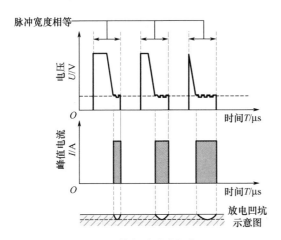

图 3.99　等频脉冲电源加工

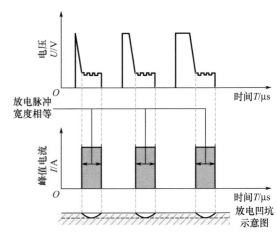

图 3.100　等能量脉冲电源加工

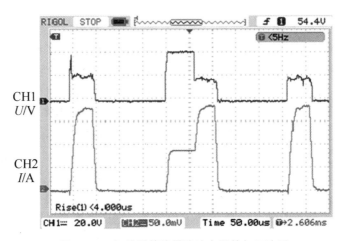

图 3.101　智能型等能量脉冲电源的加工波形

3.5.2 低速单向走丝电火花线切割脉冲电源

低速单向走丝电火花线切割脉冲电源与高速往复走丝电火花线切割脉冲电源在原理上是基本相同的，但由于使用铜电极丝及采用去离子水作为工作介质，切割精度、表面粗糙度不同，使其在加工过程和工艺特征上存在很多差异。首先，由于铜丝电阻率较低，因此加工电压不能太高，但放电峰值电流 I_p 在 $0 \sim 1000A$；其次，为获得较高的加工精度和表面质量，并形成气化蚀除效果，应尽可能减少脉冲宽度，实际加工中，脉冲宽度 T_{on} 在 $0.1 \sim 30\mu s$；最后，为提高切割速度，在高压冲液保障极间较好的放电状态下，可以提高脉冲频率，即缩短脉冲间隔，增大单位时间内的放电次数，脉冲间隔 T_{off} 一般在 $0.1 \sim 60\mu s$。

几种典型低速单向走丝电火花线切割新型脉冲电源如下。

(1) 高效加工脉冲电源

高效加工是评价低速走丝机档次的一个重要标准。电火花加工脉冲电源对金属材料的蚀除分熔化和气化两种，当电源脉冲宽度较大时，工件的切割速度高，但脉冲放电作用时间长，容易造成熔化加工，使工件表面形貌变差，变质层增厚，内应力加大，易产生微观裂纹；而电源脉冲宽度小到一定值时，作用时间极短，放电通道的热量来不及扩散，易形成气化加工，可以减小变质层厚度，改善表面质量，减小内应力，避免微观裂纹产生。先进的低速走丝机采用的脉冲电源脉冲宽度仅几十纳秒，峰值电流在 $1000A$ 以上，优化了放电能量，使金属实现气化蚀除，不仅切割速度高，而且表面质量也大大提高。例如日本三菱电机公司的 FA-V 系列机床，由于采用 V500 超高速电源，最高切割速度达 $500mm^2/min$，成为目前世界之最。

(2) 单个放电脉冲能量优化脉冲电源

脉冲能量是影响电火花加工的最直接因素，当前为了提高低速走丝机的切割速度，多采用高峰值电流、窄脉冲宽度高频放电电源（脉冲宽度 $50ns \sim 2\mu s$，脉冲间隔 $1 \sim 15\mu s$）。但由于峰值电流过大，而且频率过高，给系统放电状态的检测带来了许多困难，如果控制不当，非常容易断丝，反而使得切割速度下降。针对这种情况提出了单个脉冲能量优化脉冲电源的概念，其本质就是消除局部的重复不均匀放电，防止电极丝烧断。其控制原理如图 3.102 所示。

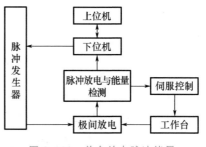

图 3.102 单个放电脉冲能量优化脉冲电源控制原理

(3) 抗电解脉冲电源

低速单向走丝电火花线切割虽然采用去离子水作为工作介质，但介质中仍然会存在一定数量的离子，在脉冲电源的作用下会产生电化学反应。当工件接正极时，在电场的作用下，氢氧根离子（OH^-）会在工件上不断沉积，使铁、铝、铜、锌、钛、碳化钨等材料氧化、腐蚀，造成所谓的**软化层**，如图 3.103 所示。在切割硬质合金工件时，硬质合金中的黏合剂钴会成为离子状态溶解在水中，同样形成软化层，从而使加工材料表面硬度下降，模具使用寿命缩短。

抗电解（anti-electrolytic，AE）脉冲电源，也称无电解（electrolytic free，EF）电源，其工作原理是在不产生放电的脉冲间隔内于电极丝和工件间施加一反极性电压，使极间平均电压为零，这样的交变脉冲使工作液中的离子（OH⁻）在工件和电极丝间处于振荡状态，不趋向于工件和电极丝，可有效防止工件表面的锈蚀氧化，硬质合金的钴黏合剂也不会流失，如图 3.104 所示。

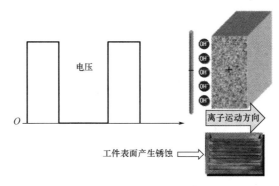

图 3.103　传统脉冲电源形成加工表面软化层机理

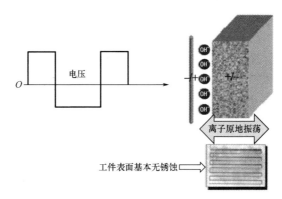

图 3.104　抗电解脉冲电源消除加工表面软化层机理

抗电解脉冲电源通过采用交变脉冲方式防止工件材料电解氧化，其优点是消除软化层，减少裂纹，提高表面硬度，大大提高了零件使用寿命，减少修切次数，对于改善模具的表面质量、降低微观裂纹和锈蚀、提高模具的使用寿命，具有良好的效果。以 IC 引线框架模的加工进行对比，采用抗电解脉冲电源加工的硬质合金模具寿命已达到机械磨削加工的水平，在接近磨损极限处甚至优于机械磨削。在优化放电能量的配合下，可使变质层控制在 $1\mu m$ 以下，与普通脉冲电源切割后的变质层对比如图 3.105 所示。

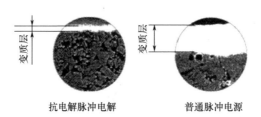

图 3.105　抗电解脉冲电源与普通脉冲电源切割后的变质层对比

此外，抗电解脉冲电源在加工铝、黄铜、钛合金等材料时，工件的氧化情况也有很大的改善，工件表面对比如图 3.106 所示。

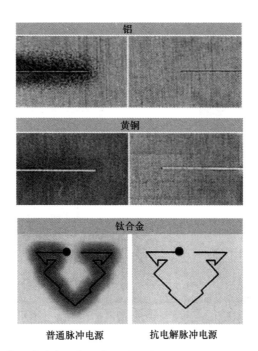

铝

黄铜

钛合金

普通脉冲电源   抗电解脉冲电源

图 3.106　普通脉冲电源与抗电解脉冲电源加工不同材料工件表面对比

以往低速走丝加工由于表面缺陷层的存在，只能作为一种"中加工"的手段，切割后的表面还需进行数控机械磨削及抛光等处理。这些缺陷包括软化层、热变质层、微裂纹镀覆层及铁锈等。随着近来优化放电能量的新型电源及抗电解电源的产生，通过放电能量的优化，将脉冲宽度变窄，峰值电流拉高，使放电能量集中，材料以气化方式蚀除，大幅度减少了变质层厚度及工件表面内应力，并可避免表面裂纹的产生，改善了表面质量。配合抗电解电源的使用，低速走丝机加工的表面质量和加工精度等方面已经能完全满足精密、复杂、长寿命模具的要求，模具使用寿命达到或高于机械磨削的水平，可以作为最终精密加工的手段，"以割代磨"的趋势已经越来越明显。

抗电解电源虽然有悖于传统电源的一般设计原则，对切割速度有一定影响，并增加了电极丝直径损耗，但对于低速单向走丝电火花线切割而言，由于电极丝一次性使用，电极丝直径损耗可以忽略，而切割速度的少量损失相对于能够进行的"精加工"而言，则显得微不足道。

（4）EL（equal life）电源

低速单向走丝电火花线切割采用去离子水作为工作介质，去离子水中仍存在一定数量离子，在直流脉冲电源的作用下会发生电化学反应。电化学反应时，工件为阳极，电极丝为阴极，工件失电子，因此在加工硬质合金时，作为黏合剂的钴变为 Co^{2+} 离散到水中，将导致工件表面强度下降，模具的使用寿命降低。硬质合金中钴被离子化模型及工件表面如图 3.107 所示。由于电极丝为黄铜丝，采用 EL 电源的目的就是在不影响主回路放电加工的前提下，通过额外施加一个负的偏置电压，使电极丝成为阳极，而工件成为阴极，从而使得黄铜丝上的铜和锌失电子，变为 Cu^{2+}、Zn^{2+} 沉积到工件表面形成铜锌镀层（图 3.108），从而起到阻止在放电加工过程中 Co^{2+} 流失的目的，使得模具寿命明显提高。EL 电源工作原理如图 3.109 所示，采用 EL 电源及普通电源加工表面对比如图 3.110 所示。

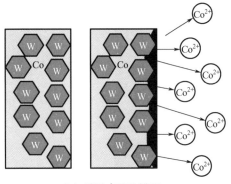

（a）钴被离子化模型　　　　　　　　　　（b）工件表面

图 3.107　硬质合金中钴被离子化模型及工件表面

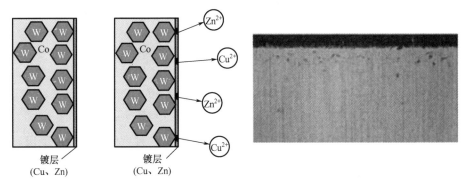

（a）铜、锌被离子化模型　　　　　　　　　（b）工件表面

图 3.108　采用 EL 电源后仅有铜、锌被离子化模型及工件表面

等寿命表层
处理技术

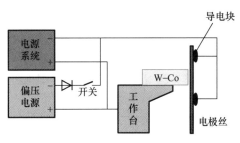

图 3.109　EL 电源工作原理

EL电源　　　普通电源

图 3.110　采用 EL 电源
及普通电源加工表面对比

低速走丝智
能电源变厚
度切割

（5）智能化脉冲电源

　　传统的脉冲电源多为等频或等脉冲宽度的矩形和分组脉冲电源，放电信号不随放电间隙状态的变化而进行自适应改变，因此能针对极间不同加工情况及时做出调整的智能化脉冲电源必将成为传统脉冲电源的替代品。研发智能化的高频脉冲电源，开发加工的工艺数据库，使其具有自动选取最佳脉冲参数的能力，可以减少加工中出现的短路、电弧放电等不正常的加工状态，

避免断丝的产生，以使加工稳定、快速进行，并保证工件的加工质量，而且减少了工件加工质量和加工效率对操作者的依赖，大幅度地提高了切割速度，降低了产品的加工成本，大大提高了机床的自动化程度。

3.6 线切割编程及仿形编程

3.6.1 线切割编程

线切割机床的控制系统是按人的"命令"控制机床加工的，因此必须事先把要切割的图形用机器所能接受的"语言"编排好"命令"，并"告知"控制系统。这项工作称为数控线切割编程，简称编程。

为了便于机器接受"命令"，必须按照一定的格式编制数控程序。线切割程序格式有ISO、EIA、3B、4B等多种，我国以往使用较多的是3B和4B格式，近年来随着技术的迅速发展及国际化进程的加快，ISO程序格式的使用比例在逐渐提高。

ISO代码有G功能码、M功能码等，线切割机床在加工前，必须按照加工图样编制加工程序。目前编控一体的高速走丝机，本身已具有自动编程功能，并且可以做到控制机与编程机合二为一，在控制加工的同时，可以脱机进行自动编程。高速走丝机自动编程采用绘图式。操作人员只需根据待加工的零件图形，按照机械作图的步骤，在计算机屏幕上绘出零件图形，计算机内部的软件即可自动转换为3B或ISO代码的线切割程序。

3B程序是我国高速走丝机在单板（片）机上应用较广的手工编程格式。

1. 程序格式

3B程序格式见表3-4。

表3-4 3B程序格式

B	x	B	y	B	J	G	Z
分隔符	X坐标值	分隔符	Y坐标值	分隔符	计数长度	计数方向	加工指令

表3-4中B为分隔符，用来区分、隔离x、y和J等数码，B后的数字如为0，则可以不写；x、y为直线的终点或圆弧起点坐标值，编程时均取绝对值，以μm为单位；J为计数长度，以μm为单位；G为计数方向，分Gx或Gy，即可以按X方向或Y方向计数，工作台在该方向每走1μm即计数累减1，当累减到计数长度J＝0时，这段程序加工完毕。

Z为加工指令，分为直线L与圆弧R两大类。直线按走向和终点所在象限分为L1、L2、L3、L4四种；圆弧按第一步进入的象限及走向的顺、逆圆分为SR1、SR2、SR3、SR4及NR1、NR2、NR3、NR4八种，如图3.111所示。

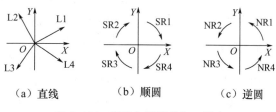

(a) 直线　　　(b) 顺圆　　　(c) 逆圆

图3.111 直线和圆弧的加工指令

2. 直线编程

(1) 把直线的起点作为坐标的原点。

(2) 把直线的终点坐标值作为 x、y，均取绝对值，单位为 μm，因 x、y 的比值表示直线的斜度，故也可用公约数将 x、y 缩小整倍数。

(3) 计数长度 J 按计数方向 Gx 或 Gy 取该直线在 X 轴或 Y 轴上的投影值，即取 x 值或 y 值，以 μm 为单位，决定计数长度时，要和所选计数方向一并考虑。

(4) 计数方向的选取原则，应取此程序最后一步的轴向为计数方向，不能预知时，选取与终点处的走向较平行的轴向作为计数方向，这样可减小编程误差与加工误差，一般取 x、y 中较大的绝对值和轴向作为计数长度 J 和计数方向 G。

(5) 加工指令按直线走向和终点所在象限不同分为 L1、L2、L3、L4，其中与 +X 轴重合的直线计作 L1，与 +Y 轴重合的直线计作 L2，与 −X 轴重合的直线计作 L3，其余类推，与 X、Y 轴重合的直线，编程时 x、y 均可计为 0，并且在 B 后可不写。

3. 圆弧编程

(1) 把圆弧的圆心作为坐标原点。

(2) 把圆弧的起点坐标值作为 x、y，均取绝对值，单位 μm。

(3) 计数长度 J 按计数方向取 X 或 Y 轴上的投影值，以 μm 为单位，如果圆弧较长，跨越两个以上象限，则分别取计数方向 X 轴（或 Y 轴）上各个象限投影值的绝对值相累加，作为该方向总的计数长度，也要和所选计数方向一并考虑。

(4) 计数方向取与该圆弧终点时走向较平行的轴向作为计数方向，以减少编程和加工误差，一般取终点坐标中绝对值较小的轴向作为计数方向（与直线相反）。

(5) 加工指令按圆弧第一步所进入的象限可分为 R1、R2、R3、R4；按切割走向又可分为顺圆 S 和逆圆 N，于是共有八种指令，即 SR1、SR2、SR3、SR4 及 NR1、NR2、NR3、NR4。

4. 工件编程举例

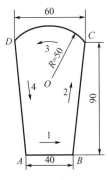

图 3.112　编程图形

如图 3.112 所示，该图形由三条直线和一条圆弧组成，故分四个程序编制（暂不考虑切入路径的程序）。

(1) 加工直线。坐标原点取在 A 点，与 X 轴向重合，x、y 均可计为 0（终点 B 的坐标值是 x = 40000，y = 0，编程为 B40000B0B40000GxL1），故程序为 BBB40000GxL1。

(2) 加工斜线。坐标原点取在 B 点，终点 C 的坐标值是 x = 10000，y = 90000，故程序为 B10000B90000B90000GyL1，也可写成 B1B9B90000GyL1。

(3) 加工圆弧。坐标原点应取在圆心 O，这时起点 C 的坐标可用勾股定理算得为 x = 30000，y = 40000，故程序为 B30000B40000B60000GxNR1。

(4) 加工斜线。坐标原点应取在 D 点，终点 A 的坐标为 x = 10000，y = −90000（其绝对值为 x = 10000，y = 90000），故程序为 B1B9B90000GyL4。

实际线切割加工和编程时，需要考虑电极丝半径 r 和单边放电间隙 Δ 的影响。对于切割孔和凹模，应将编程轨迹减小（$r+\Delta$）电极丝偏移量，对于凸模，则应增大（$r+\Delta$）电极丝偏移量。

3.6.2 仿形编程系统

自动编程系统必须根据图样标注的尺寸信息输入图形才能生成线切割程序，因此编程的前提是必须要有明确尺寸标注的图样。故那些从设计的美观性角度随意勾画轮廓图形的程序编制就显得十分棘手，而这些行业（如首饰、证章、眼镜、钟表、修模、玩具等）的模具相当一部分是用线切割加工的。同时，对那些按样品制造的模具，即使是由比较规则的曲线组成的，仍然需要对样品测绘后再编程。而仿形编程系统的作用就是利用图像输入设备，将需加工零件的图像输入计算机，由计算机对该图像进行处理后得到零件轮廓图形，再对该图形进行后置处理，生成电火花线切割机床用的加工指令。仿形编程系统工作流程如图3.113所示。

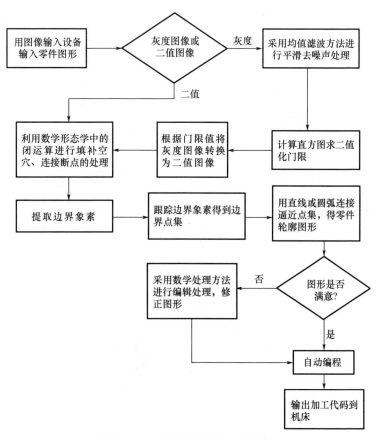

图3.113 仿形编程系统工作流程

仿形编程系统不同于光电跟踪系统，光电跟踪系统虽然也能进行复杂零件的仿形切割，但它不能进行后置的图形处理，因此每次仿形切割得到的零件形状和尺寸都存在差异。仿形编程系统最终输出的是程序，因此可以保障切割零件的一致性和模具的配合间隙。

仿形编程系统的具体工作过程如下。

（1）提高复杂、无尺寸标注的图形或工件的对比度［图 3.114（a）］。

（2）通过扫描设备将信息输入仿形编程系统［图 3.114（b）］。

（3）自动获取图形形状，拟合为直线和圆弧［图 3.114（c）］。

（4）通过编辑功能对图形进行修改，如增删点、直线圆弧转换、对称、拼接等，并可以对图形进行曲线拟合，获得光滑曲线［图 3.114（d）］。

（5）处理好图形后进行自动编程，得到加工代码，输入控制系统进行切割。

采用仿形编程系统编程后切割得到的样品如图 3.114（e）所示。

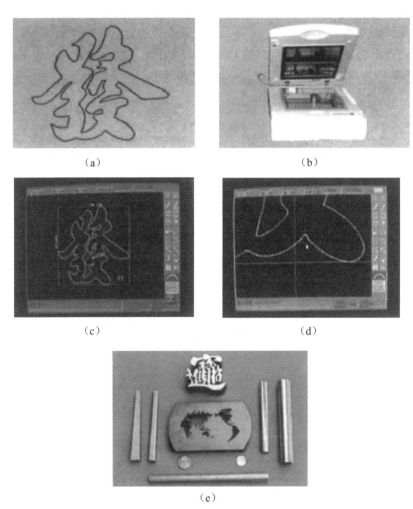

图 3.114　仿形编程系统工作过程及切割样品

3.7　电火花线切割加工基本工艺规律

影响电火花线切割加工工艺效果的因素有很多并且是相互制约的，通常用切割速度、表面质量或表面完整性和加工精度来衡量电火花线切割加工的性能，对于高速走丝电火花线切割而言，由于电极丝反复使用，因此电极丝损耗也是一项衡量性能的重要指标。

3.7.1 切割速度

在电火花线切割加工中，工件的切割速度和蚀除速度是不同的概念，切割速度单位为 mm^2/min，也就是单位时间内电极丝扫过的工件表面面积。蚀除速度指的是在单位时间内蚀除的工件材料体积，单位为 mm^3/min，与切割速度及切缝宽度有关。在电火花线切割加工中，调整加工参数，实际上直接影响的是工件的蚀除速度。

切割速度不仅受到电参数的影响，同时还受到包括电极丝直径、走丝速度在内的其他非电参数的影响，如图 3.115 所示。下面梳理一下影响切割速度的主要因素。

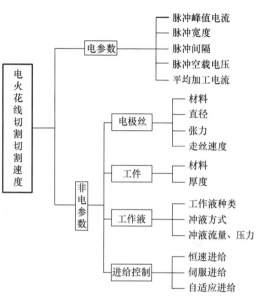

图 3.115 影响电火花线切割切割速度的因素

1. 电参数的影响

（1）脉冲峰值电流 I_p 的影响

脉冲峰值电流的增加有利于工件材料的蚀除，从而影响切割速度。在一定范围内，切割速度随着脉冲峰值电流的增加而提高；但当脉冲峰值电流达到某一临界值后，电流的继续增加会导致极间冷却条件恶化，加工稳定性变差，切割速度呈现饱和甚至下降趋势。脉冲峰值电流一般通过投入的功率管进行调节，其宏观的表现是在占空比一定的前提下，投入加工的功率管增加后，平均电流也随之增大。

（2）脉冲宽度 T_{on} 的影响

其他条件不变的情况下，脉冲宽度对切割速度的影响趋势类似于脉冲峰值电流 I_p 的影响，即在一定范围内脉冲宽度的加大对提高切割速度有利；但是当脉冲宽度增大到某一临界值以后，切割速度也将呈现饱和甚至下降趋势，其原因是脉冲宽度达到临界值后，加工稳定性变差，影响了切割速度。高速走丝机加工中，脉冲宽度的范围一般在 $1\sim128\mu s$，最常用的是 $10\sim60\mu s$，脉冲宽度太小，脉冲放电能量较低，切割不稳定，甚至表现为"切不动"；而当脉冲宽度太大后，由于放电能量增加，切割表面质量较差。当然在 300mm 以上大厚度切割时，为了提高切割的稳定性，一般采用大于 $60\mu s$ 的脉冲宽度进行切割，以达到增大放电间隙，改善极间冷却状况的目的。

低速走丝加工中，脉冲宽度一般为 $0.1\sim30\mu s$，随着脉冲宽度的增大，单个脉冲能量增加，切割速度提高，表面粗糙度变差。主切割时，选择较大的脉冲宽度，一般为 $10\sim30\mu s$；过渡切割时，脉冲宽度一般为 $5\sim10\mu s$；最终切割时，脉冲宽度应小于 $5\mu s$。

（3）脉冲间隔 T_{off} 的影响

其他条件不变的情况下，增大脉冲间隔，给予放电后极间冷却和消电离的时间充分，加工稳定，但切割速度会降低；减小脉冲间隔，会导致脉冲频率提高，单位时间的放电次数增多，平均电流增大，从而提高了切割速度，由于单脉冲放电能量基本不变，因此该加工方式不至于过多地破坏表面质量，但减小脉冲间隔是有条件的，如果一味地减小脉冲间隔，影响了放电间隙蚀除产物的排出和放电通道内消电离过程，就会破坏加工的稳定性，从而降低切割速度，甚至导致断丝。

（4）脉冲空载电压 U_p 的影响

提高脉冲空载电压，实际上起到了提高脉冲峰值电流的作用，有利于提高切割速度。脉冲空载电压对放电间隙的影响大于脉冲峰值电流对放电间隙的影响。提高脉冲空载电压，加大放电间隙，有利于介质的消电离和蚀除产物的排出，提高加工的稳定性，进而提高切割速度，因此一般对于厚工件切割需提高脉冲空载电压。

（5）平均加工电流 I_e 的影响

在稳定加工的情况下，平均加工电流越大，切割速度越高。所谓稳定加工，就是正常火花放电占主要比例的加工。如果加工不稳定，短路和空载的脉冲增多，会大大影响切割速度。短路脉冲增加，也可使平均加工电流增大，但这种情况下切割速度反而降低。

2. 非电参数的影响

（1）电极丝的材料、直径及张力的影响

电极丝材料不同，切割速度也不同。比较理想的电极丝材料有钼丝、钨丝、钨钼合金丝、黄铜丝、镀锌黄铜丝及铜钨丝等。常用电极材料熔点如图 3.116 所示，考虑到材料的物理属性及其性价比，目前高速走丝机普遍采用钼丝，低速走丝机一般采用黄铜丝或镀锌黄铜丝，在细丝切割时使用钨丝。常用电极丝如图 3.117 所示。

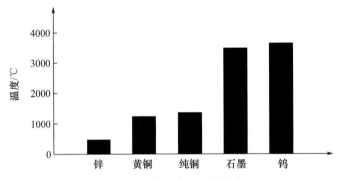

图 3.116　常用电极材料熔点

电极丝的直径对切割速度影响较大，若电极丝的直径过小，承载电流小，切缝窄，不利于排屑和稳定加工，就不可能获得理想的切割速度。但是电极丝直径加大给切割速度带来的益处也是有限的，超过一定限度后，造成切缝过宽，蚀除量过大，反而又会影响切割速度。在电火花线切割加工中，高速走丝常用的钼丝直径为 $\phi0.10\sim\phi0.20mm$，最常用的是 $\phi0.18mm$，低速走丝采用的电极丝直径为 $\phi0.10\sim\phi0.35mm$，最常用的是 $\phi0.25mm$。

电极丝的张力范围一般在其最小破断拉力的 $30\%\sim50\%$。修切时为提高修切精度，尤其是减小纵、横剖面尺寸差，可以增大电极丝张力。

（a）钼丝

（b）黄铜丝、镀锌黄铜丝及钨丝

图 3.117　常用电极丝

（2）走丝速度的影响

走丝速度越快，切缝内放电区域温升越小，工作液进入加工区域速度则越快，电蚀产物的排出速度也越快，这都有助于提高加工稳定性，并减少产生二次放电的概率，因而有助于提高切割速度。高速走丝机的走丝速度一般为 2～10m/s，低速走丝机的走丝速度一般为 0.03～0.25m/s（1.8～15m/min）。

但高速走丝机的走丝速度达到足以充分改善加工条件后，就失去了进一步提高走丝速度的必要性，若继续提高走丝速度，反而会造成一些诸如电极丝抖动、贮丝筒换向时间延长等不利影响，从而导致切割速度降低。低速走丝机总体符合走丝速度快，切割速度高的原则，但会导致加工成本上升。

（3）工件材料的影响

对于电火花加工而言，材料的可加工性主要取决于材料的导电性及热学特性，因此对于具有不同热学特性的工件材料而言，其切割速度明显不同。一般来说，熔点较高、导电性较差的材料（如硬质合金、石墨等），以及热导率较高的材料（如纯铜等）比较难加工；而铝合金由于熔点较低，其切割速度比较高，但在高速走丝电火花线切割时，切割铝合金时会形成不导电且硬度很高的 Al_2O_3 镀覆在电极丝上并混于工作液中。电极丝的反复使用，一方面影响电极丝的导电性，另一方面会大大加速对导轮及导电块等走丝系统部件的磨损，此外由于极间导电性能不稳定，会导致加工异常。切割过铝合金的钼丝及工作液再切割钢材时加工稳定性将大大降低，切割速度会降低 30% 以上，一般称这种现象为铝中毒。因此这种情况下必须更换电极丝与工作液。表 3-5 列出了相同加工条件下不同材料的切割速度。

表 3-5　相同加工条件下不同材料的切割速度

工件材料	铝	模具钢	钢	石墨	硬质合金	纯铜
切割速度/（mm²/min）	170	90	80	20	30	40

（4）工件厚度的影响

工件厚度对工作液进入和流出加工区域及蚀除产物的排出、放电通道的消电离都有较大影响。同时，放电爆炸力对电极丝抖动的抑制作用也与工件厚度密切相关。

一般情况下，工件薄，虽然有利于工作液的流动和蚀除产物的排出，但是放电爆炸力对电极丝的作用距离短，切缝难以起到抑制电极丝抖动的作用，这样，很难获得较高的脉冲利用率和理想的切割速度，并且此时由于脉冲放电的蚀除速度可能会大于电极丝的进给速度，极间不可避免地会出现大量空载脉冲而影响切割速度；反之，工件过厚，虽然在放电时切缝可使电极丝抖动减弱，但是工作液流动和排屑条件恶化，也难以获得理想的切割速度，并且容易断丝。因此，只有在工件厚度适中时，才易获得理想的切割速度。理想的切割速度还与使用的工作液的洗涤性有很大的关系，高速走丝机使用油基型工作液最佳切割厚度一般在 50mm 左右，当使用洗涤性、冷却性更好的复合型工作液后，不仅切割速度有大幅度提升，而且最佳切割厚度也增加到 150mm 左右。

（5）工作液种类、冲液方式及冲液流量和压力的影响

相同工艺条件下，采用不同的工作液加工，切割速度及工艺效果差异很大。切割速度与工作液的介电系数、流动性、洗涤性有关。目前，在高速走丝机加工中，采用的工作液有油基型工作液、水基型工作液和复合型工作液等。在低速走丝机加工中，一般采用的工作液为去离子水，在表面质量要求较高的情况下也采用油性介质（如煤油）。

喷液方式与压力对于低速走丝机的切割速度影响很大，低速走丝机切割时要求喷嘴距离工件表面越近越好，一般控制在 0.1mm 以内。主切时采用较大的冲液压力和流量以提高切割速度，修切时则采用较低的冲液压力和流量保障修切质量。

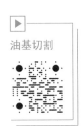

油基切割

低速走丝机用去离子水加工时，切割速度较高，但表面质量比采用油性介质时要低，表面粗糙度一般为 $Ra0.35 \sim Ra0.10\mu m$，切割速度为油性介质的 $2 \sim 5$ 倍。去离子水的电导率越高，切割速度越高，表面质量越差。用油作为介质切割工件可带来很好的表面质量，不仅表面粗糙度低（可小于 $Ra0.05\mu m$），而且由于介质电导率极低，无电解腐蚀，被切割表面几乎没有变质层，但切割速度较低。

（6）进给控制的影响

理想的电火花线切割加工，电极丝进给速度应严格跟踪蚀除速度。

电火花线切割加工的进给系统，目前有伺服进给控制、自适应进给控制等多种方式，在多次切割中因为修刀的需要还有恒速进给控制。

3.7.2 表面质量

电火花线切割加工表面质量主要包括表面条（线）纹、表面粗糙度、表面变质层及显微裂纹三方面。

1. 表面条（线）纹

高速走丝机加工时，电极丝周期性地换向会产生肉眼可见的条纹，条纹主要分为两大类。一类是换向机械纹，其形成原因是加工区域的电极丝换向后，由于受到导轮、轴承精度的改变及电极丝张力变化的影响，电极丝在导轮定位槽内产生位移或导轮发生总体位移而使电极丝空间位置发生变化，因此在工件表面形成了机械纹。此类条纹贯穿整个切割表面，对切割表面粗糙度影响很大。此类条纹是走丝系统机械精度问题所导致的，只能通过改善走丝系统的稳定性，如提高导轮、轴承、贮丝筒本身的精度与装配精度，保持电极丝张力恒定并采用导向装置等措施加以解决。另一类是通常所说的切割表面的黑白交叉条纹即烧伤条纹，其形成原因是切割表面极间烧伤。此类条纹主要出现在工件上下端面的电极丝出口处，会降低切割表面质量。

表面烧伤一般发生在工作液洗涤性、冷却性较差且放电能量相对较大的情况下。例

如，采用油基型工作液时，因为油基型工作液在放电高温下形成胶黏性的蚀除产物堵塞在切缝内，导致工作液进入切缝困难，同时蚀除产物无法顺利排出切缝，因此在切缝出口区域，放电是在含有大量蚀除产物的恶劣条件下进行的。在这种含有大量蚀除产物且冷却不充分的条件下形成的放电，将导致大量含碳的蚀除产物反黏在工件表面，并由于得不到及时冷却而引起工件表面烧伤，同时电极丝也极易熔断。因此切割表面的条纹都出现在电极丝走丝的出口方向，颜色是由工件内向外逐渐变深，并且由于重力的作用，在上下冷却基本对称时，电极丝自下向上走丝时蚀除产物的排出能力比电极丝自上向下走丝时弱，工件上部的条纹会比下部的条纹颜色深且长，如图3.118所示。在条纹范围内，因为条纹处存在因蚀除产物未能排出而堆积在工件表面的炭黑物质，因此条纹表面会凸出正常切割表面。所以保障在加工中切缝内冷却状态基本一致，切缝内工作液在电极丝的带动下可以贯穿流动（图3.119），是稳定切割的前提。

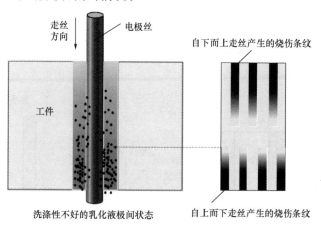

图 3.118　切割面黑白交叉条纹原因示意图

目前选用的复合型工作液，由于其在加工中大大减少了炭黑物质的生成，在大能量切割时，均能保障极间处于均匀的冷却状态，切割表面基本没有烧伤纹。由于电极丝能获得及时的冷却，复合型工作液中特殊保护膜能吸附在电极丝上，这层保护膜起到了类似"防弹衣"的作用，可以吸收部分正离子的轰击能量，并且在轰击作用产生的同时通过自身的汽化将轰击形成的大量热量带走，从而减少了放电通道内热量对电极丝的热疲劳影响，这样就会极大地降低电极丝的损耗，耐用度大大提升，延长电极丝的使用寿命。由于切缝中蚀除产物残留很少，工件切割完毕能自行滑落，适合多次切割的修整。

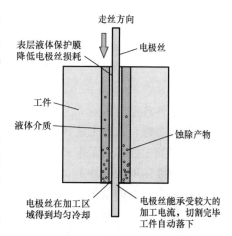

图 3.119　洗涤性较好复合型工作液极间状况

低速走丝机加工时，由于是单向走丝，走丝平稳，不容易在工件表面产生机械纹。

2. 表面粗糙度

影响加工表面粗糙度的因素虽然很多，但主要受到脉冲参数的影响。此外，工件材料、工作液种类及电极丝张力等对表面粗糙度均有一定影响。高速走丝机一般加工表面粗糙度为$Ra2.5\sim Ra5.0\mu m$，"中走丝"机多次切割最佳可以达到$Ra0.4\sim Ra0.6\mu m$，低速走丝机一般可达$Ra0.63\sim Ra1.25\mu m$，最佳可达$Ra0.05\sim Ra0.1\mu m$（镜面）。

(1) 脉冲参数的影响

电火花线切割加工与电火花成形加工的本质是一样的，因此，脉冲参数对表面粗糙度的影响规律基本上是相同的。电火花成形加工时，一般认为脉冲间隔的变化对加工表面粗糙度基本没有影响，但在电火花线切割加工时，脉冲间隔的影响则是不可忽略的。在其他脉冲参数不变的条件下，脉冲间隔减小，切割表面粗糙度会增大，但由于脉冲间隔的调整理论上不会影响单个脉冲的放电能量，只是影响极间的冷却和消电离状况，因此对于表面粗糙度的影响比其他电参数小。电火花线切割加工时在平均加工电流一定的条件下，通过压缩脉冲间隔提高切割速度与通过增大脉冲峰值电流来提高切割速度所获得的表面粗糙度是有很大差异的，如图3.120所示，平均加工电流都是4A，前者占空比是1:4，因此脉冲峰值电流是20A，而后者占空比是1:6，脉冲峰值电流是28A，所以前者获得的表面粗糙度要低很多，但切割速度会略有下降，为形象说明此情况，可用图中放电凹坑的深度表示表面粗糙度的状况。

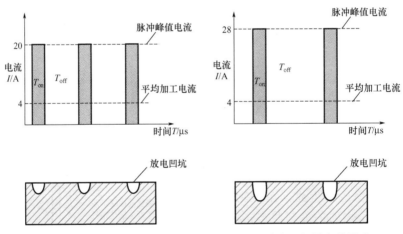

图3.120 同样平均加工电流下不同脉冲间隔对表面粗糙度的影响

(2) 工件厚度的影响

在脉冲参数和其他工艺条件不变的情况下，工件越厚，其加工表面粗糙度越低。其原因在于：厚的工件抑制了电极丝的抖动，此外对于高速走丝电火花线切割而言，在相同规准、相同蚀除速度的条件下，厚工件的加工进给速度小于薄工件的进给速度，容易自然形成换向痕和走丝痕的叠加，宏观上提高了切割表面的平整度。

(3) 工作液的影响

对于高速走丝机而言，采用油基型工作液时，加工过程因油性物质分解会产生含碳物质，影响了极间消电离和蚀除产物的排出，因此切割表面容易残留金属液滴，同时也容易产生表面烧伤，而当采用洗涤性良好的复合型工作液后，由于极间良好的洗涤及消电离特性，放电状况大为改善，因此切割表面平整、光滑。对于低速走丝机而言，采用电阻率在一定范围的去离子水（工作范围在$40\sim80k\Omega/cm$）作为工作液时，不产生含碳物，并且在高压冲液条件下极间始终保持良好的流动性，有利于间隙的消电离和蚀除产物的排出，因此切割表面粗糙度与工作液关系不大；而当采用油性工作液时，可以获得很好的表面质量，但切割速度较低。

3. 表面变质层及显微裂纹

通常，表面变质层的厚度随脉冲能量的增大而变厚。因电火花放电过程的随机性，即使在相同加工条件下，变质层的厚度往往也是不均匀的，但加工规准对变质层厚度有明显的影响。此外，表面变质层一般存在拉应力，会出现显微裂纹，尤其是切割硬质合金时，在常规的规准条件下，更容易出现裂纹，并存在空洞，危害极大。

高速走丝电火花线切割的变质层同样遵循变质层的厚度随脉冲能量的增大而变厚的规律，与低速走丝电火花线切割不同的是，由于高速走丝电火花线切割采用复合型工作液，并且脉冲能量尤其是脉冲峰值电流要远小于低速走丝电火花线切割的情况，因此高速走丝电火花线切割往往通过多次切割后，变质层的厚度可以控制在 $10\mu m$ 以下，并且由于工作液具有防锈及油性组分，其变质层硬度往往要高于基体金属，这是与低速走丝电火花线切割表面的不同之处。

为防止模具表面产生显微裂纹，应对钢材热加工（铸、锻）、热处理直到制成模具的各个环节都充分关注和重视，并采取相应措施（如线切割加工前需要对材料进行热处理，避免材料产生过热、渗碳、脱碳等现象），在线切割加工时应选取合适的规准等。

3.7.3 加工精度

电火花线切割的加工精度主要包括加工尺寸精度、切割表面面轮廓度及角部形状精度等。影响加工精度的因素很多，主要有脉冲参数、电极丝、工作液、工件材料、进给方式、机床精度及加工环境等，但最重要的因素是机床的运动精度、电极丝空间位置的稳定性、加工变形的控制、环境控制、切割表面面轮廓度、拐角精度等几个方面。

1. 机床的运动精度

机床的运动精度主要指其工作台的运动精度。高速走丝机基本均采用开环控制方式，因此其工作台的运动精度一般较低。而低速走丝机结构设计和制造精度要求较高，而且采用半闭环甚至全闭环的控制方式，因此工作台的运动控制精度较高。

2. 电极丝空间位置的稳定性

高速走丝机切割时电极丝高速往复走丝并采用导轮定位，而且缺乏性能稳定的张力装置，切割过程中电极丝的张力不能保持恒定，并且电极丝高速走丝后机床系统会产生振动，同时换向后产生的冲击作用等均会影响电极丝空间位置的稳定性，因此作为切割工具的电极丝自身空间位置的稳定性较难保障，导致工件切割精度受到一定程度的制约。此外，还有一个影响加工精度提高的因素就是电极丝的损耗，故其切割精度只能控制在 $\pm 0.005 \sim \pm 0.01 mm$。

低速走丝机切割时，低速单向走丝且采用导向器定位，可以不考虑电极丝的损耗，并且电极丝张力恒定，因此电极丝空间位置的稳定性高，配合高精度的工作台及半闭环或全闭环的控制方式，可以获得稳定的加工尺寸精度。

3. 加工变形的控制

高速走丝机存在诸多不可控因素，尤其是走丝系统的不可控因素，以往均采用一次切割方式进行，这样工件切割后内部残余应力释放引起的切割变形就无法控制；"中走丝"机可以进行多次切割，但切割精度的稳定性及持久性仍然需要提高；低速走丝机则可以较好地通过多次切割的修整达到减少加工变形影响的目的。

4. 环境控制

一般情况下，机床保证工作精度的温度范围为（20±3）℃，如果温差较大，会影响加工精度及表面粗糙度。在精密加工时，应设法使环境温度恒定，并与周围的振源隔离。

5. 切割表面面轮廓度

所谓面轮廓度（腰鼓度）是指沿工件高度方向的纵剖面、横剖面尺寸误差，主要与电极丝张力、进给速度、支点位置及工件厚度等因素有关。

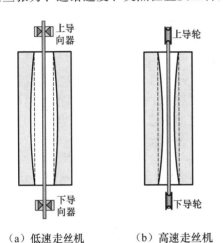

（a）低速走丝机　　（b）高速走丝机

图 3.121　不同走丝方式的切缝剖面

电火花线切割加工的走丝方式不同，其切缝的剖面形状也会不同，如图 3.121 所示。低速走丝机加工时一般会产生切缝中凹，其原因一方面是在放电力作用下上下导向器间的电极丝产生振动；另一方面是上下喷液的作用，将使部分蚀除产物在工件中部汇集，并使此区域工作液的电阻率下降，从而引起二次放电。提高走丝速度和增加电极丝的张力，有助于蚀除产物的排出和减小电极丝的振幅，减小面轮廓度误差。高速走丝机排屑条件好，而工作液的黏度又比较高，可以抑制电极丝的振动，所以中间段不会出现中凹的腰鼓形。但高速走丝机的电极丝振幅主要来自导轮与轴承，工件上下两端振幅较大，所以切缝剖面呈现中凸的枕形。提高电极丝的张紧力可以减小面轮廓度误差。

6. 拐角精度

拐角精度又称"塌角精度"，是指切割方向改变时工件上所产生的形状误差。拐角精度是衡量线切割加工精度的一个重要指标，一直是国内外线切割加工领域的研究热点。随着模具工业的发展及精密电子、机械零件，尤其是小型零件加工的需要，拐角精度越来越引起人们的重视。

加工过程中，电极丝在放电爆炸力及高压冲液冲力作用下，不可避免地会产生滞后弯曲，使得在加工拐角时，会产生塌角，影响工件的尺寸与形状精度。具体表现如下：切割凸角时，由于电极丝的滞后和凸角附近能量的集中，会产生过切；而切割凹角时，由于电极丝运动轨迹偏离并滞后编程轨迹，会产生一部分切不到的现象，如图 3.122 所示。这些拐角误差在精冲模具或一些精密模

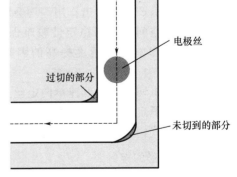

图 3.122　拐角加工存在的问题

具的使用过程中会造成冲裁的产品产生飞边等问题，使产品质量大幅度降低甚至直接导致产品报废。

在加工过程中，由上下导向器支撑的电极丝是半柔性的，作用在电极丝上的力 F 主要包括放电爆炸力、高压冲液时液体向后方已经切割形成的切缝流动形成的冲力、电场作用下的静电引力和电极丝的轴向张力等。由于电极丝的质量和刚度都较小，因此在加工中不可避免将产生振动并引起变形，在力 F 的作用下，将向加工方向的反方向凸起，形成电极丝理论位置和实际位置的差异，出现滞后量 δ，如图 3.123 所示。通常情况下，在切割尖角和小半径圆角时，由于电极丝的运动轨迹滞后于编程设定的轨迹 δ，导致其滞后于放电理论切割线。当加工过程沿 L_2 方向进给到拐角处时，电极丝放电点实际上并没有到达拐角点，而是滞后了 δ，当加工继续沿 L_1 方向进行时，电极丝放电点只好从滞后 δ 处就开始逐渐拐弯，直到加工一定距离后才到达所要加工的直线 L_1 上，这样就在拐角处形成塌角。为了减小这个误差，应该设法减小电极丝的滞后现象，如到达拐角处时降低进给速度、减小脉冲放电能量并增加电极丝张力，甚至进行轨迹补偿等，也可以采用如图 3.124 所示的附加程序方式，在拐角处增加一个正切的小正方形或三角形作为附加程序，以切割出清晰的尖角，但此方式只能应用在凸模加工上。

目前在高速走丝机加工中最常用的塌角处理对策是在程序的转接点处设置停滞时间（10～20s），使在此点位置时，通过火花放电的持续及电极丝的张力，使得电极丝在拐角处尽可能在停滞时间内回弹到理论切割线位置以尽量消除滞后量，然后进行转角程序的下一道加工；对于低速走丝机而言，一般有专门的拐角控制软件可使塌角尺寸大幅度减小，同时在加工高精度工件时，在拐角处，自动放慢 X、Y 轴的进给速度，降低放电能量，增加电极丝张力，使电极丝的实际位置与在 X、Y 轴的理论坐标点同步。有无拐角控制切割情况对比如图 3.125 所示。

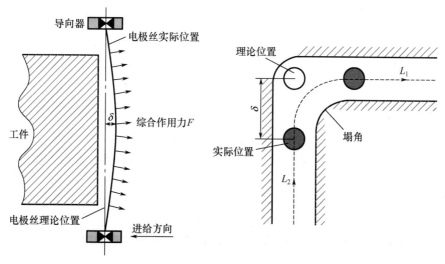

图 3.123　工件塌角产生的原因图

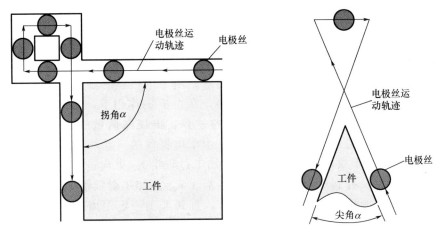

图 3.124 拐角和尖角附加程序加工

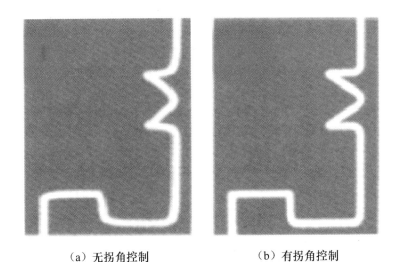

（a）无拐角控制　　　　　　　　　（b）有拐角控制

图 3.125 有无拐角控制切割情况对比

3.7.4 电极丝直径损耗

高速走丝机加工中，电极丝的直径损耗也是一项需要控制的重要指标，它直接影响加工精度。低速走丝机加工中，电极丝一次性使用，所以电极丝直径损耗对加工精度影响不大。

电极丝直径损耗是指电极丝在切割一定面积后直径的变化量。影响电极丝直径损耗的因素很多，主要有脉冲参数、脉冲电源波形、电极丝材质、工件材质及工作液性能等。窄脉冲宽度加工会使电极丝的直径损耗加大，因此要降低电极丝直径损耗，增大脉冲宽度是一种有效方法。此外，脉冲放电电流的上升速率越快，电极丝直径损耗越大。

研究发现工作液对电极丝的直径损耗起着举足轻重的作用，甚至要远远大于脉冲电源的作用。

3.7.5 电火花线切割加工工艺

电火花线切割加工工艺路线如图 3.126 所示，分为如下四个步骤。

（1）对工件图样进行审核及分析，选择工艺路线，估算加工工时。

（2）工作准备，包括机床调整、工作液的选配、电极丝的选择及校正、工件准备（如穿丝孔加工）等。

（3）加工参数选择，包括脉冲参数及进给调节。

（4）控制系统操作，编程并将程序输入控制系统。

必须注意：电火花线切割加工完成之后应在检测关键尺寸合格后再取下工件，然后根据要求进行表面处理并检验其加工质量。

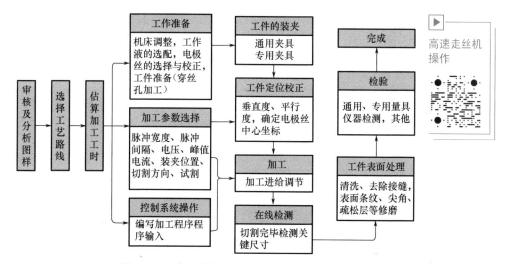

图 3.126　电火花线切割加工工艺路线

电火花线切割加工前要准备好工件毛坯，如果加工的是凹形封闭零件，还要在毛坯上按要求加工穿丝孔，然后选择夹具、压板等工具。毛坯常用材料有碳素工具钢、合金工具钢、优质碳素结构钢、硬质合金、纯铜、石墨、铝等。

1. 穿丝孔加工

在使用线切割加工凹形类封闭零件时，为了保证零件的完整性，在线切割加工前必须加工穿丝孔；对于凸形类零件在线切割加工前可以不加工穿丝孔，但当零件的厚度较大或切割的边比较多，尤其四周都要切割及切割精度要求较高时，在切割前必须加工穿丝孔，此时加工穿丝孔的目的是减小凸形类零件在切割中的变形。如图 3.127 所示，采用穿丝孔切割时，由于毛坯料保持完整，不仅能有效地防止夹丝和断丝的发生，而且能提高零件的加工精度。

2. 加工路线的确定及切入点的选择

在线切割加工中，工件内部应力的释放会引起工件的变形，为限制内应力对加工精度的影响，应注意在加工凸形类零件时尽可能从穿丝孔加工，不要直接从工件的端面引入加工。在材料允许的情况下，凸形类零件的轮廓应尽量远离毛坯的端面，通常情况下凸形类零件的轮廓离毛坯端面的距离应大于5mm。另外，选择合理的加工路径也可以有效限制工件内部应力的释放，如在开始切割时电极丝的走向应沿离开夹具的方向进行加工，如图3.128所示。当选择图3.128（a）所示走向时，在切割过程中，工件和易变形的部分相连会带来较大的加工误差；而选择图3.128（b）所示走向，则可以减少这种影响。

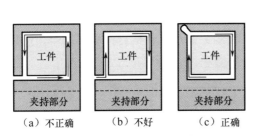

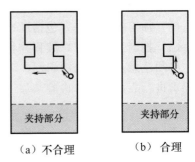

图 3.127　切割凸形零件有无穿丝孔的对比　　　　图 3.128　合理选择电极丝走向

如果在一个毛坯上要切割两个或两个以上的零件，最好每个零件都有相应的穿丝孔，这样也可以有效限制工件内部应力的释放，从而提高零件的加工精度，如图3.129所示。

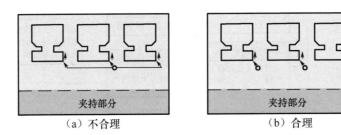

图 3.129　多件加工路线的确定

切入点就是零件轮廓中首先开始切割的点，一般情况下它也是切割的终点。当切入点选在图形元素的非端点位置时，工件该点处的切割面上会留下残痕，通常应尽可能把切入点选在图形元素的交点处或选择在精度要求不高的图形元素上，也可以选择在容易人工修整的表面上。

3. 工件的一般装夹

（1）高速走丝机工件的装夹

由于线切割加工作用力小，不像金属切削机床要承受很大的切削力，因此装夹时夹紧力要求不大。导磁材料还可用磁性夹具夹紧。高速走丝机的工作液主要依靠高速运行的电极丝带入切缝，不像低速走丝机那样要进行高压冲液，对切缝周围的材料余量没有要求，因此工件装夹比较方便。由于线切割是一种贯通加工方法，因而工件装夹后被切割区域要悬空于工作台的有效切割区域，一般采用悬臂支撑装夹或桥式支撑装夹，如图3.130、图3.131所示。

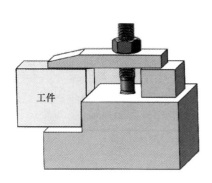

图 3.130　悬臂式支撑装夹

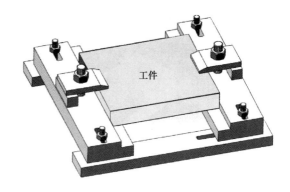

图 3.131　桥式支撑装夹

（2）低速走丝机工件的装夹

低速走丝机加工过程中要用高压水冲走放电蚀除产物。高压水的压力比较大，一般能达到 0.8～1.2MPa，某些机床甚至可达到 2.0MPa。如果工件装夹不可靠，在加工过程中，高压水会导致工件发生位移，影响加工精度，甚至切出的图形不正确。因此在装夹工件时，应最少保证在工件上有两处用夹具压紧，如图 3.132 所示。

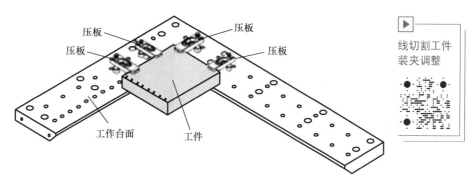

图 3.132　低速走丝机工件的装夹方式

装夹工件时，还应考虑机床各轴的限位位置，以确保所要切割的零件在机床的有效行程范围内；要充分考虑机床在移动或者加工过程中是否会与工件或者夹具发生碰撞。

3.7.6　电火花线切割加工拓展

1．加工附件

（1）穿孔附件

穿孔附件主要用于切割模具时加工穿丝孔，其实质是将传统小孔高速加工机和电火花线切割机集成为一体，工作图如图 3.133（a）所示。穿孔附件的应用省去了模具切割时需要先进行穿孔加工的工序，节省了人工和时间，更重要的是整个加工过程中工件只需一次装夹，减少了工件多次装夹所引起的定位误差。穿孔附件一般固定在机床主轴上，如图 3.133（b）所示。

（2）旋转台

旋转台主要针对一些形状复杂，无法用常规线切割加工方法加工的特殊零件而设

小孔高速加
工附件

(a) 穿孔附件工作图　　　　　　　(b) 穿孔附件安装位置

图 3.133　穿孔附件

计,目前在低速走丝机上应用较多。可利用旋转台加工飞机发动机固定涡轮叶片榫槽和
PCD 刀具,如图 3.134 所示。

六轴联动
斜齿面切割

(a) 涡轮叶片榫槽的加工　　　　　　　(b) PCD刀具的加工

图 3.134　利用旋转台加工

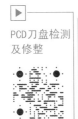

PCD刀盘检测
及修整

而旋转台主要有两种不同的形式,以适应不同形状工件的加工,即单旋
转轴式旋转台和多旋转轴联动加工旋转台。

多旋转轴联动加工旋转台是一种更为先进的加工设备,能够更加灵活地
控制工件的复杂旋转运动。低速走丝电火花线切割 A、B 旋转轴联动切割旋
转刀头如图 3.135 所示,在加工过程中保持电极丝正常匀速运行,通过机床
编程驱动 A、B 轴联动旋转,在 A 轴旋转的同时,B 轴摆动,夹具夹持住工
件,从而实现螺旋形状旋转刀头的加工。

2. 绝缘陶瓷材料及半导体材料切割

(1) 绝缘陶瓷材料切割

绝缘陶瓷材料因其具有优异的性能,已越来越广泛地应用于航空航天、石油化工、机
械制造等领域,具有广阔的应用前景。但其硬度大、强度高、易脆性的特点,使得传统切
削加工较困难,刀具磨损严重,加工效率低,成本高,限制了其发展与应用。采用辅助电
极法,可以对绝缘陶瓷材料进行电火花线切割加工,其加工原理如图 3.136 所示。

工作液为煤油,整个工件和电极丝放电部分浸没在煤油中,电极丝为钼丝或黄铜丝并

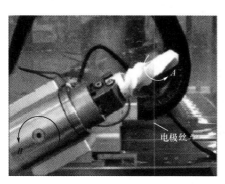
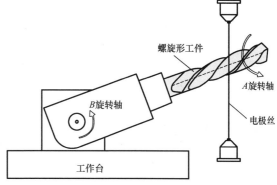

（a）加工图　　　　　　　　　　（b）结构示意图

图 3.135　低速走丝电火花线切割 *A*、*B* 旋转轴联动切割旋转刀头

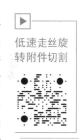

▶
低速走丝旋
转附件切割

做往复或单向运动。绝缘陶瓷工件安装在机床工作台上进行轨迹运动。加工前，必须预先对绝缘陶瓷工件进行表面导电化处理，使其表面覆盖导电层，加工中导电层接脉冲电源正极，电极丝接负极。电极丝与导电层放电后，产生的高温使放电间隙内的煤油裂解，裂解的碳胶团吸附在绝缘陶瓷工件表面又会形成一层新的导电膜，导电膜与外部表面的导电层一起构成辅助电极。导电膜不断被火花放电蚀除，同时又依靠碳胶团吸附在工件表面而不断生成，使得加工得以延续。图 3.137 是绝缘陶瓷材料电火花线切割加工过程示意图。图 3.137（a）所示为加工的初始阶段，在导电层被蚀除的过程中，放电产生的高温使放电间隙内的煤油发生裂解，加工继续进行到导电层与绝缘陶瓷的结合面[图 3.137（b）]时，虽然绝缘陶瓷不具有导电性，但由于煤油高温裂解生成的碳胶团吸附在绝缘陶瓷表面，脉冲电源正极将通过导电层与导电膜接通，导电膜与电极丝发生脉冲性火花放电，由于导电膜很薄，单次脉冲放电除了蚀除导电膜外，还会蚀除绝缘陶瓷，并且被蚀除导电膜的区域将在后续的火花放电中通过裂解的碳胶团得到补充，使加工延续进行[图 3.137（c）]。因此导电膜的形成对于绝缘陶瓷电火花线切割加工具有至关重要的作用。

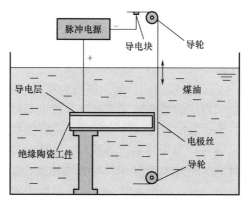

图 3.136　辅助电极法绝缘陶瓷材料电火花线切割加工原理

（2）半导体材料切割

随着现代信息社会的飞速发展，半导体材料因其具有对光、热、电、磁等外界因素变

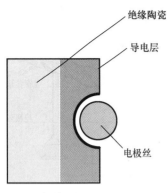
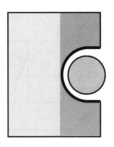
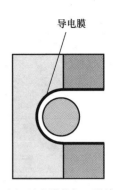

（a）初始阶段　　　　　（b）加工至导电层与绝缘陶瓷的结合面　　　（c）导电膜使加工继续

图 3.137　绝缘陶瓷材料电火花线切割加工过程示意图

化十分敏感而独特的电学性质，已成为尖端科学技术中广泛应用的先进材料，特别是在通信、家电、工业制造、国防工业、航空航天等领域具有十分重要的作用。最典型的半导体材料有硅、锗、砷化镓等。对于低阻半导体材料（电阻率小于 $0.1\Omega \cdot cm$），电火花线切割的切割速度很高，某些条件下甚至可以接近 $1000mm^2/min$，但高阻半导体材料（电阻率大于 $1\Omega \cdot cm$）因具有与金属材料不同的特殊电特性，对它们进行电火花加工仍是一件十分困难的事情。高阻半导体虽然具有一定的导电性，但是它的电阻率要比金属材料高出 $3\sim4$ 个数量级。

　　对于半导体电火花加工而言，在正常火花放电及短路状态下均有脉冲电流出现，并且在这两个状态下，脉冲电压、电流的特性差别不大。因而如果仍然采用以空载、正常加工和短路时的电压特性作为伺服依据的传统金属切割用的电火花加工伺服系统进行伺服控制，将产生极间短路，若系统仍然在进给，会产生电极丝被顶弯等问题，故无法对半导体加工状态进行正确判断。

　　目前半导体加工的伺服跟踪采用以电火花线切割时脉冲电流出现的概率作为判断依据，对应的伺服控制系统框图如图 3.138 所示。先以电流信号为采样信号，通过取样电路在采样周期内对电流脉冲出现概率进行采集得到采样电流脉冲概率，采样电流脉冲概率指产生电流的脉冲个数占采样周期内脉冲电源输出的总脉冲数（输出的电压总脉冲数）的百分比；然后采用微处理器对采样电流脉冲概率进行计算和存储，将采样电流脉冲概率与所设定的电流脉冲概率进行比较（根据不同的切割情况，电流脉冲概率可设定在 $70\%\sim90\%$），得到比例因子作为伺服控制依据，从而控制电火花线切割机床进给。

比例因子＝设定的电流脉冲概率÷采样电流脉冲概率

　　当采样电流脉冲概率大于所设定的电流脉冲概率时，则将此时的进给速度乘以比例因子（此时小于1），降低进给速度；当采样电流脉冲概率小于设定的电流脉冲概率时，则将此时的进给速度乘以比例因子（此时大于1），提高进给速度；使得实际电流脉冲概率逐步趋向于所设定的电流脉冲概率；所述的产生电流的脉冲包括正常放电脉冲和短路脉冲。

　　采用基于电流脉冲概率检测的伺服控制系统不仅能够保证最佳的进给速度，而且由于其有效地避免了短路和弯丝情况的发生，使加工精度得到保证。采用该系统可对微小、复杂的半导体进行加工，切割样件如图 3.139 所示。

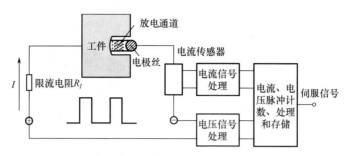

图 3.138　半导体材料电火花线切割伺服控制系统框图

图 3.139　采用基于电流脉冲概率检测的伺服控制系统切割的半导体样件

3. 加工功能的拓展

普通电火花线切割机床可以通过 X、Y、U、V 四轴联动,加工出直壁、斜度、上下异形等零件。而对于诸如管状螺旋纹、端面凸轮、旋转刀头等特殊零件的加工,则需要通过增加旋转轴与直线轴联动控制。下面介绍几种特殊零件的加工。

图 3.140(a)所示为在 X 或 Y 轴方向切入后,工件仅按 θ 轴单轴伺服转动,可以切割出图 3.140(b)所示的双曲面零件。

图 3.141 所示为 X 轴与 θ 轴联动插补(按极坐标 ρ、θ 数控插补),可以切割出阿基米德螺旋线平面凸轮。

图 3.142(a)所示为电极丝自工件中心平面沿 X 轴切入,并与工件按 θ 轴转动相配合,二轴数控联动,可以"一分为二"将一个圆柱体切成两个"麻花瓣"螺旋面零件。图 3.142(b)所示为其切割的螺旋曲面零件。

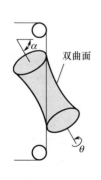  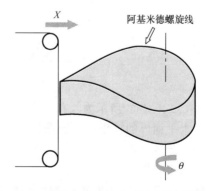

(a)加工原理　　　(b)双曲面零件

图 3.140　工件倾斜、数控回转线切割
加工双曲面零件

图 3.141　数控移动加转动(极坐标)线切割
加工阿基米德螺旋线平面凸轮

旋转轴切割

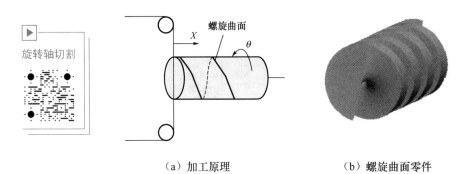

（a）加工原理 　　　　　　　（b）螺旋曲面零件

图 3.142　数控移动加转动线切割加工螺旋曲面零件

图 3.143（a）所示为从丝孔或中心平面切入后与 θ 轴联动，电极丝在 X 轴方向往复移动数次，θ 轴转动一圈，即可切割出两个端面为正弦曲面的零件 [图 3.143（b）]。

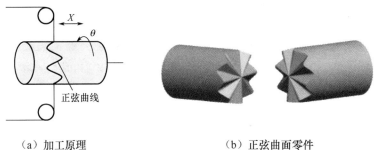

（a）加工原理 　　　　　　　（b）正弦曲面零件

图 3.143　数控往复移动加转动线切割加工正弦曲面零件

图 3.144 所示窄螺旋槽套管，可用作机器人等精密传动部件中的挠性接头。如图 3.144（a）所示，电极丝沿 Y 轴侧向切入至中心平面后，电极丝边沿 X 轴移动边与工件按 θ 轴转动相配合，可切割出图 3.144（b）所示的窄螺旋槽套管。

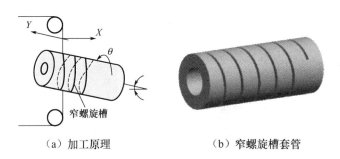

（a）加工原理 　　　　　　　（b）窄螺旋槽套管

图 3.144　数控移动加转动线切割加工窄螺旋槽套管

图 3.145（a）所示为八角宝塔的加工原理。电极丝自塔尖切入，在 X、Y 轴向按宝塔轮廓在水平面内的投影，二轴数控联动，切割到宝塔底部后，电极丝空走回到塔尖，工件作八等分分度（转 45°），再进行第二次切割，这样共分度七次，即可切割出图 3.145（b）所示的八角宝塔。

图 3.146（a）所示为扭转四方锥台的加工原理，它需三轴联动数控插补加工。工件（圆柱体）水平装夹在数控转台轴上，电极丝在 X、Y 轴向二轴联动插补，其轨迹为一条

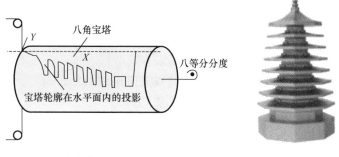

（a）加工原理 　　　　　　　 （b）八角宝塔

图 3.145　数控二轴联动加分度线切割加工八角宝塔

斜线，同时又与工件按 θ 轴转动相联动，进行三轴数控插补，即可切割出扭转的锥面，切割完一面后，进行 $90°$ 分度，再切割第二面。这样经过三次分度，即可切割出扭转四方锥台，如图 3.146（b）所示。

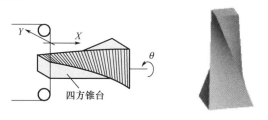

（a）加工原理 　　　　　（b）扭转四方锥台

图 3.146　数控三轴联动加分度线切割加工扭转四方锥台

4. 多工位电火花线切割

为进一步提升高速走丝机的切割速度，适应中小批量零件的线切割加工生产，有厂家研制出高速走丝多工位电火花线切割机床，业内俗称多线切割机。每个工位配备一台脉冲电源，对多个工件同时进行线切割加工。

高速走丝多工位电火花线切割机床加工现场如图 3.147 所示。

多工位电火花线切割

图 3.147　高速走丝多工位电火花线切割机床加工现场

思 考 题

3-1 简述电火花线切割的基本原理、特点及应用范围。

3-2 阐述高速走丝机和低速走丝机的性能差异。

3-3 低速走丝电火花线切割采用双丝系统的目的是什么？

3-4 镀锌电极丝可以提高切割速度并降低断丝概率的原因是什么？

3-5 电火花线切割脉冲电源的基本组成包括几个部分？

3-6 阐述低速走丝机抗电解脉冲电源的原理。

3-7 简述等能量脉冲电源的原理及特点。

3-8 电火花线切割机床工作台有哪几种驱动方式？各有什么特点？

3-9 复合型工作液等洗涤性良好的工作液提高高速走丝电火花线切割加工表面质量的机理是什么？

3-10 电火花线切割拐角形成的原因是什么？如何解决？

主编点评

主编点评 3-1 以"不变应万变"及受到木工钢丝锯的启发
——电火花线切割技术的诞生

电火花成形加工的基本加工方式是拷贝或复制，这样每加工一种新形状的工件，就需要重新制作一个或几个相应的电极，由此导致加工成本高，并且生产周期长。那么能否采用同一个电极加工出各种不同形状的工件？用简单的线电极代替复杂的工具电极，"以不变应万变"，使电火花加工具有较大的柔性，并提高电火花加工的生产率及自动化程度？人们受到木工钢丝锯的启发，开始利用线电极通过放电来蚀除工件，但线电极在放电时十分容易熔断，因此人们又想到让线电极运动起来，进行放电切割，这就是电火花线切割的由来。由此诞生了低速单向走丝电火花线切割，随后为降低电极丝成本，让电极丝可以反复使用，人们又发明了高速往复走丝电火花线切割。

主编点评 3-2 突破思维定式及惯性思维的创新思维法
——低速走丝电火花线切割电极丝的发展

产生于20世纪60年代的电火花线切割加工方法是电火花加工方法的拓展，它的产生虽然本身就是创新思维的体现，但思维的定势及惯性思维导致其开始仍然沿用电火花加工的电极材料及工作介质，即纯铜丝和煤油。虽然煤油因安全的原因很快被去离子水替代，但纯铜丝则被沿用了一段时间。由于纯铜丝的强度较低并且在煤油中加工蚀除产物排出困难，在高温放电条件下只要能量稍大，就会熔断，制约了切割速度的提高。这种现象持续了十多年，直到1977年黄铜丝被应用到低速走丝加工中。由于黄铜抗拉强度较高，可以采用较高的放电能量加工，使得低速走丝电火花线切割加工的切割速度有了显著提高。因此黄铜丝被称为第一代低速走丝电极丝。黄铜是铜、锌合金，最常见的配比是65%的纯铜和35%的锌。在黄铜丝的使用过程中，研究人员发现锌比例的增加，可以改善极间状况并由此提高切割速度，因此理论上讲，锌的比例越高越好，不过在黄铜丝的制造过程中，当锌的比例超过40%后，材料变得太脆而不适合把它拉成直径较小的细丝。由于低熔点的锌对于改善电极丝的放电性能有着明显的作用，而黄铜中锌的比例又受到限制，因此人们想到在黄铜丝外面再加一层锌，于是在1979年由瑞士的科学家研制出了镀锌电极丝。由于锌的热屏蔽保护作用，因此不仅大大提升了切割速度，而且减少了断丝发生。

主编点评3-3 系统分析，抓住实质
——复合型工作液对高速走丝高效切割的促进

高速走丝电火花线切割自20世纪70年代商品化以来，经过几十年的发展，功能、性能有了长足的进步，但实用切割速度直至21世纪初依然徘徊在40～80mm²/min，而此时低速走丝电火花线切割的最高切割速度已达到300mm²/min以上。切割速度差距如此之大必然有其原因。系统分析正常电火花加工的条件可知，其中一个最基本条件是"火花放电必须在有一定绝缘性能的液体介质中进行"，而这正是数十年来人们忽略的问题，而这个问题恰恰是影响切割速度提高的关键。高速走丝电火花线切割数十年一直采用油基型工作液，由于极间的洗涤性很差，稍大电流加工时，极间即出现洗涤、冷却及消电离不正常的情况，使得极间无法充满液体介质，因此电流稍大就会出现断丝现象，导致无法进行高效切割，从而长期制约高速走丝机切割速度的提高。随着对极间放电状况机理分析研究的开展和深入，以及复合型工作液商品化产品的出现，极间状况得到改善，极间可以施加更大的切割能量，因而高速走丝机切割速度获得了成倍的提升，目前最高切割速度已达到400mm²/min，接近目前低速走丝线切割500mm²/min的最高水平。从这个实例中不难发现，任何问题的解决都是系统工程的产物，必须在系统分析问题的基础上，抓住问题的实质。

主编点评3-4 纵向对比，肯定成绩；横向对比，预计目标
——高速走丝高效切割速度的推断

高速走丝电火花线切割采用复合型工作液后，伴随着其他方面的进步，切割速度获得了飞速提升，从其自身发展的纵向历程看，关键薄弱环节问题的解决，获得了显著的成效。

切割速度的提高是高速走丝电火花线切割发展最主要的目标。那么切割速度能提高到什么程度？这就需要结合两类不同的电火花线切割方式进行横向对比。

目前低速走丝电火花线切割最高切割速度已经达到500mm²/min。高速走丝机与低速走丝机主要加工特征横向对比见表3-6。

表 3-6 高速走丝机与低速走丝机主要加工特征横向对比

比较内容	高速走丝机	低速走丝机	差异说明
电极丝	钼丝	黄铜丝	钼丝具有高的熔点及抗拉强度
走丝方式	高速往复	低速单向	高速走丝电极丝可以获得更好的冷却
工作介质	工作液浇注	去离子水高压	工作液具有更好的冷却性、洗涤性
最大平均加工电流/A	20	40~50	钼丝还具有承受更大切割能量的潜力
最高峰值电流/A	≥100	≥1000	钼丝还具有承受更大峰值电流的潜力
目前最高切割速度/（mm²/min）	400	500	可以预见高速走丝切割速度将会进一步提高

从上述横向对比可以看出，虽然两者还存在很多机理和技术上的具体差异并需要不断细化研究，但可以预见，高速走丝电火花线切割具有切割速度提升的潜力及优势，可以预见在不久的将来，其切割速度必然会超越低速走丝电火花线切割。

主编点评 3-5　对准目标想问题并结合机理分析的创新思维法

——抗电解脉冲电源的发明

长期以来，低速走丝电火花线切割只适用于"中加工"，而不能应用于精加工，其本质问题在于切割表面在 OH^- 的长期腐蚀下，会形成锈蚀，并形成软化层，因此必须通过后续的加工方法（如磨削等）去除。所以目标问题就是如何去除去离子水中的 OH^-，或者使 OH^- 不在工件上沉积。而完全去除 OH^- 是不可能的，所以目标问题就转换为如何不让其在工件上沉积。采用交变脉冲的抗电解脉冲电源，使平均电压为零，让 OH^- 在工作液中处于振荡状态，不趋向于工件及电极丝，这样就可以防止工件表面的锈蚀氧化，硬质合金中的钴黏合剂也不会流失，并与优化放电能量配合，可使表面变质层控制在 $1\mu m$ 以下，这样低速走丝加工的硬质合金模具的使用寿命甚至可达到机械磨削的水平，从而使低速走丝电火花线切割真正进入了精加工领域。

第4章
电化学加工

 本章教学要点

知识要点	掌握程度	相关知识
电化学加工概念	掌握电化学加工的概念	电化学加工过程，电解质溶液及电极电位的基本概念，三种典型阳极极化曲线
电化学加工的分类	了解电化学加工的分类	电化学加工按作用原理及主要加工作用分类
电化学加工的特点	掌握电化学加工的特点	电化学加工的优越性
电解加工的基本规律	掌握电解加工的基本规律	法拉第定律和电流效率，电解加工速度，电解加工间隙，电解加工表面质量
电解液	掌握电解加工电解液的种类及特点	电解液的作用，对电解液的要求，三种常用电解液的 $\eta - i$ 曲线
电解加工精度	熟悉电解加工精度影响因素；了解精密电解加工工艺及其影响因素	电解加工的误差特性，电解加工工艺参数及其影响因素，提高电解加工精度的途径
电解加工设备	了解电解加工设备	电解加工设备的主要组成，电解加工设备的总体设计原则
电解加工的应用	了解电解加工的应用	叶片型面电解加工，深小孔、型孔电解加工，枪、炮管膛线电解加工，整体叶盘电解加工，电化学去毛刺
电沉积原理及工艺	掌握电沉积加工原理及工艺特点	电沉积金属质量的计算，电沉积工艺分析
电镀加工	掌握电镀分类，复合电镀概念	电镀分类，复合电镀应用
电铸加工	掌握电铸加工原理，电铸速度提高措施；了解电铸加工应用	电铸加工原理，电铸速度提高措施，电铸应用
喷射电沉积	了解喷射电沉积原理	喷射电沉积原理及特点

导入案例

在日常生活中，常见的金属零部件锈蚀（图 4.1）实际上是发生了电化学腐蚀，将影响零部件正常工作。当金属被放置在水溶液或潮湿的大气中时，由于金属表面吸附了空气中的水分，形成一层水膜，因空气中的 CO_2、SO_2、NO_2 等溶解在这层水膜中，形成电解质溶液，加上金属表面并不纯净，其组成的元素除铁外，还有碳、其他金属及杂质，这些杂质大多数没有铁活泼，于是金属表面会形成微电池，也称腐蚀电池。这样形成的微电池的阳极为铁，阴极为杂质，阳极上将发生氧化反应，使阳极金属材料发生溶解，并在阴极上产生还原反应。由于铁与杂质紧密接触，使得腐蚀不断进行，于是金属表面就产生了锈蚀。人们正是利用了金属锈蚀的原理，并人为加了外接电源进行电解加工的，可见电解加工是去除材料的一种加工方式，属于减材制造。那么电化学加工的基本概念是什么？电解加工的原理、规律是什么？如何应用？这就是本章前半部分要讲述的内容。

人们日常生活中会见到许多电镀产品，如图 4.2 所示的水龙头。电镀与电解加工相反，属于增材制造，即利用电化学原理在某些金属表面镀上一薄层其他金属或合金，目的是保护金属材料，避免其与外界直接接触，提高其防腐蚀性、耐磨性、导电性、反光性及增进美观等。电铸是电沉积的另一种形式，那么它和电镀有什么差别？不同的电沉积加工形式有什么样的优缺点？这是本章后半部分要讲述的内容。

图 4.1　金属零部件锈蚀

图 4.2　表面电镀的水龙头

4.1　概　　述

4.1.1　电化学加工概念

电化学加工（electrochemical machining，ECM）是指基于电化学作用原理去除材料（阳极溶解）或增加材料（阴极沉积）的加工技术。早在 1833 年，英国科学家法拉第（Faraday）就提出了有关电化学反应过程中金属阳极溶解（或析出气体）及阴极沉积（或析出气体）物质质量与所通过电量的关系，即法拉第定律，奠定了电化学学科和相关工程技术的理论基础。但是，直到 20 世纪 30 年代，才开始出现电解抛光技术（electropolishing technology）及后来的电镀技术（electroplating technology）。随着科学技术的发展，为了满足航空航天发动机、枪炮等关键零件制造的需要，在二十世纪五六十年代，相继发明了能够满足零件几何尺寸、形状和加工精度需要的电解（electrolysis）、电解磨削（electrolytic grinding）、电铸成形（electrotyping forming）等工艺。从此，作为一门先进制造技术，电化学加工技术得到了不断的发展、应用和创新。

1. 电化学加工过程

如图 4.3 所示，将两铜片作为电极，接上 10V 直流电，并浸入 $CuCl_2$ 的水溶液中（此水溶液中含有 OH^- 和 Cl^- 负离子及 H^+ 和 Cu^{2+} 正离子），形成电化学反应通路，导线和溶液中均有电流通过。溶液中的离子将做定向移动，Cu^{2+} 移向阴极，在阴极上得到电子而还原成铜原子沉积在阴极表面。相反，在阳极表面铜原子不断失去电子而成为 Cu^{2+} 进入溶液。溶液中正、负离子的定向移动称为电荷迁移。在阴、阳极表面发生的得失电子的化学反应称为电化学反应，这种利

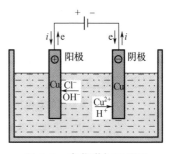

图 4.3　电化学加工原理

用电化学作用对金属进行加工的方法称为电化学加工。任何两种不同的金属放入任何导电的水溶液中，在电场作用下，都会有类似情况发生。阳极表面失去电子（氧化反应）产生阳极溶解、蚀除，称为电解；在阴极得到电子（还原反应）的金属离子还原成为原子，沉积在阴极表面，称为电镀或电铸。

能够独立工作的电化学装置有两类：一类是当该装置的两电极与外电路中负载接通后能够自发地将电流送到外电路的装置，它将化学能转换为电能，称之为原电池；另一类是使两电极与一个直流电源连接后，强迫电流在体系中流过，将电能转换为化学能，称之为电解池。电化学加工中常用的电解、电镀、电铸、电化学抛光等都属于电解池，均是在外加电源作用下进行阳极溶解或阴极沉积过程。

2. 电解质溶液

凡溶于水后能导电的化合物称为电解质，如盐酸（HCl）、硫酸（H_2SO_4）、氢氧化钠（NaOH）、氢氧化铵（NH_4OH）、氯化钠（NaCl）、硝酸钠（$NaNO_3$）、氯酸钠（$NaClO_3$）等酸碱盐都是电解质。电解质与水形成的溶液称为电解质溶液，简称电解液。电解液中所含电解质的多少即为电解液的浓度。

因水分子是弱极性分子，可以和其他带电的粒子发生微观静电作用。当把电解质（如 NaCl）放入水中时，就会产生电离作用。这种作用使 Na^+ 和 Cl^- 一个个、一层层地被水分子拉入溶液中，这个过程称为电解质的电离，其电离方程式简写为

$$NaCl \rightarrow Na^+ + Cl^- \tag{4-1}$$

能够在水中 100% 电离的电解质称为强电解质。强酸、强碱和大多数盐都是强电解质；弱电解质〔如醋酸（CH_3COOH）〕在水中仅小部分电离成离子，大部分仍以分子状态存在；水也是弱电解质，它本身也能微弱地电离为 H^+ 和 OH^-，导电能力较弱。

由于溶液中正负离子的电荷相等，因此电解液仍呈现电中性。

3. 电极电位

（1）电极电位的形成

将金属插入含该金属离子的水溶液中，在金属/溶液界面上形成一定的电荷分布，从

而形成一定的电位差，这个电位差称为该金属的电极电位。电极电位的形成，较普遍的解释是金属/溶液界面双电层理论。典型的金属/溶液界面双电层示意图如图 4.4 所示。

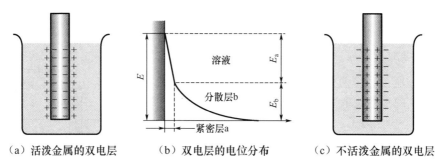

（a）活泼金属的双电层　　（b）双电层的电位分布　　（c）不活泼金属的双电层

E—金属与溶液间的双电层电位差；E_a—双电层紧密部分的电位差；

E_b—双电层分散部分的电位差

图 4.4　典型的金属/溶液界面双电层示意图

不同结构双电层的形成机理可以用金属的活泼性（即金属键力的大小）及对金属离子水化作用的强弱进行解释。由物质结构理论可知，金属是由金属离子和自由电子以一定的晶格形式排列而构成的晶体，金属离子和自由电子间的静电吸引力形成了晶格间的结合力，称为金属键力。在图 4.4 所示的金属/溶液界面上，金属键力既有阻碍金属表面离子脱离晶格而溶解到溶液中去的作用，又具有吸引界面附近溶液中的金属离子脱开溶液而沉积到金属表面的作用；而溶液中具有极性的水分子对金属离子又具有水化作用，即吸引金属表面的金属离子进入溶液，同时阻止界面附近溶液中的金属离子脱离溶液而沉积到金属表面。对于金属键力小，即活泼性强的金属，其金属/溶液界面上水化作用占优，则界面溶液一侧被极性水分子吸到更多的金属离子，而在金属表面一侧则有自由电子规则排列，如此形成了图 4.4（a）所示的双电层电位分布。类似地分析，对于金属键力大，即活泼性差的金属，则金属/溶液界面的金属表面一侧排列更多的金属离子，对应溶液一侧则排列带负电的离子，如此形成了图 4.4（c）所示的双电层。由于双电层的形成，在界面就产生了一定的电位差，将这一金属/溶液界面双电层中的电位差称为金属的电极电位 E，其在界面上的分布如图 4.4（b）所示。

（2）标准电极电位

为了能科学地比较不同金属电极电位，在电化学理论与实验中，统一给出了标准电极电位与标准氢电极电位这两个重要的、具有度量标准意义的规定。所谓标准电极电位，是指金属在给定统一的标准环境条件下，相对一个统一的电位参考基准所具有的平衡电极电位值。在理论电化学中，上述统一的标准环境约定为将金属放在该金属离子活度（有效浓度）为 1mol/L 的溶液中，在 $25\,^\circ\!\text{C}$ 和气体分压为一个标准大气压力（$\approx 0.1\text{MPa}$）条件下。这为衡量不同金属电极电位规定了统一的标准环境条件。

对上述统一的电位参考基准，通常选取标准氢电极电位。所谓标准氢电极电位，是指溶液中氢离子活度为 1mol/L，氢气分压为一个标准大气压，在 $25\,^\circ\!\text{C}$ 条件下，在一个专门的氢电极装置（图 4.5）所产生的氢电极电位。其电极反应方程式为

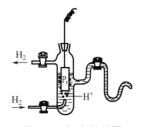

图 4.5　氢电极装置

$$H_2 \rightleftharpoons 2H^+ + 2e \tag{4-2}$$

由于电极电位是双电层中的电位差，而在度量电位差时应该设定一个统一的电位参考基准——零电位标准，这样才便于比较不同金属的电极电位。在电化学理论和实验中，统一规定标准氢电极电位为参考基准（零电位），其他金属的标准电极电位（表4-1）都是相对标准氢电极电位的代数值。还应当指出，由于氢电极制备麻烦，在实际工程中使用不够方便，故在实际测量中，常用性能稳定、制备容易、使用方便的饱和甘汞电极作为参考基准电极。饱和甘汞电位相对于标准氢电极电位具有固定的电位值，实际测出任意金属电极相对于饱和甘汞电极的电位差，则很容易换算该金属电极相对于标准氢电极电位的电位差。

表4-1 常用电极的标准电极电位

电极氧化态/还原态	电极反应	电极电位/V	电极氧化态/还原态	电极反应	电极电位/V
Li^+/Li	$Li^+ + e \rightleftharpoons Li$	-3.01	Pb^{2+}/Pb	$Pb^{2+} + 2e \rightleftharpoons Pb$	-0.126
Rb^+/Rb	$Rb^+ + e \rightleftharpoons Rb$	-2.98	H^+/H_2	$H^+ + e \rightleftharpoons (1/2)\,H_2\uparrow$	0
K^+/K	$K^+ + e \rightleftharpoons K$	-2.925	S/H_2S	$S + 2H^+ + 2e \rightleftharpoons H_2S\uparrow$	$+0.141$
Ba^{2+}/Ba	$Ba^{2+} + 2e \rightleftharpoons Ba$	-2.92	Cu^{2+}/Cu	$Cu^{2+} + 2e \rightleftharpoons Cu$	$+0.340$
Sr^{2+}/Sr	$Sr^{2+} + 2e \rightleftharpoons Sr$	-2.89	O_2/OH^-	$H_2O + (1/2)\,O_2 + 2e \rightleftharpoons 2OH^-$	$+0.401$
Ca^{2+}/Ca	$Ca^{2+} + 2e \rightleftharpoons Ca$	-2.84	Cu^+/Cu	$Cu^+ + e \rightleftharpoons Cu$	$+0.522$
Na^+/Na	$Na^+ + e \rightleftharpoons Na$	-2.713	I_2/I^-	$I_2 + 2e \rightleftharpoons 2I^-$	$+0.535$
Mg^{2+}/Mg	$Mg^{2+} + 2e \rightleftharpoons Mg$	-2.38	As^{5+}/As^{3+}	$H_3AsO_4 + 2H^+ + 2e \rightleftharpoons HAsO_2 + 2H_2O$	$+0.58$
U^{3+}/U	$U^{3+} + 3e \rightleftharpoons U$	-1.80	Fe^{3+}/Fe^{2+}	$Fe^{3+} + e \rightleftharpoons Fe^{2+}$	$+0.771$
Al^{3+}/Al	$Al^{3+} + 3e \rightleftharpoons Al$	-1.66	Hg^{2+}/Hg	$Hg^{2+} + 2e \rightleftharpoons Hg$	$+0.7961$
Mn^{2+}/Mn	$Mn^{2+} + 2e \rightleftharpoons Mn$	-1.05	Ag^+/Ag	$Ag^+ + e \rightleftharpoons Ag$	$+0.7996$
Zn^{2+}/Zn	$Zn^{2+} + 2e \rightleftharpoons Zn$	-0.763	Br_2/Br^-	$Br_2 + 2e \rightleftharpoons 2Br^-$	$+1.065$
Fe^{2+}/Fe	$Fe^{2+} + 2e \rightleftharpoons Fe$	-0.44	Mn^{4+}/Mn^{2+}	$MnO_2 + 4H^+ + 2e \rightleftharpoons Mn^{2+} + 2H_2O$	$+1.208$
Cd^{2+}/Cd	$Cd^{2+} + 2e \rightleftharpoons Cd$	-0.402	Cr^{6+}/Cr^{3+}	$Cr_2O_7^{2-} + 14H^+ + 6e \rightleftharpoons 2Cr^{3+} + 7H_2O$	$+1.33$
Co^{2+}/Co	$Co^{2+} + 2e \rightleftharpoons Co$	-0.27	Cl_2/Cl^-	$Cl_2 + 2e \rightleftharpoons 2Cl^-$	$+1.3583$
Ni^{2+}/Ni	$Ni^{2+} + 2e \rightleftharpoons Ni$	-0.23	Mn^{7+}/Mn^{2+}	$MnO_4^- + 8H^+ + 5e \rightleftharpoons Mn^{2+} + 4H_2O$	$+1.491$
Sn^{2+}/Sn	$Sn^{2+} + 2e \rightleftharpoons Sn$	-0.14	F_2/F^-	$F_2 + 2e \rightleftharpoons 2F^-$	$+2.87$

（3）平衡电极电位

如前所述，将金属浸在含该金属离子的溶液中，则在金属/溶液界面上将发生电极反应，并且在某种条件下建立双电层。如果电极反应又可以逆向进行，以 Me 表示金属原子，则反应式可写为

$$Me \underset{\text{还原}}{\overset{\text{氧化}}{\rightleftharpoons}} Me^{n+} + ne \tag{4-3}$$

若上述可逆反应速度，即氧化反应与还原反应的速度相等，金属/溶液界面上没有电流通过，也没有物质溶解或析出，则建立了一个稳定的双电层。此种情况下的电极称为可逆电极，相应电极电位称为可逆电极电位或平衡电极电位。还应当指出，不仅金属和该金属的离子（包括氢和氢离子）可以构成可逆电极，非金属及其离子也可以构成可逆电极，

前面论及的标准电极和标准电极电位则是在标准状态条件下的可逆电极和可逆电极电位(或者说标准状态条件下的平衡电极电位)。而实际工程条件并不一定处于标准状态,那么对应工程条件下的平衡电极电位不仅与金属性质和电极反应形式有关,而且与离子浓度和反应温度有关。具体计算可以用能斯特(Nernst)方程式,即

$$E' = E^0 + \frac{RT}{nF}\ln\frac{a_{氧化态}}{a_{还原态}} \qquad (4-4)$$

式中,E' 为平衡电极电位(V);E^0 为标准电极电位(V);R 为摩尔气体常数 [8.314J/(mol·K)];T 为绝对温度(K);n 为电极反应中得失电子数;F 为法拉第常数(96500C/mol);a 为离子的活度(mol/L)。

对于固态金属 Me 和含其 n 价正离子 Me^{n+} 溶液构成的可逆电极:式(4-4)中 $a_{氧化态}$ 为含 Me^{n+} 离子溶液的活度,$a_{还原态}$ 为固体金属的离子活度,取 $a_{还原态}=1$mol/L。对于非金属负离子(含在溶液中)和非金属(固体、液体或气体)构成的可逆电极:式(4-4)中 $a_{氧化态}$ 为非金属的离子活度,而纯态的液体、固体或气体(分压为一个大气压)的离子活度都认为等于 1mol/L,即取 $a_{氧化态}=1$mol/L,而取 $a_{还原态}$ 为含该离子溶液的离子活度。

注意到上述 $a_{氧化态}$、$a_{还原态}$ 的取值规则,并将有关常数值代入式(4-4),则对于金属电极(包括氢电极)

$$E' = E^0 + 1.98\times10^4(T/n)\lg a_{(金属正离子)} \qquad (4-5)$$

对于非金属电极

$$E' = E^0 - 1.98\times10^4(T/n)\lg a_{(非金属负离子)} \qquad (4-6)$$

由式(4-5)可以看出,温度提高或金属正离子的活度增大,均使该金属电极的平衡电位朝正向增大;而由式(4-6)也可以看出,温度的提高或非金属负离子活度的增加,均使非金属的平衡电位朝负向变化(代数值减小)。

(4)电极电位的高低决定电极反应的顺序

综观表4-1所列的常见电极的标准电极电位可以发现:电极电位的高低,即电极电位代数值的大小,与金属的活泼性或与非金属的惰性密切相关。标准电极电位按代数值由低到高的顺序排列,对应着金属的活泼性由大到小的顺序排列;在一定条件下,标准电极电位越低的金属,越容易失去电子被氧化,而标准电极电位越高的金属,越容易得到电子被还原。也就是说,标准电极电位的高低,将会决定在一定条件下对应金属离子参与电极反应的顺序。在电解加工过程,电极电位越负,即代数值越小的金属,越容易失去电子参与氧化反应;电极电位越正,即代数值越大的金属或金属离子,越容易得到电子而参与还原反应。以图4.3所示的电解池为例,如果阳极为 Fe(阳极一般为金属),NaCl 为电解质,分别列出在两极可能进行的电极反应并由表4-1查出对应电极的标准电极电位,则可以解释为什么在阳极进行铁溶解而在阴极进行氢气逸出的电极反应。

在阳极一侧可能进行的电极反应及相应标准电极电位为

$$Fe \Longleftrightarrow Fe^{2+} + 2e \qquad\qquad E^0_{Fe^{2+}/Fe} = -0.04V$$
$$4OH^- - 4e \Longleftrightarrow 2H_2O + O_2\uparrow \qquad\qquad E^0_{O_2/OH^-} = +0.401V$$
$$2Cl^- - 2e \Longleftrightarrow Cl_2\uparrow \qquad\qquad E^0_{Cl_2/Cl^-} = +1.3583V$$

由于 $E^0_{Fe^{2+}/Fe}$ 最低,因此铁最容易并首先在阳极一侧进行溶解,这就是电解加工的基本理论依据。类似地,在阴极一侧可能进行的电极反应及相应标准电极电位为

$$2H^+ + 2e \Longleftrightarrow H_2 \uparrow \qquad\qquad E_{H^+/H_2}^0 = 0V$$

$$Na^+ + e \Longleftrightarrow Na \qquad\qquad E_{Na^+/Na}^0 = -2.713V$$

显见，E_{H^+/H_2}^0 高出 $E_{Na^+/Na}^0$ 约 2.7V，这在电极电位中是个很大的差值，故在阴极只有氢气逸出而不会发生钠沉积的电极反应，这就是在电解加工中为什么选择含 Na^+、K^+ 等活泼性金属离子中性盐水溶液作为电解液的重要理论依据。

（5）电极的极化

前面已经阐述了在标准条件下电极反应顺序与标准电极电位的对应关系。相同的结论，也可应用于在平衡条件下电极反应的顺序与平衡电极电位的关系。平衡电极电位的定量计算可以用能斯特公式，即式（4-4）～式（4-6）。而实际电化学加工，电极反应并不是在平衡可逆条件下进行的，即不是在金属/溶液界面上无电流通过的情况下，而是在外加电场作用下，有强电流通过金属/溶液界面的条件下进行的，此时电极电位则由平衡电极电位开始偏离，而且随着所通过电流的增大，电极电位相对平衡电位的偏离也更大。人们将有电流通过电极时，电极电位偏离平衡电位的现象称为电极的极化，电极电位的偏离值称为超电压，又称电位。电极极化的趋势：随着电极电流的增大，阳极电极电位向正向，即向电极电位代数值增大的方向发展；而阴极电极电位则向负向，即向电极电位代数值减小的方向发展。如图 4.6 所示，将电极电位随着电极电流变化的曲线称为电极极化曲线，阳极超电压 $\Delta E_a = E_a - E_a'$。

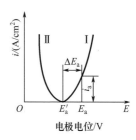

Ⅰ—阳极极化曲线；
Ⅱ—同一种电极的阴极极化曲线

图 4.6　电极极化曲线

按阳极电极电位 E_a 相对应阳极电流密度（即通过阳极金属/电解液界面的电流密度）i_a 绘制成 i_a-E_a 曲线，称为阳极极化曲线。基于阳极极化曲线可以研究阳极极化的规律及特点。阳极电位的变化规律主要取决于阳极电流高低及阳极金属、电解液的性质。三种典型的阳极极化曲线如图 4.7 所示。

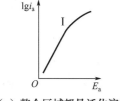

（a）整个区域都是活化溶解

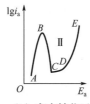

（b）存在钝化区

（c）存在不完全钝化区

图 4.7　三种典型的阳极极化曲线

① 全部处于活化溶解状态。如图 4.7（a）所示，电流密度和阳极金属溶解作用均随阳极电位的提高而增大，阳极金属表面一直处于电化学阳极溶解状态（又称活化状态）。例如铁在盐酸中的电化学阳极极化曲线就属于这一类型。

② 活化—钝化—超钝化的变化过程。如图 4.7（b）所示，阳极溶解过程开始，即阳极极化曲线的初始 AB 段，其 i_a-E_a 变化规律同上述第一种类型，称为活化溶解阶段；而过了 B 点后，随着阳极电位 E_a 的增大，阳极电流 i_a 会突然下降且阳极溶解速度也剧减，

这一现象称为钝化现象，对应于图中 BC 段称为过渡钝化区，CD 段称为稳定钝化区；而过了 D 点后，随着阳极电位的提高，阳极电流又继续增大，同时阳极溶解速度也继续增大，将对应图中 DE 段称为超钝化阶段。例如，钢件在 $NaNO_3$ 电解液或 $NaClO_3$ 电解液中的阳极极化曲线就属于这类。通常应选择电解加工参数处于阳极超钝化状态，此时工件加工面对应大电流密度而被高速溶解；而非加工面则对应电流密度低，即相应处于极化曲线的钝化状态，则对应表面不被加工而得到保护。这正是研究阳极极化曲线以合理选择加工参数的目的。

③ 活化—不完全钝化（抛光）—超钝化的变化过程。图 4.7（c）属于这一类型，其不同状态的变化与上述第二种类型基本相似：AB 段称为活化区，BD 段（有的是 $C'D'$ 段）称为不完全钝化区，随后 DE 段又进入超钝化区。在不完全钝化区里，电流密度和阳极溶解速度变化很小，但阳极溶解还在进行。观察阳极金属表面存在阳极膜，溶解后的表面平滑且具有光泽，故又将不完全钝化区称为抛光区，电解抛光就应该选择具有这种类型极化曲线的金属/电解液体系，如钢在磷酸中的极化曲线就是如此，而正确选择电解抛光参数就能获得高的抛光表面质量。

极化曲线显示了阳极极化电位与阳极电流之间的关系、规律及特征，研究阳极极化曲线与选择工件材料/电解液体系、选择电解工艺参数密切相关。通常，根据不同极化的原因，将极化分为浓差极化、电化学极化和电阻极化几种类型。

① 浓差极化。浓差极化是由于电解过程中电极/溶液界面处的离子浓度和本体溶液（指离开电极较远、浓度均匀的溶液）浓度存在差别所致。在电解加工时，金属离子从阳极表面溶解出并逐渐由阳极金属/溶液界面向溶液深处扩散，于是阳极金属/溶液界面处的阳极金属离子浓度（设为 C_s）比本体溶液中阳极金属离子浓度（设为 C_0）高，浓度差越大，阳极表面电极电位越高。浓差极化超电压的定量计算可用式（4-4）。

② 电化学极化。电极反应过程包括反应物质（以离子态或分子态）的迁移、传递和离子在电极/溶液界面上发生电化学反应及生成新的物质等。如果反应物质在电极表面得失电子的速度，即电化学反应速度落后于其他步骤所进行的速度，则造成电极表面电荷积累，其规律是使阳极电位更正，阴极电位更负。将由于电化学反应速度缓慢而引起的电极极化现象称为电化学极化，由此引起的电极电位变化量 ΔE_e（称为电化学超电压）可近似采用塔费尔（Tafel）公式计算。

$$\Delta E_e = a + b \lg i \qquad (4-7)$$

式中，a、b 为常数，与电极材料性质，电极表面状态，电解液成分、浓度、温度等因素有关，选用时可查阅相应电化学手册。在这里需要特别指出：塔费尔公式的适用范围是小电流密度，最多不能高于每平方厘米十几安培，而电解加工常用电流密度在 $10 \sim 100A/cm^2$ 数量级，故在电解加工时引用塔费尔公式的准确性还有待研究。

③ 电阻极化。电阻极化是由于电解过程中在阳极金属表面生成钝化性的氧化膜或其他物质的覆盖层，使电流通过困难，造成阳极电位更正，阴极电位更负。由于这层膜是钝化性的，也由于这层膜的形成是钝化作用所致，因此电阻极化又称钝化极化。电阻极化超电压 ΔE_R（也可称钝化超电压）可用下式计算。

$$\Delta E_R = I R_d \qquad (4-8)$$

式中，I 为通过电极的电流；R_d 为钝化膜电阻。

由电极极化所引起的总超电压是以上各类超电压之和，即

$$\Delta E = \Delta E_s + \Delta E_e + \Delta E_R \tag{4-9}$$

式中，ΔE 为总的电极极化超电压（V）；ΔE_s 为浓差极化超电压（V）；ΔE_e 为电化学极化超电压（V）；ΔE_R 为电阻极化超电压（V）。

实际上，由于电解加工是在大电流密度条件下进行的，其阳极极化过程、极化特性比低电流密度条件下复杂得多，因此采用式(4-9)计算极化电位将产生较大的误差。故实际测试而获得工程条件下的极化曲线就显得更加重要。根据实测而得到的极化曲线，选择工艺参数，分析加工中产生的问题，是电解加工工艺过程通常采用的技术途径。但上述有关极化过程、极化原因及极化种类的讨论及相应计算式，对于揭示极化过程的实质及定性分析电解加工过程，依然具有理论指导作用。

（6）钝化与活化

在电解加工过程中还有一种称为钝化的现象，它使金属阳极溶解过程的超电位升高，使电解速度减慢。如铁基合金在 $NaNO_3$ 电解液中电解时，电流密度增大到一定值后，铁的溶解速度在大电流密度下维持一段时间后反而会急剧下降，使铁成稳定状态而不再溶解。电解过程中的这种现象称阳极钝化（电化学钝化），简称钝化。

钝化产生的原因至今仍有不同的看法，其中主要是成相理论和吸附理论两种。成相理论认为：阳极金属与溶液作用后在金属表面形成了一层紧密的极薄的膜，这种膜形成独立的相，很薄但有一定的厚度，通常由氧化物、氢氧化物或盐组成。成相膜把金属和溶液机械地隔离开来，从而使金属表面失去了原来具有的活泼性质，因此使溶解过程减慢，转化为钝化状态。吸附理论则认为：金属的钝化是由于金属表层形成了氧或含氧粒子的吸附层所引起的，吸附膜的厚度至多只有单分子层厚，形成不了独立的相。不少人认为吸附的粒子是氧原子，有的人则认为可以是 O^{2-} 或 OH^-。成相理论和吸附理论能较好地说明许多现象，但又不能把各种现象都解释清楚。可能二者兼而有之，但在不同条件下可能以某一原因为主。对不锈钢钝化膜的研究表明，合金表面的大部分覆盖着薄而紧密的膜，而在膜的下面及空隙中，则牢固地吸附着氧原子或氧离子。

处于钝化状态的金属是可以恢复为活化状态的，使金属钝化膜破坏的过程称为活化。引起活化的因素很多，如把溶液加热，通入还原性气体或加入某些活性离子等，也可以采用机械方法破坏钝化膜，如电解磨削。

电解液加热可以引起活化，但温度过高会带来新的问题，如电解液的过快蒸发，绝缘材料的膨胀、软化和损坏等，因此只能在一定温度范围内使用。使金属活化的多种手段中，以 Cl^- 的作用最引人注意。Cl^- 具有很强的活化能力，这是由于 Cl^- 对大多数金属的亲和力比氧大，Cl^- 吸附在电极上使钝化膜中的氧排出，从而使金属表面活化。电解加工中采用 NaCl 电解液时生产率高就是这个道理。

4.1.2　电化学加工的分类

电化学加工按其作用原理和主要加工作用分为三大类，见表 4-2。第Ⅰ类是利用电化学阳极溶解进行加工；第Ⅱ类是利用电化学阴极沉积、涂覆进行加工；第Ⅲ类是利用电化学加工与其他加工方法相结合的电化学复合加工工艺进行加工。

表 4 - 2　电化学加工的分类

类别	加工方法	加工原理	主要加工作用
I	电解加工	电化学阳极溶解	从工件（阳极）去除材料，用于形状、尺寸加工
	电解抛光		从工件（阳极）去除材料，用于表面加工、去毛刺
II	电铸成形	电化学阴极沉积	向芯模（阴极）沉积而增材成形，用于制造复杂形状的电极，复制精密、复杂的花纹模具
	电镀		向工件（阴极）表面沉积材料，用于表面加工、装饰
	电刷镀		向工件（阴极）表面沉积材料，用于表面加工、尺寸修复
	复合电镀		向工件（阴极）表面沉积材料，用于表面加工、磨具制造
III	电解磨削	电解与机械磨削的复合作用	从工件（阳极）去除材料或表面光整加工，用于尺寸、形状加工，超精加工，镜面加工
	电化学-机械复合研磨	电解与机械研磨的复合作用	对工件（阳极）表面光整加工
	超声电解	电解与超声加工的复合作用	改善电解加工过程以提高加工精度和表面质量，对于小间隙加工复合作用更突出
	电解-电火花复合加工	电解液中电解去除与放电蚀除复合作用	综合达到高效率、高精度及提高表面质量的加工目标

4.1.3　电化学加工的特点

电化学加工的主要优越性如下。

（1）可加工各种高硬度、高强度、高韧性等难切削的金属材料，如硬质合金、高温合金、淬火钢、钛合金、不锈钢等，适用范围广。

（2）可加工各种具有复杂曲面、复杂型腔和复杂型孔等典型结构的零件，如航空发动机叶片、整体叶盘，发动机机匣凸台、凹槽，火箭发动机火焰尾喷管，炮管及枪管的膛线、喷筒孔，以及深小孔、花键槽、模具型面、型腔等各种复杂的二维及三维型孔、型面。因为加工中没有机械切削力和切削热的作用，特别适合加工易变形的薄壁零件。

（3）加工表面质量好。由于材料是以离子状态去除或沉积，并且为冷态加工，因此加工后无表面变质层、残余应力，加工表面没有加工纹路且没有毛刺和棱边，一般表面粗糙度为 $Ra0.8\sim Ra3.2\mu m$，对于电化学复合光整加工表面粗糙度可达 $Ra0.01\mu m$ 以下，因此适合精密微细加工。

（4）生产率高。加工可以在大面积上同时进行，无须划分粗、精加工，特别是电解加工，其材料去除率远高于电火花加工。

（5）加工过程中工具阴极无损耗，可长期使用，但要防止阴极的电沉积现象和短路烧伤对工具阴极的影响。

（6）电化学加工的产物和使用的工作液对环境、设备会有一定的污染和腐蚀作用。

4.2 电解加工

4.2.1 电解加工原理及特点

电解加工（electrolytic machining）是作为阳极的金属工件在电解液中进行溶解而去除材料，实现工件加工成形的工艺过程。电解加工系统如图4.8所示。电解加工的基本原理是电化学阳极溶解，而这一电化学过程又建立在电解加工间隙中特定的电场、流场分布的基础上，故电场理论、流场理论及电化学阳极溶解理论构成了研究电解加工原理及工艺的三大基础理论。电解加工属于非接触加工，加工过程中，工具阴极与工件阳极之间存在供电解液流动、进行电化学反应、排除电解产物的间距，这一间距称为加工间隙。加工间隙与电解液构成了电解加工的核心工艺因素，决定着电解加工的工艺指标（加工精度、材料去除率、表面质量），也是阴极设计及工艺参数选择的基本依据。

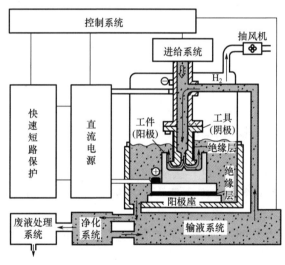

图4.8 电解加工系统

在工业生产中，最早应用电化学阳极溶解原理的是电解抛光。不过电解抛光时，由于工件阳极和工具阴极之间的距离较大（一般在100mm以上）、电解液静止不动等一系列原因，只能对工件表面进行普遍的腐蚀和抛光，不能有选择性地腐蚀成所需的零件形状和尺寸。电解加工为了能实现特定几何尺寸、几何形状的加工，还必须具备下列特定工艺条件。

（1）工件阳极和工具阴极（大多为成形工具阴极）间需保持很小的间隙（加工间隙），一般为0.1~1mm。

（2）电解液从加工间隙中不断高速（6~30m/s）流过，以保证带走阳极溶解产物和电解电流通过电解液时所产生的焦耳热，同时流动的电解液还具有减轻极化的作用。

（3）工件阳极和工具阴极分别与直流电源（一般为10~24V）连接，在上述两项工艺条件下，可使通过两极加工间隙的电流密度很高，高达10~100A/cm²。

在上述特定工艺条件下，工件阳极被加工表面的金属可按照工具阴极形状高速溶解，而且随着工具阴极向工件阳极进给（通常是这样，但亦可反之，即工具阴极固定而工件阳极向工具阴极进给），并始终保持很小的加工间隙，使工件被加工表面不断高速溶解（图 4.9），直至达到符合所要求的加工形状和尺寸为止。

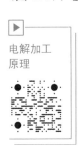

电解加工原理

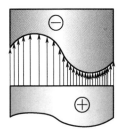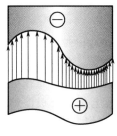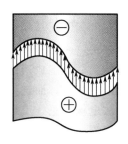

（a）加工开始　　　　　（b）过渡过程　　　　　（c）加工终止

图 4.9　电解加工成形过程示意图

电解加工具有以下工艺特点。

（1）加工范围广。可以加工各种难切削金属材料，包括淬火钢、不锈钢、高温耐热合金、硬质合金，并且不受材料力学性能的限制；还可以加工各种复杂的型腔、型面、深小孔，既可以采用成形阴极，单向进给运动，拷贝式成形加工，也可采用简单阴极或近成形阴极，进行数控展成型面加工。

（2）材料去除率高。材料去除率随加工电流密度和总加工面积的增大而提高，一般能达到每分钟数百立方毫米，甚至高达每分钟一万立方毫米，为普通电火花成形加工的 5～10 倍，对于难切削金属材料、复杂型腔、型面、深小孔加工，比一般机械切削加工材料去除率高出 5～10 倍。

（3）加工表面质量好。由于材料去除是以离子状态进行的电化学溶解，属冷态加工过程，因此加工表面不会产生冷作硬化层、重铸层，以及由此而产生的残余应力和微裂纹等表面缺陷。当电解液成分和工艺参数选择得当时，加工表面粗糙度可以达到 $Ra0.8～Ra1.25\mu m$，而晶间腐蚀深度在合适的工艺条件下不超过 0.01mm，甚至不会产生。

（4）工具无损耗。作为阴极的工具，在电解加工过程中，始终与作为阳极的工件保持一定的间隙，不会产生溶解（阴极一侧只有氢气析出）；如果加工过程正常，即与阳极不发生火花、短路烧蚀，工具阴极不会产生任何损耗；其几何形状、尺寸保持不变，可以长期使用。这是电解加工能够在批量生产条件下保证成形加工精度、降低加工成本的基本原因之一。

（5）不存在机械切削力。电解过程不存在机械切削力，因此不会产生由此而引起的残余应力和变形，也不会产生如机械切削加工所产生的飞边、毛刺。由于不存在机械切削力，电解加工特别适用于薄壁零件、低刚性零件的加工。

电解加工的上述优点，使得它首先在枪炮、航空航天等制造业中获得了成功应用，其后又逐渐推广应用到汽车、拖拉机、采矿机械的模具制造中，成为机械制造业中具有特殊作用的工艺方法。

电解加工也存在下列缺点和不足，从而限制了其发展和应用。对此，在选用电解加工时应特别注意以下几点。

(1) 加工精度不够高。一般电解加工还难以达到高精度要求，三维型腔、型面的加工精度为 $0.2 \sim 0.5\,\mathrm{mm}$，孔类加工精度为 $\pm 0.02 \sim \pm 0.05\,\mathrm{mm}$，没有电火花成形加工精度高，尤其是加工过程不如电火花加工稳定。这是因为影响电解加工精度的因素多且复杂，理论上定量掌握其影响规律并进行控制还比较困难，往往需要经过大量工艺试验、研究才能解决。

(2) 加工型面、型腔的阴极设计制造的工作量较大。这些阴极的外形和尺寸往往还要通过试验进行逐步修整，所以当加工形状复杂的零件时，阴极的设计制造周期较长。

(3) 设备一次投资大。由于设备组成复杂，除一般机床设备外，还要解决电解液输送、防泄漏、抗腐蚀、导电、绝缘等一系列问题，而且材料特殊，制造工作量大，造价高。国产设备从十余万元一台（小型）到几十万元一台（大型）不等，而进口一台设备则需几百万元（中型）到千余万元（大型、高自动化程度）。

(4) 处理不当，可能会对周围环境造成污染。在某些条件下，电解加工过程会产生少量有害人体健康的气体，如 Cl_2；对某些加工材料，在某些特定条件下，也可能产生对人体有害的 NO_2^-、Cr^{6+}。故对电解加工的基本要求是必须控制排放方式和排放量；而高标准要求则是需要采取措施变有害为无害，如将 Cr^{6+} 降为低价无害的铬离子，如 Cr^{3+}；同时将电解产物进行回收处理，变废为利。我国于 1958 年首先在炮管膛线加工开始应用电解加工技术，电解加工从开始产生至今天的稳定应用已有 60 余年的历史，对于电解废物的处理、防止污染环境已经有成熟技术和规程可循，即便如此，对此问题仍须引起重视并采取解决措施。先进的电解液系统，包括净化、回收、处理装置，成本约占全套电解设备的 1/3。如果说在二十世纪八九十年代因电解液的处理问题而影响了电解加工的应用；那么从二十世纪末、二十一世纪初的 20 余年来看，随着电解产物的回收和防污染问题的解决，包括美、英等工业强国，电解加工技术的创新发展和扩大应用又进一步得到重视。

选用电解加工工艺的三条原则如下：①电解加工适用于难切削材料的加工；②电解加工适用于相对复杂形状零件的加工；③电解加工适用于批量大的零件加工。一般认为，三条原则均满足时，相对而言选择电解加工比较合理。至今，电解加工已经成功地应用于航空航天发动机叶片型面，机匣凸台、凹槽，炮管膛线，深小孔，花键槽，模具型面、型腔，去毛刺等加工领域。

4.2.2 电解加工的基本规律

1. 法拉第定律和电流效率

(1) 法拉第定律

电解加工作为一种加工工艺方法，人们所关心的不仅是其加工原理，在实践上更关心其加工过程中工件尺寸、形状及被加工表面质量的变化规律。既可以定性分析，又可以定量计算，能够深刻揭示电化学加工工艺规律的基本定律就是法拉第定律。

法拉第定律包括以下两项内容。

① 在电极的两相界面处（如金属/溶液界面上）发生电化学反应的物质质量与通过其界面上的电量成正比，此称法拉第第一定律。

② 在电极上溶解或析出 1mol 当量任何物质所需的电量是一样的，与该物质的本性无关，此称法拉第第二定律。根据电极上溶解或析出 1mol 当量物质在两相界面上电子得失量的理论计算，同时也为实验所证实，对任何物质这一特定的电量均为常数，称为法拉第常数，记为 F

$$F \approx 96500(A \cdot s/mol) \approx 1608.3(A \cdot min/mol)$$

对于电解，如果阳极只发生确定原子价的金属溶解而没有其他物质析出，则根据法拉第第一定律，阳极溶解的金属质量为

$$m = kQ = kIt \qquad\qquad (4-10)$$

式中，m 为阳极溶解的金属质量（g）；k 为单位电量溶解的元素质量，称为元素的质量电化当量［g/（A·s）或 g/（A·min）］；Q 为通过两相界面的电量（A·s 或 A·min）；I 为电流强度（A）；t 为电流通过的时间（s 或 min）。

根据法拉第常数的定义，阳极溶解 1mol 当量金属的电量为 F；而对于原子价为 n（更确切地讲，应该是参与电极反应的离子价，或在电极反应中得失电子数）、相对原子质量为 A 的元素，其 1mol 质量为 A/n（g）；则根据式（4-10）可写作

$$A/n = kF$$

可以得到

$$k = \frac{A}{nF} \qquad\qquad (4-11)$$

这是有关质量电化当量理论计算的重要表达式。

对于零件加工而言，人们更关心的是工件几何量的变化。由式（4-10）容易得到阳极溶解金属的体积为

$$V = \frac{m}{\rho} = \frac{kIt}{\rho} = \omega It \qquad\qquad (4-12)$$

式中，V 为阳极溶解金属的体积（cm^3）；ρ 为金属的密度（g/cm^3）；ω 为单位电量溶解的元素体积，即元素的体积电化当量［cm^3/（A·s）或 cm^3/（A·min）］。

显见：

$$\omega = \frac{k}{\rho} = \frac{A}{nF\rho}$$

部分金属的体积电化当量见表 4-3。

表 4-3　部分金属的体积电化当量

金属	密度 ρ/(g/cm³)	相对原子质量 A	原子价 n	体积电化当量 ω/[cm³/(A·min)]
铝	2.71	26.98	3	0.0021
钨	19.2	183.92	5	0.0012
铁	7.86	55.85	2 3	0.0022 0.0015

续表

金属	密度 ρ/(g/cm³)	相对原子质量 A	原子价 n	体积电化当量 ω/[cm³/(A·min)]
钴	8.86	58.94	2 3	0.0021 0.0014
镁	1.74	24.32	2	0.0044
锰	7.4	54.94	2 4	0.0023 0.0012
铜	8.93	63.57	1 2	0.0044 0.0022
钼	10.2	95.95	4 6	0.0015 0.0010
镍	8.96	58.69	2 3	0.0021 0.0014
铌	8.6	92.91	3 5	0.0022 0.0013
钛	4.5	47.9	4	0.0017
铬	7.16	52.01	3 6	0.0015 0.0008
锌	7.14	65.38	2	0.0028

实际电解加工中，工件材料不一定是单一金属元素，大多数情况是由多种元素组成的合金。对于合金，其电化当量的计算要复杂一些。假设某合金由 j 种元素构成，其相应元素的相对原子质量、原子价及百分含量如下。

元素号：$1, 2, \cdots, j$

相对原子质量：$A_1, A_2, \cdots, A_j$

原子价：$n_1, n_2, \cdots, n_j$

元素百分含量：$a_1, a_2, \cdots, a_j$

则该合金的质量电化当量和体积电化当量可由下列式计算。

$$k = \frac{1}{F\left(\dfrac{n_1}{A_1}a_1 + \dfrac{n_2}{A_2}a_2 + \cdots + \dfrac{n_j}{A_j}a_j\right)}$$

$$\omega = \frac{1}{\rho F\left(\dfrac{n_1}{A_1}a_1 + \dfrac{n_2}{A_2}a_2 + \cdots + \dfrac{n_j}{A_j}a_j\right)}$$

即同样有 $\omega = k/\rho$。常用于电解加工的合金的体积电化当量见表 4-4。

表 4-4 常用于电解加工的合金的体积电化当量

合金	密度 ρ/ (g/cm³)	体积电化当量 ω/ [cm³/(A·min)]	合金	密度 ρ/ (g/cm³)	体积电化当量 ω/ [cm³/(A·min)]
GH33（ЭИ437Б）	7.85	0.0021	LY11	2.8	0.002
GH37（ЭИ617）	7.8	0.0020	LY9		0.0022
（ЭИ598）		0.0019	TC6	4.5	0.0021
（ФН62ВМКЮ）	7.85	0.0021	TC8		
5CrMiMo	7.8	0.0022	TC9		
30CrMnSiA	7.85	0.0022	（BT16）	4.68	0.0023
30CrMnSiNiA	7.77		（BT20）	4.45	0.0022
38Ni	7.71		（BT22）	4.5	0.0023
38Ni	7.75	0.002	（BK8）	14.35	0.0013
20Cr13	8.8	0.0018	（T15K6）	11	0.0015
（ЭИ893）			（T5K10）	12.2	

注：括号中的合金牌号为俄罗斯标准牌号。

（2）电流效率

电化学加工实践和实验测量均表明，实际电化学加工过程中阳极金属的溶解量（或阴极金属的沉积量）与上述按法拉第定律进行理论计算的量有差别，一般情况下实际量小于理论计算量，极少数情况下也会发生实际量大于理论计算量。究其原因，是因为实际条件与理论计算时假设"阳极只发生确定原子价的金属溶解（或沉积）而没有其他物质析出"这一前提条件的差别。比如电解加工的实际条件通常如下。

① 除了阳极金属溶解外，还有其他副反应析出另外一些物质，相应也消耗了一部分电量。

② 其中有部分实际溶解金属的原子价比理论计算假设的原子价要高。

以上差别，使得实际溶解金属量小于理论计算量。但有时实际条件还可能如下。

① 部分实际溶解金属的原子价比计算假设的原子价要低。

② 电解加工过程中发生金属块状剥落，其原因可能是材料组织不均匀或金属材料与电解液成分的匹配不当。

以上情况，会导致实际溶解金属量大于理论计算量。

为了确切表示实际与理论的差别，引入电流效率的概念，用以表征实际溶解（或沉积）金属所占的耗电量对通过总电量的有效利用率，即定义电流效率 η 为

$$\eta = \frac{m_{实际}}{m_{理论}} = \frac{V_{实际}}{V_{理论}}$$

如上面分析，在通常大多数电化学加工条件下，η 小于或接近于 100%；对于少量特殊情况，也可能 $\eta > 100\%$。

影响电流效率 η 的主要因素有加工电流密度 i，金属材料与电解液成分的匹配，甚至还有电解液浓度、温度等工艺条件。为利于工程实用，通常由实验得到 η-i 关系曲线，这

是计算电化学加工速度、分析电化学成形规律的基础数据。

2. 电解加工速度

类似于一般机械加工，人们希望掌握在工件被加工表面法线方向上的去除（加工）线速度。以面积为 S 的平面加工为例，由式（4-12）得到垂直平面方向上的阳极金属（工件）的溶解速度为

$$v_a = \frac{V}{St} = \frac{\omega I t}{St} = \omega i$$

考虑实际电解加工条件下的电流效率，则有

$$v_a = \eta \omega i \tag{4-13}$$

式中，v_a 为阳极金属（工件）被加工表面法线方向上的溶解速度，常称电解加工速度（mm/min）；η 为电流效率；ω 为体积电化当量 $[mm^3/(A \cdot min)]$；i 为电流密度（A/mm^2）。

这是在电解加工工艺计算及成形规律分析中非常实用的一个基本表达式。式中 η、ω 数据由实验测定。因为 η、ω 都与实际工艺条件关系密切，所以可将 $\eta\omega$ 的乘积一起考虑作为一个工艺数据，称作实际体积电化当量，其相应数据也由实验测定。

3. 电解加工间隙

电解加工是有间隙加工，研究加工过程中间隙变化规律对掌握电解加工工艺规律，保证加工过程的稳定从而控制加工精度有重要意义。研究电解加工间隙变化规律必须考虑以下几点。

① 间隙内的电解过程，特别是阳极溶解过程，与电流效率 η、体积电化当量 ω 及欧姆压降 U_R 有密切关系。

② 间隙内电解液的流动方式及间隙内各点的流速与压力分布直接影响间隙内的温度、氢气泡及氢氧化物的分布，从而影响电导率 κ 的分布，影响间隙的大小和加工过程的稳定。

③ 电解过程中流场及电导率分布综合反映为间隙内部电流密度的分布，因而电解加工的复制精度取决于间隙内电流密度的分布。

影响电解加工间隙的因素非常复杂。首先以最简单情况分析加工间隙的过渡过程，如图 4.10 所示，将阴极和工件均简化为平板，同时基于如下假设进行分析研究。

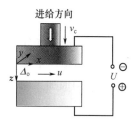

图 4.10 平板电极加工

① 阴极与工件的电导率比电解液的电导率大得多，可以认为阴极与工件各自的表面是等电位面。

② 电解液电导率在加工间隙内是均匀的，而且不随时间变化。

③ 与加工间隙相比，加工面积足够大，因而可以忽略边界效应。

（1）电解加工的间隙过渡微分方程

设在初始间隙中电解液流速为 u，阴极与工件之间外加电压 U，阴极以速度 v_c 恒速进给，此时工件表面的溶解速度为

$$v_a = \eta \omega \kappa \frac{U_R}{\Delta}$$

注意到：在电解加工整个过程，阴极表面形状、尺寸都不会改变；同时，在图 4.10

所设坐标系中，阴极沿 y 方向进给，x 是电解液流动方向，加工面相对阴极间隙为 Δ，初始间隙为 Δ_0，经过 t 时间后工件加工深度为 h，并假设沿 z 方向所有条件都相同；则从图 4.10 所示几何关系可知，加工 t 时间后的间隙 Δ 可表达为

$$\Delta = \Delta_0 + h - v_c t \tag{4-14}$$

对式(4-14)微分，注意到 Δ_0、v_c 为常数，则可以得到在 dt 时间内，阴极溶解深度 dh 与加工间隙的变化量 $d\Delta$ 之间的关系为

$$d\Delta = dh - v_c dt \tag{4-15}$$

因为 $dh = v_a dt = \eta \omega \kappa U_R dt/\Delta$，由式(4-14)及式(4-15)可得

$$d\Delta = \left(\eta \omega \kappa \frac{U_R}{\Delta} - v_c \right) dt$$

如前所述，令 $C = \eta \omega \kappa U_R$，并且知 C 为常数，则可得

$$d\Delta = (v_a - v_c) dt = \left(\frac{C}{\Delta} - v_c \right) dt$$

$$\frac{d\Delta}{dt} = \frac{C}{\Delta} - v_c \tag{4-16}$$

式(4-16)就是阴极恒速进给时加工间隙变化过渡过程的基本微分方程。

（2）端面平衡间隙

由式 $v_a = \eta \omega \kappa U_R / \Delta = C/\Delta$，有 $C = v_a \Delta$，即在一定条件下，电解加工速度与电解加工间隙之积为常数，相互之间呈双曲线函数变化的反比关系（图 4.11）。如果阴极固定不动，电解加工初始间隙为 Δ_0，随着加工进行，电解加工间隙 Δ 将逐渐增大，而电解加工速度 $v_a = C/\Delta$ 将逐渐减小。

如图 4.12 所示，如果阴极以恒速 v_c 向工件进给，不管 v_c 及 Δ_0 为何值，总有一个时刻 $v_a = v_c$，即工件的电解蚀除速度 v_a 与阴极的进给速度 v_c 相等，即两者达到动态平衡，$d\Delta = (v_a - v_c)dt = 0$，此时加工间隙将稳定不变。对应的间隙称为端面平衡间隙 Δ_b，并且有

$$\Delta_b = \eta \omega \kappa \frac{U_R}{v_c} \tag{4-17}$$

同理，端面平衡间隙与进给速度也呈双曲线函数变化的反比关系，当阴极进给速度 v_c 过大时，端面平衡间隙 Δ_b 过小，将会引起局部堵塞，造成火花放电或短路。实际加工的端面平衡间隙，主要取决于所选用的电压、电解液的组成和加工进给速度，一般为 $0.1\sim 0.8mm$，型面加工时常选 $0.25\sim 0.4mm$。

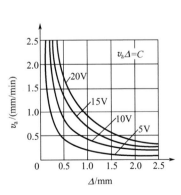

图 4.11　v_a 与 Δ 关系曲线

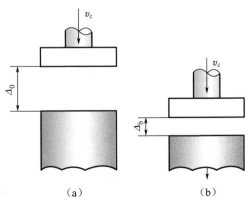

图 4.12　端面平衡间隙

如图 4.13 所示，电解加工经过 t 时间后，阴极的进给距离为 L，工件表面的电解深度为 h，此时加工间隙为 Δ，随着加工进行，Δ 将逐渐趋向于端面平衡间隙 Δ_b。起始间隙 Δ_0 与端面平衡间隙 Δ_b 的差别越大，或进给速度越小，则过渡过程越长。

为便于运算，引入两个无因次变量：$\Delta' = \Delta/\Delta_b$，$t' = L/\Delta_b = v_c t/\Delta_b$，$\Delta'$ 表示 Δ 向 Δ_b 的趋近程度，t' 表示相对进给深度，t' 越大，越接近端面平衡间隙。

对 Δ' 及 t' 微分并运算，得到

$$t' = (\Delta'_0 - \Delta') + \ln\left(\frac{\Delta_b - \Delta_0}{\Delta_b - \Delta}\right)$$

将上式左、右两边都乘以 Δ_b，得到

$$L = v_c t = (\Delta_0 - \Delta) + \Delta_b \ln\left(\frac{\Delta_b - \Delta_0}{\Delta_b - \Delta}\right) \tag{4-18}$$

将 Δ' 及 t' 代入式（4-18）后，可得一簇曲线（图 4.14），根据加工条件，由查图法容易得出加工过程任意时刻 t 的加工间隙 Δ。

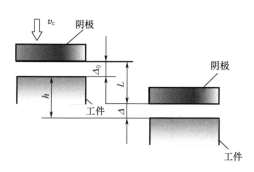

图 4.13　加工间隙的过渡过程

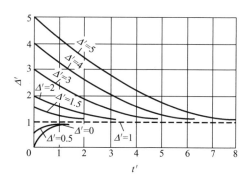

图 4.14　$\Delta' - t'$ 曲线

（3）法向间隙

上述端面平衡间隙 Δ_b 是在垂直于进给方向的阴极端面与工件表面间的间隙。对于锻模等型腔工具而言，其工具端面的某一区域不一定与进给方向垂直，可能如图 4.15 所示成一倾斜角 θ，倾斜部分各点的法向进给速度 v_n 为

$$v_n = v_c \cos\theta$$

将此式代入式（4-17），即得在 θ 处的法向平衡间隙

图 4.15　法向间隙

$$\Delta_n = \eta\omega\kappa\frac{U_R}{v_c\cos\theta} = \frac{\Delta_b}{\cos\theta} \tag{4-19}$$

在应用式（4-19）进行法向间隙计算时，必须注意，此式在进给速度和蚀除速度达到平衡，并且间隙是平衡间隙而不是过渡间隙的前提下才正确，实际上倾斜底面在进给方向的加工间隙往往并未达到端面平衡间隙 Δ_b 值。底面越倾斜，即 θ 角越大，计算出的 Δ_n 值与实际值的偏差也越大，因此，只有当 $\theta \leqslant 45°$ 且精度要求不高时，方可采用此式。当底面较倾斜，即 $\theta > 45°$ 时，应按下述侧面间隙计算，并适当加以修正。

（4）侧面间隙

电解加工型孔，决定尺寸和精度的是侧面间隙 Δ_s。阴极侧面绝缘和不绝缘时，其侧面

间隙将明显不同。例如，用 NaCl 电解液，侧面不绝缘阴极加工孔时，工件型孔侧壁始终处于被电解状态，势必形成喇叭口 ［图 4.16（a）］。假设在进给深度 $h = v_c t$ 处的侧面间隙 $\Delta_s = x$，由式（4-17）可知，该处在 x 方向的电解蚀除速度为 $\eta \omega \kappa U_R / x$，经过时间 $\mathrm{d}t$ 后，该处的间隙 x 将产生一个增量 $\mathrm{d}x$，并且 $\mathrm{d}x = \eta \omega \kappa U_R \mathrm{d}t / x$，对其积分，经运算可以得到

$$\Delta_s = x = \sqrt{\frac{2\eta \omega \kappa U_R}{v_c}h + x_0^2} = \sqrt{2\Delta_b h + x_0^2} \tag{4-20}$$

当工具底侧面处的圆角半径很小时，$x_0 \approx x_b$，则有

$$\Delta_s = x = \sqrt{2\Delta_b h + \Delta_b^2} = \Delta_b \sqrt{\frac{2h}{\Delta_b} + 1} \tag{4-21}$$

上述说明，阴极侧面不绝缘时，侧面任一点的间隙将随工具进给深度 $h = v_c t$ 而变化，为一抛物线函数关系，因此工件侧面为一抛物线状的喇叭口。

若阴极侧面如图 4.16（b）所示进行绝缘，只留一宽度为 b 的工作圈，则在工作圈以上的工件侧面不再遭受二次电解腐蚀而趋于平直，此时侧面间隙 Δ_s 与阴极的进给量 h 无关，只取决于工作圈的宽度 b，即

$$\Delta_s = \sqrt{2b\Delta_b + \Delta_b^2} = \Delta_b \sqrt{\frac{2b}{\Delta_b} + 1} \tag{4-22}$$

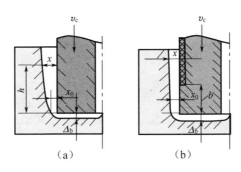

图 4.16　侧面间隙

（5）平衡间隙理论的应用

① 计算加工过程中各种间隙（如端面平衡间隙、斜面间隙、侧面间隙），从而可以根据阴极的形状尺寸推算加工后工件的形状和尺寸。因此，电解加工间隙的变化规律也就直接影响并决定了电解加工工件的成形规律。

② 选择间隙、加工电压、进给速度等加工参数。使用时，一般是根据式（4-17），选择加工电压、进给速度以保证合适的加工间隙。

③ 分析加工精度，如计算整平比及由于毛坯余量不均匀所引起的误差，阴极、工件位置不一致引起的误差。此外，可以计算为达到一定的加工精度所需的最小电解加工进给量。

④ 通常在已知工件截面形状的情况下，阴极的侧面、端面及法向尺寸均可根据端面平衡间隙、侧面间隙及法向间隙公式计算出来。如根据法向间隙计算公式 $\Delta_n = \Delta_b / \cos\theta$，可用 $\cos\theta$ 作图法由工件截面来设计阴极，计算阴极尺寸及其修正量。

图 4.17 所示为利用 $\cos\theta$ 作图法设计阴极，当工件的形状已知时，在工件型面上任选

一点 A_1，作型面法线 A_1B_1 及与进给方向平行的直线 A_1C_1，并取线段长度 A_1C_1 等于端面平衡间隙 Δ_b，再从 C_1 点作与进给方向垂直的直线 C_1B_1，交法线 A_1B_1 于 B_1 点；由几何关系可知，这段法线长度 A_1B_1 就是 $\Delta_b/\cos\theta_1$，即过工件型面上 A_1 点的法向间隙 Δ_n，而 B_1 点也就是在工具阴极上所找到的对应工件型面上 A_1 点的对应点。依此类推，可以根据工件上的 A_2，A_3，$\cdots$，A_n 等点求得阴极上对应的 B_2，B_3，$\cdots$，B_n 等点，将 B_1，B_2，B_3，$\cdots$，B_n 等点连接并经样条光顺处理，就可得到所需要的工具阴极加工面的轮廓线。需要指出的是，当 $\theta > 45°$ 时，采用此法处理时误差较大，一般的解决办法是先按求侧面间隙的方法计算，然后做适当修正。

为了提高阴极的设计精度，缩短阴极的设计和制造周期，可根据电解加工间隙理论利用计算机辅助设计，逆向工程数字化设计、制造等先进方法来设计、制造阴极。

（6）影响加工间隙的其他因素

平衡间隙理论是分析各种加工间隙的基础，因此对平衡间隙有影响的因素同时也对加工间隙有影响，必然也影响电解加工的成形精度。由式（4-17）中 $\Delta_b = \eta\omega\kappa U_R/v_c$ 可知，除阴极进给速度 v_c 外，尚有其他因素影响平衡间隙。

① 电流效率 η 在电解加工过程中有可能变化，如工件材料成分及组织状态的不一致、电极表面的钝化和活化状况等，都会使 η 值发生变化。电解液的温度、浓度的变化不但影响 η 值，而且将对电导率 κ 值有较大影响。

② 加工间隙内阴极形状、电场强度的分布状态，将影响电流密度的均匀性，如图 4.18 所示。在工件的尖角处电力线比较集中，电流密度较高，蚀除速度较高，而在凹角处电力线较稀疏，电流密度较低，蚀除速度则较低，所以电解加工较难获得尖棱尖角的工件外形。因此，在设计阴极时，要考虑电场的分布状态。

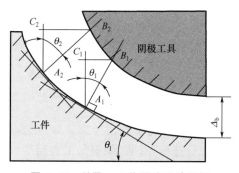 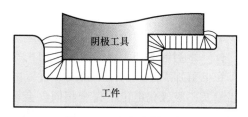

图 4.17　利用 $\cos\theta$ 作图法设计阴极　　　　图 4.18　尖角变圆现象

③ 电解液的流动方向对加工精度及表面粗糙度有很大影响。入口处为新鲜电解液，有较高的蚀除能力，靠近出口处则电解产物（氢气泡和氢氧化物）的含量增多，而且随着电解液压力的降低，氢气泡的体积越来越大，电解液的电导率和蚀除能力降低。因此一般规律是，入口处的蚀除速度及间隙尺寸比出口处大，其加工精度和表面质量也较出口处好。

④ 加工电压的变化直接影响加工间隙的大小。在实际生产中，当其他参数不变时，端面平衡间隙 Δ_b 随加工电压的升高而略有增大，因此在加工过程中控制加工电压是很重要的。

4. 电解加工表面质量

(1) 电解加工表面质量的特点

电解加工表面质量，是指工件经电解加工后其表面及表面层的几何、物理、化学性能的变化，又称电解加工工件的表面完整性。其内涵包括两部分：一是指加工后工件表面粗糙度、波纹度和几何纹理的改变；二是指工件表面层材料组织、性能的改变，即在加工过程中受机械、物理、化学、电、热和微观冶金过程的作用，表面层材料组织、性能发生的变化。

工件表面质量不仅影响其自身的工作性能，一些关键零件还影响甚至决定整台设备的使用性能，包括可靠性和使用寿命。从总体上看，电解加工表面质量优于切削加工及不少其他类型的特种加工。电解加工表面质量具有以下主要特点。

① 电解加工基于阳极溶解原理去除金属，作为"刀具"的阴极与工件不直接接触，没有宏观"切削力"和"切削热"的作用，因此工件表面不会生成如切削加工过程中所形成的塑性变形层（冷作硬化层），也不会产生残余应力，更不会像电火花加工、激光加工那样在加工面产生重铸层，相反，还会将原始的变质层和残余应力层去掉。在一般电解加工中，工件表面的金相组织基本不发生变化，只是在某些条件下的显微硬度发生变化。

② 切削加工的表面粗糙度主要反映在与刀痕垂直的方向上，一般而论，其表面和表面层质量在刀痕平行方向和刀痕垂直方向不完全相同。电解加工没有"刀痕"问题，阳极溶解不存在方向特征，所以电解加工工件表面质量在各个方向大体相同，表面粗糙度、几何形貌与切削加工相比有很大差别。

③ 对比切削加工，影响电解加工宏观表面质量的因素更多，而且不是独立线性的影响，经常是多种因素的综合作用。例如，电解加工工件表面粗糙度与材料、电解液组成及工艺参数（特别是电流密度）的综合匹配关系密切。若匹配得当，可以得到镜面等级的表面粗糙度；若匹配不当，则不仅表面粗糙度变差，甚至会出现某些金相缺陷。

④ 电解加工过程基于电化学阳极溶解原理，若各种工艺因素匹配恰当，就可以获得比切削加工好得多的微观表面质量；若匹配不当，如电解液组成不当，或加工参数选择不合适，电解液流场设计欠妥，则电解加工可能产生某些表面缺陷，如点蚀、晶间腐蚀、表面渗氢等，对工件的使用寿命、疲劳强度会产生严重影响。

(2) 影响电解加工表面粗糙度的主要因素

在电解加工中，从微观角度分析，由于被加工材料各处皆为非均质分布，对应的电化学当量及阳极极化电位不完全相同，会造成局部电解去除速度不同，使得加工表面形成微观表面不平度甚至凸凹不平。例如，一般工件材料多是多元金属合金，其组织由两种或多种元素组成，不同元素的电化学当量及阳极极化电位都有差别，会对应产生不同的阳极溶解速度，从而形成微观几何不平度。即使工件材料由同种晶粒组成，但由于晶粒结构的差异，如原子间距的差异，其电化学当量也会有差别，同样也会产生微观表面不平度。基于上述电解加工表面粗糙度形成机理的分析，并由实验研究证实，其表面粗糙度的高低与工件材质、电解液组成及工艺参数密切相关，它们匹配得当，就可以得到满意的表面粗糙度。

影响电解加工表面粗糙度的主要因素如下。

① 工件材质。在相同或相近的工艺条件下，不同的工件材质，可能得到完全不同的电解加工表面粗糙度。例如，以 NaCl 电解液加工一般钢材，可以获得的表面粗糙度为 $Ra3.2\sim Ra0.8\mu m$；加工合金钢时可得到的表面粗糙度为 $Ra0.8\mu m$；而加工钛合金，只能得

到表面粗糙度为 $Ra6.3\mu m$ 的表面。还应当指出，即使相同的工件材质，热处理状态不同，也会影响表面粗糙度。如果热处理后材质更均匀，则电解加工的表面粗糙度更低。

② 电解液的组成是影响电解加工表面粗糙度的重要因素。对于相同的工件材料，选择不同的电解液（包括成分、浓度、温度），表面粗糙度可能差异很大。以加工钛合金为例，选用 15%（质量分数）NaCl 电解液，只能获得表面粗糙度为 $Ra2.5\mu m$ 的表面；而选用 6%（质量分数）$NaNO_3+2.2\%$（质量分数）NaCl 电解液，却可以得到表面粗糙度为 $Ra0.63\mu m$ 的表面。又如加工合金钢，选用 NaCl 电解液，可得到的表面粗糙度为 $Ra0.8\mu m$；而选用 $NaNO_3$ 电解液，表面粗糙度大大降低，可达到 $Ra0.32\mu m$。研究与实践均表明，针对不同材料选择合适的电解液，是保证高加工速度、低表面粗糙度的首选工艺措施。

③ 电流密度对电解加工表面粗糙度的影响非常敏感。随着加工电流密度的提高，表面粗糙度迅速降低（图 4.19 为用 $NaNO_3$ 电解液加工镍基高温合金，表面粗糙度与电流密度的关系曲线）。对于某些材料，如钛合金，这一效果更加明显。电流密度大，电解去除速度高。因此，选择尽可能大的电流密度，既可降低表面粗糙度，又可提高加工速度，两者能完全协调。

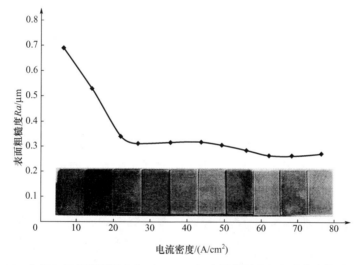

图 4.19　电解加工镍基高温合金（GH4169）表面粗糙度与电流密度的关系曲线

④ 电解液流场对表面粗糙度也有重要影响。电解液流速不够，则加工表面粗糙度变差。保证较高的电解液流速，并保证流场均匀分布，如施加适当的出口背压，对于降低表面粗糙度有着显著作用。

⑤ 脉冲电流电解加工比一般直流电解加工更利于降低表面粗糙度。脉冲电流电解加工中，由于加工电流以脉冲方式变化，会引起加工间隙内电解液压力的波动，对电解液有扰动作用，从而强化、均匀流场，减小极化，改善阳极溶解过程，有利于降低表面粗糙度。混气电解加工也有类似的效果。

综上所述，针对不同工件材料选择合适的电解液组成，采用合理的工艺参数（如采用小间隙、高电流密度条件加工）合理设计流场，采用脉冲电流或混气电解加工，都是降低工件表面粗糙度的有效措施。

（3）电解加工可能产生的表面缺陷及相应预防措施

一般而言，若工件材料与电解液匹配得当，加工参数选择合适，电解加工不但可获得

良好的表面粗糙度，还可以获得良好的表面质量，比一般切削加工所得到的表面质量更好。反之，则可能在加工表面产生缺陷而影响工件性能。在电解加工过程中可能产生的表面缺陷及相应预防措施如下。

① 晶间腐蚀。当电解液成分、浓度选用不当，或加工电流密度过低时，显微观察加工表面的金相组织可以发现，晶粒间的分界面可能被腐蚀出缝隙，这时电解加工中容易出现严重程度不同的表面缺陷——晶间腐蚀。晶间腐蚀破坏晶粒间的结合，大大降低了金属的机械强度，对工件的疲劳寿命有重大破坏性影响。要特别注意防止晶间腐蚀产生，或在后续工序中去除晶间腐蚀层。机械抛光、磨粒流光整加工是通常采用的有效方法；对于轻微的晶间腐蚀，采用表面喷丸处理就可以达到去除晶间腐蚀层、强化工件表面、提高工件疲劳强度的目的。

晶间腐蚀产生的原因一般可解释为晶粒间分界面的成分常常与晶粒基体的成分有差别。同时，晶间原子受到周围不同晶粒中晶格位向不同原子的作用，晶间中的原子排列不像晶粒内部的原子排列那样有规则，即晶间中的原子具有更高的位能而使其电极电位更负，更容易优先形成阳极溶解，即形成晶间优先腐蚀。研究与实践表明，以下因素对晶间腐蚀有重要影响。

a. 电解液成分与浓度。例如，NaCl 电解液容易产生晶间腐蚀，而 $NaNO_3$ 电解液、Na_2SO_4 电解液则不容易甚至不会产生晶间腐蚀。电解液成分相同时，浓度越高，越容易产生晶间腐蚀。

b. 电流密度。晶间腐蚀经常发生在低电流密度条件下，电流密度越高，越不易产生晶间腐蚀，或者说晶间腐蚀的深度越浅，如图 4.20 所示。

c. 电流波形。脉冲电流电解加工不易产生或者只会引起深度很浅的晶间腐蚀。

d. 材料组成及热处理状态。不同的材料，产生晶间腐蚀的难易程度不同。如果热处理使材料组织均匀、晶粒细化，则有利于防止或减轻晶间腐蚀。

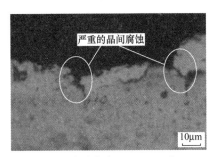
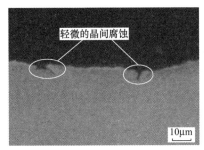

（a）电流密度 $i=21.8A/cm^2$　　　　　　（b）电流密度 $i=76.3A/cm^2$

图 4.20　用 $NaNO_3$ 电解液电解加工 GH4169 工件表面的晶间腐蚀

综上所述，对影响晶间腐蚀的因素应综合考虑。以 NaCl 电解液加工镍基高温合金为例，在高电流密度条件下，晶间腐蚀深度可控制在微米量级；而在低电流密度条件下，晶间腐蚀深度可达 0.05mm。如果选用 $NaNO_3$ 电解液加工镍基高温合金，在高电流密度条件下则仅产生轻微的、甚至不会产生晶间腐蚀。一般而论，选用钝化性电解液（如 $NaNO_3$ 电解液、Na_2SO_4 电解液），采用高电流密度，可以减小甚至防止晶间腐蚀发生。

② 点蚀、剥落。当工件材料的化学成分或组织结构不均匀时，材料中各相的电极电位不同，因此阳极溶解的先后顺序不同，称作选择性溶解。如果有某个或某些电极电位较

负的相发生显著的优先溶解，则可能引起选择性腐蚀的缺陷，其主要形式包括点蚀和剥落。

如果材料中优先溶解的是含量较少的次要相，则优先溶解的部位形成凹注的斑点状腐蚀坑，称作点蚀。如果优先溶解的是基本相，其余的相将形成凸起状残留在工件表面；随着基本相继续溶解，这些凸起部分将以残渣的形式脱落，被电解液冲走，通常称作剥落。点蚀和剥落这类选择性非均匀溶解所造成的工件表面缺陷，均使工件表面粗糙度恶化而严重影响工件性能。

点蚀与剥落产生的影响因素和晶间腐蚀产生的影响因素相似，防止措施首先是选择合适的电解液，特别是多元复合电解液，以使各相能均匀溶解；其次是在高电流密度下加工；再次是阴极、夹具的设计要防止加工表面的二次腐蚀，因为二次腐蚀一般是在低电流密度下发生的，而低电流密度最容易引起点蚀；最后对于工件材料，要选择适当的热处理方法，使其组织均匀，也能有效防止产生选择性腐蚀。通常电解加工钛合金易出现点蚀，而加工铸造材料则易出现剥落，故加工这些材料时应特别注意选择电解液与工艺参数。

③ 流痕。由于间隙中流场参数（电解液流速、压力）分布不均匀，特别是当不均匀程度较显著时，会在工件表面形成流痕。流痕方向大致和液流方向一致，最容易发生在流场参数急剧变化的地方，如间隙内电解液入口和出口端。如果在间隙局部产生空穴或缺液，或电解液流动停滞，或产生旋涡等意外情况，则在对应的工件表面可能会产生较严重的流痕，甚至发生短路。防止流痕产生主要从改进流场设计着手，如正确设计阴极、夹具、工件加工表面之间所构成的电解液流道，特别是间隙的入口与出口端；应尽量避免或减小流道的急剧变化，最好将流道由入口到出口全程设计成收敛型，或在出口端适当施加背压等。采取以上措施，能有效地均匀流场，减少或防止流痕产生。

（4）电解加工表面质量对零件疲劳强度的影响

电解加工工艺已经广泛应用于制造航空航天发动机的压气机叶片、涡轮叶片及火箭发动机的整体叶盘等，这些零件均需要承受高速旋转条件下的循环载荷及温度急剧变化所引起的热应力，因此要求零件具有可靠的疲劳强度。与一般机械切削加工相比，电解加工表面质量对疲劳强度的影响如下。

就一般规律而言，机械切削过程在加工表面留下的刀痕及由刀具引起的微观不平都有可能形成应力集中源，使疲劳强度降低；电解加工却可以去除前道工序遗留的原始刀痕，而使疲劳强度提高。但要指出的是，如果电解液选择不当，则可能在工件表面形成晶间腐蚀，而产生非常危险的应力集中源，使疲劳强度降低。

另外，机械切削过程会引起工件表面的塑性变形和热效应，直接作用在工件表面，导致冷作硬化、残余应力和表面层软化等不同效应，从而对疲劳强度产生不好的影响。一般认为，如果加工后在工件表面产生残余压应力，则对提高疲劳强度有利；而电解加工表面不会产生冷作硬化和表面应力，因此对疲劳强度无显著影响，但如果前道工序产生表面拉应力，而电解加工去除了表面拉应力分布，就会对提高疲劳强度有利。

就表面粗糙度对零件疲劳强度的影响而言，一般认为，电解加工的表面粗糙度低于机械切削（车削、铣削）加工的表面粗糙度，而高于磨削加工的表面粗糙度。故在同样条件下，电解加工零件的疲劳强度高于机械切削加工的疲劳强度，而低于磨削加工的疲劳强度。特别地，如果电解液选择不当，或加工电流密度偏低，则电解加工表面粗糙度很差，甚至产生表面缺陷，将导致零件疲劳强度大为降低。

对于模具钢，由于电解加工表面质量优于切削加工和电火花成形加工，不存在冷作硬化层、重铸层及由此而诱发的显微裂纹，表面粗糙度也较低，因此电解加工的锻模热疲劳强度较高，其工作寿命显著高于机械切削及电火花加工制备的热锻模。

对于如钛合金等某些"敏感"材料，在电解加工过程中，工件表面容易渗氢，严重的甚至出现氢脆现象，影响疲劳强度。实验研究表明，选择合适的电解液成分和加工参数（适当高的电流密度和高电解液流速），可以大大降低渗氢量；但有时难以控制，使得局部表面层渗氢量可能超标，所以最可靠的方法还是在电解加工后进行机械抛光，去除渗氢层或渗氢含量较高的表面层。

综上所述，电解加工表面疵病，特别是诸如晶间腐蚀、点蚀、渗氢等缺陷，会导致零件疲劳强度降低。为了提高电解加工零件的疲劳强度，可以采取如下措施。

① 对不同材料，选择适当成分、浓度的电解液，可以获得低表面粗糙度、无晶间腐蚀、无表面疵病的高表面质量零件，有利于提高疲劳强度。

② 选择最佳工艺参数，如高电流密度、高电解液流速、适当的电解液温度等，都可以达到提高表面质量及疲劳强度的目的。

③ 对电解加工的工件表面进行机械抛光（如毡轮抛光、振动抛光等）或表面喷丸强化处理，使零件表面产生压应力，有利于提高疲劳强度。

④ 采用 $NaNO_3$ 电解液，脉冲电流电解加工高温合金（如镍基合金、不锈钢等）及模具钢，可得到很好的表面质量，并获得较高的疲劳强度。

4.2.3 电解液

1. 电解液的作用

电解液是电解加工产生阳极溶解的载体，正确选用电解液是实现电解加工的基本条件。

电解液的主要作用如下。

（1）与工件及阴极组成产生电化学反应的电化学体系，实现所要求的电解加工过程；同时，电解液所含导电离子是电解池中传送电流的介质，这是电解液最基本的作用。

（2）排除电解产物，控制极化，使阳极溶解能正常、连续进行。

（3）及时带走电解加工过程中所产生的热量，使加工区不致过热而引起自身沸腾、蒸发，确保加工正常。

2. 对电解液的要求

随着电解加工的发展，对电解液不断提出新的要求，根据不同的工艺要求，所选电解液可能有所区别，甚至差异很大。对电解液的基本要求如下。

（1）具有足够大的蚀除速度。即生产率要高，这就要求电解质在溶液中有较高的溶解度和离解度，并且具有很高的电导率。例如，NaCl 电解液中 NaCl 几乎能完全离解为 Na^+ 和 Cl^-，并能与水的 H^+、OH^- 共存。另外，电解液中所含的阴离子应具有较正的标准电位，如 Cl^-、ClO_3^- 等，以免在阳极上产生析氧等副反应，降低电流效率。

（2）具有较高的加工精度和表面质量。电解液中的金属阳离子不应在阴极上产生放电反应而沉积到阴极上，以免改变阴极的形状及尺寸。因此，选用的电解液中所含的金属阳离子必须具有较负的标准电极电位（$E^0 < -2V$），如 Na^+、K^+ 等。当加工精度和表面质

量要求较高时，应选择杂散腐蚀小的钝化型电解液。

（3）阳极反应的最终产物应是不溶性的化合物。这主要是为了便于处理，而且不会使阳极溶解下来的金属阳离子在阴极上沉积，通常被加工工件的主要组成元素的氢氧化物大都难溶于中性盐溶液，故这一要求容易满足。电解加工中，有时会要求阳极产物能溶于电解液而不是生成沉淀物，这主要是在特殊情况下（如电解加工小孔、窄缝等），为避免不溶性的阳极产物滞留加工间隙而提出的。

除上述基本要求外，电解液还应性能稳定、操作安全、污染少且对设备的腐蚀小及价格便宜、易于采购、使用寿命长等。

3. 常用电解液

电解液可以分为中性盐电解液、酸性溶液与碱性溶液三大类。中性盐电解液的腐蚀性弱，使用时较安全，故应用普遍。目前生产实践中常用的电解液为三种中性盐电解液：NaCl 电解液、NaNO₃ 电解液及 NaClO₃ 电解液，现分别介绍如下。

（1）NaCl 电解液

NaCl 电解液中含有活性 Cl⁻，阳极工件表面不易生成钝化膜，所以具有较大的蚀除速度，而且没有或很少有析氧等副反应，电流效率高，加工表面粗糙度低。NaCl 是强电解质，在水溶液中几乎完全电离，导电能力强，适用范围广，价格便宜，货源充足，所以是应用最广泛的一种电解液。

NaCl 电解液蚀除速度高，但其杂散腐蚀也严重，故其复制精度较差。NaCl 电解液的质量分数常在 20% 以内，一般为 14%～18%，当要求较高的复制精度时，可采用较低的质量分数（5%～10%）以减少杂散腐蚀。常用的电解液温度为 25～35℃，但加工钛合金时，必须在 40℃ 以上。

（2）NaNO₃ 电解液

NaNO₃ 电解液应用也比较广泛，有些单位把它作为标准电解液；还有些单位以 NaNO₃ 为主，加以一定成分的添加剂配成非线性性能好的电解液。NaNO₃ 电解液是一种钝化型电解液，它的腐蚀性小，使用方便，并且加工精度也较高。钢在 NaNO₃ 电解液中的极化曲线如图 4.21 所示。在曲线 AB 段，阳极电位升高，电流密度增大，符合正常的阳极溶解规律。当阳极电位超过 B 点后，由于钝化膜的形成，电流密度急剧减小，至 C 点时金属表面进入钝化状态。当电位超过 D 点后，钝化膜开始被破坏，电流密度又随电位的升高而迅速增大，金属表面进入超钝化状态，阳极溶解速度又急剧增加。如果在电解加工时，工件的加工区处在超钝化状态，而非加工区由于其阳极电位较低处于钝化状态而受到钝化膜的保护，就可以减少杂散腐蚀，提高加工精度。图 4.22 所示为杂散腐蚀能力对比。图 4.22（a）所示为采用 NaCl 电解液加工的情况，由于阴极侧面不绝缘，侧壁被杂散腐蚀成抛物线形，内芯也被腐蚀，剩下一个小锥体。图 4.22（b）所示为采用 NaNO₃ 或 NaClO₃ 电解液加工的情况，虽然阴极表面没有绝缘，但当加工间隙达到一定程度后，工件侧壁钝化，不再扩大，所以孔壁锥度很小而内芯也被保留下来。

NaNO₃ 电解液在质量分数为 30% 以下时，有比较好的非线性性能，成形精度高，而且对机床设备的腐蚀小，使用安全。它的主要缺点是电流效率低、生产率也低，而且 NaNO₃ 是氧化剂，易燃烧，沾染 NaNO₃ 的水溶液干燥后能迅速燃烧，故使用及储藏时要充分注意。另外，采用 NaNO₃ 电解液加工时在阴极有氨气析出，所以 NaNO₃ 会被消耗。

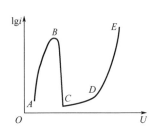

图 4.21 钢在 $NaNO_3$ 电解液中的极化曲线

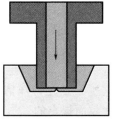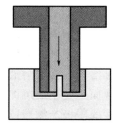

（a）采用NaCl电解液　　（b）采用$NaNO_3$/$NaClO_3$电解液

图 4.22 杂散腐蚀能力对比

（3）$NaClO_3$ 电解液

$NaClO_3$ 电解液的特点是散蚀能力小，加工精度高。这种电解液在加工间隙达 1.25mm 以上时，对阳极溶解作用就几乎完全停止了，因而阳极溶解作用仅集中在与阴极工作表面最接近的阳极部分。这一特点在用固定式阴极加工时，可获得良好的加工精度。

$NaClO_3$ 具有很高的溶解度，可以配置高浓度的溶液，因而有可能得到与 NaCl 电解液相当的蚀除速度。此外，它的化学腐蚀性很小，而且用 $NaClO_3$ 电解液加工过的表面具有较高的耐蚀性。但是 $NaClO_3$ 电解液的价格昂贵，使用浓度大，使用中又有消耗，故经济性差，这也是限制它迅速推广的原因之一。

$NaClO_3$ 电解液在电解过程中会分解产生 NaCl，使溶液中 ClO_3^- 含量不断下降，而 Cl^- 含量则不断增加。因此，电解液性能在使用中有所变化，电解质有消耗，需要不断补充。

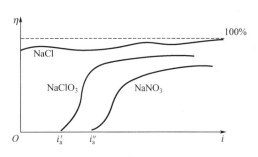

图 4.23 三种常用电解液的 $\eta - i$ 曲线

图 4.23 为三种常用的电解液的 $\eta - i$ 曲线。从图中可以看出，NaCl 电解液的电流效率接近于 100%，基本上是直线，而 $NaNO_3$ 电解液与 $NaClO_3$ 电解液的 $\eta - i$ 关系呈曲线，当电流密度小于 i_a 时，电解作用停止，故有时称它们为非线性电解液。

（4）电解液中的添加剂

从前述可知，几种常用的电解液都有一定的缺点。比如 NaCl 电解液的散蚀能力强，腐蚀性也大；$NaNO_3$ 电解液的电流效率一般较低，使用中还须注意安全；$NaClO_3$ 电解液的成本较高。因此，人们一直在研究添加剂的使用。添加剂是指在电解液中添加较少的量就能改变电解液某方面性能的特定成分。例如，为了降低 NaCl 电解液的散蚀能力，可加入少量磷酸盐等，使阳极表面产生钝化性抑制膜，使在低电流密度处电流效率降低甚至不发生溶解作用，从而提高成形精度及表面质量；$NaNO_3$ 电解液生产率低，可添加少量 NaCl 使其加工精度及生产率均有所提高。为了防止中性盐电解液在电解加工过程中产生沉淀物，常常采用金属络合物等隐蔽剂。为改进电解加工表面质量，还可添加类似电镀工业中采用的活化剂和光亮剂。为减轻电解液的腐蚀性，可采用缓蚀添加剂等。

4. 电解加工的流场设计

（1）电解液的流动形式

① 流动形式的分类。电解液的流动形式可概括为两类：侧向流动和径向流动，径向流动又可分为正流式和反流式两种，如图 4.24 所示。

a. 侧向流动是指电解液从一侧面流入，从另一侧面流出，一般用于发动机、汽轮机叶片的加工，以及一些较浅的型腔模具的修复加工。

b. 正流式径向流动是指电解液从阴极中心流入，经加工间隙后，从四周流出。它的优点是密封装置较简单，缺点是加工型孔时，电解液流经侧面间隙时已含有大量氢气及氢氧化物，使加工精度和表面粗糙度变差。

c. 反流式径向流动是指新鲜电解液先从型孔周边流入，而后经阴极中心流出。它的优缺点与正流式恰相反。

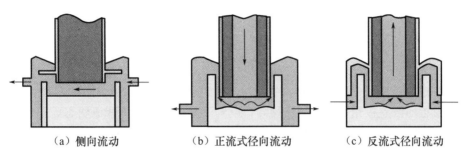

（a）侧向流动　　　　　（b）正流式径向流动　　　　　（c）反流式径向流动

图 4.24　电解液的流动形式

流动形式不同，对电解加工中夹具和阴极的设计、制造，加工间隙中流场的均匀性都有很大影响。电解液流动形式比较见表 4-5。

表 4-5　电解液流动形式比较

项目	侧向流动	正流式径向流动	反流式径向流动	备注
流动特点	在圆滑连接、截面变化平缓的通道中，速度、压力缓慢变化	进、出口流道有较大的转折，速度、压力变化较大		（1）钛合金加工对流场反应敏感，为使流场均匀，最好在出口处施加一定的背压；（2）适当设计通液口（槽），可将正流式径向流动、反流式径向流动应用于型面加工
		扩散流	收敛流	
流场均匀性	较好	较差	好	
防止空穴现象	好	较差	好	
夹具设计制造	复杂	简单	复杂	
加工型面时阴极设计制造	简单	较复杂	复杂	
对工件形状的适应性	差	中等	好	
加工稳定性	差	较差	好	
加工精度	中等	较差	好	
流场分布的可控制性	差	较好	好	

② 确定电解液流动形式的一般原则。

a. 根据加工对象的几何形状确定。

对于曲率变化不大的三维型面，如一般叶片型面、叶片锻模型腔等，可以采用侧向流动。

对于圆孔、型孔类工件，可采用正流式径向流动和反流式径向流动。

对于深孔扩孔加工，可以采用轴向供液。在孔的固定阴极抛光中，也多采用轴向供液。

切入式展成电解加工，采用电解液由阴极内部喷射供液；外表面光整展成电解加工，采用外部切向喷射供液。

对于某些复杂型腔或型面的加工，可在阴极上设计适当的通液槽（孔），采用正流式径向流动或反流式径向流动，或者两种流动形式都存在的复合流动形式。但对应通液槽（孔）口的加工面上会残留少许凸起，给后续型面光整加工带来一些麻烦。

b. 根据加工精度要求确定。一般地，对形状复杂且精度要求高的工件，可选用反流式径向流动或复合流动形式，但其夹具或阴极的设计、制造比较困难。

（2）电解液流速及入口压力

电解加工过程中，流动的电解液要足以排出间隙中的电解产物与所产生的热量，因此必须具有一定的流速（一般在 10m/s 左右）。为了更好地去除阴极、阳极表面的电解产物，减小电极附近的浓差极化，并使液流均匀，电解液的流动必须呈紊流状态，即要求电解液有一定的流速。间隙入口的电解液压力则是保证电解液流速的必要条件。某些材料的电解加工，其加工精度、表面质量对电解液流速特别敏感，故更要注意优选流速，流速一般要选得更高一些，相应地，电解液的输送压力也应该更高。电流密度增大时，流速要相应提高。流速的改变一般是靠调节电解液压力实现的。

电解液压力是指加工间隙入口压力 p_0（常简称入口压力）和电解液输送泵的出口压力，考虑到流道中存在压力损失，电解液输送泵出口压力比加工间隙入口压力一般需高出 $0.05\sim0.1$MPa。在工程实践中，可参考表 4-6 所列数据选择。

表 4-6 电解液流速、压力规范

工序种类	流速/(m/s)	压力（×0.1）/MPa			
		动压 p_u	黏滞阻力 p_γ	间隙出口背压 p_e	间隙入口压力 p_0
叶片型面	15～20	1.26～2.24	3.2～5.1	0～0.51	4.36～7.85
小孔、型腔、叶型套形	6～10	0.2～0.56	10.2～15.3	1.02～1.53	11.42～17.34

注：此处电解液密度 $\rho_l=1.1\times10^3\,kg/m^3$。

（3）流场均匀性设计

流场均匀是指加工面上各处电解液流量充足、均匀，不发生流线相交和其他流场缺陷，如空穴现象、分离现象等。流场均匀性是对流场均匀程度的评价。

要保证流场均匀，除了正确选择流动形式和保证一定的电解液压力、流速外，还要合理设计通液槽（孔）。已经获得成功应用的通液槽（孔）设计方法是流线图法，它以画流线图的方式来决定通液槽（孔）的布局。绘制流线要遵循两条基本原则：①流体由进液槽流入加工区时，其流动方向与进液槽边垂直；②流体由进液槽经加工区直至流回贮液槽，应取流阻最小的路径，即流程最短。

当电解加工进入平衡状态时，间隙中的电解液流动可视为稳定流动，可以画出电解液流动的流线（图 4.25），即画出流体微团的运动轨迹。从加工区域的流线分布，可以分析加工区域的流场均匀性。例如，流线稀疏，反映相应局部区域缺少电解液；流线相交，则反映局部电解液流动混乱，甚至可能出现漩涡。对这两种情况，设计流场时都应特别注意避免。

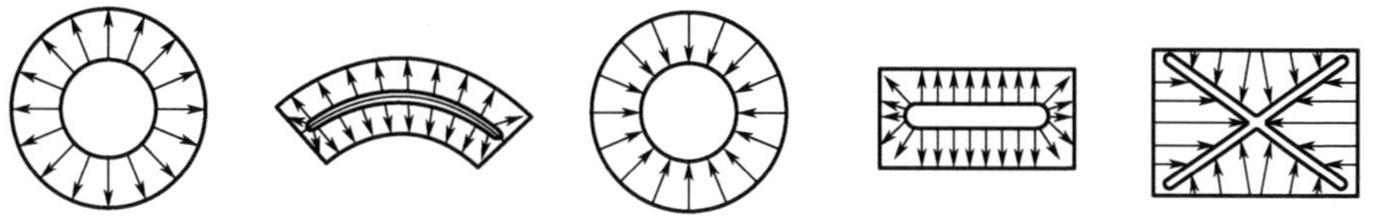

（a）径向正流　　（b）扇形正流　　（c）径向反流　　（d）矩形正流　　（e）矩形交叉反流

图 4.25　流线图实例

4.2.4　电解加工精度

电解加工精度包括复制精度和重复精度。

（1）复制精度。对拷贝式成形电解加工，所加工工件的形状、尺寸由成形工具阴极拷贝、复制得到。所谓复制精度，是指加工所得工件与阴极之间形状及尺寸的对应近似程度。不过，由于电解加工是有间隙加工，而且通常间隙的分布不均匀，因此从原理上说，工件被加工表面的形状、尺寸不可能与阴极加工面的形状、尺寸复制得完全一致，其间肯定存在一定的差别。这个差别，是存在按规律分布的加工间隙所引起的。加工间隙越小、分布越均匀，工件与阴极的形状、尺寸就越对应吻合，复制精度就越高。

（2）重复精度。重复精度是指用相同的阴极、同样的加工条件和加工参数所加工一批工件的形状、尺寸的一致性、稳定重复性。

精度也常用误差来反映，电解加工的综合误差既包括自身工艺特点所引起的机理误差，又包括外围条件所造成的误差。

自身工艺特点所引起的误差称为电解加工误差，由以下三部分组成。

① 复制误差，即工件型面与阴极型面的差异。

② 遗传误差，即加工过程中未完全纠正的毛坯型面的原（初）始误差。

③ 重复误差，即在同一工艺条件下加工尺寸的分散度。

外围条件引起的误差是指工件定位夹紧误差、阴极定位夹紧误差、阴极形状及尺寸的制造误差、机床与夹具安装定位面的形状及位置误差、进给系统运动及定位误差等。

1. 电解加工的误差特性

电解加工阴极与工件之间存在加工间隙，间隙受电化学、电场、流场等诸多复杂因素影响，是时间、空间的函数。间隙的存在及其变化，构成电解加工误差的根本来源。因此，加工误差实质上是工件加工面阳极溶解不均匀性的宏观反映，必须从阳极溶解过程的微观本质及其伴生的宏观间隙来认识电解加工误差的变化规律，并寻求提高电解加工精度的途径。

（1）遗传误差特性

在三维表面（如模具型腔、叶片型面等）电解加工中，复制成形过程没有达到电解加工平衡状态之前，加工间隙随时间不断变化，属于工件逐渐成形的间隙过渡过程，如图 4.26 所示。在 4.2.2 节中，对恒速进给的平板电极加工过程做适当简化假设，已经推导出描绘间隙从初始间隙 Δ_0 向端面平衡间隙 Δ_b 过渡的相关方程式（4-18），以此做出的表示过渡过程的相应曲线如图 4.14 所示。

从图 4.14 可以分析电解加工间隙从初始间隙 Δ_0 向端面平衡间隙 Δ_b 变化的过渡过程。

① $\Delta'-t'$ 曲线显示，随着加工时间 t（即进给距离 L）的加大，意味着去除余量 h 的加大，加工间隙逐渐趋向端面平衡间隙。但在理论上，无论进给距离 L 多么长，加工间隙也只是趋近、而不能达到端面平衡间隙，即 $\Delta'-t'$ 曲线只趋近 1 而不可能达到 1。但当 L 达到一定数值时，加工间隙已相当接近端面平衡间隙，从工程角度来看，可以认为已近似达到端面平衡间隙。但达到端面平衡间隙所需进给距离的大小又与初始间隙 Δ_0 有关：如对于初始间隙 $\Delta_0=2\Delta_b$（$\Delta'=2$），当 $L=3.5\Delta_b$（$L'=3.5\text{mm}$）时，可以认为已达到端面平衡间隙；而当 $\Delta_0=5\Delta_b$（$\Delta'=5$）时，进给 $L=8\Delta_b$（$L'=8\text{mm}$）才近似达到端面平衡间隙。综上所述，可得出结论：加工进给距离越长，加工间隙越趋近端面平衡间隙；初始间隙越大，达到端面平衡间隙所需的加工进给距离越大，反之也一样。

② 当去除的余量大到能够使加工间隙近似达到端面平衡间隙时，一般认为工件已成形，已经去除了毛坯余量，并消除或大大减小了由于毛坯余量分布不均而引起的工件形状误差。例如，讨论图 4.14 中 $\Delta_0=5\Delta_b$（$\Delta'=5$）的 $\Delta'-t'$ 曲线，当 $L'=8\text{mm}$ 时，加工间隙已近似达到端面平衡间隙，则认为此时工件已经加工成形。或者说，对于需要采用 $\Delta_0=5\Delta_b$ 加工的工件毛坯，其加工距离，或者说所需电解去除的余量，至少需要 $L=8\Delta_b$。如果加工进给距离未达到 $L=8\Delta_b$，即 $L'<8\text{mm}$ 就终止加工，则毛坯最大间隙尚未达到端面平衡间隙，加工面将存在由于毛坯形状误差（由毛坯余量差异所造成）所带来的遗传误差，其数值可从图 4.14 估算。首先根据具体加工条件算出端面平衡间隙 Δ_b，然后根据去除的余量和毛坯最大初始间隙从图中得出该处的 Δ'，算出相应的 Δ，则 $\delta_\Delta=\Delta-\Delta_b$ 即是遗传误差。

过渡过程所反映的主要矛盾是如何以最少的余量在最短的时间内达到平衡状态，从而以最快的速度消除遗传误差。从工程实用角度出发，一般均用台阶平面（图 4.27）的整平比 ψ 来衡量成形过程的快慢，ψ 值按式(4-23)计算。

$$\psi=\frac{\delta_0-\delta_b}{h} \qquad (4-23)$$

整平比的物理含义是，从毛坯型面初始误差值 δ_0 减小到成品允许误差值 δ_b，误差的减小值与相应的毛坯高点余量去除值 h 之比。此特征参数值因不同的 δ_0 及 δ_b 而异，是一个相对度量标准，对比不同加工条件下的整平比，应选用相同的 δ_0 及 δ_b。

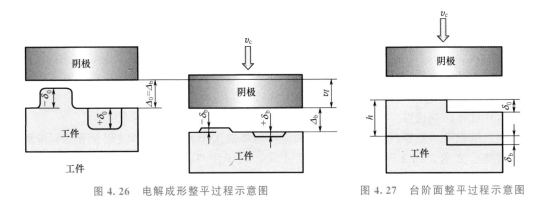

图 4.26　电解成形整平过程示意图　　　图 4.27　台阶面整平过程示意图

从阳极溶解过程特性分析，影响成形过程整平比的主要因素是阳极溶解的集中蚀除能力（或称定域能力）。集中蚀除能力越强，加工面最高点（余量最大处）与最低点（余量最小处）蚀除速度差就越大，整平比就越高，遗传误差就越小。类比机械加工的接触式成形过程，其材料的去除优先集中在毛坯误差的最大处即最大余量区域，其余区域则暂不会去除，可认为集中去除能力最强，整平比为1。再类比电火花加工成形过程，由于放电间隙极小，即截止加工间隙极小，因此集中蚀除能力也很强，整平比近似于1，这些工艺基本上均无遗传误差。而电解加工特别是直流电解加工几乎不存在截止加工间隙，加工过程中整个加工区域均存在蚀除作用，区别仅仅在于余量大处间隙较小，电流密度较高，去除速度较余量小处快，它依靠小间隙处与大间隙处腐蚀速度的差异来成形或逐渐"整平"，因此相比机械加工及电火花成形加工，电解加工的集中蚀除能力较弱，整平比较低，一定会造成遗传误差。这是电解加工误差较大、复制精度较低的根本原因之一。

（2）复制误差特性

三维表面电解成形达到平衡状态后，工件各点沿阴极进给方向的蚀除速度与阴极进给速度相等，此时各处加工间隙值不再变化，工件形状应该是稳定的。但由于阴极与工件之间存在间隙，使得二者尺寸上必然有差异；又由于间隙区电场、流场、电化学蚀除速度场分布不均匀，导致间隙分布不均匀，造成二者形状上的差异（一般可用加工区法向间隙之差表示）。这就是形成三维表面加工复制误差的原因。

对二维柱面电解衍生成形过程（如扩孔加工、叶盘套形加工等），其复制误差在横截面上是径向间隙的存在及其不均匀分布所致，在纵截面上是二次蚀除引起侧面间隙沿进给方向扩张、存在 $d\Delta_s/dh$ 所致。前者由横截面上电场、流场、电化学参数分布不均匀引起；后者因电解加工的散蚀性较强引起，它还会导致电解加工棱角锐度较差及非加工面存在杂散腐蚀等问题。

（3）重复误差特性

电解加工的重复误差就是平衡间隙的分散度。由于目前还无法直接通过采样来实测和控制加工间隙值，只能通过控制有关的宏观工艺参数来间接控制间隙，因此，工艺参数的分散度直接影响平衡间隙的分散度，从而影响加工尺寸的分散度。

综上所述，复制误差及重复误差均是因为加工间隙而存在，而间隙变化来源于间隙电场、流场及电化学参数的变化及其分布的不均匀性，如图4.28所示。因此电解加工间隙随时间、空间的变化，而影响电解加工精度。

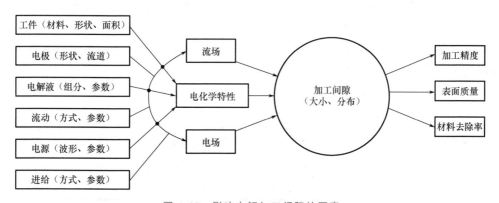

图4.28　影响电解加工间隙的因素

电解加工工艺的核心问题是如何达到均匀、稳定的小间隙加工状态，这是获得高精度、高材料去除率、高表面质量的最根本途径，也是电解加工技术发展所追求的目标。

2. 电解加工工艺参数及其影响

（1）影响加工间隙的主要工艺参数

电解加工间隙不仅受到电化学、电场、流场等诸多参数的影响，并且这些因素之间的相互关系还十分复杂，而且随时间、空间不断变化，难以在加工过程中实时采样测试。所以，目前所进行的电解加工理论分析和计算均基于一定的简化及假设，由此给出的指导规律只能是定性的；对影响加工过程的诸多参数的测试、控制，也只限于依据加工间隙之外取得的宏观平均值。当然，这些平均值能够间接反映间隙内部参数的变化规律，所以仍然具有较大的工程实用价值。

对加工间隙产生主要影响的工艺参数有电解液的电导率、电流密度、加工电压、阴极进给速度、电解液流场参数、电流效率及电极电位等，这里主要介绍电流密度、加工电压、电解液流场参数的影响。

① 电流密度的影响。电流密度是重要的电解加工工艺参数，直接影响材料去除率、工件表面粗糙度，间接影响加工精度，特别是使用钝化性电解液时。

由式（4-13）能够看出，在采用 $\eta=100\%$ 或 η 为常数的线性电解液时，加工速度与电流密度呈线性关系；而在非线性加工中，加工速度随电流密度的变化受 η-i 特性的影响，在钝化向超钝化过渡区，加工速度以近似成二次方的规律随电流密度的增大而增加。

电流密度对表面质量也有重大影响，大多数情况下，表面质量随电流密度的增大而改善。

电流密度对加工精度的影响：一方面，在一定的加工电压和电解液电导率条件下，电流密度越高，加工间隙就越小，越有利于提高加工精度；另一方面，在采用钝化性电解液的非线性加工中，电流密度值处于 η-i 曲线向超钝化区过渡的斜线段，阳极溶解的集中（定域）蚀除能力强，有利于提高加工精度。

综上所述，一般情况下，电流密度越高，加工效果越好，但存在一定的上限。这是因为，电流密度越大，极化现象越严重，双电层的反电动势随之增大，在电源电压一定时，$U-\delta_E$ 将越来越小，限制了电流密度的继续加大；如果电解液流速不够高，浓差极化大到一定程度时，将会阻碍阳极溶解正常进行。另外，电流密度加大，极间电解产物和氢气析出均会增多，极间发热量也相应增加。而此时的加工间隙却减小，间隙内流阻加大，电解液流量反而下降，使得带走热量及移除电解产物的能力下降，当二者严重失去平衡时，加工区将有可能出现电解液蒸发、沸腾、空穴等异常现象，导致加工区出现结疤、短路等严重故障，致使加工中断。因此，电流密度的提高应以不破坏上述平衡为前提。对于给定的加工条件，电流密度应该有特定的相应上限。

表4-7列出了直流电解加工电流密度的实用范围。

表4-7 直流电解加工电流密度的实用范围

加工对象	$i/(A/cm^2)$	加工对象	$i/(A/cm^2)$
大面积型面、型腔	$10\sim30$	中小面积型面、型腔	$20\sim100$
中小孔、套形	$150\sim400$	小孔、套形	$200\sim500$

② 加工电压的影响。加工电压是指电源施加到阴极及工件间的极间电压，它是建立极间电场使电解加工得以进行的原动能量来源，用来克服双电层的反电动势和溶液欧姆压降、建立必要的极间电流场，确保达到所选用的电流密度。对分解电压较低的电极体系（如高温合金、铁基合金/金属的活性溶解），其分解电压 δ_{E_0} 仅为 $1\sim3V$，由于电解液电导率较高，所需的加工电压较低，一般为 $10\sim15V$；对分解电压较高的电极体系（如钛合金钝化性溶解），其分解电压 δ_{E_0} 可高达 7V 左右，所需的加工电压偏高，一般应在 20V 以上。

在选定了电流密度和电解液电导率的条件下，加工电压越高，加工间隙就越大，导致加工误差加大；同时，间隙焦耳热损失加大，能耗增加。因此，只要能确保与所需电流密度相应的正常加工条件，加工电压应尽量选取下限值，以得到正常加工的最小间隙，并使得能耗最低。

在诸多工艺参数中，由于电源电压易于调整，而且加工电压变化引起间隙变化的分辨度较高，因而调整电压来达到所要求的间隙成为最常用的工艺措施。

③ 电解液流场参数的影响。电解液流场参数是指电解液流量 Q、压力 p 和温度 T，它们是确保电解加工得以正常进行的必要工艺条件，是基本且重要的参数。选择和确定电解液流量、压力的总原则是确保与选用的电流密度、加工间隙正确匹配，使加工能正常、稳定地进行，能及时带走间隙中产生的电解产物及热量并去极化，避免空穴、结疤、短路等故障的发生。

从统计数据得出的估算直流电解加工电解液流量的经验公式 [式(4-24)]，可供实用参考。

$$Q = Kq_L I \tag{4-24}$$

式中，K 为加工面积形状系数（见表 4-8）；q_L 为流量电流比，一般选 0.01 [L/(min·A)]；I 为加工电流（A）。

电解液压力的选取，应以确保可获得顺利、稳定加工所需要的流量、流速为原则。由于流量测量较复杂，并且流量的允许变化范围较大，实用中往往以调整压力来达到要求的流量和流速。常用的电解液压力范围见表 4-9。

表 4-8　电解液流量加工面积形状系数 K

加工对象	K	加工对象	K
简单形状（如浅孔）	1	多个浅孔	1.3
多个浅型腔	1.3~2.3	二维型腔	1.6~1.9
三维型腔	1.5~4	深小孔	3~5
叶片型面	5~7		

注：系数 K 根据国内外实验数据统计归纳得出。

表 4-9　常用的电解液压力范围

加工场合	$p/$（MPa）
低电流密度及低压力混气加工	0.4~0.5
深孔及套形加工	0.8~3.0
高电流密度及高压力混气加工	1~2

电解液温度也是确保阳极溶解过程正常进行和设备正常运转的必要条件。电解液温度过低时，阳极表面易钝化、结疤，使加工无法正常进行；温度过高，则局部电解液可能沸腾、蒸发，导致局部可能出现空穴现象，使该处加工中止。两种情况均易导致阴阳极间短路、烧伤，并有可能引起工装乃至工作箱热变形过大，或引起电解液泄漏及工件、阴极定位精度下降等问题。实践表明，电解加工高温合金及铁基合金、结构钢等材料，电解液温度以 $20\sim40℃$ 为宜，但使用 NaCl 电解液加工钛合金，则要求电解液温度在 $40℃$ 以上，以

得到均匀的理想表面。

从加工精度出发，为了防止由于电解液温度变化引起电导率变化从而导致加工间隙变化，希望实现恒定电解液温度加工。另外，在使用钝化性电解液电解加工中，电解液温度变化还会引起电流效率的变化，也将导致加工间隙的变化。因此，保持电解液温度在整个加工过程中的波动尽可能小，是提高加工精度的必要措施之一。

（2）工艺参数的选择

综上所述，确定电解加工参数的顺序：先选定加工间隙、阴极进给速度，然后选定电流密度，最后选定相应的加工电压及电解液参数。

优选加工参数的原则应依据工件特点及具体加工要求而定，同时还应考虑设备条件。

对于以材料去除率为主要要求的大尺寸粗加工，以及以降低表面粗糙度为主要要求的抛光加工，一般应采用高参数、较大间隙的加工方式，即选择较高的阴极进给速度、电流密度、加工电压及电解液流量，相应要求设备的容量大（如电源电压较高，总电流容量大，供液泵输出压力高、流量较大等），但设备精度和刚性及电解液净化程度均适中即可。对于以加工精度为主要要求的精密加工，以及套形、孔加工，则应采取高参数、小间隙加工方式，除采用较高的阴极进给速度、电流密度外，还要求较高的电解液压力，但加工电压及电解液流量则较低。高频、窄脉冲电流电解精密加工时，应采用高参数、小间隙加工方式，但电解液压力和流量适中即可。同样，对于以加工精度为主要要求，但使用钝化性电解液或混气电解加工时，则应采用低参数、小间隙加工方式。这是因为此时阳极过电位较高，需采用较低的阴极进给速度、电流密度、电解液流量，又因为间隙中欧姆压降较大，所以要求加工电压较高。对于特大型的模具、叶片加工，限于电源容量（目前国外的电源最大容量为 4×10^4 A），只能采用低参数加工。

近年来发展的低浓度电解液，由于电导率较低，只能采用偏低的参数加工。

对小间隙加工，特别是高参数、小间隙加工，要求相应的设备条件好，即机床刚性强，进给速度特性"硬"，运动机构精度高，机、电、液系统参数稳定性好，电解液净化程度高，自动控制系统较完善，电源容量较大等。

3. 提高电解加工精度的途径

新材料、新结构的不断涌现，给电解加工提供了更广阔的应用领域，也提出了更高的工艺指标要求，特别是对加工精度的要求越来越高，而传统的直流电解加工工艺已难以满足新的要求。提高加工精度是电解加工进一步发展的关键所在，成为国内外研究的热点。为此，人们进行了大量的研究工作。通过分析电解加工误差的形成原因，可以看出，提高电解加工精度的根本途径是改善电解加工间隙的物理、化学特性，即提高阳极溶解的集中蚀除能力，降低散蚀性，同时改善间隙内电场、流场、电化学溶解速度场的均匀性和稳定性，以及缩小加工间隙。目前，经生产实践证实行之有效的提高电解加工精度的主要技术途径和措施有以下几点。

（1）脉冲电流电解加工

采用脉冲电流电解加工是近年来发展起来的新方法，可以明显地提高加工精度，在生产中已实际应用并正日益得以推广。早期的脉冲电流电解加工以低频、宽脉冲、周期供给脉冲电流，周期进给或带同步振动进给的模式为主。这种模式的加工工艺水平较传统的直流电解加工有明显的提高，得到了局部应用。20 世纪 90 年代发展了连续供给高频、窄脉冲电流，连续进给的模式，在型面、型腔加工技术上有进一步的突破，经过大量实验研究及初步试生产应用已显示出了明显的技术经济效果及重要应用前景。采用脉冲电流电解加工能够提高加工精度的原因如下。

① 消除了加工间隙内电解液电导率的不均匀。加工区内阳极溶解速度不均匀是产生加工误差的根源。阴极析氢会导致在阴极附近产生一层含有氢气泡的电解液层，由于电解液的流动，氢气泡在电解液内的分布是不均匀的。在电解液入口处的阴极附近几乎没有氢气泡，而远离电解液入口处的阴极附近，电解液中所含氢气泡非常多，将对电解液流速、压力、温度和浓度产生较大影响。这些影响又集中反映在电解液电导率的变化上，造成工件各处电化学溶解速度不均匀，从而形成加工误差。采用脉冲电流电解加工就可以在两个脉冲间隔时间内，通过电解液的流动与冲刷，使间隙内电解液的电导率分布基本均匀。

② 脉冲电流电解加工使阴极在电化学反应中析出的氢气是断续的，呈脉冲状。它可以对电解液起搅拌作用，有利于去除电解产物，提高电解加工精度。

(2) 小间隙电解加工

在 $0.05\sim0.1$mm 的端面加工间隙条件下进行电解加工（以下称为小间隙加工），可以在使用一般电解液且不需混气的条件下加工出高精度、低表面粗糙度的工件。在小间隙加工条件下，使用对所加工的材料具有非线性加工特性的电解液来加工型腔，型面精度在 ±0.05mm 以内，表面粗糙度为 $Ra0.3\sim Ra0.4\mu m$。在小间隙加工条件下，使用倒置绝缘腔结构的阴极进行套形加工，加工精度可以达到 $\pm0.03\sim\pm0.05$mm，并且在工件全长范围内的尺寸偏差不大于 0.02mm。

加工间隙的大小及变化是决定加工精度的主要因素。首先由式 $v_a=C/\Delta$ 可知，工件材料的蚀除速度 v_a 与加工间隙 Δ 成反比关系。C 为常数（此时工件材料、电解液参数、电压均保持稳定）。

实际加工中由于余量分布不均，以及加工前工件表面微观不平度等的影响，各处的加工间隙是不均匀的。以图 4.29 所示平面阴极加工平面为例来分析。设工件最大平直度为 δ，则突出部位的加工间隙为 Δ，设其蚀除速度为 v_a，低凹部位的加工间隙为 $\Delta+\delta$，设其蚀除速度为 v_a'，按式 $v_a=C/\Delta$，则

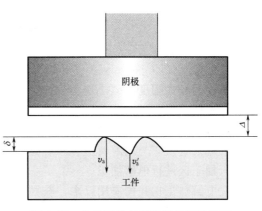

图 4.29　余量不均匀时电解加工示意图

$$v_a=\frac{C}{\Delta};\ \ v_a'=\frac{C}{\Delta+\delta}$$

两处蚀除速度之比为

$$\frac{v_a}{v_a'}=\frac{\dfrac{C}{\Delta}}{\dfrac{C}{\Delta+\delta}}=\frac{\Delta+\delta}{\Delta}=1+\frac{\delta}{\Delta} \qquad (4-25)$$

如果加工间隙 Δ 小，则 δ/Δ 的比值大，突出部位的蚀除速度将大大高于低凹处，提高了整平效果。由此可见，加工间隙越小，越能提高加工精度。对侧面间隙的分析也可得出相同结论。

可见，采用小间隙加工，对提高加工精度及材料去除率都是有利的。但间隙越小，对液流的阻力越大，电流密度越大，间隙内电解液的温度升高快，温度高，电解液的压力就需要很高，间隙过小容易引起短路。因此，小间隙电解加工的应用受到机床刚度、传动精度、电解液系统所提供的压力、流速及过滤情况的限制。

（3）改进电解液

如前所述，采用钝化性电解液对提高铁基合金和模具钢、不锈钢的集中蚀除能力有显著效果，钝化性电解液已经成为模具电解加工的基本型电解液，但对于钛合金、高温合金等合金材料，效果却不十分明显。由于钝化性电解液在提高加工精度方面适应对象范围较窄，加之生产率较低，加工过程中电解液组分还有所变化，需要经常调整，因而未能普遍用于生产。其中 $NaNO_3$ 电解液在英国采用较多，低浓度的复合 $NaNO_3$ 电解液在我国的钛合金叶片加工中采用较多。

除了前面已提到的采用钝化性电解液，如 $NaNO_3$、$NaClO_3$ 等外，研究人员正进一步研究采用复合电解液，主要是在 NaCl 电解液中添加其他成分，既保持 NaCl 电解液的高效率，又提高了加工精度。例如，在 NaCl 电解液中添加少量 Na_2MoO_4、$NaWO_4$，两者都添加或单独添加，质量分数共为 $0.2\% \sim 3\%$，加工铁基合金具有较好的效果。采用 NaCl（质量分数为 $5\% \sim 20\%$）＋CoCl（质量分数为 $0.1\% \sim 2\%$）＋H_2O（其余）的电解液，可在阴极的非加工表面形成钝化层或绝缘层，从而避免杂散腐蚀。

采用低质量分数的电解液，加工精度可显著提高。例如，对于 $NaNO_3$ 电解液，过去常用的质量分数为 $20\% \sim 30\%$。如果采用质量分数为 4% 的 $NaNO_3$ 电解液加工压铸模，其加工表面质量好，间隙均匀，复制精度高，棱角清晰，侧壁基本垂直，垂直面加工后的斜度小于 $1°$。采用低质量分数电解液的缺点是效率较低，加工速度不能很快。

（4）混气电解加工

混气电解加工（gas-mixed electrochemical machining）可以普遍提高集中蚀除能力、提高整平比、较大幅度地减小遗传误差，在毛坯余量偏小、允差偏大的零件加工中使用，能获得较好的效果。

① 混气电解加工原理及特点。混气电解加工就是将一定压力的气体（主要是压缩空气）用混气装置使它与电解液混合在一起，使电解液成分为包含无数气泡的气液混合物，然后送入加工区进行电解加工。

混气电解加工在我国应用以来，获得了较好的效果，显示出一定的优越性，主要表现在提高了电解加工的成形精度，简化了阴极的设计与制造，因而得到了较快的推广。例如不混气加工锻模时，如图 4.30（a）所示，侧面间隙很大，模具上腔有喇叭口，成形精度差，阴极的设计与制造也比较困难，需要多次反复修正。图 4.30（b）所示为混气电解加工的情况，其成形精度高，侧面间隙小而均匀，表面粗糙度低，阴极设计较容易。

混气电解加工

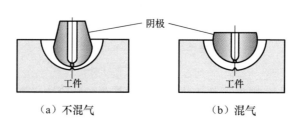

（a）不混气　　　　　　　（b）混气

图 4.30　未采用及采用混气电解加工的效果对比

混气电解加工装置示意图如图 4.31 所示，在气液混合腔中（包括引导部、混合部及扩散部），压缩空气经过喷嘴喷出，与电解液强烈搅拌压缩，使电解液成为含有无数有一定压力小气泡的气液混合体后，进入加工区域进行电解加工。混合腔的结构与形状，依加工对象的不同有几种类型。

电解液中混入气体后，将会起到下述作用。

a. 增加了电解液的电阻率，减少杂散腐蚀，使电解液向非线性方面转化。由于气体是不导电的，因此电解液中混入气体后，就增加了间隙内电解液的电阻率，而且随着压力的变化而变化，一般间隙小的地方压力高，气泡体积小，电解液的电阻率低，电解作用强；间隙大的地方压力低，气泡体积大，电解液的电阻率高，电解作用弱。图 4.32 所示为采用带有抛光圈的阴极混气电解加工型孔。因为间隙 Δ'_s 与大气相连，压力低，气体膨胀，又由于间隙 Δ'_s 比 Δ_s 大，故其电解液的电阻率及电阻均大大增加，电流密度迅速减小。当间隙 Δ'_s 增加到一定数值时，就可能制止电解作用，所以混气电解加工存在切断间隙的现象，加工孔时的切断间隙为 $0.85\sim1.3\text{mm}$。

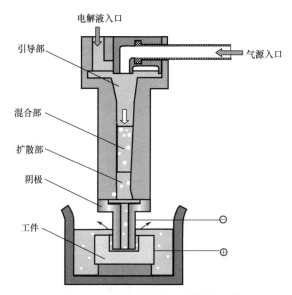

图 4.31　混气电解加工装置示意图

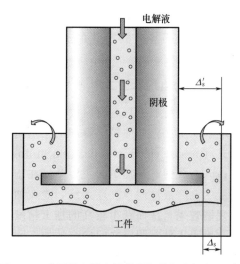

图 4.32　采用带有抛光圈的阴极混气电解加工型孔

b. 降低电解液的密度和黏度，提高流速，均匀流场。由于气体的密度和黏度远小于液体，因此混气的电解液密度和黏度大大下降，这是混气电解加工能在低压下达到高流速的关键，高速流动的气泡还起搅拌作用，消除死水区，均匀流场，减少短路的可能性。

混气电解加工成形精度高，阴极设计简单，不必进行复杂的计算和修正，甚至可用反拷法制造阴极，并可利用小功率电源加工大面积的工件。但由于混气后电解液的电阻率显著增提高，在同样的加工电压和加工间隙条件下，电流密度下降很多，因此生产率较不混气时降低 $1/3\sim1/2$。从整个生产过程来看，由于混气电解加工缩短了阴极的设计和制造周期，提高了加工精度，减少了钳工修磨量，因此总的生产率还是提高了。但混气电解加工需要一套附属供气设备，要有足够压力的气源、管道和良好的抽风设备。

② 气液混合比。混气电解加工的主要参数除一般电解加工所用的工艺参数外，还有一个就是气液混合比 Z。

气液混合比是指混入电解液中的空气流量与电解液流量之比。由于气体体积随压力而变化，因此在高压和常压下，气液混合比也就不同。为了定量分析时有统一的标准，常用标准状态时（一个大气压，20℃）的气液混合比来计算，即

$$Z = \frac{q_g}{q_l} \tag{4-26}$$

式中，q_g 为气体流量（指标准状态）（m^3/h）；q_l 为电解液流量（m^3/h）。

从提高混气电解加工的"非线性"性能来看，气液混合比越高，"非线性"性能会越好。但气液混合比过高，其"非线性"性能改善极微，反而增加了压缩空气的消耗量，而且由于含气量过多，间隙电阻过大，电解作用过弱还会产生短路火花。

气压与液压的选择。考虑到大多数车间的气源都是通过工厂里压缩空气管道获得的，它的压力一般只能保持在 0.4~0.45MPa，所以气压也只能在这个范围内选取。液压则根据混合腔的结构以稍低于气压 0.05MPa 为宜，以免气水倒灌。为了使加工过程稳定，应设法保持气压的稳定，如增设储气罐等。

由于混气电解加工间隙中两相流的均匀性和稳定性难以控制，导致加工尺寸分散度较难控制，加之生产效率有些降低，气液混合系统较复杂，特别是气液混合器的设计和制造难度较高，因此我国仅在叶片加工这类整平比矛盾较突出的零件中大量选用，在锻模类尺寸精度要求不甚高的零件加工中也有所采用，但没有得到进一步的发展和应用范围的扩大。

4. 精密电解加工工艺

传统电解加工具有材料去除率高的优势，但加工精度仍然较低，近十年业内提出的精密电解加工工艺，使得电解加工工艺向精密和微细方向的发展取得了突破。精密电解加工工艺（precise electrochemical machining，PECM）实际的含义：高频、窄脉冲振动电解加工，其与普通电解加工的主要差异在于使用振动进给方式与高频、窄脉冲电源，并配有高精度的电解液过滤自循环系统，能在加工中保持很小的极间间隙，因此可以获得良好的阴极复制效果，从而获得较高的加工精度。精密电解加工系统构成如图 4.33 所示。

由于工件与阴极之间较窄的加工间隙，因此为保障电解液在极间的充分交换，在加工中需要通过高频、窄脉冲电流和阴极机械振动的耦合作用，使得间隙和加工电流呈周期性变化，即在振动过程中，阴极与工件接触最接近时或者说振动幅值最大时配给电流，对工件材料进行蚀除加工，在阴极振动离开工件时，切断电流，排出蚀除产物并改善极间状况，以实现进给加工、回退冲刷的交替进行。脉冲电源与阴极机械振动耦合关系如图 4.34 所示。其振幅一般在 0.3~2mm，振动频率在 20~50Hz，这种耦合作用，有效地改善了极间的加工状态。由于采用间歇式的加工方式，实现了小间隙时加工、大间隙时冲刷，加工电解液得到不断更新，每次加工都能获得新的电解液，保证了每次加工时电解液的一致性，同时采用较短的脉冲加工时间段及较小脉冲宽度的脉冲加工电压，实现了极小间隙下的定域加工，因此可以实现小间隙电解加工，获得很高的成形精度。

德国埃马克（EMAG）公司成功地将精密电解加工工艺应用于发动机整体叶盘的成形加工。采用其公司开发的阴极设计软件，在最新研制的 PO900BF 精密多轴联动高频、窄脉冲电解加工中心（图 4.35）加工的发动机叶片型面最终轮廓误差可以控制在

小于 0.06mm，高温合金材料最佳表面粗糙度小于 $Ra0.2\mu m$。其加工场照片如图 4.36 所示。

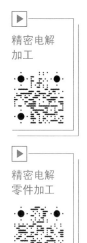

精密电解加工

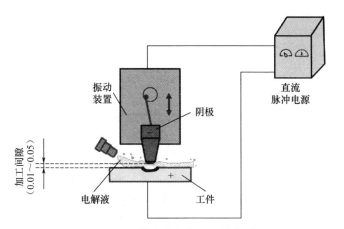

图 4.33 精密电解加工系统构成

精密电解零件加工

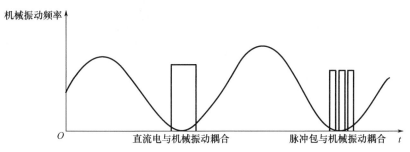

图 4.34 脉冲电源与阴极机械振动耦合关系

精密电解加工应用演示

图 4.35 PO900BF 电解加工中心

图 4.36 电解加工中心加工现场

精密电解加工是在大电流、高频率、小间隙工况下进行的阳极溶解过程，具有无切削应力和重铸层，理论上阴极无损耗，材料去除率高等优点。电解加工的技术优势和航空发动机关键部件的制造需求十分吻合，无论是在材料去除率、加工成本、表面质量、尺寸精度一致性方面，还是在材料的适应性等方面，都体现出巨大优势，尤其适合于批量生产。目前精密电解加工技术已成为国外镍基高温合金整体叶盘的主流制造技术，在航空发动机关键部件的制造中获得了重要应用。

精密电解加工整体叶盘

4.2.5　电解加工设备

电解加工是电化学、电场、流场和机械各类因素综合作用的结果，因而作为实现此工艺的手段——设备必然是多种部分的组合，这就决定了电解加工设备的特殊性、综合性和复杂性。电解加工设备的组成框图如图 4.37 所示，包括机床、电源、电解液系统，以及相应的控制系统及控制软件等。典型电解加工机床如图 4.38 所示。

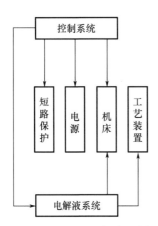

图 4.37　电解加工设备的组成框图

图 4.38　典型电解加工机床

1. 电解加工设备的主要组成

（1）机床

机床是电解加工设备的主体，由床身、工作台、工作箱、滑枕头、进给系统、导电系统组成，是电解加工的场所，其主要功能是安装、定位工件和阴极，按需要送进阴极，以及将加工电流和电解液输送到加工区。

电解加工机床根据加工件的大小、种类及加工类型（电解、抛光、去毛刺等）分为立式机床（框型、C 型），卧式机床（三头、双头、单头），以及固定阴极式机床，见表 4-10。

表 4-10　电解加工机床总体布局的主要类型

类别	立式机床		卧式机床			固定阴极式机床
	框型	C 型	三头	双头	单头	
布局图						

电解加工机床的特殊功能是传导大电流及输送高速流动的腐蚀性电解液；总体布局上要注意机床与电源、电解液系统正确匹配的问题；结构上要解决好刚性、耐蚀性、密封及电流传输的发热等问题，因而电解加工机床结构较复杂；选材上以耐蚀材料居多，对定位

件既要求耐蚀又要求高精度和高稳定性，因此制造难度较大，需要采用某些特殊工艺，相应的制造成本较高。

由于电解加工机床性能、规格与加工产品的特殊要求紧密相连，因此其通用范围较窄，属于小批量、多品种类型，一般均是根据用户订货专门制造，在通用模式的基础上，用户可以根据其特殊需要增、减某些功能，任选某些部件。这也是造成其成本较高的原因之一。

如前所述，电解加工机床与一般金属切削机床相比有其特殊性，因而对电解加工机床的一些特殊要求如下。

① 机床的刚性。电解加工虽然没有机械切削力，但电解液有很高的压力，如果加工面积较大，对机床主轴、工作台的作用力也是很大的。因此，电解加工机床的电极和工件系统必须有足够的刚度，否则将引起机床部件的过大变形，改变阴极和工件的相互位置，甚至造成短路烧伤。

② 进给系统的稳定性。金属的阳极溶解量是与时间成正比的，进给速度不稳定，阴极相对工件各个截面的电解时间就不同，影响加工精度。这对内孔、膛线、花键等零件的加工影响更严重，所以电解加工机床必须保证进给速度稳定。

③ 耐蚀性。电解加工机床经常与有腐蚀性的电解液相接触，故必须采取相应的措施进行防腐，以保护机床避免或减少腐蚀。

④ 其他安全措施。电解加工过程中还将产生大量氢气及多种气体，如果不能迅速排除，就可能因火花短路放电等引起氢气爆炸，必须采取相应的排气装置。

（2）电源

电源是电解加工设备的核心，如前所述机床和电解液系统的规格都取决于电源的输出电流。同时电源的波形、电压、稳压精度和短路保护都直接影响电解加工的阳极溶解过程，从而影响电解加工的精度、表面质量、稳定性和经济性。除此之外，一些特殊的电源对于电解加工硬质合金、铜合金等材料起着决定性作用。

电源的每一次变革都引起了电解加工工艺的新发展。由于国内外电子工业的差距，电源是电解加工设备中国内外差距较大的环节，体现在电源的容量、稳压精度、体积、密封性、耐蚀性、故障率和使用寿命等诸多方面，因而电源是国内电解加工设备中亟须改进和提高的重要环节。

① 电解加工电源的基本要求。

a. 电源的额定电流应能按要求的加工速度对机床所设计的最大加工面积的工件进行加工。由于电源电流超过 4×10^4 A 后，导致主回路并联的均流问题、电源本身的散热问题都较难解决，电源的成本也将大为增加。而且在工艺上，如此大的电流引起的加工间隙内电解液的温升，电解产物的排除，导电系统及工装的发热、变形等均成为重大问题，故迄今电解加工直流电源的最大额定电流为 4×10^4 A。

b. 电源的额定电压一般在 $8\sim24$ V，需连续可调。电源的稳压精度一般为 $\pm1\%$，脉冲电源则可适当放宽。

c. 耐蚀性好。由于电解加工是在大电流密度下进行的，因此电源应尽量靠近加工区，否则传输线路的压降较大，导致能耗损失大，特别是脉冲电源还将导致波形传输的畸变。这样就要求电源的耐蚀性好，能承受腐蚀性气体的工作环境，还应在大电流条件下连续、稳定工作，可靠，无故障。

② 电解加工电源的基本类型。

a. 直流电源。当前国内外电解加工中绝大部分仍采用直流电源。早期的直流发电机组噪声大、效率低，调节灵敏度较差，导致稳压精度较低，短路保护时间较长。随着功率硅二极管的发展，硅整流器电源逐渐取代了直流发电机组。其主要优点是可靠性、稳定性好，效率高，功率因数高。硅整流电源先用变压器把 380V 的交流电变为低压的交流电，再用大功率硅二极管将交流电整为直流。随着大功率晶闸管器件的发展，晶闸管调压、稳压的直流电源又逐渐取代了硅整流器电源，它的主要优点是调节灵敏度高，稳压精度可达 $\pm 1\%$，短路保护时间可达 10ms。

b. 脉冲电源。早期的脉冲电源主要是为了解决某些特殊材料电解加工的需要，如用直流电源加工硬质合金时只有碳被蚀除，表面质量不均匀，加工速度低，容易短路。但采用特殊脉冲电源加工铁、铜、铜合金及硬质合金均获得良好效果。研制脉冲电源的主要目的是提高加工精度，改善表面质量，简化、稳定电解工艺过程，将电解加工从一般加工水平提高到精密加工水平。其发展方向为加大输出电流，提高脉冲频率，改善频率特性，缩小脉冲宽度，提高电源的可靠性和稳定性。

目前已经研制成 200A、400A、1000A 及 2000A 高频、窄脉冲电解加工电源工程化样机。

（3）电解液系统

① 电解液系统的功能及特点。电解液系统的功能包括供液、净化和三废处理三个主要方面。

首先是将储存的配置好的电解液以给定的压力、流量供给加工间隙区，同时保持电解液的温度、浓度、pH 相对稳定；其次是在加工过程中不断净化电解液，去除金属和非金属夹杂物以防止极间短路，粗过滤器网孔尺寸为 $100\mu m$，精过滤器网孔尺寸为 $25\mu m$。同时还应保持金属氢氧化物的含量小于 5%，在微小间隙精加工时最好保持小于 1%，这样既可以防止电解液的黏度过大而影响流动的均匀性，而且可防止电解产物黏滞在加工表面造成结疤、钝化现象；最后是对污浊电解液进行三废处理，去除在某些加工条件下产生的 Cr^{6+} 及 NO_2^-，并将废液浓缩为干渣以便于处理。此外电解液系统的密封性也极为重要，只有严格密封才能确保各部件（如电解液泵、过滤器等）正常工作，达到设计指标，并杜绝对工作环境的污染。电解液系统的成本约占全套设备的 30% 以上，也往往是生产现场电解加工设备故障率最高的薄弱环节。

② 电解液系统的组成。电解液系统是电解加工设备中不可缺少的组成部分，系统主要由主泵、电解液槽、热交换器、恒温控制器及电解液净化和产物处理装置组成。图 4.39 所示为德国埃马克公司电解加工的电解液系统。

电解液系统中的主泵是该系统的心脏，它决定了整个电解液系统的基本性能。

离心泵的特性适合于电解加工型面、型腔，已成为国内外电解加工的主要泵型。

在车间生产批量较大、电解加工机床较多且容量较大时，一般均设有隔离的电解液间，此时可以建立容量较大的池式电解液槽。对小批量多品种生产的单台电解加工设备，其电解液槽则可作为设备的附件由设备生产厂统一配置，采用移动箱式电解液槽。

热交换器与恒温控制器一起构成电解液的恒温系统。

电解液的净化方法很多，主要包括过滤法、沉淀法及离心法。目前国内用的较多的净化方法是自然沉淀法。沉淀法虽简易、成本低，但由于电解产物中金属氢氧化物成絮状存在于电解液中，因其质量很小，所以沉降速度很慢，净化效率低，无法边加工边净化，因

图 4.39 德国埃马克公司电解加工的电解液系统

此在电解加工过程中无法保持电解产物的含量恒定，只能在其含量超过标准时重新更换电解液。

2. 电解加工设备的总体设计原则

总体设计时，首先必须确认电解加工设备的工作条件、加工对象的特点和基本要求，这是总体设计的基础和出发点；其次要确定设备主要部分的功能、组成、基本方案和相互间的匹配关系，在此基础上进行总体布局；再次根据设计任务书的要求计算、选定设备的总体规格、性能、技术要求；最后定出总体方案。

在电解加工设备总体设计时应考虑的主要问题及遵循的主要原则如下。

（1）设备的耐蚀性好。机床工作箱及电解液系统的零部件必须有良好的抗化学和抗电化学腐蚀的能力，其抗蚀能力应达到在 20%（质量分数）NaCl 电解液中，50℃的条件下不受腐蚀。全套电器系统及设备中接触腐蚀性气体的表面均需有可靠的防蚀能力。

（2）机床刚性强。随着电解加工向大型化、精密化方向发展，采用大电流、高电解液压力、高流速、小间隙加工，以及脉冲电流加工的应用，越来越使电解加工机床必须在较大的动态、交变负荷下工作，要达到高精度、高稳定性就必须有较强的静态刚性和动态刚性。

（3）进给速度特性硬、调速范围宽。为确保动态交变负荷下小间隙加工的稳定性，进给速度从空载到满载变化量应小于 0.025mm/min，采用液压送进时，低速爬行量应小于 0.01mm，最低进给速度为 0.01mm/min，最高空程速度至少为 500mm/min。

（4）较高的机床精度。国内电解加工主要采用反拷电极试修法，因此对机床的主要要求是定位稳定、可靠，重复精度高，而对其位置的绝对精度没有严格要求。

（5）安全、可靠。必须杜绝机床工作箱内氢气爆炸（工作箱内氢气体积含量应低于0.25%），还应防止有害气体逸出。所有电器柜要防潮并防止腐蚀性气体渗入。

（6）配套性好。设备应成套，各部分性能应相应匹配以得到最佳工作条件。

（7）较高的通用性。电解加工多为小批量多品种生产，因而机床的通用性会影响设备的利用率和经济性，特别是电解加工设备成本较高，一次性投资较大，因此应足够重视其通用性。

4.2.6 电解加工的应用

电解加工在 20 世纪 60 年代开始用于军工生产，70 年代扩大到民用领域；航空航天、

转子支架
精密电解
加工

兵器工业是电解加工的重点应用领域，主要用于难加工金属材料的加工，如高温合金钢、不锈钢、钛合金、模具钢、硬质合金等的三维型面、型腔、型孔、深孔、小孔及薄壁零件。

1. 叶片型面电解加工

航空发动机压气机叶片是航空发动机零件中非常重要的一类，对发动机的性能起着关键作用。发动机性能主要体现在推力、燃油效率、使用寿命等方面。这些指标的高低，都直接受叶片的设计水平和制造质量的影响。

叶片的结构分为两部分，即型面部分（又称叶型部分或叶身）和基体部分（包括榫头、缘板、叶冠等）。型面是叶片的主要部分，决定着叶片的气动性能，是叶片设计和制造的重要部分。叶片型面的几何形状是复杂的空间曲面，因此型面加工是叶片加工中最复杂、最困难、最具特征的加工内容。叶片型面采用传统切削加工方法容易造成叶片表面损伤，出现微裂纹，加工的残余应力也会引起叶片型面变形。电火花加工、线切割加工等方法会使叶片表面出现重铸层，影响叶片的性能和使用寿命。而采用电解加工，则不受叶片材料硬度和韧性的限制，可以加工出复杂的叶片型面，生产率高，表面粗糙度低。

电解加工已经成为发动机叶片型面的主要加工方法之一，图4.40为北京航空制造工程研究所和南京航空航天大学电解加工的叶片。

图4.40 北京航空制造工程研究所和南京航空航天大学电解加工的叶片

在加工叶片型面方面，电解加工已经取得了如下显著的经济效果。

（1）材料去除率高。叶片型面电解加工的加工时间显著低于传统的切削工艺，如英国R.R公司加工RB211发动机涡轮叶片的机动时间仅为每片2min，我国航空发动机涡轮叶片加工由传统的机械切削工艺改为电解加工后，其单件工时降为原有的1/10；采用电解工艺加工长度为432mm的大型扭曲叶片叶背型面，单件工时降为仿形磨削的1/4，仿形车削的1/2。

（2）生产周期大为缩短。由于电解加工叶片的工序高度集中，而机械加工叶片工序则相对分散，加之电解加工阴极不损耗，因此总的生产准备周期及生产周期均大为缩短，如R.R公司的叶片自动生产线（以电解加工为主）的生产准备周期降为原有工艺的1/10。

（3）手工劳动量大幅度减少。传统叶片型面加工工艺中手工打磨、抛光的劳动量占了叶片加工总劳动量的1/3以上。而电解加工叶片型面由于加工表面质量好、加工过程不产生变形，因此后续的手工打磨抛光量大为减少，废品率也大为降低。例如，大型汽轮机叶片改为电解加工后其废品率由原来的10%降到2%。

叶片加工的方式有单面加工和双面加工两种。机床也有立式和卧式两种，立式机床大多用于单面加工，卧式机床大多用于双面加工。叶片加工大多数采用侧流法供液，加工是在工作箱中进行的。目前我国叶片加工多数采用 NaCl 电解液的混气电解加工，也有采用加工间隙易于控制的 $NaClO_3$ 电解液的，由于这两种工艺方法的成形精度较高，因此阴极可采用反拷法制造。

2. 薄壁机匣电解加工

现代航空发动机为了减轻结构重量、提高推重比，采用了大量的整体薄壁复杂结构件，如燃烧室薄壁机匣、火焰筒等，材料一般为高温合金、高温钛合金等。以燃烧室某薄壁机匣为例，其环形面上分布了众多形状各异的安装凸台、环形加强筋等，结构轻薄，从毛坯加工成零件的材料去除比很高，一般可达 $60\%\sim80\%$，零件壁厚最薄处约 0.5mm。此类零件采用机械加工非常困难，一是由于材料切削性能很差，材料去除率极低；二是刀具损耗严重，加工成本高；三是加工应力的累加导致零件变形严重，而且变形难以控制。而电解加工可以满足高效去除大量材料又保证加工后的整体薄壁结构零件不变形的要求，因此已被广泛应用于发动机机匣安装凸台、加强筋、型腔等结构的加工中。

图 4.41 所示为北京航空制造工程研究所电解加工的薄壁机匣，其中小型机匣的外壁凸台整体一次电解成形。相较于机械铣削和传统成形阴极电解加工，薄壁机匣高效整体一次成形电解加工的优点如下：阴极结构较为简单，适用于各种环形回转面和型腔的加工；加工效率高，一次安装即可完成薄壁机匣结构件上所有形状凸台的加工；加工的凸台和型腔形状及相互位置精度能得到可靠保证，重复性好。

（a）小型机匣　　　　　　　　　　　（b）大型机匣

图 4.41　北京航空制造工程研究所电解加工的薄壁机匣

3. 深小孔、型孔电解加工

孔类电解加工，特别是深小孔及型孔加工，是电解加工的重要应用领域。

（1）深小孔电解加工

采用难加工材料（如高温耐热、高强度镍基合金、钴基合金）制成的空心冷却涡轮叶片和导向器叶片，其上有许多深小孔，特别是呈多向不同角度分布的深小孔，甚至弯曲孔、截面变化的竹节孔等，用普通机械钻削加工特别困难，甚至不能加工；而用电火花、激光加工又存在表面重铸层问题，并且所能加工的孔深也不大；而采用电解加工，材料去除率高、表面质量好，特别是采用多孔同时加工的方式，效果更加显著。如美国 JT9 发动机一级涡轮导流叶片，零件材料为镍基合金，叶片上有 25 个分布于不同角度的深小孔，采用电解加工在一次行程中全部完成，效率高、质量好、加工过程稳定。随着新型航空航天发动机涡轮工作温度增高的需要，零件材料性能不断提高，同时采用大量多种尺寸、多种几何结构的冷却孔设计，电解加工小孔将继续在航空航天发动机上多种小孔加工中发挥其独特作用。

小孔电解加工通常采用图 4.42 所示的正流式加工。阴极常用不锈钢管或钛管，外周涂有绝缘层以防止加工完的孔壁二次电解。阴极恒速向工件送进而使工件不断溶解，形成直径略大于阴极外径的小孔。图 4.43 所示为深小孔电解加工实例（电解加工涡轮后轴润滑油孔），加工孔径 $\phi1.45$mm，孔深 70.1mm。

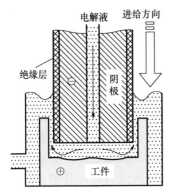

图 4.42　正流式小孔电解加工示意图

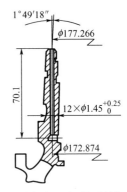

图 4.43　电解加工涡轮后轴润滑油孔

深小孔加工通常有成型管电解法、毛细管电解法（电液束打孔）；群小孔加工主要有光刻电解法、阵列微细成形阴极法等。

（2）型孔电解加工

在型孔，特别是深型孔、复杂型孔的加工中，电解加工已显示出其突出优点，具有其独特的应用地位。在生产中往往会遇到一些形状复杂、尺寸较小的四方、六方、椭圆、半圆等形状的通孔和不通孔，机械加工很困难，如采用电解加工，则可以大大提高生产效率及加工质量。

图 4.44（a）所示为采用电解加工制出的上部为圆形下部为六边形的天圆地方异形孔零件。图 4.44（b）所示为电解加工的菱形孔，加工深度为 3mm，侧面间隙小于 150μm，两侧加工圆角可控制在 $R0.3$mm 以内。

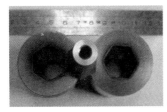

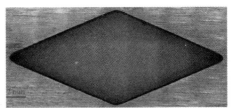

（a）天圆地方异形孔　　　　　　　（b）菱形孔

图 4.44　电解加工的型孔

竹节孔肋化冷却通道（图 4.45）是航空航天发动机涡轮叶片采用的一种新型高效低阻的冷却方式。成形电极采用电解加工方法制备，下凹处经过绝缘处理，直径为 $\phi3$mm，肋宽 1mm。

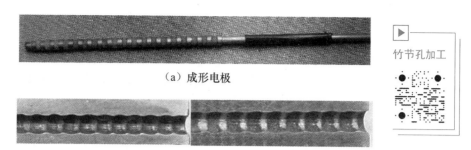

（a）成形电极

（b）零件

图4.45　竹节孔肋化冷却通道实例

竹节孔加工

随着电解加工技术的发展，脉冲电流电解加工在孔类加工，特别是在深小孔、型孔的加工中发挥着重要作用。其原因如下。

（1）脉冲电流电解加工的集中蚀除能力高、切断间隙小，有利于提高成形精度。

（2）压力波的扰动作用，有利于深孔加工时排除电解产物。

（3）必要时，可以在直流（或脉冲）电源的基础上构造一定周期的反向脉冲（反向幅值小于正向幅值），有利于清除在阴极加工面上沉积的电解产物。

可以预计，脉冲电流电解加工在深小孔、型孔加工中将会有更广泛的应用前景。

4. 枪、炮管膛线电解加工

枪、炮管膛线是我国在工业生产中最先采用电解加工的实例。与传统的膛线加工工艺相比，电解加工具有质量高、效率高、经济效益好的特点。经过生产实践的考验，膛线加工工艺已经定型成为枪、炮制造中的重要工艺，并且随着工艺的不断改进，阴极结构的不断创新，加工精度得到进一步提高，生产应用面也进一步扩大。

图4.46所示为国内电解加工的炮管膛线及膛线电解成形机床。

（a）炮管膛线　　　　　　　　　　（b）膛线电解成形机床

图4.46　国内电解加工的炮管膛线及膛线电解成形机床

膛线电解加工

通常膛线电解加工包括阳线的电解抛光和阴线（膛线）的电解成形两道工序，而传统的膛线机械加工方法工序繁多、费时费力。大口径炮管膛线采用拉线法，在拉线机上用多把拉刀分组进行，才能全部完成膛线的加工。小口径枪管膛线采用挤线法，在专用设备上用挤压凸模成形，但挤压凸模制造困难。

与机械加工膛线相比,电解加工枪、炮管膛线具有如下优点。

(1) 电解加工仅需要一个阴极,一次成形,生产率高,工序简单。

(2) 加工中不消耗阴极,节省了大量昂贵的拉刀或挤压凸模。

(3) 表面质量好,无飞边、毛刺,无残余应力,表面粗糙度优于拉制和挤制。

(4) 膛线加工可以安排在热处理后进行,从根本上解决了枪、炮管加工后的校直问题。

5. 整体叶盘电解加工

许多航空航天发动机的整体涡轮转子,叶盘材料为不锈钢、钛合金、高温合金钢,很难、甚至无法用机械切削方法进行加工。在采用电解加工以前,叶片是经精密锻造、机械加工、抛光后镶到叶盘轮缘的榫槽中,再焊接而成的,加工量大、周期长,而且质量不易保证。电解加工整体叶盘,只要把叶盘坯加工好后,直接在叶盘坯上加工叶片,加工周期大大缩短,叶盘强度高,质量好。

整体叶盘电解套形加工

对于等截面叶片整体叶盘,目前大都采用电解套形方法加工成形。叶盘上的叶片是逐个加工的,采用套形法加工,加工完成一个叶片,退出阴极,分度后再加工下一个叶片。电解套形加工叶片型面精度一般为 $0.1mm$,表面粗糙度为 $Ra0.8\mu m$,叶片最小通道为 $2.5mm$,叶片长度为 $10\sim26mm$。整体叶盘电解套形加工如图 4.47 所示。

对于变截面扭曲叶片整体叶盘,可采用数控展成电解加工。加工方法类似于数控铣削,以阴极作为电解"铣刀",相对于工件进行数控加工运动,电解"铣刀刃"对工件实现电化学溶解作用而实现数控"电解铣削",结果阴极"铣刀刃"的"电解铣削"包络面就形成了期望加工的型面。变截面扭曲叶片整体叶盘展成电解加工如图 4.48 所示。

整体叶盘展成电解加工

图 4.47 整体叶盘电解套形加工

图 4.48 变截面扭曲叶片整体叶盘展成电解加工

6. 电化学去毛刺

毛刺是金属切削加工的产物,难以完全避免。毛刺的存在,不仅影响产品的外观,而且影响产品的装配、使用性能和使用寿命。随着高科技的发展、产品性能要求的提高,对产品质量的要求越来越严格,去除机械零件的毛刺就愈加重要。

电化学去毛刺(electrochemical deburring,ECD)基本原理仍然是利用金属在电解液中产生阳极溶解的现象去除毛刺,其工作原理如图 4.49 所示。

加工中工件为阳极,工具电极为阴极,当强迫电解液通过工件上的毛刺和特殊设计的工具电极间十分狭小的间隙时,在工件的毛刺或棱边部分将形成电流集中,电流密度加

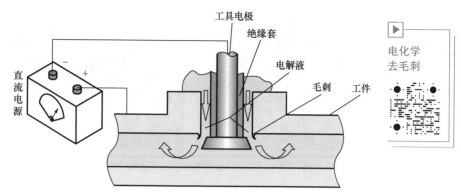

图 4.49　电化学去毛刺工作原理

大，因而毛刺很快被溶除，棱角也会被倒圆。

　　电化学去毛刺对工件无机械作用力，容易实现自动化或半自动化。电化学去毛刺可达到迅速去除、溶解毛刺并形成光滑圆角的目的。通过合理采用工具电极遮蔽技术，可有选择地去除毛刺，不会影响工件表面原有的尺寸精度和表面质量，适合去除高硬度、高韧性金属零件的毛刺，还可以去除工件特定部位及内部的毛刺。例如，对于手工难以处理、可达性差的复杂内腔部位，尤其是交叉孔相贯线的毛刺，利用电化学去毛刺有着明显的优势。电化学去毛刺对加工棱边可取得较高的边缘均一性和良好的表面质量，具有去毛刺质量好、安全可靠、高效等优点，与传统工艺相比，一般可提高效率 10 倍以上。

　　电化学去毛刺设备已有系列产品，在汽车发动机、通用工程机械、航空航天、气动液压等众多行业中得到应用，是电化学加工机床中生产批量较大，应用领域较广的重要设备。图 4.50 所示为多工位电化学去毛刺机床，由于夹具可以同时夹紧多个工件并列加工，可以大大缩短零件去毛刺时间，一般数十秒可以处理一件。图 4.51 所示为电化学去毛刺前及去毛刺后零件对比。

图 4.50　多工位电化学去毛刺机床

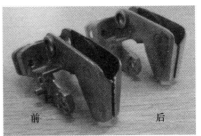

图 4.51　电化学去毛刺前及去毛刺后零件对比

7. 电解抛光

电解抛光（electrochemical polishing，ECP）是利用金属表面微观凸点在特定电解液中和适当电流密度下，发生阳极溶解的原理进行抛光的一种电解加工方式，又称电抛光。

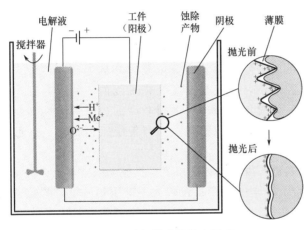

图 4.52　电解抛光的基本原理

电解抛光的基本原理如图 4.52 所示。工件作为阳极接直流电源的正极；用铅、不锈钢等耐电解液腐蚀的导电材料作阴极，接直流电源的负极。两者相距一定距离浸入电解液（一般以硫酸、磷酸为基本成分）中，在一定温度、电压和电流密度（一般低于 $1A/cm^2$）下，通电一定时间（一般为几十秒到几分钟），工件表面上的微小凸起部分先溶解，再逐渐变成平滑光亮的表面。

电解抛光时，在被抛光金属的表面上将发生以下反应。

电解抛光

（1）阳极金属离子溶入电解液。

（2）阳极表面生成钝化膜。

（3）氧气在阳极表面析出。

（4）电解液中各组分在阳极表面上氧化。

因此电解抛光时，靠近阳极的电解液层在工件表面上会形成一层厚度不均的黏性薄膜，阳极工件表面凸起部位处的薄膜由于受到电解液的冲刷作用，薄膜的厚度要比凹陷处薄，而且凸起部位由于形成电场集中，通过的电流密度高，因此溶解速度快；而凹陷处由于受到电解液搅拌扩散的作用弱，因此薄膜厚度厚，电阻大，通过的电流密度小。这样由于工件表面形成的溶解速度差异，最终使试样表面逐渐达到平整并产生金属光泽。

电解抛光具有以下特点。

（1）抛光表面不产生变质层，无附加应力，并可去除或减小原有的应力层。

（2）对难以用机械抛光的硬质材料、软质材料及薄壁、形状复杂、细小的零件和制品，都能用电解抛光加工。

（3）抛光时间短，而且可以多件同时抛光，生产效率高。

（4）电解抛光所能达到的表面粗糙度与原始表面粗糙度有关，一般可提高两级。但由于电解液的通用性差、使用寿命短和强腐蚀性等缺点，电解抛光的应用范围受到一定限制。

电解抛光主要用于低表面粗糙度的金属制品和零件，如反射镜、不锈钢餐具、装饰品、注射针、弹簧、叶片和不锈钢管等，还可用于某些模具（如胶木模和玻璃模等）和金相磨片的抛光。图 4.53 所示为典型的电解抛光产品。

超声电解抛光是将电解抛光与超声波振动作用相结合的一种复合抛光技术，可大大提高抛光效率。超声波对电化学过程可以起到促进和物理强化作用（主要体现为对电解抛光中的扩散传质过程起到强化作用），加快电极表面氧化还原的速度，提高抛光效率，因此超声电解抛光是一种有效的镜面加工方法。

（a）铝合金轮毂　　　　　　　　（b）不锈钢制品

图 4.53　典型的电解抛光产品

8. 电解磨削

电解磨削（electrochemical grinding，ECG）是 20 世纪 50 年代初研究发明的一种电解与机械磨削相结合的特种加工方法，又称电化学磨削。加工中工件作为阳极与直流电源的正极相连，导电磨轮作为阴极与直流电源的负极相连，其工作原理如图 4.54 所示。

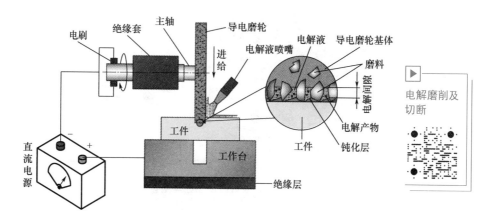

图 4.54　电解磨削工作原理

磨削时，两极间保持一定的磨削压力，凸出于磨轮表面的非导电性磨料使工件表面与磨轮导电基体之间形成一定的电解间隙（0.02～0.05mm），同时向间隙中供给电解液。在直流电的作用下，工件表面金属由于电解作用生成离子化合物和阳极膜。这些电解产物不断地被旋转的磨轮刮除，露出新的金属表面，继续产生电解作用，从而使得工件材料不断地被去除，从而达到磨削的目的，加工现场如图 4.55 所示。电解液一般采用 $NaNO_3$、$NaNO_2$ 和 KNO_3 等成分混合的水溶液，不同的工件材料所用电解液的成分也不同。导电磨轮（图 4.56）由导电性基体（结合剂）与磨料结合而成，主要分为金属结合剂金刚石磨轮、电镀金刚石磨轮、铜基树脂结合剂磨轮、陶瓷渗银磨轮和碳素结合剂磨轮等，可以根据不同用途选用。

电解磨削适合于磨削各种高强度、高硬度、热敏性、脆性等难磨削的金属材料，如硬质合金、高速钢、钛合金、不锈钢、镍基合金和磁钢等。电解磨削可磨削各种硬质合金刀具、塞规、轧辊、耐磨衬套、模具平面和不锈钢注射针头等。电解磨削的一个显著特点是不产生毛刺，由此广泛应用于医疗器械的生产，用以切断和磨削（零件如图 4.57 所示）。电解磨削的材料去除率一般高于机械磨削，并且大大高于电火花加工及线切割加工，其导电磨轮损耗较低，加工表面不产生磨削烧伤、裂纹、残余应力和加工变质层等，表面粗糙度一般为 $Ra0.16～Ra0.63\mu m$，最高可达 $Ra0.02～Ra0.04\mu m$。目前电解磨削方式已从平面磨削扩大到内圆磨削、外圆磨削和成形磨削。

图 4.55　电解磨削加工现场

图 4.56　导电磨轮

（a）切断

（b）磨削

图 4.57　电解磨削切断与磨削的零件

9. 电解擦削

电解擦削，又称电化学擦削，是基于电化学阳极溶解原理，采用不同类型、不同功能的电解擦削头（电解擦削阴极）对金属零件进行定域、定量电解去除或电解光整加工的一种加工工艺。只要是金属零件都可进行电解擦削，不受材料强度、硬度、刚度的限制，并且加工具有灵活性。电解擦削适用于光整加工、精修加工金属零件的外形、内孔、型腔、型面，特别适用于淬火后零件的型孔、键槽和模具型腔的精修。

电解擦削设备由三部分组成：直流电源、电解液槽、电解擦削阴极，如图 4.58 所示。

电解擦削时，工件接直流电源的正极（阳极），电解擦削头接直流电源的负极（阴极）；输液软管连接电解液槽的出液孔及擦削阴极的进液孔；电解液槽在工件之上一定高度放置，以便利用高度差使电解液由槽中流至阴极并供给擦削工作区；正式擦削前，确认电解液流到加工区后，再启动直流电源，手握电解擦削阴极相对工件加工面往复运动进行电解擦削。擦削时，电解擦削头接触工作面区域对工件电化学阳极溶解（由于擦削头包有一层绝缘布，阴极与工件间不会短路），随着擦削头不停移动，电解去除区域不断改变；并且随着移动，电解擦削头又不断地将电解产物擦拭、清除。如此反复并更换加工区，实现对工件加工面的电解擦削。

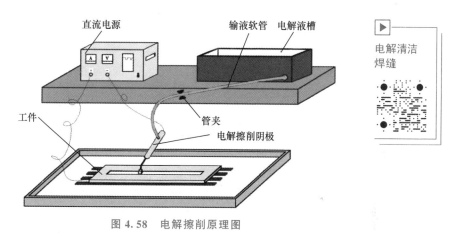

图 4.58　电解擦削原理图

4.3　电沉积加工

电沉积（electrodeposition）是指在电场作用下，电解质溶液（电沉积液）中由阳极和阴极构成闭合回路，利用电化学原理使溶液中的金属离子沉积到阴极表面的过程。电沉积加工是电化学加工中阴极沉积材料类加工，是电镀、电铸、电解冶炼、电解精炼等加工过程的统称。这些加工过程是在一定的电解质和工艺条件下进行的，金属电沉积的难易程度及沉积物的形态与沉积金属的性质有关，同时受到电解质的组成、pH、温度、电流密度等因素的影响。其中，电镀和电铸是应用广泛的技术，两者看上去非常接近，但也存在显著区别：一是层厚不同，电镀层的厚度通常在几微米到几十微米，而电铸层的厚度则要厚得多，通常在毫米级别，有时甚至厚度达几个厘米；二是结合性不同，电镀层要求与基体材料结合得越牢固越好，电铸层一般最终需要与基体（即原模）分离。电沉积加工过程涉及的法拉第定律、电流效率及电极电位等基本概念可以参考 4.1 节的内容，本节将从加工角度对电镀和电铸这两类常见的电沉积加工技术展开介绍。

4.3.1 电沉积原理及工艺

1. 电沉积金属质量的计算

电沉积过程是溶液中的金属离子迁移到阴极表面，因发生还原反应而形成新相的过程。因此，用以衡量电沉积的工艺指标之一是在阴极上析出的物质的质量或者是电沉积金属的速度。电沉积过程涉及电化学反应，当在阳极和阴极之间施加的电流通过电沉积液时，阳极发生氧化反应，金属溶解；阴极发生还原反应，金属析出。溶解或析出（沉积）物质的质量可以通过法拉第定律或其变换式计算获得。在电沉积过程中，发生还原反应的阴极表面析出物质的质量与前述式(4-10)描述的阳极溶解的金属质量类似，可按式(4-27)计算。

$$m = kIt \tag{4-27}$$

式中，m 为阴极上析出物质的质量（g）；k 为析出物质的质量电化当量 [g/(A·s)、g/(A·min)、g/(A·h)]；I 为电沉积电流（A）；t 为电沉积时间（s、min、h）。

电沉积时，通过阴极的电量为

$$Q = It = i_c St \tag{4-28}$$

式中，i_c 为阴极电流密度（取平均值，单位为 A/dm²）；S 为阴极原模沉积作用面积（dm²）。

当不考虑电流效率，即假定通过阴极的电流全部用于金属沉积时，电沉积的金属质量为

$$m = ki_c St \tag{4-29}$$

法拉第定律不受溶液组成、温度、电极材料等因素的影响。但在实际工作时，除了采用酸性硫酸铜溶液电铸铜时，电流效率处于接近 100% 的理想状态外，绝大多数情况下，电沉积过程通过阴极的电流都不会完全用于沉积金属，有部分电量消耗在副反应中。例如在镀镍时，阴极上实际进行的反应不只是镍离子还原，还有其他离子放电，导致实际析出的镍少于理论值。副反应主要有以下几种形式。

(1) 电解质溶液中的氢离子在阴极上还原为氢气。

$$2H^+ + 2e \Longrightarrow H_2 \uparrow$$

(2) 某些高价金属离子还原为低价离子。

(3) 某些添加剂或杂质也在阴极上还原，或者出现非所需电沉积金属离子的还原共沉积。

其中以氢离子放电析出氢气为主要副反应，这就是常见的伴生析氢，微小的氢气泡附着在电沉积反应界面处，成为电沉积层中微气孔等瑕疵的主要形成原因。

副反应会消耗部分电量，这样对镀层沉积而言，就存在效率问题，所以在电铸中也提出了电流效率的概念。电流效率是评价电沉积液性能的重要参数，提高电流效率可以加快镀层的沉积速度。此处更关注的是阴极电流效率 η_c。

$$\eta_c = \frac{m'}{m} \times 100\% = \frac{Q'}{Q} \times 100\% \tag{4-30}$$

式中，m' 为电极上实际溶解或析出的物质的质量（g）；m 为由总电量换算出的理论溶解或析出的物质的质量（g）；Q' 为由电极上实际溶解或析出的物质的质量换算出的电量（F）；Q 为电极上通过的总电量（F）。

考虑到阴极电流效率，即通过阴极的电流实际只有一部分用于沉积金属，电沉积金属

的质量应表示为

$$m = \eta_c k i_c S t \tag{4-31}$$

2. 电沉积工艺分析

根据电沉积金属的质量可以方便地计算出单位时间内所获得的电沉积层平均厚度，即电沉积速度。但在实际操作过程中，除了比较平坦的或者采用回转方式的电沉积对象外，其他工艺会由于电沉积中的流场或电场分布不均匀，对应的局部电沉积速度存在较大差异。换句话说，在电沉积过程中，阴极表面状况对电沉积速度影响很大。阴极表面的尖角等凸起部位的电场强度高，深槽等低凹部位的电场强度低，从而形成电流密度分布的高地或洼地。凸起部位存在"边缘效应"，电力线分布比较密集，电流密度比其他部位高，导致该部位沉积速度过快，往往形成树枝状金属沉积物——枝晶，严重时甚至会造成沉积层烧焦。而在低凹部位则相反，受周边部位屏蔽电力线的影响，沉积速度降低，甚至有时几乎不发生沉积，使得低凹部位沉积过程很难进行。因此，通过调整电沉积槽内阳极和阴极的几何因素来调节和改善电场分布是电沉积研究的一个重要方面。

在电沉积工艺中，电沉积液也是影响电场的重要因素，为了评定一种电沉积液所能获得的电沉积层厚度的均匀性，提出了分散能力的概念。所谓分散能力，就是电沉积液所具有的使镀件表面沉积层厚度均匀分布的能力。分散能力越好，则制品不同部位的沉积层厚度就越均匀；反之，则沉积层厚度差异越大。分散能力的实质，就是电沉积液特性对阴极上电流分布影响差异的一种评价。与全局分散能力相关的还有局部的深镀能力评判，即电沉积液具有使镀件深凹处沉积金属镀层的能力。二者存在一定的关联：分散能力好的电沉积液，深镀能力一般也很好；但深镀能力好的电沉积液，分散能力却不一定好。生产中，改善电沉积液分散能力可以采取以下措施。

（1）加入电导率高的强电解质，如在 $CuSO_4$ 溶液内添加 H_2SO_4，用于铜电铸。

（2）加入添加剂，如在电铸镍溶液中添加无机金属盐或某些有机化合物。

（3）添加络合物，如焦磷酸盐络合物、柠檬酸盐络合物等。

在分散能力较好的前提下，一定希望加快沉积速度、提高生产率，但是不断提高电流密度，达到一定值时，电流效率反而会随之下降。严重时，阴极副反应会大量析氢，电沉积层质量变差。此外，电流密度过高时，容易生成晶核，并容易进一步诱导晶核快速生长成树枝状沉积物。由此可见，电沉积层的形成是非常复杂的物理化学现象，其间包括物质迁移（电沉积液中的金属离子到达阴极表面）、电荷迁移（金属离子在阴极表面与电子结合，成为金属原子）、晶格化（金属原子在电极表面扩散到达晶格位置，形成晶格组织）三个主要过程，其中物质迁移决定了整个电极的反应速度，也就是金属离子向阴极表面的传质速度决定了电沉积速度。人们在以往的研究中总结出了一些有效提高传质速度的工艺措施，如：提高电沉积液温度；选用高质量分数的电沉积液；缩小阴、阳极间距离；强烈搅拌电沉积液，以增加阴极沉积作用面的溶液切向流速；等等。其中，提高阴极沉积区域的局部流速成为重要措施之一，只有流速加快了，才能向阴极提供足够多的金属离子，带走表面的氢气泡，避免或减少氢脆、麻点、针孔和烧焦等现象。换言之，电沉积过程的理想流场是能够向阴极沉积作用面连续、稳定地供给维持待沉积金属离子质量分数的电沉积液，溶液在阴极沉积作用面均具有一定的相对流速，不存在死水、涡流等特殊流场区域。增加阴极沉积作用面切向流速的有效方法如下。

（1）应用机械装置或者压缩空气强烈搅拌电沉积液。

（2）阴极做直线往复移动或转动。

（3）阴极做一定频率的振动，或者将超声振动源置于电沉积槽内。

（4）采取喷射方式输送电沉积液，直接冲刷阴极沉积作用面。

（5）将阴、阳极放置在专门的工装内，迫使电沉积液以高速在阴、阳极间隙内流动，并保持为紊流状态。

随着电源技术的进步，工业生产中已经较普遍地采用了周期换向电源，并且正逐渐扩大到应用脉冲电源，两类电源对于改善沉积层质量均发挥了显著作用。与直流电沉积相比，脉冲电沉积增加了对电流波形、频率、通断比及平均电流密度等参数的调节和搭配，使得电沉积工艺能够在很宽的范围内变化与控制，更有利于选择加工参数，优化沉积过程。脉冲电沉积的主要优点如下。

（1）能改变沉积层的组织结构，使得沉积的金属结晶更加致密。

（2）改善分散能力。

（3）显著降低沉积层的孔隙率，提高制品的抗蚀性。

（4）降低沉积层的内应力。

总之，上述一系列工艺均是为了提高电沉积层的质量，使得电场与流场比较均匀，传质速度在满足反应需求的前提下尽量地快些，电沉积过程的分散性好些，局部的结晶过程能够更加稳定，全局的沉积能够均匀进行，沉积的晶粒能更加细小，能减少有害杂质的引入，尽可能避免沉积层内部各种缺陷，最终获得符合预期的理想制品。

4.3.2 电镀加工

现代电化学源自电沉积现象的发现。早在 19 世纪初，意大利化学家 Luigi V. Brugnatelli 就报道了镀银技术，但之后并没有在工业中得以应用。直到 1839 年，英国和俄罗斯的科学家各自独立设计了类似于 Brugnatelli 的金属电沉积工艺，应用于印制电路板的镀铜。之后不久，英国的 John Wright 发现氰化钾溶液是一种适合电镀黄金和白银的电沉积液。1840 年，Wright 的同事在伯明翰创建了电镀工厂，从此该技术开始在世界各地广泛传播。早期的电沉积液很不稳定，工艺也不完善，因而只能得到粗劣的镀层。到 19 世纪 50 年代，电镀镍、电镀铜、电镀锡和电镀锌等技术相继被开发出来。在 19 世纪后期，许多需要提高耐磨性和耐蚀性的金属机械部件、五金件已经可以实现批量的电镀处理。第二次世界大战之后开始的第三次产业革命及 20 世纪 60 年代后期出现的世界性技术爆炸，为各行业带来了技术的突飞猛进和飞速发展，电镀行业也取得了长足进步，促进了电镀工艺向低能耗、低物耗、低污染、高质量、高效率方向迅速发展，发展出了电镀硬铬、电镀铜合金、氨基磺酸盐镀镍等商用技术，电镀设备也从手动操作过渡到现代化全自动流水线作业。例如，镀锡生产线［图 4.59（a）］工艺流程：开卷→焊接→电解清洗→电镀→软溶→钝化→静电涂油→检测剪切→卷取。电镀加工的对象越来越多，如图 4.59（b）所示的生产线可以电镀 6.5m×1.8m 的零件。

如今，随着环境保护意识的提高及涂层结构功能性能要求的多样化，清洁生产、环保节能、高效精密、自动化、复合化、纳米化等成为电镀技术未来的发展趋势。减少有毒物质的使用，如电镀锌电沉积液体系中要求使用低氰、微氰及无氰电沉积液；发展电镀废水回用、重金属回收及零排放工艺，如采用一种专门吸附废水中金、银的树脂，可以回收废

（a）镀锡自动化生产线　　　　　　　　　（b）大型电镀件生产线

图 4.59　电镀加工生产线

水中的金、银等贵金属；提高装备技术水平，如根据产品的大小和产量不同，设计出具有不同装载方式和运行节拍的全自动电镀生产线，实现高效可控的批量化稳定生产；研究新型复合镀层技术，如在金属表面沉积 Ni - SiC 纳米复合镀层，复合镀层的显微硬度大幅提高，耐磨性提高3～5 倍，使用寿命提高 2～4 倍、镀层与基体的结合力提高 30%～40%。

电镀加工

1. 电镀原理

电镀（electroplating）就是利用电化学原理在某些金属表面涂覆上一层其他金属或合金的过程，涂覆的膜层可以起到防腐、耐磨、导电、反光或增进美观等作用。目前电镀广泛应用在航空航天、兵器、核工业、钢铁、汽车、机械、电子等领域，人们的日常生活中充斥着镀金、镀银、镀锌、镀镍、镀锡、镀铜、镀铬、合金电镀等各种电镀产品。

电镀原理参考图 4.3 所示的电化学原理，一般以镀层金属作为阳极，以待镀的工件作为阴极，需用含镀层金属阳离子的溶液作为电沉积液（电沉积液有酸性的、碱性的和加有络合剂的酸性及中性溶液等），以保持镀层金属阳离子的浓度不变，金属阳离子在待镀工件表面被还原沉积为金属镀层。电镀的主要目的是在待镀工件表面牢固、均匀地沉积一层能改变基材表面性质及尺寸的金属或合金膜层，通过该膜层增强基体的抗腐蚀性、耐磨性、提高导电性、润滑性、耐热性等。例如经电镀硬铬处理过的模具，其硬度可达到 HRC60～65，耐高温性能可以提高到 600～800℃，模具的耐腐蚀性和光洁性进一步提高，易脱模、不粘模，从而延长使用寿命、提高品质、降低材料成本、提高生产效率。

电镀的基体材料除了铁基的铸铁、钢和不锈钢外，还有非铁金属，如 ABS 树脂、聚丙烯及酚醛塑料等，但在塑料表面电镀前，必须经过特殊的活化和敏化处理。镀层大多是单一金属或合金，如锌、铬、金、银、镍、铜、铜锌合金（黄铜）、铜锡合金（青铜）、铅锡合金、镍磷合金、金银合金等。但有时需要多次电镀，由多种镀层依次构成复合镀层。如钢上电镀铜-镍-铬层，钢铁零件以镀铜或镀镍作底镀层，然后镀黑铬。电镀黑铬的产品零件经清洗吹干后，采用浸热油封闭或者表面喷涂有机透明涂料的方式，以大大提高镀铬层的防护装饰效果 ［图 4.60（a）］。又如，在大功率发动机的轴瓦表面需要电镀铅-锌二元合金或铅-锌-铜三元合金镀层，但为了防止镀层中的锌向基体热扩散形成脆性相，需要在基体上加镀一层镍栅。

电镀具有挂镀、滚镀、连续镀、刷镀和喷镀等诸多形式，主要与待镀件的尺寸和批量有关。挂镀［图 4.60 (b)］适用于一般尺寸的制品，如汽车的车身、保险杠等；滚镀适用于小件，如紧固件、垫圈、销子等；连续镀适用于成批生产的线材和带材；刷镀和喷镀适用于局部镀或表面修复。无论采用何种电镀形式，与待镀件和电沉积液接触的镀槽、挂具等应具有一定的规范。

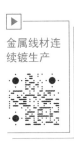
金属线材连续镀生产

(a) 镀铬零件

(b) 车身挂镀生产过程

图 4.60　电镀在工业上的应用

2. 电镀分类

电镀的分类方法有很多，主要是根据沉积金属种类或者根据所获镀层的性能和作用分类。根据电镀层的使用功能来分，有装饰性电镀和功能性电镀（提高耐磨性、减摩性、抗高温氧化性等）两类。装饰性电镀主要是在铁金属、非铁金属及塑料上镀铬等。例如，图 4.61 (a) 所示为近年来在汽车装饰行业兴起的改装业务之一，在商品化铝合金轮毂表面电镀个性化的光亮镍。当原有器具表面因为使用而逐渐失去装饰作用时，可以利用电镀技术进行修复，如图 4.61 (b) 所示为在欧美国家较常见的银器修复，将原有表面经过一定预处理后，再镀上一层银，可以使银器恢复如初，能满足日常使用 20 年之久。与装饰性电镀相比，功能性电镀更多地被人们应用。例如，滑动轴承罩表面的铅锡、铅铜锡、铅铟等复合镀层可用于提高装配的相容性；发动机活塞环上的硬铬镀层可以提高运动过程的耐磨性；塑胶模具表面的金属镀层可以提高脱模性；大型齿轮表面的铜镀层则可以防止滑动面早期拉毛；常见的还有钢铁基体表面防大气腐蚀的锌镀层；防止钢与铝之间形成原电池腐蚀的锡-锌镀层等。目前，电镀作为一种成熟工艺，还被应用于零件再制造修复过程。例如，发动机中的磨损连杆，可以通过特殊电镀工艺在磨损内孔表面镀上一层铜，修复内孔尺寸偏差后再次用于发动机中。

在电镀加工中，还可以按照电镀区域分类。例如经常需要对零部件进行局部电镀，这就要用不同的局部绝缘方法来满足施工的技术要求，以保证零件的非镀面不会镀上镀层，尤其是有特殊要求的零件。局部电镀工艺主要是通过屏蔽实现选择性电镀，常见的屏蔽方法如下：用胶布或塑料的布条、胶带等对非镀面进行绝缘保护，该方法适用于形状规则的简单零件，是最简单的绝缘保护方法；利用蜡制剂绝缘是将熔化的蜡制剂涂覆到需绝缘的表面，在涂覆层温热状态下，用小刀对绝缘端边进行修整，再用棉球蘸汽油反复擦拭欲镀表面，局部电镀完毕，可在热水或专用蜡桶内将蜡制剂熔化回收；也可以使用过氯乙烯、聚氯乙烯硝基胶等漆类绝缘涂料进行绝缘保护，这种绝缘保护方法操作简便，适合处理结

（a）轮毂镀镍装饰　　　　（b）旧银器镀银修复

图 4.61　电镀在金属修复上的应用

构复杂的零件；有时还可以仿照零件的形状，设计出专用的绝缘夹具，如轴承内径或外径进行局部镀铬时可以设计专用的轴承镀铬夹具，这种夹具不仅可以大大提高生产效率，还可以重复使用。

3. 复合电镀

在某些特殊领域，对表面膜层有较高的使用要求，而单一金属或合金镀层不能满足要求。应运而生的复合镀层（composite plating）因具有优异的性能及特殊的功用受到越来越多的关注与青睐，正成为电沉积涂层研究的热点。复合电镀是通过电化学法使金属离子与悬浮在溶液中的不溶性非金属或其他金属微粒共沉积而获得复合镀层的过程。这种电沉积过程形成的复合结构由金属主相与弥散固体微粒相构成，研究和应用较多的金属主相为镍、铬、钴、金、银、铜等。在镀覆溶液中加入的非水溶性的固体微粒主要有两类：一类是提高镀层耐磨性的高硬度、高熔点的微粒，如 Al_2O_3、SiC；另一类是提高镀层自润滑特性的固体润滑剂微粒，如 MoS_2。早期使用的复合微粒尺寸绝大多数是微米级的陶瓷粉末，大部分是以单一金属作为基质金属。随着研究的不断深入，部分合金开始作为基质金属，添加到电沉积液中的微粒种类逐渐增多。不过，微粒尺寸大部分还是微米级的，所获镀层性能提升幅度较小。已有研究表明，在硬度、耐磨性、耐蚀性等诸多方面，纳米尺度下的复合镀层具有比纯金属镀层、合金镀层或微米尺度下的复合镀层更显著的优势。以往采用热喷涂涂层的液压柱塞在温度较高或压力较大的工作环境下，会因为涂层致密度低而有可能发生泄漏，耐磨性高、致密性好、耐蚀性好的铁基纳米复合镀层就可以用作柱塞的表面处理。

当固体微粒达到微纳米甚至是纳米尺寸级别时，电沉积液配方及固体微粒如何在电沉积液中均匀分散就成为复合电镀工艺的关键。为顺利实现共沉积，除了达到一般的电镀要求之外，还要满足一些特殊条件。首先，需要维持溶液中的微粒处在悬浮状态，以便微粒能够有效地分散在镀层中；其次，微粒尺寸要适宜，过小则团聚现象严重，过大则难以保持悬浮；最后，微粒应当具有稳定的化学性质，以免在溶液中发生电化学反应。因为纳米粒子的表面效应使其极易发生团聚，所以在沉积过程中需要通过添加合适的分散剂或者选择适当的搅拌方式（如机械搅拌、超声搅拌、磁力搅拌等）来保证微粒处在悬浮状态。加工促使微纳米颗粒带有极性，与金属离子络合成离子团，随着电沉积液中的金属离子还原而共同沉积在金属工件表面，从而形成弥散良好的复合镀层。对于粒度更大的一些颗粒，如粒度为 50♯～250♯ 的人造金刚石或立方氮化硼颗粒，则在共沉积中需要研究上砂工艺。上砂有埋砂法、落砂法、手工置砂法等，要根据不同工件的表面形状和不同目数的砂选择不同方法，平面及较大的曲面用落砂法［原理如图 4.62（a）所示］，曲面应多次转动工件上砂，对于较大的平面或曲面，为防止因电流分布不均造成上砂不均，应注意阳极位置尽量与阴极平面平行，必要时设置保护阴极或辅助阳极。对于很细的圆柱面，应用埋砂法，如果顶端是平面且要求上砂，应将这一平面向上。图 4.62（b）所示为目前应用非常广泛的电镀金刚石工具，用电镀的方法将金刚石颗粒共沉积在金属镀层中。这种复合镀层的常见组合形式有金刚石/镍、金刚石/镍-钴、金刚石/镍-钴-锰等。当金属离子不断在阴极表面析出时，金刚石磨粒逐步进入阴极基体表面，继而被沉积的金属所埋，经过上砂、增厚等步骤后，最终将金刚石固定在基体上，并形成具有锋利工作面的复合镀层，成为电镀金刚石工具，主要用于玻璃、陶瓷、石材、贝壳、珠宝玉器、半导体材料及硬质合金的磨削、磨边、套形、打孔、雕刻、修磨等。

电镀金刚石砂轮

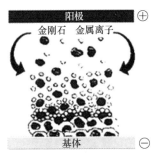

（a）落砂法共沉积原理

（b）电镀金刚石工具

图 4.62　复合电镀的应用

4.3.3　电铸加工

1. 电铸原理

电铸成形（electroforming）是电化学加工技术中的一项精密、增材制造技术，其电化学原理与电镀基本一致，同为电化学阴极沉积过程，即在作为阴极的原模（芯模）上，不断还原、沉积金属正离子而逐渐形成电铸件；当达到预定厚度时，设法将电铸成形件与原模分离，获得在结合面处复制原模形状的成形零件。因此，电铸是利用金属的电沉积原理来精确复制复杂或特殊形状零件的特种加工方法。

电铸加工原理如图 4.63 所示。以可导电的原模作为阴极，用待电铸金属材料作为阳极，待电铸金属材料的盐溶液作为电沉积液，阴、阳极均置于电铸槽内，由外接电源提供能源，组成电化学反应体系。阴极接至电源负极，阳极接至电源正极，当导电回路接通后，发生电化学反应：阳极上的金属原子失去电子成为离子，进入电沉积液，继而移动到原模上，获得电子成为金属原子，沉积在原模沉积作用面。阳极金属源源不断地溶解成为离子，补充进入电沉积液，电铸槽中的电沉积液质量分数大致保持不变。原模上的金属沉积层逐渐增厚，达到预定厚度时，随即切断电源，将原模从电沉积液中取出，再将沉积层与原模分离，就得到与原模沉积作用面精确吻合但凹凸形状相反的电铸件制品。

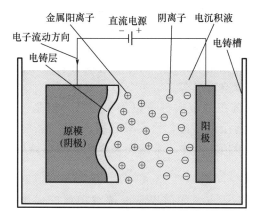

电铸原理及应用

图 4.63　电铸加工原理

电铸最早是由俄国学者 Б.C. 雅可比于 1837 年发明的。此后，也是俄国最早将电铸技术用于实际生产。早期的电铸主要用在浮雕工艺品、塑像的制作方面。到 20 世纪 40 年代开始在工业生产中有了应用。到五六十年代，电铸技术有了较快的发展。许多工业领域都开始采用电铸工艺。直到现在，电铸技术还在不断发展当中。特别是在电子工业领域，电铸是重要的电子制造手段。早期的电铸还在留声机唱片的制作、印刷用版的制造等方面起过积极作用。现在，电镀可以在微波波导的制作、热交换器的制作、高反射镜的制作等方面大显身手。一些用在飞机、雷达、航天器等高端产品上的复杂结构零件都要依靠电铸来制造。而在日用工业、玩具制造、钟表电器、塑料成型等方面，也要用到电铸技术。

目前，电铸技术主要用于航空航天、精密模具、特殊结构件等领域，成为一种日益受到关注的特种加工技术。

电铸具有如下优点。

（1）具有超高精度的复制能力，能够准确、精密地复制复杂型面和细微纹路，这是其他加工工艺难以比拟的。

（2）能够获得尺寸精度非常高、表面粗糙度为 $Ra0.1\mu m$ 的复制品，由同一原模生产的电铸制品一致性好。

（3）借助石膏、蜡、环氧树脂、低熔点合金、不锈钢和铝等材料，可以方便、快捷地把复杂工件的内、外表面复制变换为对应的"反"型面，便于实施电铸工艺，并大大拓展了电铸工艺的适用范围。

（4）容易得到由不同材料组成的多层、镶嵌、中空等异形结构的制品。

（5）能够在一定范围调节沉积金属的物理性质。可以通过改变电铸条件、电沉积液组分的方法，来调节沉积金属的硬度、韧性和拉伸强度等；还可以采用多层电铸、合金电铸、复合电铸等特殊方法，使成形的工件具有其他工艺方法难以获得的理化性质。

（6）可以用电铸方法连接某些难以焊接的特殊材料。

目前，电铸工艺存在的主要不足是电铸速度低、成形时间长，一般每小时电铸金属层的厚度为 0.02～0.05mm；此外，当参数控制不当时，某些金属电铸层的内应力有可能使制品在电铸过程中或者在与原模分离时变形、破损，甚至根本无法脱模；对于形状、尺寸各异的电铸对象，如何恰当处理电场，合理安排流场，从而得到厚度比较均匀的理想沉积层，需要具有较丰富实践经验和熟练技能的操作人员具体分析处理、操作，有一定难度；需要精密加工原模，如可采用浇注、切削或雕刻等方法制作一般的原模，对于精密细小的网孔或复杂图案，可采用照相制版技术，对于非金属材料的原模须经导电化处理，方法有涂敷导电粉、化学镀膜和真空镀膜等。

原则上，凡是能够电沉积的金属都可以用于电铸，但是，综合制品的性能、制造成本、工艺实施等因素，进行全面考虑，目前只有铜、镍、铁、金、镍-钴、钴-钨合金等少数几种金属具有电铸实用价值，其中工业应用又以铜、镍电铸居多。

2. 电铸速度提高措施

针对电铸生产率低这一弱点，如何提高电铸沉积速度成为一个重要的研究课题。目前，在各国科研工作者及工程技术人员的共同努力下，通过提高传质速度、减少扩散层等方法，已开发出一些高速电铸工艺。

（1）快速液流法

快速液流法就是通过电沉积液的快速流动，提高传质速度，加强原模与电沉积液交界面的流场运动，降低扩散层厚度，从而提高允许的极限电流密度，加快金属沉积效应。快速液流法分为平行液流法和喷射液流法（即喷射电沉积）。

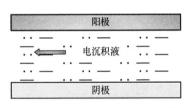

图 4.64　平行液流法流场示意图

图 4.64 所示为平行液流法流场示意图，电沉积液在阴、阳极之间做高速流动，液流方向平行于阴极原模沉积作用面，能产生很大的切向流速，从而达到加快金属离子的迁移、补充，提高电铸速度的目的。

从 20 世纪 80 年代起，美国、日本开始采用此项技术在带钢上电沉积锌，比普通电铸的生产率提高 3～4 倍。

（2）阴极原模运动法

阴极原模运动法就是通过阴极原模的运动，提高原模与电沉积液交界面的相对运动速度，降低扩散层厚度，从而提高允许的极限电流密度，加快金属的沉积效应。

对于某些回转体零件，可以通过阴极原模的旋转运动实现加工，一般来讲，阴极原模转速越高，金属离子迁移的速度就越快。对于非回转体零件，通过一定的机械装置，使阴极原模在电沉积液中产生振动。其振幅范围为数毫米至数十毫米，振动频率范围为数赫兹至数百赫兹，振动方向应尽可能垂直于工件主沉积表面。

（3）辅助摩擦法

在电铸过程中，使用固体绝缘颗粒或柔性摩擦材质摩擦阴极原模沉积作用面，也能减小或消除扩散层，使阴极原模沉积作用面得以迅速补充金属离子，从而提高沉积速度。同时，这一方法还能增强阴极原模活化，起到改善整平的作用，消除结瘤及树枝状沉积层的生成。例如，南京航空航天大学朱荻院士团队提出的硬质粒子摩擦辅助电铸和柔性摩擦辅助电铸，因其良好的效果已经得到了广泛的应用。

硬质粒子摩擦辅助电铸是在传统电铸工艺的基础上，在旋转阴极和阳极之间放置诸如陶瓷球、玻璃微珠等硬质粒子，如图 4.65（a）所示。因此在沉积过程中，做旋转运动的阴极会带动硬质粒子运动，不断摩擦和撞击阴极表面，并具有局部搅拌的作用，从而达到改善电铸层的质量、提高沉积速度的目的。硬质粒子摩擦辅助电铸技术在阴、阳极之间引入硬质粒子，能有效地去除沉积层表面的吸附气泡和积瘤，获得表面平整、光亮的电铸层；通过减薄扩散层和扰动结晶过程，能细化晶粒，提高电铸速度。硬质粒子摩擦辅助电铸使用未添加任何光亮剂和晶粒细化剂的电沉积液制备出晶粒尺寸为 $30 \sim 80nm$、表面平整光亮的纳米晶镍铸层，而且其显微硬度显著提高。研究结果显示该技术在回转体类薄壁零件的电铸成形中具有重要的应用价值。

柔性摩擦辅助电铸技术则是采用具有一定强度和韧性的柔性材质，通常为生物鬃毛、人造聚合物、天然纤维等，将其制成毛刷，在电铸过程中毛刷周期性地摩擦阴极表面，如图 4.65（b）所示。结果表明：柔性毛刷对阴极表面的摩擦能驱除阴极表面吸附的气泡，消除结瘤，提高电铸层质量，而且电铸层的晶粒比传统电铸工艺得到的电铸层晶粒细小。与硬质粒子摩擦辅助电铸相比，柔性摩擦辅助电铸能较好地适用于大型复杂曲面的电铸成形。

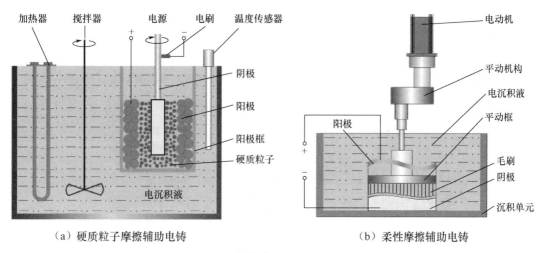

（a）硬质粒子摩擦辅助电铸　　　　　　　（b）柔性摩擦辅助电铸

图 4.65　摩擦辅助电铸装置示意图

3. 电铸应用实例

图 4.66 所示为典型电铸应用过程。该实例是通过电铸加工出形状复杂的压缩机转子结构件。首先采用多轴数控机床加工出一个用于电铸的铝材压缩机转子原模；其次放入电铸槽中进行电沉积，在铝原模上沉积获得一层具有较大厚度的铜；最后将熔点较低的铝（660℃）熔融，并对铜结构件进行必要后处理。

当前，电铸技术应用的拓展主要体现在产品种类和尺寸的变化上。一方面对电铸制品的需求增加，产品的种类迅速增加；另一方面，产品的尺寸向两个相反的方向发展，即大型结构件的电铸成形和微细零部件的电铸成形。

（1）光盘模具制造

光盘能够存储大量的信息，其制作过程离不开电铸技术。光盘的基板材料为聚碳酸酯，加上记录、反射、保护、标识等附加层，合计厚度为 1.2mm。光盘采用模压方式批量生产。光盘上压制成形的镍质层厚度一般要求为 $300\mu m$，允许误差 $\pm 5\mu m$。目前，型芯的制作均以电铸为核心工艺。整个制作流程如图 4.67 所示：将映像文件数据用光刻方式

（a）阴极原模　　　　　　　（b）脱模前　　　　　　　（c）脱模后

图 4.66　典型电铸应用过程

刻录到涂有感光树脂胶层的玻璃基片上；感光树脂胶上的曝光部分经化学腐蚀，其表面形成上亿个微小凹形坑点，信息就由这些长短不一的凹坑表示；继而，用真空镀膜工艺在胶层蒸镀导电层（通常为银），构成实施电铸必需的导电基底；应用电铸工艺，在导电化处理后的基片上沉积镍，沉积层达到预定厚度后剥离下来，就获得与基片形状对应的"父片"，其表面为密布的微小凸点；合格的"父片"理论上已能用作模具型芯使用，此时可以将"父片"进一步加工成模具，用以批量压制光盘。

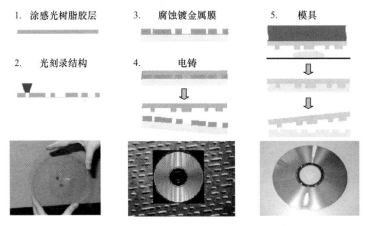

图 4.67　光盘制作流程（电铸工艺的应用）

（2）成形结构件

雷达、微波产品中波导元件品种繁多。近年来，随着产品更新，形状复杂的异形波导元件的应用越来越多，零件的尺寸精度要求越来越高，制造难度也越来越大。有些要求特殊的复杂异形波导元件，仅依靠常规电铸还不能成形，如图 4.68（a）所示的精密异形波导器件，采用了预埋件和原模镶拼组装在一起后，再通过电铸连接技术整体成形的工艺方法才能完成加工。

在一些应用中，并不需要将原模去除，反而可以作为结构中的支撑材料。如图 4.68（b）所示，在硅橡胶上电铸一定厚度的银，使得原来具有良好强度和弹性的硅橡胶具有一定的硬度，既满足了零件的使用功能，又节省了大量的贵重金属。

在另一些应用中，如汽车车灯聚光罩、道路反光板、装饰件等，需要电铸表面具有很低的表面粗糙度和很高的平整度，通常可称之为"镜面"加工，利用摩擦电铸等一系列工艺手段可以加工出如图 4.68（c）所示的镜面结构件。

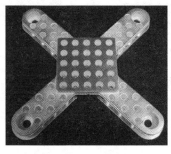

（a）精密异形波导器件　　　（b）内部为硅橡胶的电铸银结构件　　　（c）电铸镜面结构件

图 4.68　电铸在成形结构件上的应用

（3）纳米晶药型罩

电铸药型罩是电铸在军工方面的应用之一。实弹打靶中，利用炸药的聚能爆轰作用，金属药型罩被压垮变形后形成高速的侵彻体，进而以动能侵彻装甲目标。利用电铸工艺可以获得纳米晶金属镍（铜）药型罩，纳米晶形成的侵彻体是具有较粗晶体的材料，具有更强的破坏力。图 4.69 为直流电铸技术制备的镍药型罩及其工作变化示意图。

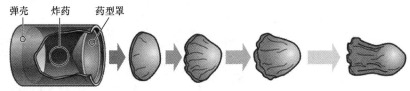

图 4.69　直流电铸技术制备的镍药型罩及其工作变化示意图

（4）微细结构件

从原理上来说，电铸技术属于精密制造技术的一种，它是通过金属离子的逐个"堆积"来完成零件的成形的。近些年，电铸技术在微机电系统制造领域取得了广泛应用。20世纪 80 年代末，德国将电铸与 X 射线同步辐射掩膜刻蚀技术相结合，从而发明了 LIGA技术（详见第 7 章）。但是 LIGA 技术设备较昂贵，为降低成本，研究人员尝试采用紫外线、激光等代替同步辐射 X 射线，即 LIGA-LIKE 技术。LIGA-LIKE 技术已成功用于各种微传感器、微金属齿轮、微陀螺仪、微光学器件、微马达等的制造。1999 年美国南加利福尼亚大学信息科学研究所基于分层制造原理，发明了 EFAB（elctrochemical fabrication）技术，该技术是将光刻和电化学沉积相结合，将所需三维微结构金属通过电沉积制得。图 4.70（a）所示为使用倾斜曝光 LIGA 技术制造的微结构镍，图 4.70（b）所示为使用 Laser-LIGA 技术制造的微细探针。

（5）空腔成形件

电铸制作空腔成形件具有天然的优势，可以加工出非常复杂的空腔结构件。通常电铸原模会使用蜡模制作，电铸的相关过程：制造蜡模→涂覆导电涂料→电铸金属→去除蜡芯及导电层→表面修饰。

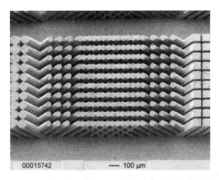 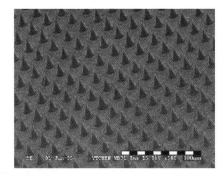

（a）使用倾斜曝光LIGA技术制造的微结构镍　　（b）使用Laser-LIGA技术制造的微细探针

图4.70　电铸在微细结构件中的应用

目前，电铸空腔成形件应用最广泛的领域之一就是金电铸饰品。与传统的黄金铸造工艺相比，用电铸技术生产黄金制品具有节省材料（质量一般约为传统铸造工艺的 1/3 左右）、线条更生动、细节更分明、复制精度更高等特点。自 1994 年首次应用以来，电铸工艺如今在黄金产品制造中已占统治地位。图 4.71（a）所示为应用电铸工艺制成的复杂结构金饰品，图 4.71（b）所示为利用电铸工艺成形的复杂结构喷嘴零件。

对于微细空腔结构，同样可以使用电铸方法制备。图 4.71（c）所示为通过在纳米线状模板上直接电铸合成得到的镍纳米管阵列，纳米管孔径可以达到 $\phi200nm$。

（a）电铸制成的金饰品　　　　（b）电铸成形喷嘴零件　　　　（c）电铸镍纳米管阵列

图4.71　电铸在空腔成形件中的应用

（6）大型结构件

塑料制品
表面电铸金

在航空航天领域，电铸技术在大型结构件制造中有着重要的应用。例如，液氢液氧火箭发动机推力室身部的制造就是电铸技术最重要的应用之一。美国将电铸铜、电铸镍复合结构用作航天飞机主发动机推力室的外壁。如图 4.72（a）所示为当代先进的化学火箭发动机——美国航天飞机的氢氧主发动机。欧洲航天局研制的 Ariane 5 型火箭的发动机中也采用了电铸技术，图 4.72（b）所示为 Ariane 5 型火箭 Vulcain 2 发动机的推力室身部。

此外，电铸技术目前还应用于大型压力容器、风洞喷管、大型反光零部件等的制造。

（a）美国航天飞机的氢氧主发动机　　　（b）Ariane 5 型火箭Vulcain 2发动机的推力室身部

图 4.72　电铸在大型结构件中的应用

（7）生物复制

生物非光滑表面为仿生制造提供了丰富的构形资源。应用电铸工艺可在金属材料表面直接复制生物原型，从而解决非连续、微尺度、斜楔形复杂生物表面的高逼真复制的难题。例如，采用微电铸工艺可以对鲨鱼皮微观沟槽形貌进行直接复制（图 4.73）。

（a）鲨鱼皮形貌　　　　　　（b）电铸制成的镍质鲨鱼皮

图 4.73　电铸在生物复制中的应用

（8）滤网制造

滤网通常用于油、燃料和空气的过滤器，系其关键部件。电铸是制造多种设备所用滤网的有效方法之一，可以加工面积大小不等、孔形各异的滤网。

采用电铸工艺制取微型滤网，是在具有所需图形绝缘屏蔽掩膜的金属基板上沉积金属，有屏蔽掩膜处无金属沉积，无屏蔽掩膜处则有金属沉积。当沉积层足够厚时，剥离金属沉积层，就获得具有所需镂空图形的金属薄板。图 4.74（a）所示为通过电铸工艺制备的厚度 $70\mu m$、孔径 $\phi4\mu m$ 的微细阵列滤网；图 4.74（b）所示为通过电铸工艺制备的微细阵列方孔网板；图 4.74（c）所示为利用电铸工艺制备的系列标准筛网。

（9）金属箔连续加工

随着电子工业的发展，每年仅在印制电路板制造上就需要铜箔几百万平方米，利用电

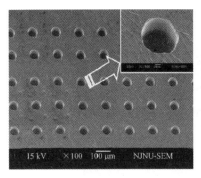
（a）电铸阵列圆孔滤网

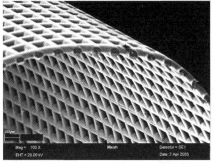
（b）电铸阵列方孔网板

（c）系列标准筛网

图 4.74　电铸在滤网制造中的应用

铸技术可以快速而廉价地实现金属箔片（镍箔、铜箔、铁箔等）的连续生产。图 4.75（a）所示为铜箔的自动化生产线，铜箔厚度在 $10\sim100\mu m$，宽度可以达到 1300mm，表面粗糙度为 $Ra0.25\sim Ra0.35\mu m$，一卷铜箔［图 4.75（b）］长度可以达到 2000m。

电解精炼纯铜

（a）铜箔的自动化生产线

（b）成卷铜箔成品

图 4.75　电铸在金属箔连续加工中的应用

（10）电刷镀

电刷镀技术在表面工程和再制造方面已经取得了广泛应用，与普通电沉积相比，形式上只是用镀刷取代了电镀阳极，如图 4.76（a）所示。在沉积过程中，待沉积零件接阴极，镀笔（阳极）前端的镀刷与待沉积零件表面始终保持接触并做相对运动，从而获得性能良好的沉积层。由于电刷镀的镀刷采用的是吸水性较强的软性材料，如棉花、涤棉等，因而电刷镀本质上是一种包套摩擦辅助电沉积技术。电刷镀的优点主要有沉积材料生长效率高、镀层结晶细小、结合强度高、现场不拆解修复等，在很多产业和工业部门已经得到了良好的应用，如现场修复飞机起落架活塞杆，如图 4.76（b）所示。

相比于普通电镀技术，电刷镀加工过程中采用的高电流密度使过电位和晶核的形成速率得到了提高，同时包套材料对沉积层表面产生一定的摩擦，使电沉积成为一个断续结晶的过程，因此有利于获得晶粒细化的镀层。

电刷镀多应用在现场修复的场合，一般采用手动的操作方式，因此存在生产效率低、镀层质量不稳定、难以满足现代制造业对于高效获得优质产品的需求。而且电刷镀使用的摩擦材质较软，虽然驱除沉积层表面吸附氢气效果良好，但是去除表面突起的效果则远不

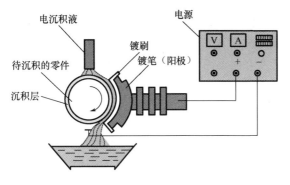

（a）电刷镀加工示意图　　　　　（b）电刷镀修复飞机起落架活塞杆现场

图 4.76　电刷镀

如硬质摩擦。

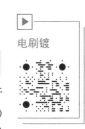

电刷镀

4.3.4　喷射电沉积

喷射电沉积（jet electrodeposition），也称射流电沉积或喷液电铸，属于电沉积新技术之一，由美国航空航天局在 1974 年最先提出，如图 4.77（a）所示，与常规电沉积浸没式加工比较，在喷射电沉积中，电沉积液是以喷射的形式从阳极喷嘴传递到阴极基板。

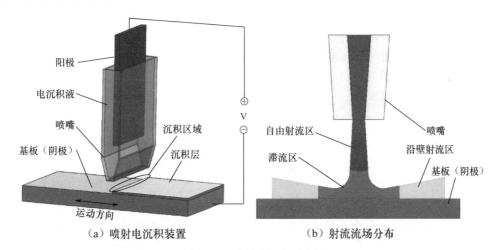

（a）喷射电沉积装置　　　　　（b）射流流场分布

图 4.77　喷射电沉积示意图

喷射电沉积与普通槽镀的原理基本相同：都是在外加电源作用下，金属盐溶液中的阳离子迁移到阴极表面，获得电子发生还原反应，完成在阴极表面沉积的过程。两者不同点主要是液相传质过程存在较大的差别，并且喷射电沉积的沉积区域具有选择性。相比于普通槽镀，喷射电沉积的优点众多，主要包括扩散层厚度小、浓差极化低、镀层均匀性好、沉积生产率高、定域性强等。

在喷射电沉积加工过程中，磁力泵抽取电沉积液并经喷嘴喷射到阴极表面，此时阳极（喷嘴）与阴极（工件）在电场作用下通过电沉积液构成闭合回路，从而产生局部沉积，

其他没有电流通过的区域则不产生沉积。由流体力学知识可知，喷射的液流在遇到阻碍时，不同区域的流体会产生不同的流动性质，据此可以将喷射沉积过程中的液流分为三部分 [图 4.77 （b）]：自由射流区、滞流区和沿壁射流区。正是由于电沉积液的高速流动，使喷射电沉积在物质传输速度和极限电流密度方面远高于普通槽镀，因而极大地提高了金属沉积速度。

思 考 题

4-1 简述电化学加工的原理及分类。

4-2 简要说明电解加工中电极电位理论的具体含义。

4-3 解释三种典型阳极极化曲线的含义。

4-4 简述电化学加工的特点。

4-5 简述电解加工成形机理。

4-6 何谓钝化与活化？如何实现电化学加工中钝化与活化转变？

4-7 电解液的作用和对其要求是什么？

4-8 常用的电解液有哪几种？各有什么特点？请绘制三种电解液的 $\eta-i$ 曲线。

4-9 提高电解加工精度的有效途径有哪些？其实现的机理是什么？

4-10 简述混气电解加工原理及气体混入电解液的作用。

4-11 精密电解加工工艺的含义是什么？该工艺为什么可以获得较高的加工精度？

4-12 电镀与电铸加工有什么异同点？二者有哪些具体的应用？

4-13 简述五种电铸加工的应用。

4-14 喷射电沉积与传统电沉积有何区别？

主编点评

主编点评 4-1　混气加入、切断间隙、提高精度
——混气电解加工的发明

电解加工最大的缺点是成形规律复杂，在已经加工的表面，因为始终存在电解液及极间间隙，所以已加工表面在整个电解加工过程中，始终会被电解加工，这称为杂散腐蚀，从而造成加工型腔上部有喇叭口，成形精度差，导致电解加工的形状精度较低。

解决上述问题最好的方法就是在已经加工过的表面不再继续发生电解加工，这对于柱状零件，可以采用阴极侧壁绝缘的方式，但对于复杂型腔是不可行的。

1966 年左右，日本三菱电机公司发明了混气电解加工：将有一定压力的气体（通常为压缩空气，也可以为二氧化碳、氮气等）与电解液按一定比例在气液混合腔中混合，使电解液中含有一定比例气体，成为气、液两相混合物，然后输入加工区电解加工。混气电解加工增加了电解液的电阻率，减少了杂散腐蚀，由于气体的不导电性，因此电解液中混入气体后，增加了间隙内介质的电阻率，使电解液向非线性方面转化，甚

至出现了对电解加工的切断间隙现象，从而不仅大大减小了加工误差，而且能使型腔侧面形状与阴极外形基本相符，可以不进行修正或者仅需少许修正就能加工出合格的型面或型腔。

主编点评4-2 脉冲电解、周期搅拌、均匀介质、提高精度
——脉冲电流电解加工的发明

传统直流电源电解加工中一直存在极间电解质不均匀、电导率不均匀并且电解产物及电化学反应形成的气泡不能及时排出极间间隙从而影响电解加工精度的问题，因此研究人员一直希望能通过某种方式，对极间的电解液进行搅拌，使其均匀化。

脉冲电流电解加工采用脉冲电流代替传统的直流电流进行电解加工。因此可以在两个脉冲间隔时间内，通过电解液的流动与冲刷，使间隙内电解液的电导率分布基本均匀。并且脉冲电流电解加工使工件阳极在电解液中发生周期的断续电化学阳极溶解。脉冲间隔的断电间歇可以起到去极化、散热，使间隙的电化学特性、流场、电场恢复到起始状态等作用，而且脉冲的频率越高，这种作用越强烈。由于在脉冲电流电解加工过程中存在断电时间，因此在脉冲停顿的过程中大量时间被用来更新电解液，加工间隙的电化学条件维持得更加稳定。所以，与直流电解加工相比，脉冲电流解加工能更及时地排出电解产物、更新电解液，实现小间隙加工，进而提高加工精度。

为了更加充分发挥脉冲电流电解加工的优点，研究人员发明了脉冲电流-阴极同步振动电解加工。其原理是让阴极的振动与脉冲电流输出同步，即当两极间隙最小时进行电解，当两极距离增大时停止电解而进行冲液，从而进一步改善流场特性，使脉冲电流电解加工日臻完善，该工艺被命名为精密电解加工工艺，目前已经广泛应用于精密零件的电解加工。

主编点评4-3 提高传质速度、去除沉积缺陷、改善表面质量
——硬质粒子摩擦辅助电铸法的发明

传统的电铸生产，不仅材料沉积率低，而且表面质量不稳定。由于电铸主要依靠金属离子的沉积进行，因此提高沉积率的基本思想就是提高传质速度，从而达到加快金属离子迁移、补充的目的。但在提高沉积率的同时又要保障沉积表面的均匀性，避免形成局部扩散层。因此对于可以旋转的零件而言，通过旋转电铸零件，可以达到提高传质速度的目的，而对于局部扩散层的形成，通过机理分析可知，其产生主要是由于沉积层表面吸附的气泡和积瘤所致，因此必须在沉积过程中实时地去除气泡和积瘤。

采用硬质粒子摩擦辅助电铸法，在旋转阴极和阳极之间放置诸如陶瓷球、玻璃微珠等硬质粒子，在沉积过程中，做旋转运动的阴极会带动硬质粒子运动，不断摩擦和撞击阴极表面，增强阴极原模活性，并有效去除沉积层表面的吸附气泡和积瘤，消除积瘤及树枝状沉积层，同时扰动结晶过程，达到细化晶粒、提高电铸速度、改善电铸层质量的目的，由此可以获得表面平整光亮的电铸层。

第5章
高能束流加工

 本章教学要点

知识要点	掌握程度	相关知识
激光加工原理、特点及激光产生原理	掌握激光加工原理、特点	激光加工原理、特点及激光产生原理
激光器分类	了解典型激光器及其应用	CO_2 气体激光器，固体激光器，半导体固体激光器，二极管泵浦固体激光器
激光加工技术	了解激光打孔、激光切割及激光焊接； 掌握激光精密切割特点	激光加工技术应用
激光表面加工技术	掌握激光相变硬化、激光重熔、激光合金化及激光熔覆、激光冲击强化等原理	激光束流与材料作用基本原理
其他激光加工技术	了解激光成形、激光烧蚀、激光抛光、激光清洗、激光打标与激光雕刻、激光复合制造、水导激光切割、超声振动辅助激光熔覆	激光加工中的光、热、力的转化
电子束加工	掌握电子束加工基本原理； 了解电子束加工相关应用	电子束加工基本原理、特点及应用
离子束加工	掌握离子束加工基本原理； 了解离子束加工相关应用	离子束加工基本原理、特点及应用

激光应用于人们日常生活的许多场合，如计算机键盘上用的激光打标；在工业应用方面常用的有图 5.1 所示的激光切割，还有激光焊接、激光表面淬火等。这些加工都是利用激光束与材料相互作用的热加工过程实现的。由于激光具有高亮度、高方向性、高单色性和高相干性四大特性，因此激光加工具有其他加工方法所不具备的一些特性。激光加工过程中，激光束能量密度高，加工速度快，并且是局部加工，对非激光照射部位没有影响或影响极小，因此，其热影响区小，工件热变形小，后续加工量也小。此外，由于激光束易于导向、聚焦、实现方向变换，极易与数控系统配合，实现对复杂工件的加工，因此激光加工是一种极为灵活的加工方法。本章主要介绍激光产生的原理、激光器的分类及激光加工的一些具体的应用。

图 5.1　激光切割及激光加工的零件

与激光束类似的高能束流还有电子束和离子束等，它们均以高能量密度束流为热源与材料作用，从而实现材料去除、连接、生长和改性。本章将对电子束加工和离子束加工做简单介绍。

高能束流（high energy density beam）加工技术是指利用激光束、电子束、离子束等高能量密度的束流对材料或构件进行加工的特种加工技术。它的主要技术领域有激光束加工技术、电子束加工技术、离子束加工技术及高能束流复合加工技术等。它可以实现打孔、切割、焊接、成形、表面改性、刻蚀、精密加工及微细加工等。

高能束流加工技术是当今制造技术发展的前沿领域，是先进科技与制造技术相结合的产物，它具有常规加工方法无可比拟的优点，如非接触加工、能量密度高且可调范围大、束流可控性好、升温及冷却快、材料加工范围广等。随着航空航天、微电子、汽车、轻工、医疗、重型装备、新能源及核工业等高科技产业的迅猛发展，对产品零件的材料性能、结构形状、加工精度和表面完整性要求越来越高，高能束流加工方法在许多领域已经逐渐替代传统机械加工方法并获得越来越多的应用。例如，主流汽车制造商应用激光技术加工的汽车零部件比例已经占到了 $50\%\sim70\%$，其中激光焊接在汽车工业中已成为标准工艺。

此外，高能束流加工还在诸多应用领域具有不可替代性。例如，利用高能束流打孔技术实现航空航天发动机装置上气膜冷却小孔层板结构的高效率、高质量制造；利用高能束流加工技术可在真空、高压条件下全方位加工的特点，实现在太空条件下的加工作业；利用高能束流焊接技术实现重型装备厚壁结构、压力容器、运载工具、飞行器、超大规模集

成元件、航空航天航海仪表、陀螺、核动力装置燃料棒的特殊焊接与封装。从某种角度上说,高能束流加工技术的发展水平已成为一个国家综合科技实力的重要标志之一。

高能束流加工是特种加工的重要分支之一。通常将最常见的激光加工（laser beam machining，LBM）、电子束加工（electron beam machining，EBM）和离子束加工（ion beam machining，IBM）称为三束加工,本章将对这三类典型加工技术逐一展开介绍。

5.1　激　光　加　工

激光技术是 20 世纪 60 年代初发展起来的一门新兴科学,但激光的理论基础却起源于爱因斯坦在 1917 年提出的原子受激辐射理论。在此之后很长一段时期,人们都尝试着利用这个理论构建一套能够产生强光的系统,直到 1958 年,美国科学家肖洛和汤斯将氖光灯泡所发射的光照在一种稀土晶体上时,发现晶体会发出鲜艳的、始终汇聚在一起的强光。他们撰写了著名论文《红外与光学激射器》,将这一现象描述为物质在受到与其分子固有振荡频率相同的能量激发时会产生不发散的强光,指出了受激辐射为主的发光的可能性。1960 年,美国科学家梅曼宣布世界上第一台红宝石（掺有铬原子的刚玉）激光器诞生,他是第一位将激光引入实用领域的科学家。梅曼巧妙地在一块表面镀有反光镜的红宝石上钻一个孔,利用一个高强闪光灯管辐照红宝石,红宝石受激发出的红光从小孔溢出,形成一束集中且纤细的波长为 $0.6943\mu m$ 的红色激光。就在同一年,苏联科学家尼古拉·巴索夫发明了半导体激光器,人类自此进入了激光技术快速发展的阶段。

激光的应用领域非常广泛,如医学领域,在美国所有的手术中利用激光进行手术的比例已经达到 10% 左右;军事领域,激光有大量应用,如激光测距、激光制导、激光通信及激光武器等;信息产业中,激光全息存储技术则是一种利用激光干涉原理将图文等信息记录在感光介质上的大容量信息存储技术。但到目前为止,应用最多的还是材料加工领域,已逐步形成一种新的加工方法——激光加工。

激光加工是利用光的能量经过透镜聚焦后在焦点上达到很高的能量密度,依靠光热效应来加工各种材料的方法。人们曾用透镜将太阳光聚焦,引燃纸张、木材,但无法用于材料加工。这是因为:①地面上太阳光的能量密度不高;②太阳光不是单色光,而是红、橙、黄、绿、青、蓝、紫等多种不同波长的多色光,聚焦后焦点并不在同一平面内。

不同于自然光,激光是可控的单色光,能量密度高,可以在空气介质或者其他气氛中加工多种材料,并作为一种高质量的能量束获得了广泛的应用。

5.1.1　激光加工简介

1. 激光加工原理

激光加工是将具有足够能量的激光束聚焦后照射到所加工材料的适当部位,在极短的时间内,光能转换为热能,被照部位迅速升温。在不同能量的激光辐照下,材料可以发生气化、熔化、组织变化（图 5.2）,从而实现工件材料的去除、连接、改性或分离等。激光加工时,为了满足不同加工要求,激光束与工件表面常常需要做一定的相对运动,加工参数（如光斑尺寸、功率等）也要同时调整。

激光加工以激光为热源，对材料进行热加工，其过程大体如下：激光束照射材料，材料吸收光能，光能转换为热能加热材料，通过气化和熔融溅出使材料去除或破坏等。不同的加工需求对应不同的工艺方法，有的要求激光对材料加热并去除材料，如打孔、切割等；有的要求将材料加热到熔化程度而不要求去除，如焊接加工；有的则要求加热到一定温度使材料产生相变，如热处理等；有的则要求尽量减少激光的热影响，如激光冲击成形。

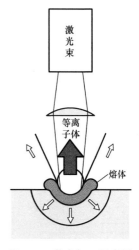

图 5.2　激光加工示意图

2. 激光加工特点

（1）适应性强

激光加工可在不同环境中加工不同种类材料，包括高硬度、高熔点、高强度、脆性及软性材料等，如难以机加工的金刚石可用 Nd：YAG 激光的基波和二次谐波进行切割和打孔，金刚石表面则可用紫外脉冲激光进行精密刻蚀。

（2）加工效率高

在某些情况下，用激光切割可提高生产效率 8～20 倍；用激光进行深熔焊接时生产效率比传统方法提高 30 倍；用激光微调薄膜电阻可提高生产效率 1000 倍，提高精度 1～2 个量级。金刚石拉丝模用机械方法打孔要花 24h，用 YAG 激光器打孔则只需 2s，提高加工效率四万余倍。

（3）加工质量好

利用激光具有的能量密度高、瞬态性和非接触性等特点，采用局部加工，对非激光照射部位影响较小。因此，其热影响区小，工件热变形小，后续加工量小，加工出的零部件相较于常规加工方法往往具有更好的加工质量。例如，人造地球卫星用电池壳体的气密性要求极高，采用激光焊接后，其焊缝晶粒细小且缺陷极少。

（4）综合效益高

激光加工可以显著提高加工综合效益。例如，激光器可以实现一机多能，将切割、打孔、焊接等功能集成到同一台设备中。又如，与其他打孔方法相比，激光打孔的直接费用可节省 25％～75％；间接加工费用可节省 50％～75％；与其他切割法相比，激光切割钢件加工效率可提高 8～20 倍，降低加工费用 70％～90％；汽车缸套激光热处理，直接费用和间接费用加起来可减少到传统加工方法的 1/4～1/3。此外，激光加工节能和省材，激光束的能量利用率为常规热加工工艺的 10～1000 倍，激光切割可节省材料 15％～30％。

3. 激光加工系统

激光加工系统的核心是激光器，配上光路传输系统、控制系统、工件装夹及运动系统等主要部件，以及光学元件的冷却系统、光学系统的保护装置、过程与质量的监控系统、工件上下料装置、安全装置等外围设备，从而构成了一套完整的激光加工设备。随着科技的发展，激光加工系统越来越完善，将机器人技术与光纤激光技术结合成为一种发展趋势。图 5.3 为光纤激光机器人熔覆系统示意图。通过程序控制，该系统可以实现复杂曲面的激光熔覆加工。

机器人是高度柔性系统，目前选择可光纤传输的激光器与之匹配组成光纤激光加工机器人。从高功率激光器发出的激光，经光纤耦合传输到激光光束变换光学系统，光束经过整形

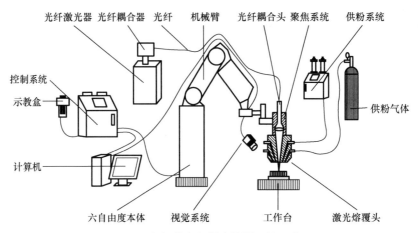

图 5.3　光纤激光机器人熔覆系统示意图

聚焦后进入激光加工头。根据用途（切割、焊接、熔覆）选择不同的激光加工头，配以不同的材料（高压气体、金属丝、金属粉末）送进系统。激光加工头装于六自由度机器人本体手臂末端，其运动轨迹和激光加工参数由机器人数字控制系统控制，由操作人员在机器人示教盒上示教编程或在计算机上离线编程；材料送进系统将材料与激光同步输入到激光加工头；高功率激光与进给材料同步作用完成加工任务。机器视觉系统对加工区进行检测，检测信号反馈至机器人控制系统，从而实现加工过程的实时控制。

5.1.2　激光产生原理

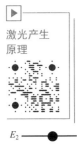

激光产生

原理

激光产生的物理学基础源自原子自发辐射与受激辐射（图 5.4）概念，即从辐射与原子相互作用的量子论观点对原子进行跃迁分析。一个原子自发地从高能级 E_2 向低能级 E_1 跃迁产生光子的过程称为自发辐射，而当原子在一定频率的辐射场（激励）作用下发生跃迁并释放光子时，称为受激辐射。激光就是利用受激辐射原理而产生的，创造受激辐射过程成为激光产生的前提。

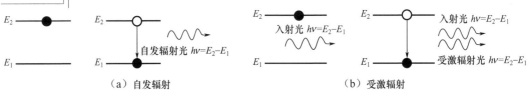

（a）自发辐射　　　　　　　　　　　（b）受激辐射

图 5.4　原子自发辐射与受激辐射示意图

此处要强调的是原子自发辐射与受激辐射的相位分布是完全不同的，受激辐射和外界辐射场（激励）具有相同的相位，即具有相同的频率、相位、波矢和偏振，大量原子在同一辐射场激发下可产生同一光子态，因此激光就是一种受激辐射相干光。

爱因斯坦于 1917 年提出受激辐射理论，而激光器却一直到 1960 年才问世，这是由于普通光源中粒子产生受激辐射的概率极小。为了得到激光，需要使处在高能级 E_2 的粒子数大于处在低能级 E_1 的粒子数。这种分布正好与平衡态时的粒子分布相反，称为粒子数反转分布，简称粒子数反转。具体而言，两能级间受激辐射概率与两能级粒子数差有关。

在通常情况下，处于低能级 E_1 的原子数大于处于高能级 E_2 的原子数，光穿过工作物质时，光的能量只会减弱不会加强，这种情况得不到激光。为了得到激光，就必须使高能级 E_2 上的原子数大于低能级 E_1 上的原子数，因为 E_2 上的原子多时，会发生受激辐射，使光增强（也称光放大）。为了达到这个目的，必须设法把处于基态的原子大量激发到亚稳态 E_2（平均寿命可达 10^{-3} s 或更长的原子激发态），处于高能级 E_2 的原子数就可以大大超过处于低能级 E_1 的原子数。这样就能在能级 E_2 和 E_1 之间实现粒子数反转。

相干受激光子是均匀分配在所有模式内的，如果需要获得在某些特定模式的强相干光源，还需要创造一种条件，能使某些模式不断得到增强。图 5.5 所示就是利用光谐振腔选模的基本原理，在两个高反射端面间来回反射的光在多次反射后，非轴向模式的光子将会逸出，而轴向模内可以获得极高的光子简并度（处于同一光子态的平均光子数）。

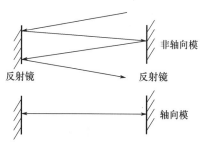

图 5.5　利用光谐振腔选模的基本原理

物质在热平衡状态下，高能级粒子数恒小于低能级粒子数，此时物质只能吸收光子，如果要实现光放大，必须要由外界向物质提供能量（这一过程称为泵浦，如同泵把水从低势能处抽往高势能处，外部能量通常会以光或电流的形式输入产生激光的物质中，把处于基态的电子激励到较高的能级），创造粒子数反转条件，进而实现光的放大，这样的器件通常称为光放大器，可以利用该器件把弱激光逐级放大。但是在更多的场合下，激光器可以利用自激振荡实现光强放大，通常所说的激光器都是指激光自激振荡器。

由此可知，一台激光器必须要包括光谐振腔和光放大器两部分才能产生激光，激光英文 LASER 的全称是 light amplification by stimulated emission of radiation，反映了受激辐射光波在一定模式下放大这一物理本质。因此，激光与普通光源相比具有显著区别，主要体现在单色性好、相干性好、方向性好和亮度高四个方面。

5.1.3　典型激光器

通常，常规气体激光器及固体激光器包含以下部件。

（1）激光工作物质：又称增益介质，是指通过外界激励能形成粒子数反转，并在一定条件下能产生激光的物质。因此，工作物质必须是一个具有若干能级的粒子系统并具备亚稳态能级，常见的如 CO_2 混合气体、Nd：YAG 及掺铝 GaAs 等。按照这些激光工作物质的物理状态，激光器可分为固体激光器和气体激光器等。

（2）激励源（泵浦源）：给激光物质提供能量，使之处于非平衡状态，形成粒子数反转。

（3）谐振腔：给受激辐射提供振荡空间和稳定输出的正反馈，并限制光束的方向和频率。

（4）电源：为激励源提供能源。

（5）控制系统和冷却系统等：保证激光器能够稳定、正常和可靠的工作。

（6）聚光器（固体激光器特有）：使光泵浦的光能最大限度地照射到激光工作物质上，提高泵浦光的利用率。

1. CO_2 气体激光器

气体激光器一般采用电激励，工作物质为气体介质，因为效率高、使用寿命长，连续输出功率大,因此广泛应用于切割、焊接、热处理等加工领域。用于材料加工常见的气体激光器有 CO_2 气体激光器、氩离子气体激光器等,这里以 CO_2 激光器为例进行介绍。

CO_2 气体激光器是目前工业应用中数量最多、范围极广的一种激光器。CO_2 气体激光器工作气体的主要成分是 CO_2、N_2 和 He,CO_2 分子是产生激光的粒子,N_2 分子的作用是与 CO_2 分子共振交换能量,使 CO_2 分子激励,增加激光较高能级上的 CO_2 分子数,同时它还有抽空激光较低能级的作用,即加速 CO_2 分子的弛豫过程。He 的主要作用是抽空激光较低能级的粒子。He 原子与 CO_2 分子相碰撞,使 CO_2 分子从较低能级尽快回到基级。He 的导热性很好,故又能把激光器工作时气体中的热量传给管壁或热交换器,使激光器的输出功率和效率大大提高。不同结构的 CO_2 气体激光器,其最佳工作气体成分不尽相同。

CO_2 气体激光器以 CO_2 气体为工作物质,具有连续和脉冲两种工作方式,是目前连续输出功率最高的气体激光器。CO_2 气体激光器具有如下特点。

(1)输出功率范围大。CO_2 气体激光器的最小输出功率为数毫瓦,横向流动式的电激励 CO_2 气体激光器最大可输出几百千瓦的连续激光功率。脉冲 CO_2 气体激光器可输出 10^4 J 的能量,脉冲宽度单位为 ns。因此,CO_2 气体激光器在医疗、通信、材料加工,甚至军事武器等诸方面获得广泛应用。

(2)能量转换效率大大高于固体激光器。CO_2 气体激光器的理论转换效率为 40%,实际应用中其电光转换效率最高可达到 15%,而常见的 YAG 固体激光器的转换效率一般仅有 2%~3%。

(3)CO_2 激光波长为 $10.6\mu m$,属于红外光,可在空气中传播很远而衰减很少。

热加工中应用的 CO_2 气体激光器种类较多,可以按照不同特征进行分类。例如,按气流、电流、束散角度是否一致,可分为轴向式或者横向式;按气体流动速度,可分为慢流式和快流式;按激励电源,可分为直流式或者是高频(常见的几十兆赫兹)式;按冷却结构,可分为管状或者板条状;按是否可使用气体反应催化剂,可分为封离型和半封离型。这里,将分别介绍常见的封离型 CO_2 气体激光器、快速轴向流动式 CO_2 气体激光器、快速横向流动式 CO_2 气体激光器及板条式 CO_2 气体激光器的工作原理与结构。

图 5.6 为封离型 CO_2 气体激光器结构示意图,放电管通常由玻璃或石英材料制成,里面充以 CO_2 气体和其他辅助气体(主要是氦气和氮气,一般还有少量的氢气或氙气),电极一般是镍制空心圆筒。谐振腔一般采用平凹腔,全反射镜是一块球面镜,由玻璃制成,表面镀金,反射率达 98% 以上,另一端是用锗或砷化镓磨制的部分反射镜(作为激光器的输出窗口)。当在电极上加高电压时,放电管中产生辉光放电,部分反射镜一端有激光输出。

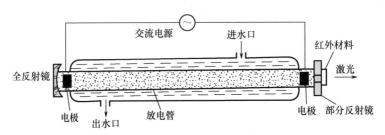

图 5.6 封离型 CO_2 气体激光器结构示意图

谐振腔的两块镜片常用环氧树脂粘在放电管两端，使放电管内的工作气体与外界隔绝，所以称为封离型 CO_2 气体激光器，其结构特点是工作气体不能更换。一旦工作气体"老化"，则放电管不能正常工作甚至不能产生激光。为此，可在封离型 CO_2 气体激光器的放电管上开孔，然后接上抽气-充气装置，将已"老化"的气体抽出，然后充入新鲜的工作气体。这样，放电管又能恢复工作。这种可定期地更换工作气体的 CO_2 气体激光器，称为半封离型 CO_2 气体激光器。封离型 CO_2 气体激光器或半封离型 CO_2 气体激光器的优点是结构简单，制造方便，成本低；输出光束质量好，容易获得基模；运行时无噪声，操作简单，维护容易。但其输出功率小，一般在 1kW 以下。这类激光器每米放电长度上仅能获得 50W 左右的激光输出功率，为了提高激光输出功率，除了增加放电管长度外，别无他法。为了缩短激光器长度，可以制成折叠式的结构。

由于封离型 CO_2 气体激光器工作时工作气体是不流动的，因而放电管中产生的热量只能通过气体的热传导进行散热，即热量通过工作气体传导给管壁，然后由管壁传给管外的冷却水带走。因此，激光器输出功率不高，工作稳定性差。为了解决上述问题，可从两方面加以改进：一是改善冷却条件和方法，在激光器中加装冷却器并强迫气体通过冷却器流动，加快气体散热；二是提高气体工作气压，增加单位体积中的工作气体密度。流动式激光器就是在这种指导思想下发明的。根据谐振腔内的工作气体、放电方向和激光输出方向的关系，可将 CO_2 气体激光器分为轴向（三者方向一致）式和横向（三者方向互相垂直）式两类，图 5.7（a）与图 5.7（b）所示分别为快速轴向流动式 CO_2 气体激光器与快速横向流动式 CO_2 气体激光器。

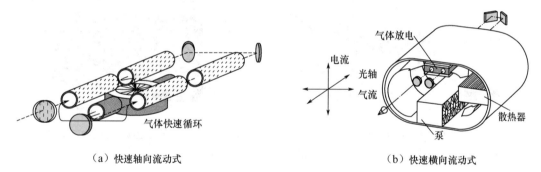

（a）快速轴向流动式　　　　　　　　（b）快速横向流动式

图 5.7　快速流动式 CO_2 气体激光器结构示意图

快速轴向流动式 CO_2 气体激光器，可以简称为快速轴流式 CO_2 激光器，也可称快速纵流式 CO_2 激光器。工作气体在激光器内的流速一般为 $200\sim300m/s$，有时超过声速，最高流速可达 $500m/s$。如图 5.7（a）所示，工作气体在罗茨泵的驱动下流过放电管并受到激励，产生激光。工作时不断替换、注入新的工作气体，以维持气体成分不变。与封离型 CO_2 气体激光器相比，快速轴流式 CO_2 气体激光器的最大特点是单位长度放电区域上获得的激光输出功率大，一般大于 $500W/m$，因此体积大大缩小。另外，它的输出光束质量好，以低阶模或基模输出为主，而且可以脉冲方式工作，脉冲频率可达数十千赫兹。

如图 5.7（b）所示，快速横向流动式 CO_2 气体激光器（简称快速横流式 CO_2 气体激光器）工作时，工作气体由风机驱动在风管内环形流动，流速可达 $60\sim100m/s$，管板电极组成了激光器的辉光放电区，当工作气体流过放电区时，CO_2 分子被激发，然后流过由全反射镜和输出窗口组成的谐振腔，受激辐射发出激光。气体经过放电区，温度升高，在风管内有一散热器强制冷却由风机驱动的气体，冷却后的气体又循环流回放电区，工作气体如此循环流动，可获得稳定的激光输出。快速横流式 CO_2 气体激光器的主要特点是输出功率大（最大连续输出功率已达几万瓦），占地面积较小（与封离型相比），输出激光模式一般为高阶模或环形光束。

在工业应用中，因快速轴流式 CO_2 气体激光器的工作气体成本较高，所以慢速轴流式 CO_2 气体激光器（气体流速仅为 $0.1\sim1.0\mathrm{m/s}$）还具有一定的市场，但其单位长度的放电区域仅可获得 $80\mathrm{W/m}$ 左右的输出功率。随着高功率激光器向小型化发展，虽然可以采用折叠方式提高单位长度输出功率，但是慢速轴流式 CO_2 气体激光器仍在不断被快速轴流式 CO_2 气体激光器取代。

目前工业界提出了一些新的 CO_2 气体激光器结构，如采用扩散冷却技术的板条式 CO_2 气体激光器。该 CO_2 气体激光器由德国罗芬公司生产，输出功率已经可以达到 $8\mathrm{kW}$ 以上。如图 5.8（a）所示，该 CO_2 气体激光器有两个板状的矩形电极，在电极间施加高频电源，工作气体在两电极间受激辐射发出激光，板状电极内部通过冷却水快速带走热量。由于扩散冷却面积大，散热效果非常好，因而气体消耗显著降低，并能够获得非常优秀的光束品质，适合用于高速切割、焊接等领域。图 5.8（b）所示为商业激光器的内部结构。

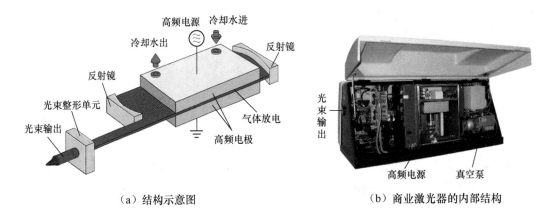

（a）结构示意图　　　　　　　（b）商业激光器的内部结构

图 5.8　扩散冷却板条式 CO_2 气体激光器

2. 固体激光器

目前热加工应用中的固体激光器通常指的是光激励固体激光器。固体激光器是以绝缘晶体或玻璃作为工作物质的激光器，少量的过渡金属离子或稀土离子掺入晶体或玻璃中后发生受激辐射，掺杂离子密度较气体工作物质高三个量级以上，易于获得大功率脉冲输出。固体激光器一般由激光工作物质、激励源、聚光器、谐振腔、反射镜和电源等部分构成。其中聚光器的作用是把光激励源发出的光能聚集在工作物质上。

掺入晶体或玻璃中能产生受激发射作用的离子主要有三类：①过渡金属离子（如 Cr^{3+}）；②大多数镧系金属离子（如 Nd^{3+}、Sm^{2+}、Dy^{2+} 等）；③锕系金属离子（如 U^{3+}）。这些掺杂离子的主要特点是具有比较宽的有效吸收光谱带，比较高的荧光效率，比较长的荧光寿命和比较窄的荧光谱线，因而易于产生粒子数反转和受激发射。

用作晶体类基质的人工晶体主要有刚玉（Al_2O_3）、钇铝石榴石（$Y_3Al_5O_{12}$）、钨酸钙（$CaWO_4$）、氟化钙（CaF_2）、铝酸钇（$YAlO_3$）、铍酸镧（$La_2Be_2O_5$）等。用作玻璃类基质的主要是优质硅酸盐光学玻璃，如常用的钡冕玻璃和钙冕玻璃。与晶体基质相比，玻璃基质的主要特点是制备方便和易于获得大尺寸优质材料。无论晶体类基质还是玻璃类基质，都希望具有以下特性：易于掺入金属离子；具有良好的光谱特性、光学透射率特性和高度的光学均匀性；具有适于长期激光运转的物理和化学特性。

固体激光器一般采用光激励。光激励按照产生来源可分为气体放电灯激励和激光器激励。气体放电灯激励激光器结构示意图如图 5.9 所示，灯将电能转换为光能，聚光器将光能聚集到工作物质，产生受激辐射，发出激光。常用的脉冲气体放电灯激励源有充氙闪光灯；连续气体放电

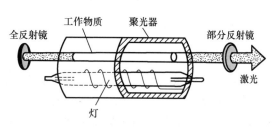

图 5.9　气体放电灯激励激光器结构示意图

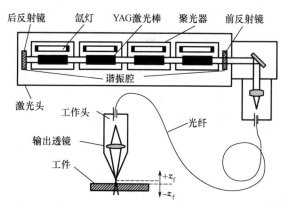

图 5.10　YAG 激光器系统示意图

灯激励源有氙弧灯、碘钨灯、钾铷灯等。在小型长寿命激光器中，可用半导体发光二极管或太阳光作激励源。一些新的固体激光器也有采用激光激励的。固体激光器由于光源的发射光谱中只有一部分为工作物质所吸收，加上其他损耗，因而能量转换效率不高，一般在千分之几到百分之几之间。YAG 激光器系统示意图如图 5.10 所示，将若干个 YAG 晶体棒串联后，可以获得大功率激光输出，如果再配合光纤传输技术，则可以非常方便地应用到各种不同的加工场合。

晶体激光器以红宝石（Al_2O_3，Cr^{3+}）和掺钕钇铝石榴石（$Y_3Al_5O_{12}$，Nd^{3+}）为典型代表。而玻璃激光器则是以钕玻璃（光学玻璃，Nd^{3+}）为典型代表。红宝石是掺有质量分数为 0.05% 氧化铬的氧化铝晶体，发射波长 $0.6943\mu m$ 的红光，易于获得相干性好的单模输出，稳定性好，在激光加工初期用的较多。钕玻璃激光器是掺有少量氧化钕（Nd_2O_3）的非晶态硅酸盐玻璃，含 Nd^{3+} 质量分数为 1%～5%，吸收光谱较宽，发射波长 $1.06\mu m$ 的红外激光，钕玻璃激光器一般以脉冲方式工作，通常用于打孔、焊接加工。

Nd：YAG 激光器（掺钕钇铝石榴石激光器）是在钇铝石榴石（$Y_3Al_5O_{12}$）晶体中掺以质量分数 1.5% 左右的钕而成。输出激光的波长为 $1.06\mu m$，是 CO_2 激光波长的 1/10。波长较短既有利于激光的聚焦和光纤传输，也有利于金属表面的吸收，这是 Nd：YAG 激光器的优势，广泛用于打孔、焊接加工。但 Nd：YAG 激光器采用光浦泵，能量转换环节多，器件总效率为 2%～3%，比 CO_2 气体激光器（5%～15%）低，而且泵浦灯使用寿命较短，需经常更换。Nd：YAG 激光器一般输出多模光束，模式不规则，发散角大。目前

Nd：YAG激光器的最大输出功率可达4kW以上，能在连续、脉冲和调Q状态下工作，三种输出方式的Nd：YAG激光器的特点见表5-1。

表5-1　三种输出方式的Nd：YAG激光器的特点

输出方式	平均功率/kW	峰值功率/kW	脉冲持续时间	脉冲重复频率	脉冲能量/J
连续	0.3～4	—	—	—	—
脉冲	≈4	≈50	0.2～20ms	1～500Hz	≈100
Q-开关	≈4	≈100	<1μs	≈100kHz	10^{-3}

3. 半导体固体激光器

半导体固体激光器又称二极管固体激光器，是用半导体材料作为工作物质而产生受激辐射的一类激光器，其与一般固体激光器的最主要区别在于激励源不一定是光，激励方式有电注入、电子束激励和光泵浦三种形式。其工作原理是，通过一定的激励方式，在半导体物质的能带（导带与价带）之间，或者半导体物质的能带与杂质（受主或施主）能级之间，实现非平衡载流子的粒子数反转，当处于粒子数反转状态的大量电子与空穴复合时，便产生受激辐射，利用半导体晶体的解理面形成两个平行反射镜面作为反射镜，组成谐振腔，使光振荡、反馈，产生光的辐射放大，输出激光。半导体固体激光器具有体积小、质量轻、稳定性好、能耗低、效率高等优点。半导体固体激光器从诞生后就向着两个方向发展：①以传递信息为目的的信息型激光器，在激光通信、光存储、光陀螺、激光打印、激光测距及激光雷达等方面获得了广泛的应用；②以提高光功率为目的的激光器，随着成本的降低及稳定性的提高，具有良好的发展前景。

电注入式半导体固体激光器，一般是由砷化镓（GaAs）、砷化铟（InAs）、锑化铟（InSb）等材料制成的半导体面结型二极管，沿正向偏压注入电流进行激励，在结平面区域产生受激辐射。高能电子束激励式半导体固体激光器，一般用N型或者P型半导体单晶作工作物质，通过外部注入高能电子束进行激励。光泵式半导体固体激光器，一般也是用N型或P型半导体单晶作工作物质，以其他激光器发出的激光作光泵激励。在半导体固体激光器中，目前性能较好、应用较广的是具有双异质结构的电注入式GaAs半导体固体激光器。

由于电注入式半导体固体激光器少了其他固体激光器中激励源工作时的电光转换步骤，因此激光器可以获得50%～70%的高能量转换效率，激光输出功率可达15kW。激光辐射二极管与一般二极管具有类似的电气特性，其尺寸比较小，通常长几毫米，宽及厚度均不超过几百微米。单一的激光二极管输出的功率密度虽然很高，但是功率却非常有限，因此激光二极管阵列（也称激光二极管线列阵）获得了应用。在一个半导体芯片上可以集成20～25电路并联的激光二极管，所有的激光二极管向同一方向发出一束高功率光。激光二极管阵列结构示意图如图5.11所示，其尺寸达到10mm（长）×1mm（谐振长度）×0.1mm（厚度）。

4. 二极管泵浦固体激光器

1962年，第一台同质结GaAs半导体固体激光器问世，1963年，纽曼就提出了半导体激光器泵浦固体激光器的构想。但在早期，由于半导体固体激光器的各项性能还很差，作为固体激光器的泵浦源还显得不成熟。近年来，随着大功率半导体固体激光器阵列技术的逐步成熟，二极管泵浦固体激光器（diode pump solid state laser，DPSSL）作为第二代固体激光器获得了快速发展。该类激光器利用输出固定波长的半导体固体激光器（图 5.12）代替了传统的氪灯或氙灯来对工作物质进行泵浦，激光器性能获得极大提升，主要体现在以下方面。

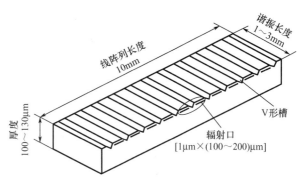

图 5.11　激光二极管阵列结构示意图

① 使用寿命长。传统的氙灯或氪灯的使用寿命通常只有几百小时，而用于泵浦的半导体固体激光器的使用寿命高达上万小时，从而大大降低了使用及维护成本。

② 能耗低。传统的灯泵浦激光器中泵浦灯发出的能量大部分转换为热能。半导体固体激光器发出的固定波长（如 808nm）的光可以被激光工作物质有效吸收，光—光转换效率（泵浦光与激光间的转化效率）可高达 40% 以上，二极管泵浦固体激光器的总转换效率可以达到 10%～25%。

③ 体积小。二极管泵浦固体激光器只有传统灯泵浦激光器体积的 1/3 左右甚至更小。

基于以上优点，二极管泵浦固体激光器已获得越来越广泛的应用。

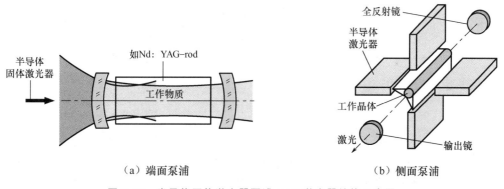

（a）端面泵浦　　　　　　　　　　　（b）侧面泵浦

图 5.12　半导体固体激光器泵浦 YAG 激光器结构示意图

二极管泵浦固体激光器根据激光工作物质的形状一般可以分为四类：棒状、片状、板条状及光纤。其中，棒状与传统的灯泵浦固体激光器最为接近，按照半导体固体激光器的泵浦光的输入方向，其可分为端面泵浦［图 5.12（a）］与侧面泵浦［图 5.12（b）］。端面泵浦 YAG 激光器中，激光晶体靠近泵浦源的一端面镀 808nm 的增透膜和 1064nm 的高反膜。808nm 的增透膜使泵浦源发出的波长 808nm 的半导体激光进入激光晶体前的损耗降至最低，而 1064nm 的高反膜与镀有 1064nm 部分反射膜的输出镜结合起来，形成谐振腔，使 1064nm 的激光产生振荡放大并输出。该种结构激光器一般用在功率较小、激光模式质量好的场合下，如激光打标机。侧面泵浦固体激光器可由多个二极管泵浦模块围成一圈组成泵浦源，这种泵浦结构的最大好处就是能够将若干个激光晶体串联在同一谐振方向上，形成高功率的激光输出。目前，该类激光器连续输出最大功率可以达到 8kW，脉冲峰值功率则可达到 10MW（100 kHz）。

薄片式(也称盘形式）固体激光器［图 5.13 （a）］是集端面泵浦与侧面泵浦优点于一身的一种新型的固体激光器，其工作晶体为圆形薄片，直径通常为几毫米，厚度为 $100\sim200\mu m$。该激光器的工作原理如下：用光纤耦合输出的半导体固体激光器作泵浦源对非常薄的工作晶体进行端面泵浦，使泵浦光在几百微米的晶体薄片中多次经过，产生的热量则可以通过热沉高效传出，最终可以输出光学质量介于端面泵浦和侧面泵浦之间的激光。将多个薄片晶体级联在同一个热沉上，则可以获得高达 8kW 功率的固体激光器。德国 TRUMPF 公司已开发出 16kW 的 Disk 激光器。

板条式固体激光器［图 5.13 （b）］是工作物质为板条形状的固体激光器。在板条式固体激光器中，温度梯度发生在板条厚度方向上，而光在厚度方向的两侧面（即泵浦面）上发生内全反射，呈锯齿形光路在两泵浦面之间传播，光传播方向近似与温度梯度方向平行，可基本避免热透镜效应和热光畸变效应，大幅度提高了激光输出功率。目前单根板条式固体激光器连续输出功率已超过千瓦，脉冲输出能量超过百焦耳，如 210mm （长）×25mm （宽）×6mm （厚）的 Nd：YAG 板条，输出功率可达 1.2kW。板条式固体激光器的缺点是发散角较大，技术复杂。

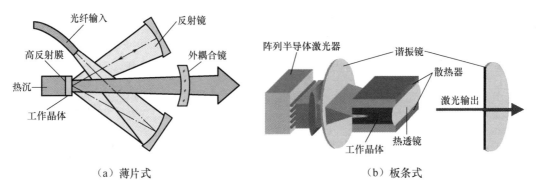

（a）薄片式　　　　　　　　　　　（b）板条式

图 5.13　二极管泵浦固体激光器结构示意图

现代高功率光纤激光器是近年由光通信行业中的光放大器演变而来的，其良好的光学质量，较高的输出功率，超长的使用寿命及无须维护的特点逐渐获得人们关注，被业界认为是第三代激光技术。从其工作原理上判断，现代高功率光纤激光器仍然属于端面泵浦的二极管泵浦固体激光器，其工作物质虽然可以为晶体光纤（红宝石单晶、YAG 单晶）、塑料光纤等材料，但目前通常仅指玻璃光纤，因此，现代高功率光纤激光器也可以认为是用掺稀土元素玻璃光纤作为增益介质的激光器，其泵浦转换效率高达 70％～75％。

双包层泵浦技术的出现是光纤领域的一大突破，使得高功率光纤激光器得以制成。图 5.14 所示为梅花形双包层泵浦技术光纤的截面及工作原理。该光纤由内及外共有四个层次构成：纤芯、内包层、外包层和保护层，形成了两个同心的轴向纤芯。核心玻璃纤芯与传统的单模光纤纤芯相似，掺入镱、铒等稀土元素。而外围玻璃纤芯则用于传输多模泵浦光，大功率的多模激光二极管阵列作泵源产生的多模激光在内包层和外包层间来回反射（内包层一般采用异形结构，有方形、梅花形、椭圆形、D 形及六边形等，外包层一般为圆形），周期性地穿越掺杂质的单模光纤核心，将 70％以上的泵浦能量间接地耦合到掺杂核心纤芯，促使核心光纤中产生粒子数反转，通过在光纤内设置的光纤光栅对自发辐射光选频，实现特定波长光的单模放大与输出（波长涵盖 400～3400nm）。

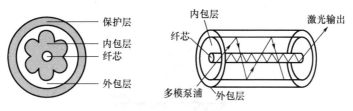

图 5.14 梅花形双包层泵浦技术光纤的截面及工作原理

双包层泵浦技术使得多个多模泵浦光可以同时耦合至包层光纤，因此可以获得大功率的激光输出，目前光纤激光平均功率可高达 50kW 以上。图 5.15（a）所示为多个多模二极管泵浦光依次通过复合光纤的终端面拼接射入双包层光纤，这种结构有利于散热，单一泵浦光发生故障时也基本不影响整体性能，但是结构比较复杂。图 5.15（b）所示则通过堆叠的激光二极管阵列聚焦输出一束多模泵浦光到双包层光纤端面，这种结构相对简单，但是需要很好的控制散热。

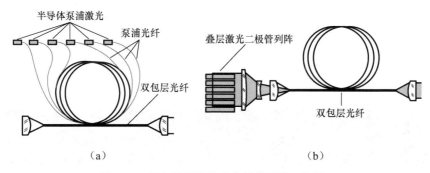

（a）　　　　　　　　　　　　　　　　（b）

图 5.15 双包层泵浦技术光纤截面及工作原理

目前光纤激光器仍主要集中在高端应用上。光纤激光器应用时的一个显著优点是可实现一机多通道输出。例如，采用多路光闸的光纤激光器可在间隔超过 200m 不同的工位上实现不同功率的激光输出，实现切割、焊接、打孔和熔覆等加工的协同工作。光纤激光器虽然性能优良，但并不是在所有场合都优于其他类型激光器，如波长为 $10.6\mu m$ 的 CO_2 气体激光器就更加适合处理聚合物、有机材料、无机材料等非金属材料。由于光纤激光器具有高达近 30% 的转换效率，随着成本的降低及产能的提高，预计未来将会逐渐替换掉部分高功率 CO_2 气体激光器和大部分 Nd：YAG 激光器。

5.1.4　常见激光加工技术

在激光加工试验及理论研究中，激光光束横截面上光强的分布，即激光强度分布是重要的考虑因素之一。其本质是光谐振腔内的各种电磁场本征态，光在模腔内传播时引起衍射使振幅和相位的空间分布发生畸变，当振幅和相位的空间分布达到稳定状态时，才从输出镜输出激光，即一般表述中所提的激光加工光束模式。开腔中的振荡模式通常采用 TEM_{mnq} 表征，m、n 和 q 为正整数，其中 m 与 n 为横模指数，q 为纵模指数。横向电磁场分布与横模指数有关。在方形镜谐振腔中，m 与 n 分别代表电磁场在谐振腔横截面上沿 x

方向和 y 方向的节线数。在圆形镜谐振腔中，m 与 n 分别代表电磁场在谐振腔横截面上沿幅角方向和径向的节线数。m 与 n 为零的模称为基模，$m \geqslant 1$ 或 $n \geqslant 1$ 模称为高阶模。仅有基横模的激光束称为单横模激光，其平行性好，发散角小。有不同横向模式的激光束称为多横模激光，其发散角较大，平行性较差。

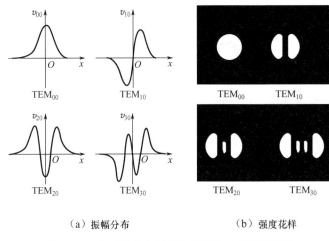

（a）振幅分布　　　　（b）强度花样

图 5.16　方形镜共焦腔模的振幅分布和强度花样

图 5.16 所示为方形镜共焦腔模的振幅分布和强度花样（TEM$_{00}$、TEM$_{10}$、TEM$_{20}$、TEM$_{30}$）。在 x 方向，TEM$_{00}$ 为基模，其光斑中任何一点光强都不为零，能量呈高斯函数分布。其他模式分布特点则取决于埃尔米特多项式与高斯分布函数的乘积，m 阶埃尔米特多项式具有的 m 个零点（根），代表存在 m 条节线。如果 x 方向有一点光强为零，称为 TEM$_{10}$ 模；如果 y 方向有一点光强为零，称为 TEM$_{01}$ 模，依此类推，模式序数 m 和 n 越大，光斑中光强为零的点的数目越多。图 5.17 所示则为圆形镜共焦腔模的强度花样。

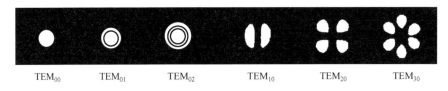

图 5.17　圆形镜共焦腔模的强度花样

1. 激光打孔

激光打孔（laser drilling）是最早达到实用化的激光加工技术，也是激光加工的主要应用领域之一。随着近代工业技术的发展，硬度大、熔点高的材料的应用越来越多，并且常常要求在这些材料上打出又小又深的孔，而传统的加工方法已不能满足某些工艺要求。例如，在高熔点金属钼板上加工微米量级孔径的孔；在高硬度红宝石、蓝宝石或金刚石上加工几百微米的深孔或拉丝模具；加工火箭或柴油发动机中的燃料喷嘴群孔；等等。这类加工任务用常规的机械加工方法很难完成，有的甚至是不可能完成，而用激光打孔则比较容易实现。激光打孔是将高功率密度（$10^5 \sim 10^{15}$ W/cm^2）的聚焦激光束射向工件，将其指定范围"烧穿"。

激光打孔按照被加工材料受辐照后的相变情况可分为热熔打孔和气化打孔，如图 5.18 所示。热熔打孔是一种具有较高去除率的打孔工艺，但这种方法加工的孔洞的精度要稍差些。其加工过程如下：当高强度的聚焦脉冲能量（大于 10^8 W/cm^2）照射到材料时，材料表面温度升高至接近材料的蒸发温度，此时固态金属开始发生强烈的相变，先出现液相，继而出现气相。金属蒸气瞬间膨胀并以极高的压力从液相的底部猛烈喷出，同时携带着大部分液相一起喷出。由于金属材料熔体和蒸气对光的吸收比固态金属要高得多，因此材料将继续被强烈地加热，加速熔化和气化。这样一来，在最初相变区域的中心底部便形成了更强烈的喷射中心，开始是在较大

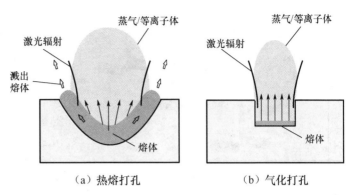

图 5.18 激光打孔方式

的立体角范围内外喷，而后逐渐收拢，形成稍有扩散的喷射流。这是由于相变来得极其迅速，横向熔融区域还来不及扩大，就已经被蒸气携带喷出，激光的光通量几乎完全用于沿轴向逐渐深入材料内部，形成孔型。气化打孔方法则主要利用高功率密度激光脉冲短时间（小于 10ps）去除材料实现高精度去除加工，如可以利用该工艺加工出直径小于 $\phi100\mu m$ 的小孔，当然其材料去除率也会因此而显著降低。

非金属材料
激光打孔

熔化和气化是激光打孔中必然会出现的现象，为了加深理解该过程，把瞬时的激光脉冲分成五个连续的小段，如图 5.19 所示，"1" 段为前缘，"2""3""4" 段为稳定输出，"5" 段为尾缘。当 "1" 段进入材料时，材料开始被加热，由于材料表面有反射，加热显得缓慢无力，随后热向材料内部传导，造成材料较大区域的温升，产生以熔化为主的相变，相变区面积大而深度浅；当 "2" 段进入材料后，因材料相变而剧烈加热，熔融区面积比相变区缩小而深度增加，开始形成小的孔径；"3""4" 段进入材料后，打孔过程相对稳定，材料的气化比例剧增直至最大程度，形成了孔的圆柱段；当 "5" 段进入材料后，材料的加热已临近终止，随后气化及熔化迅速趋于结束，从而形成孔的尖锥形孔底。

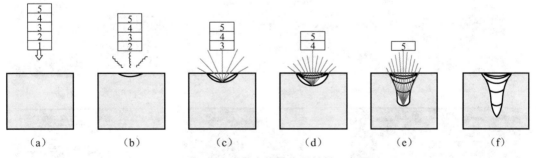

图 5.19 脉冲激光能量作用材料示意图

随着科技的发展，激光打孔应用范围越来越广，人们根据孔径、孔深、加工材料、加工精度等提出不同的打孔工艺细分，如根据打孔圆度和打孔时间可将激光打孔分为脉冲打孔（single pulse drilling）、冲击打孔（percussion drilling）、环切打孔（trepanning drilling）和螺旋打孔（helical drilling），如图 5.20 所示。脉冲打孔通常应用在大批量小孔加工中，孔直径一般小于 $\phi1mm$，深度小于 3mm，每个激光脉冲的辐照持续时间通常在 $100\mu s \sim$

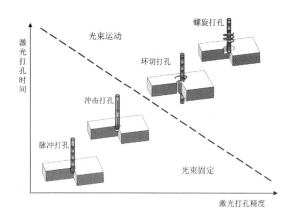

激光打孔种类

图 5.20　激光打孔工艺细分

20ms，故能在短时间内加工大量的孔。冲击打孔则适用于直径小于 $\phi1mm$ 的大深度（大于 3mm 且小于 20mm）小孔加工，由于是长时间的持续激光辐照作用，因此加工参数对孔洞质量及基材的热影响非常显著。环切打孔是将脉冲打孔或者冲击打孔与光束运动结合起来的一种加工方式，通过光束与工件间的相对运动获得具有不同形状或者轮廓的孔洞，适合加工大尺寸孔。螺旋打孔同样是光束相对于工件做特定运动的一种加工工艺，通过光束旋转可以避免在底部形成大熔池，配合纳秒级的脉冲辐照时间，可以获得非常精密的小孔，能加工大而深的孔。

激光打孔的高效率与高质量使其在许多高科技产品中获得了应用。例如，图 5.21（a）所示医疗用的手术针，针头部通常是一个直径为 $\phi50\sim\phi600\mu m$，深径比为 4∶1～12∶1 的盲孔，采用 20kHz 脉冲打孔可以在 1s 内完成六个针头的加工；又如，图 5.21（b）所示的汽车不锈钢燃油滤清器外壳分布着大量的直径在 $\phi50\sim\phi100\mu m$，壁厚约 1mm 的过滤小孔，采用脉冲打孔可以实现每秒高达几百个小孔的加工效率，采用多束激光每秒可以加工上万个微孔。因此业界常常用飞行加工来描述这类快速加工过程。随着微细加工的增加，利用激光可以加工出图 5.21（c）～图 5.21（e）所示的生物过滤网、"透明"金属薄片及喷墨头微孔等精密群微孔零件。

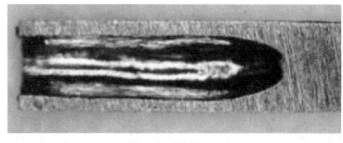

（a）手术针

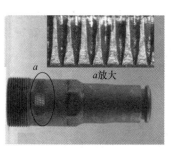

（b）燃油滤清器

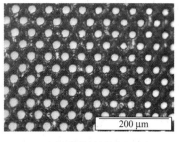

（c）生物过滤网

（d）"透明"金属薄片

（e）喷墨头微孔

图 5.21　激光打孔应用

采用环切打孔工艺，则可以实现更加复杂的成形小孔加工，当激光束按照图 5.22（a）所示的运动轨迹相对基板运动时，就可以获得按照轨迹切割出的孔洞形状。如果利用多轴工作系统使激光束与基板间的夹角不断变化，则可以加工出更复杂的孔洞结构，获得如图 5.22（b）所示的锥形群孔。这类融合了数控加工技术的激光打孔工艺使得激光打孔的应用范围得到进一步拓展。

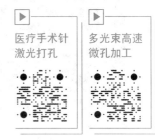

医疗手术针激光打孔

多光束高速微孔加工

（a）光束运动轨迹示意图

（b）锥形群孔零件

图 5.22 环切打孔

2. 激光切割

激光切割（laser cutting）是利用经聚焦的高功率密度激光束（CO_2 连续激光、固体激光及光纤激光）照射工件，在超过阈值功率密度的条件下，光束能量及其与辅助气体之间产生的化学反应所形成的热能被材料吸收，引起照射点材料温度急剧上升，到达沸点后，材料开始气化，形成孔洞。随着光束与工件的相对移动，最终在材料上形成切缝。切缝处熔渣被一定压力的辅助气体吹走，如图 5.23 所示。

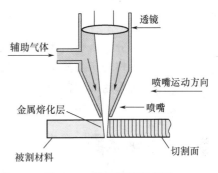

图 5.23 激光切割示意图

激光切割的特点是高效率、高质量，其具体特点可以概括如下：切缝窄，节省切割材料，还可切割盲缝；切割速度快，热影响区小，因而热畸变程度低，可以用来切割既硬又脆的玻璃、陶瓷等材料；切缝边缘垂直度好，切边光滑；切边无机械应力，无剪切毛刺，几乎没有切割残渣；非接触式加工，不存在工具磨损问题，不需要更换刀具，只需调整工艺参数，切割中的噪声很小；可以切割塑料、木材、纸张、橡胶、皮革、纤维及复合材料等，也可以切割多层层叠纤维织物（图 5.24 所示为激光切割非金属类材料实例）；由于激光束能以极小的惯性快速偏转，因此可实现高速切割，并且能切割任意形状；由于激光光斑小、切缝窄，而且便于自动控制，因此更适于对细小部件做各种精密切削。

激光管材切割

从切割各类材料不同的物理形式来看，激光切割大致可分为气化切割、熔化切割、氧助熔化切割及激光应力切割。

（1）气化切割

激光切割是指在激光束加热下，工件温度升高至沸点以上，部分材料化作蒸气逸去，

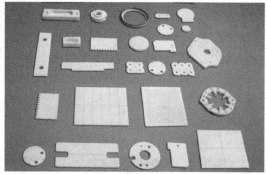

（a）木材 　　　　　　　　　　　　　　　　（b）陶瓷

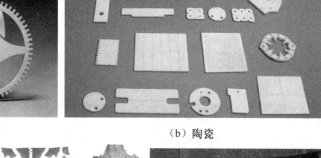

（c）皮革 　　　　　　　（d）织物 　　　　　　　（e）玻璃

图 5.24　激光切割非金属材料实例

激光切割
非金属材料

部分作为喷出物从切缝底部吹走；激光功率密度需要超过 $10^8\,\mathrm{W/cm^2}$，是熔化切割所需能量的 10 倍，这是对不能熔化的材料如木材、纸张和某些塑料所采用的切割方式。图 5.25 所示为不同厚度材料激光气化切割速度对比（功率 500W，CO_2 连续激光）。

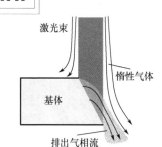
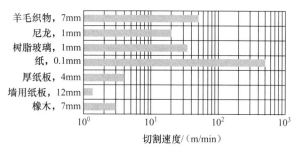

图 5.25　不同厚度材料激光气化切割速度对比（功率 500W，CO_2 连续激光）

（2）熔化切割

当激光束功率密度超过一定值时，会将工件内部材料蒸发，形成孔洞。一旦形成这种小孔，它将作为黑体吸收所有的入射光束能量。小孔被熔化金属壁所包围，然后，与光束同轴的辅助气流把孔洞周围的熔融材料去除、吹走。随着工件的移动，小孔按切割方向同步横移形成一条切缝，激光束继续沿着这条缝的前沿照射，熔化材料持续或脉动地从缝内被吹走。熔化切割所需功率密度只为气化切割的 1/10 左右。

熔化切割使用的辅助气体通常为氮气或惰性气体，其并不参与辅助燃烧，主要用于吹走部分熔体，因此使用的切割辅助气体压力也比较大，一般在 0.5～2MPa，故该方法也称高压切割，同时，辅助气体可以保护切割边缘不被空气氧化。熔化切割中考虑的主要参数有切割速度、焦距和切割辅助气体压力，其中切割速度是最主要的因素。图5.26给出了不同厚度的不锈钢板材在不同激光功率下熔化切割速度和切割厚度的关系曲线。

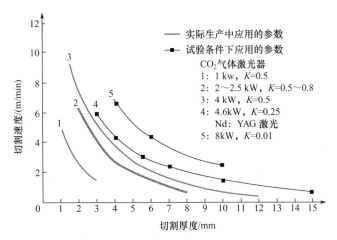

图 5.26　不同厚度的不锈钢板材在不同激光功率下熔化切割速度与切割厚度的关系曲线

（3）氧助熔化切割

氧助熔化切割（图5.27）又称火焰切割，如果用氧气或其他活性气体代替熔化切割所用的惰性气体，材料在激光束的照射下被点燃，因此，除激光能量外，另一热源同时产生，并且与激光能量共同作用，进行氧化熔化切割。切割加工充分利用了金属材料氧化反应释放出的大量热量，如常见的铁元素在转变为氧化铁的过程中能释放4800kJ/kg。据估计，切割钢时，氧化反应放出的热量要占到切割所需全部能量的60%左右。由于引入了大量额外的热能，与惰性气体下的切割相比，使用氧气作为辅助气体可获得更高的切割速度和更大的切割厚度。此外，激光功率对切割速度的影响也要比熔化切割小很多（图5.28）。

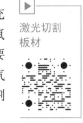

激光切割板材

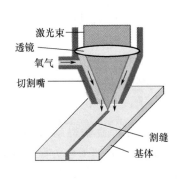

图 5.27　氧助熔化切割示意图

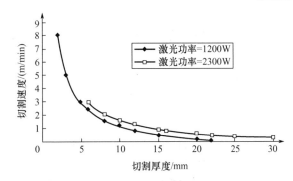

图 5.28　不同厚度的铁基板材氧助熔化切割速度与切割厚度的关系曲线

氧气的通入量与激光移动速度是氧助熔化切割中的主要影响因素。加工中需要找到一个合适的气流量，氧气流速越高，燃烧化学反应和去除熔渣的速度越快。当然，氧气流速不是越高越好，因为流速过快会导致切缝出口处反应产物即金属氧化物的快速冷却，这对切割质量是不利的。由于氧助熔化切割加工过程中存在两个热源，因此需要考虑两者的互相影响。如果切缝显得宽而粗糙，说明氧的燃烧速度高于激光束的移动速度；如果所得切缝狭而光滑，则说明激光束的移动速度高于氧的燃烧速度，氧化反应提供的能量偏少。氧助熔化切割使高速切割成为可能，并可以切割厚板。

（4）激光应力切割

通过激光束加热，可以高速、可控地切断易受热破坏的脆性材料，称为激光应力切割。其切割过程是激光束加热脆性材料小块区域，引起该区域大的热梯度和严重的机械变形，导致材料形成裂缝，只要保持均衡的加热梯度，激光束可引导裂缝在任何需要的方向产生。但是，激光应力切割不适合切割锐角和角边切缝，使用的激光功率也较小，功率太大会造成工件表面熔化，并破坏切缝边缘。其主要参数是激光功率和光斑尺寸。

随着激光切割技术的发展，目前有两个趋势值得关注：高速激光切割和激光精密切割。

高速激光切割具有极高的材料去除率，如 1mm 厚的不锈钢板最高可以实现 100m/min 的切割速度。图 5.29 所示为常规激光切割与高速激光切割原理对比。常规激光切割主要依靠熔体对流和热传导将能量传递到切割前缘后，再被辅助气体向下带出。高速激光切割主要应用于薄板材的切割，是通过将高质量且高功率的激光束聚焦到很小的直径后作用在材料上的一种非常规切割工艺，聚焦的光斑直径通常要求小于 $\phi100\mu m$。因此，在应用中对激光器的要求非常高，通常采用高质量的 CO_2 气体激光器、光纤激光器或者薄片式固体激光器。其基本切割原理有点类似于后面即将提到的小孔效应，即利用高功率密度激光产生一个小孔，在局部形成高的蒸气压，小孔周围的熔化金属被喷出。因为要在瞬间形成具有高蒸气压的小孔，所以才要求光束直径小且能量密度很高，切割的板材也不能太厚，切缝与光束直径的比例能达到 2∶1（常规激光切割中两者非常接近），采用相对少的能量获得了相对多的材料去除量。

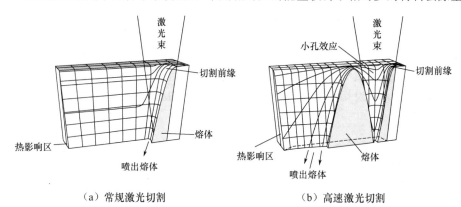

（a）常规激光切割　　　　（b）高速激光切割

图 5.29　常规激光切割与高速激光切割原理对比

激光飞行切割

激光精密切割目前在精密机械、医疗、芯片等行业获得越来越多的应用，通常将切割材料厚度、切割结构尺寸在几百微米的加工称为激光精密切割。加工使用的激光器主要是超快激光器如**皮秒（ps）激光器**或**飞秒（fs）激光器**（脉冲宽度在皮秒甚至飞秒量级，$1ps=10^{-12}s$，$1fs=10^{-15}s$）。当脉冲宽度小于 100ps 的时间尺度传输时，激光的峰值强度得以迅速上升，以至于足以剥离原子的外层电子，进而实现材料的去除。在这种材料去除模式下，热传导作用明显减弱，激光加工对材料的热影响作用显著降低，从而减少了对基体材料的损伤。此外，为了实现精密切割，还需将激光束聚焦成极小的光斑，利用超快激光对材料进行脉冲式加工。激光精密切割原理如图 5.30 所示。利用超快激光产生非连续的材料去除，类似许多独立的单脉冲打孔重叠连接在一起，重叠率一般要求达到 50%～90%。为了获得高的切割精度，要求单个脉冲激光的作用时间极短且能量集中，通常脉冲频率为几千赫兹，脉冲功率为几千瓦。因为激光精密切割加工过程是非连续的，并且具有很高的重叠率，因此激光精密切割的切割速度也比较慢，通常每分钟不超过几百毫米。由此可见，利用超快激光器实现精密切割加工过程包含两个重要因素：极高的功率密度和极短的相互作用时间。基于此，使得超快激光器加工过程为冷加工过程，并可极大地提高加工精度。

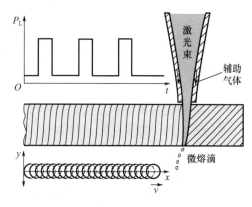

图 5.30　激光精密切割原理

激光空间切割

激光精密切割

　　图 5.31（a）所示为一典型的激光精密切割应用——心血管支架的切割加工。将直径 $\phi1.6～\phi2mm$ 的不锈钢细管按设计的轨迹进行激光精密切割，可以获得如图所示的弹性支撑架，植入堵塞血管就可以解决血管堵塞的问题。在工业领域，激光精密切割应用更为广泛的是尺寸大、厚度大、形状复杂零件的精密切割加工。图 5.31（b）所示为通过设计特殊的切割头及加工工艺实现的 40mm 不锈钢板的精密切割，所使用的 CO_2 气体激光器加工功率为 8kW，切缝宽 0.85mm，切割轮廓接近垂直。图 5.31（c）所示为光纤激光器与机器人手臂结合后（即光纤激光机器人）切割三维零件，这种生产方式在汽车制造业中获得了大量应用，在一些模具成形领域也有使用。光纤激光机器人目前已成为切割发展的主流方向。

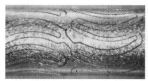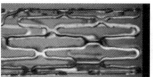

（a）激光精密切割心血管支架

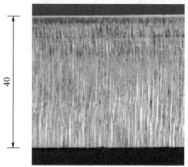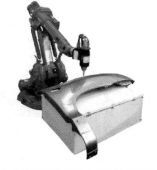

（b）40mm 不锈钢板的精密切割　　　　（c）光纤激光机器人切割三维零件

图 5.31　激光精密切割应用

激光精密切割的典型应用还有非金属材料的精确切割加工，如图 5.32 所示。陶瓷、玻璃、单晶、陶瓷基复合材料、纤维增强材料及柔性高聚物等非金属材料除了在光能吸收、作用及导热机制等共性问题上有别于金属材料外，在显微结构相组成、吸收光子能量的热扩散均匀性等方面也存在显著差异。其中，玻璃、陶瓷、单晶体等高硬脆非金属材料的激光切割裂纹效应一直是阻碍激光加工在该类材料加工中发展的主要障碍。木材、皮革及一些纤维增强材料等在激光切割时极易出现碳化效应。超短脉冲激光器的出现有效解决了此类问题，由于加工过程为冷加工过程，材料受热冲击少，热影响区极小，无裂纹损伤，切缝精窄，单个零件间的间隔减小到几百微米以下，有效提高了材料的利用率。

 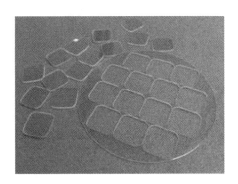

(a) 超短脉冲激光器对火柴头的加工　　　　(b) 蓝宝石精密切割

图 5.32　激光精密切割对非金属材料的加工

在生物医疗领域，超短脉冲激光器所具有的"冷"加工、能量消耗低、损伤小、准确度高、三维空间上严格定位的优点，最大限度地满足了生物医疗的特殊要求，即手术风险低，可对同一患处进行多次手术，治疗愈合周期短。相比传统手术刀，超短脉冲激光器的医源性感染少；全激光手术，精确度高；无痛，无并发症。目前超短脉冲激光器已广泛应用于近视的治疗中。超短脉冲激光切割的角膜瓣，厚度均匀一致，瓣的厚薄和直径都可以设定，可控性非常好，对神经和血管的损伤较少，大大减少了术后干眼症的发生率；而且治疗过程误差小，医生可以根据患者的角膜情况设置角膜瓣的厚度，厚薄完全在医生的精确掌控中。因此，术前即可准确预测剩余角膜基质床的厚度，这对合理设计手术方案、保证手术安全更为有利。图 5.33 所示为超短脉冲激光切割角膜瓣。

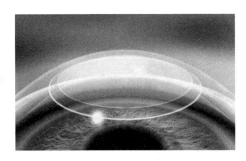

图 5.33　超短脉冲激光切割角膜瓣

3. 激光焊接

激光焊接（laser welding）是用激光作为热源对材料进行加热，使材料熔化而连接的工艺方法。由于激光的单色性、方向性都很好，很容易聚焦成很细的光斑，光斑内能量密度极高，因此激光焊接的主要特点是焊缝的深宽比（焊接深度与焊缝宽度之比）大。激光焊接可在大气中进行，有时根据需要使用保护气体。激光可焊接高熔点材料，有时也可以实现异种材料的焊接。与氧气-乙炔焊和电弧焊等传统焊接方法相比，激光焊接具有如下两大优点。

① 激光照射时间短。焊接过程极迅速，不仅生产效率高，而且被焊材料不易氧化，热影响区小，适合于热敏感很强的晶体管元件焊接。激光焊接既没有焊渣，也不需去除工件的氧化膜，尤其适用于微型精密仪表的焊接。

② 激光不仅能焊接同种金属材料，而且可以焊接异种金属材料，甚至还可以焊接金属与非金属材料。例如用陶瓷作基体的集成电路，由于陶瓷熔点很高，又不宜施加压力，采用其他焊接方法很困难，而用激光焊接则比较方便。还能利用激光的透波及聚焦进行特殊焊接加工，如图 5.34 所示为激光透过玻璃或者聚合物实现特殊焊接。

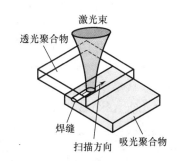

图 5.34　激光透过玻璃或聚合物实现特殊焊接

激光焊接的方法和材料很多，但就其焊接方式和特性而言是有规律可循的。按焊接机理，激光焊接主要可分为两种：激光热传导焊接和激光深熔焊接。

（1）激光热传导焊接

激光热传导焊接（图 5.35）是将高强度激光束直接辐射至材料表面，通过激光与材料的相互作用，使材料局部熔化实现焊接。激光与材料相互作用过程中，产生光的反射、光的吸收及热传导。在热传导过程中，辐射至材料表面的激光功率密度比较低，光能量只能被表层吸收，不产生非线性效应或小孔效应。当光在材料表面穿透微米数量级后，入射光强度趋于零，材料通过热传导方式进行内部加热。材料表面熔化，只要表面温度不超过沸点，能量向

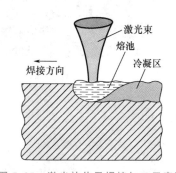

图 5.35　激光热传导焊接加工示意图

材料内部稳定传播，使内部金属加热熔化形成一种半球形的焊缝。激光热传导焊接所使用的激光功率密度较低，工件较薄，其焊缝两侧热影响区的宽度比实际的焊接深度要大得多。

激光热传导焊接主要有激光点焊、激光缝焊等工艺。

① 激光点焊。激光点焊是脉冲激光的一种典型应用。激光点焊主要用于薄型金属器件的精密焊接，已成功焊接的金属有铜、镍、不锈钢、铁镍合金、铂、铑、各类铜合金、金、银、钨等。此外，丝状元件的焊接也是激光点焊的重要应用领域。

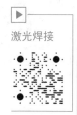

激光焊接

② 激光缝焊。激光缝焊是以缝的形式连接在一起的焊接，在许多焊接应用中，常使用脉冲激光器作为缝焊的工具。用脉冲激光器通过熔点重叠可以形成连续的熔池，由脉冲重复率的上限及可接受的重叠度共同决定焊接的速率。

在脉冲激光缝焊中，若无足够的重叠度会出现两个问题：一是熔池的截面会出现锯齿形，熔深不均匀，焊接强度不够；二是在焊接过程中会出现小的缺陷，这些缺陷常常是由于初始时激光尖峰在熔池引起气化形成的，常以气泡形式出现，若气泡的深度扩展到整个熔区厚度，则会出现漏气。当重叠度足够时，随后的脉冲作用于缺陷区，可重新熔化，并能堵住使元件漏气或零件失效的气泡。

激光切割与
焊接组合
加工

激光热传导焊接的最大的穿透深度为 1.5～2mm。较深的焊接必须由小孔效应实现。但是，在气密性缝焊中，小孔效应不能用，因为加工质量难以控制。随着工业用激光器、工业机械手臂的发展，激光焊接机正向高度柔性化及自动化方向发展，在汽车、飞行器、轨道交通等高端制造领域获得越来越广泛的应用。比起传统的焊接技术，激光热传导焊接拥有精度高、无须焊料等显著优势，如图 5.36（a）所示为多机械手臂协同激光焊接汽车车架，传统的人工焊接几乎被完全替代。通过激光焊接［图 5.36（b）］，空客 A380 从第 7 到第 19 舱节约下来的铆钉就重达 20t，这 20t 的载重量全部"变成"了座位数，使 A380 成了每个座位单位能耗最低的飞机。

（a）焊接汽车车架　　　　　　　　（b）焊接飞机机身

图 5.36　激光热传导焊接应用

（2）激光深熔焊接

激光束
蒸气、等离子体
熔池
焊缝
工件

图 5.37　激光深熔焊接加工示意图

激光深熔焊接（图 5.37）所用的激光功率密度较激光热传导焊接高，材料吸收光能后转换为热能，使工件迅速熔化乃至气化，产生较高的蒸气压力。在这种高压作用下，熔融的金属迅速从光束的周围排开，在激光照射处呈现出一个小的孔眼。随着照射时间的增加，这个孔眼不断向下延伸，一旦激光照射停止，孔眼四周的熔融金属（或其他熔物）立即将孔眼填充，这些熔融物冷却后便形成了牢固的平齐焊缝。这种焊接方式的焊缝两侧的热影响区的宽度要比实际的焊接深度窄得多，其深宽比高达 12∶1。

在激光深熔焊接过程中，焊缝的横截面形成并不取决于简单的热传输机制，激光深熔焊接的机理主要有小孔效应、等离子体屏蔽及纯化作用。

① 小孔效应。图 5.37 表示了激光深熔焊接过程的几何特征。在高功率激光束照射下，被焊材料的微小局部被加热、熔化并蒸发，先形成一个小孔，然后穿透材料。在激光束作用下，孔壁材料连续蒸发的蒸气充满小孔，由这局部封闭的蒸气所产生的高压把邻近的熔化金属推向四边，以使激光束通过这个低密度的蒸气孔深透进材料内部。小孔周围液体的流动和表面张力倾向于消除小孔，而孔壁材料连续产生的蒸气则极力保持小孔。于是小孔产生的蒸气压力与其周围熔化金属的液体静压力达到平衡。被焊材料受激光束照射，熔融金属在形成稳定态小孔后，随激光束或工件以确定的速度向前移动，随后凝固形成焊缝金属。

激光深熔焊接的机制与电子束焊和等离子焊很相似，其能量是通过小孔传递与转换的，小孔犹如一个黑体，帮助激光束吸收和传热至材料深部。而在大多数常规焊接和激光热传导焊接过程中，能量首先积聚在材料表面，然后通过热传导，带到材料内部。这是两种完全不同的焊接机制。一般认为，适合深熔焊接的激光功率密度为 $10^6 \sim 10^7 \, \text{W/cm}^2$，相当于 $20000 \sim 36000\text{K}$ 的热源温度。功率密度太低，深熔焊小孔不能形成，而过高功率密度过高，则蒸发太剧烈，不能获得光滑焊缝。图 5.38 所示为采用薄片式固体激光器对 10mm 不锈钢深熔焊接后所得的焊接截面，焊接时的激光功率达到了 8kW，焊接速度可以超过 3m/min。

图 5.38　薄片式固体激光器深熔焊接截面

② 等离子体屏蔽。激光深熔焊接过程中，由于激光器输出功率大导致过高的功率密度，如超过 $10^7 \, \text{W/cm}^2$ 时，被焊工件表面过度蒸发而形成等离子云。这种等离子云对光束不透明或透明度较低，对入射光束事实上起了屏蔽作用，从而影响焊接过程继续向材料深部进行。

等离子云的形成对光束吸收影响很大，它在紧贴金属表面生成，是很强的光束吸收体。在强光束照射下，金属表面发生激烈蒸发，金属蒸气流反冲到入射的激光束中，随之被光束电离形成稳定的等离子云。它能辐射、驱散入射光束，形成屏蔽。一旦屏蔽性的等离子云形成，随后仅允许少量光束穿入工件表面以保持继续蒸发。试验发现，当激光功率超过 8kW 时，在未使用辅助气体的激光焊接过程中，在强激光作用下，金属表面焊接空间上方会产生等离子云屏蔽层，因此必须采取预防措施。从机制方面考虑，预防措施主要有两种：一种是使用保护气体吹散激光与工件作用点反冲出的金属蒸气；另一种是使用可抑制金属蒸气电离的保护气体，从根本上阻止等离子云的形成。

惰性气体一般被用作吹散金属蒸气的保护气体，其中氦气更有效，因为它能生成所有保护气体中密度最小的粒子气流。在氦气中加氢气和二氧化碳，由于提高了保护气体的导热性，依靠附着形成负离子，因此减少了自由电子密度，更利于抑制等离子云的有害作用。

③ 纯化作用。高功率连续波 CO_2 气体激光器是目前应用非常广泛的工业用激光器，金属表面会高度反射 $10.6\mu\text{m}$ 波长的激光束，而非金属体则可以很好地吸收。激光深熔焊接时，激光束通过小孔，光束在小孔边界处与光滑的熔融金属表面间发生反复反射作用。在这个过程中，光束若遇到非金属夹杂（如氧化物或硅酸盐），将被优先吸收。因此，这些非金属夹杂被选择性地加热和蒸发并逸出焊区，使焊缝金属获得纯化。

5.1.5　激光表面加工技术

激光表面加工技术是研究金属材料及其制品在激光作用下组织和性质的变化规律，以

及该技术在工业应用中的工艺及装备的一种新加工技术，涉及光学、材料科学与工程、机械与控制等多个学科，是传统表面处理技术的发展和补充。

激光表面加工的应用前景广阔，在许多场合，采用激光表面处理可以解决其他表面处理方法难以实现的技术目标。例如细长钢管内壁表面硬化，成型精密刀具刃部超高硬化，模具合缝线强化，缸体和缸套内壁表面硬化等。此外，采用激光热处理的经济效益显著优于传统热处理，如汽车转向器壳体激光相变硬化（淬火）和锯齿激光相变硬化等。因此，激光表面加工技术的研究、开发和应用都处于上升阶段，并且已经成为激光加工技术中的一个重要的发展方向。

按照作用原理不同，激光表面加工技术主要有激光相变硬化（淬火）和退火、激光合金化、激光重熔、激光熔覆、激光冲击强化等。这些激光表面处理工艺共同的理论基础是激光与材料相互作用的规律及其金属学行为，其特点见表 5 - 2。

表 5 - 2　各种激光表面处理工艺的特点

工艺方法	功率密度/(W/cm²)	冷却速度/(℃/s)	作用区深度/mm
激光相变硬化	$10^4 \sim 10^5$	$10^4 \sim 10^5$	0.2~3
激光合金化	$10^4 \sim 10^6$	$10^5 \sim 10^9$	0.2~2
激光熔覆	$10^4 \sim 10^6$	$10^4 \sim 10^6$	0.2~1
激光冲击强化	$10^9 \sim 10^{12}$	$10^4 \sim 10^6$	0.02~0.2

下面主要介绍激光相变硬化、激光重熔、激光合金化及激光熔覆、激光冲击强化。

1. 激光相变硬化

激光相变硬化（transformation hardening）也称激光表面淬火，它以高能密度的激光束快速照射材料表面，使其需要硬化的部位瞬间吸收光能并立即转换为热能，进而使激光作用区的温度急剧上升到相变温度以上，使钢铁中铁素体相遵循非扩散型转变规律形成奥氏体，此时工件基体仍处于冷态并与加热区之间的温度梯度极高。因此，一旦该区域停止激光照射，加热区因急冷而实现工件的自冷淬火，奥氏体快速转变为细密的马氏体，从而提高材料表面的硬度和耐磨性。激光作用材料相变区域及过程示意图如图 5.39 所示。

激光相变硬化具有如下优点。

（1）极快的加热速度（$10^4 \sim 10^6$ ℃/s）和冷却速度（$10^6 \sim 10^8$ ℃/s），比感应加热的工艺周期短，通常只需 0.1s 即可完成，生产率极高。

（2）仅对工件局部表面激光相变硬化，并且硬化层可精确控制，因而它是精密的节能热处理技术。激光相变硬化后工件变形小，几乎无氧化脱碳现象，表面光洁，故可成为工件加工的最后一道工序。

（3）激光相变硬化的硬度可比常规淬火硬度提高 15%～20%。铸铁激光相变硬化后，其耐磨性可提高 3～4 倍。

（4）可实现自冷淬火，不需水或油等淬火介质，避免污染环境。

（5）对工件的许多特殊部位（如槽壁、槽底、小孔、盲孔、深孔及腔筒内壁等），只要激光能照射到位，就可实现激光相变硬化。

（6）工艺过程容易实现生产自动化，过程适合在线监测。

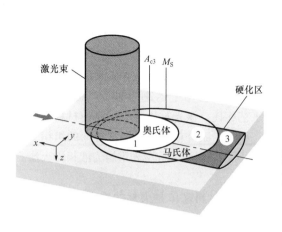
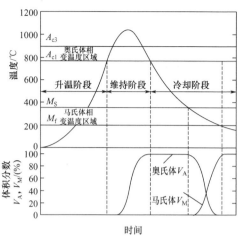

图 5.39　激光作用材料相变区域及过程示意图

激光相变硬化具有如下局限性。

（1）硬化层深度受限制，一般在 1mm 以下，目前进行的开发研究已在加大深度方面初见成效，有报道介绍硬化层深度可达 3mm。

（2）由于金属对波长 $10.6\mu m$ 的激光反射率很高，为增大对激光的吸收率，须做表面涂层或其他预处理。

激光相变硬化可以处理所有的铸铁、中碳钢和工具钢，因此可以广泛应用于汽车、航空航天、轨道交通、冶金、石油、重型机械等许多工业部门。例如，激光相变硬化用于处理各种轴体（碳钢和球墨铸铁）、齿轮（铁素体钢和碳钢）、阀门（灰口铸铁和碳钢）、垫圈（可锻铸铁）、凸轮轴凸角（铸钢）、活塞环（铸铁和钢）、驻车制动棘轮（低碳钢）、辊槽拱顶（钢）、缸筒和缸套（铸铁和钢）、轴瓦（合金铸铁）和汽轮机叶片缘口（马氏体不锈钢）等零件均能取得良好的强化效果。

激光相变硬化不仅可以应用到零部件的外表面，而且可以应用到各种零部件的内表面，如图 5.40（a）所示，采用大功率的 CO_2 气体激光器，可对发动机气缸内腔进行交叉网纹形式的硬化处理；有时也能通过气氛保护对零件进行局部复杂曲面硬化处理，如图 5.40（b）所示，通过激光对连接环套的接触磨损部位进行气氛保护下的硬化处理。

激光相变
硬化

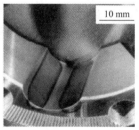

（a）发动机气缸　　　　　　　　（b）连接环套

图 5.40　激光相变硬化应用

2. 激光重熔

激光重熔（laser remelting）是指用激光辐照工件表面至熔化，而不加任何金属元素，以达到表面组织改善的目的。有些铸件的粗大树枝状结晶中常夹杂氧化物、硫化物及金属化合物并有气孔等缺陷，如果这些缺陷处于表面部位就会影响疲劳强度、耐腐蚀性和耐磨性，用激光表面重熔可以把杂质、气孔、化合物释放出来，同时由于迅速冷却而使晶粒得到细化，生成亚稳态的平面晶或胞状晶。与激光相变硬化工艺相比，激光重熔的关键是使材料表面经历快速熔化—凝固过程，所得到的熔化凝固层为铸态组织。工件横截面沿深度方向的组织为熔化凝固层、相变硬化层、热影响区和基材，如图 5.41 所示。因此常称激光重熔为液相淬火法。

激光重熔的主要特点如下。

（1）表面熔化时不添加其他元素，熔化凝固层与材料基体是天然的冶金结合。

（2）在激光熔凝过程中，可以排除杂质和气体，同时急冷重结晶获得的组织有较高的硬度、耐磨性和抗蚀性。

（3）熔层薄，热作用区小，对表面粗糙度和工件尺寸影响不大，甚至可以直接使用。

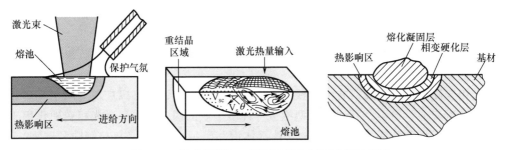

图 5.41 激光重熔加工原理及熔化凝固过程示意图

激光重熔加工中的熔池宽度通常在 0.1～2mm，深度 0.1～4mm，冷却速度非常大，最高可以达到 10^7℃/s，远远超过等离子、电弧或火焰加工的冷却速度，可在工件表面生成细小的平面晶和胞状晶。因此，如何控制熔池的熔化速度与冷却速度是影响激光重熔效果的关键。研究表明影响激光重熔的主要加工参数是光束移动速度和激光功率密度。光束移动速度决定了某点熔池的形成时间，而激光功率密度则影响激光能量输入量，对于不同的材料表面处理要求，需要不断调整这两个加工参数。

激光重熔过程不是简单的熔化—凝固过程，虽然加工中不添加其他元素，但是仍然会改变材料内部的成分构成。其原因主要有以下几点：一是激光重熔能够使材料内部诸元素重新分布；二是激光重熔通常在非真空条件下进行，因此会引入气氛中的元素；三是激光重熔会改变原材料中的固相分布。如果控制好激光重熔参数，激光重熔不但能使材料内部诸元素分散均匀，而且也能使重结晶后的材料微观组织结构比较均匀，晶粒细化及生成的硬质相促使耐磨性提高。工业应用中，铸铁及铝、镁、铜为主的合金是非常适合采用激光重熔工艺强化的，重结晶亚稳相可以显著提高该类材料的表面性能，如图 5.42（a）所示的凸轮表面强化。

利用激光重熔原理还可以实现一些新的应用。如图 5.42（b）所示，德国弗劳恩霍夫激光技术研究所提出了一种表面织构化技术。激光按照特定轨迹移动的同时，有规律地调节激光的功率，激光重熔部分的体积会随之发生变化，熔池四周温度梯度分布出现变化，表面材料对流冷凝后实现二次分布，获得高低起伏的表面结构，这种结构的深度约为

$200\mu m$，表面织构化速度约为 $75mm^2/min$。随着对这种技术研究的深入，未来在工业应用方面利用激光在金属表面低成本高效加工具有一定深度的微结构将成为可能。

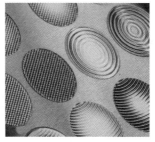

（a）凸轮表面强化   （b）表面织构化

图 5.42　激光重熔应用

3. 激光合金化及激光熔覆

激光合金化（laser alloying）是指在高能束激光的作用下，将一种或多种合金元素快速熔入基体表面，使母材与合金材料同时熔化，形成表面合金层，从而使基体表层具有特定的合金成分的技术。换句话讲，激光合金化是一种利用激光改变金属或合金表面化学成分的技术。利用高功率激光处理的优点在于，可以节约大量具有战略价值或贵重的元素，形成具有特殊性能的非平衡相或非晶态、晶粒细化，提高合金元素的固溶度，改善零件的成分偏析。

激光熔覆（laser cladding）是指以不同的填料方式在被涂覆基体表面上放置涂层材料，经激光辐照使之与基体表面薄层同时熔化，快速凝固后形成稀释度极低并与基体材料成冶金结合的表面熔覆层，从而显著改善基体表面的耐磨性、耐蚀性、耐热性、抗氧化性及功能特性等的技术。

因此，激光合金化与激光熔覆的原理是基本相同的，区别在于激光合金化更加强调引入元素与基体元素间的合成，激光熔覆则偏向于强调基体表面的熔覆层性能优良、结合力良好。在激光熔覆技术基础上，结合成形技术，则发展出了激光熔化沉积技术。图 5.43 为激光合金化与激光熔覆加工示意图，从图中可以看出这两者的细微差别。与常规的表面涂覆工艺相比较，激光熔覆层成分几乎不受基体成分的干扰和影响，熔覆层厚度可以准确控制，熔覆层与基体间为冶金结合，稀释度小，加热变形小，热作用区也很小，整个过程很容易实现在线自动控制。

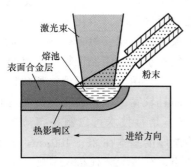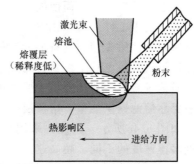

（a）激光合金化   （b）激光熔覆

图 5.43　激光合金化与激光熔覆加工示意图

激光合金化与激光熔覆的加热速度和冷却速度都非常大，激光合金化的加热速度和冷却速度更高些，最高可达 10^9 ℃/s。激光合金化后的材料表面性能因为组织结构与成分的变化可以获得极大提升。激光熔覆加工中则要更注重考虑熔覆层与基体间的结合及残余应力分布，因此有时加热速度和冷却速度需适当控制，以改善熔覆加工中的结合与应力分布。

激光熔覆材料包括金属、陶瓷或者金属陶瓷，材料的形式可以是粉末、丝材或者板材。激光熔覆依据材料的添加方法不同，分为预置涂层法和同步送料法。预制涂层法的工艺是，先采用某种方式在基体表面预置一层金属或者合金，然后用激光使其熔化，获得与基体冶金结合的熔覆层。同步送料法的工艺是，在激光束照射基体的同时，将待熔覆的材料送入激光熔池，经熔融、冷凝后形成熔覆层［图 5.44（a）所示为同步送料法中的同轴送粉加工］。激光熔覆十分强调气氛保护，通常很难制作一个大型真空箱用于加工，而采用图 5.44（b）所示的特殊吹气送粉辅助结构（即气氛保护装置）形成局部保护气氛，这点在要求较高的航空航天结构件熔覆加工中尤其需要重视。

激光熔覆

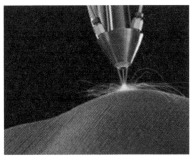

（a）同轴送粉加工

（b）气氛保护装置

图 5.44　激光熔覆应用

激光熔覆因其具有的选择性覆盖、熔覆层材料可选、微观结构致密、综合性能优良等特点而逐渐被越来越多的工业企业选用，在航空航天发动机、大型传动设备、汽轮机等领域获得了十分良好的经济效益。

传统激光熔覆存在粉末利用率低、总体加工效率低、涂层及其零件精度低，涂层需要经过机械加工才能使用等缺点，在一定程度上制约了其更大规模的应用。为解决上述问题，德国弗劳恩霍夫激光技术研究所和亚琛工业大学联合研发，于 2017 年提出超高速激光熔覆（extreme high-speed laser cladding），其熔覆速度可达25～200m/min，加工过程中激光聚焦于工件上方的粉末，从而使能量大部分作用于工件上方的粉末上。采用这种技术进行激光熔覆时，由于工件基材熔化很少，涂层化学成分受基材熔化被稀释的可能性大大降低，因此采用超高速激光熔覆制备的涂层稀释率极低，一般仅为2％～4％，涂层化学成分和理化性能得到极大保留。工件基材的热输入虽然极小，但能保证粉末与基材发生充分的冶金结合。而传统激光熔覆的能量主要作用在基体上，用以形成熔池，所以熔池大，粉末颗粒熔化主要靠熔池提供能量，熔覆层熔深大，而且较宽。超高速激光熔覆与传统激光熔覆原理对比如图 5.45所示。因此，采用超高速激光熔覆技术可以制备超薄且质量很高的涂层。根据熔覆速度的不同，超高速激光熔覆涂层厚度基本在 25～400μm，并且涂层的表面质量好，进行简单的磨削与抛光后即可投入使用，被誉为替代传统电镀工艺的先进绿色制造技术，具有广阔的应用前景。

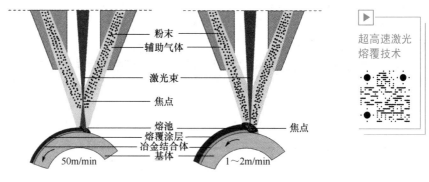

（a）超高速激光熔覆原理　　　（b）传统激光熔覆原理

图 5.45　超高速激光熔覆与传统激光熔覆原理对比

4. 激光冲击强化

激光冲击强化（laser shock peening，LSP）是近几年发展起来的一种新型表面强化技术，利用强激光束产生的等离子冲击波，提高金属材料的抗疲劳、耐磨损和抗腐蚀能力。与现有的冷挤压、喷丸等材料表面强化手段相比，激光冲击强化具有非接触、无热影响区、可控性强及强化效果显著等突出优点。激光冲击强化大幅度提高了构件的抗疲劳寿命，在航空、航天、石油、核电、汽车等领域有着广泛的应用前景。

激光冲击强化加工过程及界面应力分布如图 5.46 所示，为了产生更好的冲击效果，一般会在工件表面增加一层特殊的约束层（牺牲层），其吸收激光能量后气化产生冲击波作用在下层工件上，形成内应力。

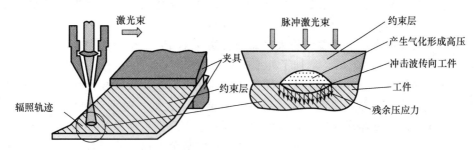

图 5.46　激光冲击强化加工过程及界面应力分布

激光冲击强化是利用高峰值功率密度（大于 $1GW/cm^2$）的脉冲激光透过约束层后作用于金属靶材表面的吸收层上，产生受约束的高压（大于 1GPa）等离子体，产生的冲击波使金属材料表层产生塑性变形，获得表面残余压应力，从而提高结构疲劳性能。激光冲击强化是激光加工中峰值功率最高的，产生的等离子体相当于在材料表面产生小爆炸，但由于作用时间极短（纳秒量级），热作用仅在吸收层几微米深度，对待强化构件是一种冲击波作用的冷加工，可以获得光滑的微米级凹陷、毫米级残余压应力层。

激光冲击强化具有以下特点。

（1）激光冲击强化一般采用钕玻璃、YAG 及红宝石的高功率脉冲式激光器，所产生激光的波长为 $1.054\mu m$，脉冲宽度为 $8\sim40ns$，脉冲能量达 50J，激光点直径为 $\phi5\sim$

激光冲击强化

超高速激光熔覆技术

269

$\phi6mm$,功率密度为$5\sim10GW/cm^2$,这是常规的机械加工难以达到的。

(2)激光冲击强化主要利用高压力效应,具有无渗入或沉积污染、非接触、无热影响区及强化效果显著等特点。

(3)激光冲击强化后部件的表面硬度通常比常规处理方法高10%～50%,可以获得极细的硬化层组织;硬化层深度通常为$1\sim1.5mm$,明显深于利用喷丸强化处理的部件的硬化层深度。

(4)激光冲击强化能够使部件的疲劳寿命明显延长和抗疲劳强度提高。激光冲击强化处理和喷丸强化处理的7075-T7351铝试样试验结果表明,激光冲击强化处理后部件的疲劳寿命延长一个量级,抗疲劳强度提高30%～50%。

(5)激光冲击强化能够提高高温下残余应力的稳定性。高温条件下对激光冲击强化处理的Ti8Al1Mo1V残余应力释放过程的研究表明,在高温下暴露4h后,其残余应力仍然维持稳定。Inconel718、Ti6Al4V等材料在激光冲击强化处理后也呈现相似的结果。

(6)激光冲击强化能够明显延长部件的高循环疲劳强度。

(7)激光冲击强化应用范围广。其不仅对各种铝合金、镍基合金、不锈钢、钛合金、铸铁及粉末冶金等有良好的强化效果,还可以利用激光束的精确定位处理一些受几何形状约束而无法喷丸处理的部位(如小槽、小孔和轮廓线等)。因而,该技术广泛应用于航空工业、汽车制造、医疗卫生、海洋运输和核工业等领域。

(8)激光冲击处理能对表面局部区域强化且可在空气中直接进行,因而具有对工件尺寸、形状及所处环境适应性强,工艺过程简单,控制方便灵活等特点。

但是,激光冲击强化由于其自身技术特点,存在以下不足。

(1)涂覆和去除不透明涂层的工作需要在激光冲击强化的外部车间进行,如果要多次冲击就需要反复搬运,造成劳动强度大且工作时间长。

(2)圆形激光束光点的重叠面积大(如果要实现100%覆盖待处理表面,圆形激光束光点的重叠面积要高达30%),增加了处理时间。

激光冲击强化已开始在航空航天、能源、石油化工等行业大规模使用,主要用于提高关键部位疲劳性能、抗应力腐蚀性能、抗冲击性能等。比如,对发动机钛合金叶片而言,一旦叶片边缘因外物破坏形成缺口,其疲劳强度将急剧降低,而激光冲击强化形成的残余压应力层能很好阻止或者延缓裂纹萌生,提高结构的疲劳寿命和安全性,相当于使关键结构关键部位获得"免疫力"。该技术已成为先进发动机叶片强化的必选技术之一。F119发动机风扇和压气机整体叶盘采用激光冲击强化技术后疲劳寿命提高了4～5倍。除发动机外,F-22飞机机身孔结构、T-45舰载机拦阻杆等结构均采用激光冲击强化提高疲劳寿命,大大延长了检修周期。而日本采用激光冲击强化核反应堆压力容器焊缝,提高了焊缝抗应力腐蚀性能。图5.47所示为激光冲击强化技术应用于发动机叶片。

图5.47 激光冲击强化技术应用于发动机叶片

5.1.6 其他激光加工技术

1. 激光成形

激光成形（laser forming）包括激光热应力成形和激光冲击成形。

（1）激光热应力成形是一种非接触式的成形技术，其基本原理如图5.48所示，激光束辐照金属板材，温度变化形成热应力，板材发生变形扭曲，通过移动激光热源达到所需的最终程度的弯曲或变形。图5.49所示为激光热应力成形结构件。

图 5.48 激光热应力成形基本原理

图 5.49 激光热应力成形结构件

（2）激光冲击成形是利用高功率密度（大于$1GW/cm^2$）纳秒级脉冲强激光照射金属材料表面，产生向金属内部传播的强冲击波，使金属材料表层发生塑性变形，形成激光冲击强化区，从而改善金属材料的力学性能。其原理与激光冲击强化类似。目前激光冲击成形仍然以逐点加工形成形变为主，因此生产效率还比较低，但随着高质量强化用激光器的研制及工艺的研究，未来在航空航天、武器、轨道交通等领域将有望获得较广泛的应用。

激光成形

2. 激光烧蚀

激光烧蚀（laser ablation）是指激光束辐照作用于吸收特性匹配的材料上，在特定的能量密度及特定作用时间条件内，激光能量传递到材料晶格组织［图5.50（a）］，破坏材料原子间的键合，引起材料蒸发。因此，烧蚀过程并不是单纯地依靠热量来熔化或者气化材料，而是一种原理非常复杂的物理现象。由于激光烧蚀要求采用脉冲形式加工材料，因此常被称作脉冲激光烧蚀（pulsed laser ablation，PLA）。在实际应用中，常利用激光对物体进行轰击，然后将轰击出来的蒸气物质沉淀在衬底上生成薄膜，故也称脉冲激光沉积（pulsed laser deposition，PLD）。图5.50（b）所示即为利用激光烧蚀加工薄膜系统原理，图左下角为激光束辐照后在真空中形成的等离子羽状物在衬底上形核生成薄膜的过程。

激光烧蚀发展到以非热能激光熔化靶物质阶段后，其应用已经变得越来越广泛。这种方式具有以下几点优势：①容易实现多组分薄膜的组分比控制；②沉积速率高，试验周期

271

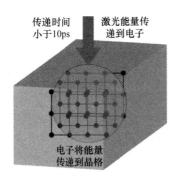
传递时间
小于10ps
激光能量传
递到电子

电子将能量
传递到晶格

（a）能量传递原理

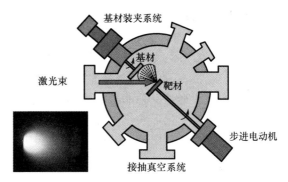
基材装夹系统

基材

激光束

靶材

步进电动机

接抽真空系统

（b）加工薄膜系统原理

图 5.50　激光烧蚀

短，衬底温度要求低，制备的薄膜均匀；③对靶材的种类没有限制；④工艺参数任意调节。激光烧蚀已用来制作具备外延特性的晶体薄膜，如陶瓷氧化物、氮化物膜、金属多层膜，以及各种超晶格材料，近年来甚至拓展到纳米管、纳米粉末及量子点等形式的合成与制作中，成为薄膜加工领域极具发展潜力的技术。

3. 激光抛光

抛光通常指利用柔性抛光工具和磨料颗粒或其他抛光介质对工件表面进行修饰加工，属于接触性加工。近年来，一种非接触式的抛光——激光抛光（laser polishing）逐渐进入工业应用。激光抛光的基本原理是利用激光辐照材料，使材料表面气化或者重熔，降低原有的粗糙度。因为激光是热作用过程，因此不仅可以抛光普通的金属材料，而且特别适合抛光既硬又脆的陶瓷、玻璃、半导体等材料。

激光抛光

目前金属模具材料的激光抛光应用最成熟，传统的注塑模和压铸模制造中有 $30\%\sim50\%$ 的时间是花在抛光上的，激光抛光则可以高效率地获得高质量抛光表面，其原理如图 5.51（a）所示。用高强度激光束辐照材料表面，形成 $20\sim100\mu m$ 熔化层，在表面张力的作用下获得光滑熔化凝固层。随着激光技术及数控技术的发展，可以实现如图 5.51（b）所示的自由曲面的抛光，这种高效而清洁的抛光处理在未来具有良好的发展前景。

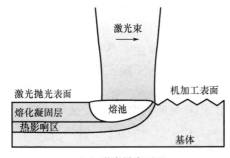
激光束
激光抛光表面
熔化凝固层
热影响区
熔池
机加工表面
基体

（a）激光抛光原理

（b）自由曲面激光抛光

图 5.51　激光抛光

对于复杂而尺寸相对较小的零件，采用激光抛光技术可以获得非常高的加工效率。图 5.52（a）所示是心室辅助装置的一个重要组成部分，采用传统方法抛光需要长达 3h 才能完成，采用脉冲激光处理时，仅仅需要 2min，加工效率提高了近 100 倍。激光抛光处理后的表面本质上经历了类似激光重熔的表面强化处理，如图 5.52（b）所示，因此表面硬度较普通抛光的更高，进一步提高了模具的使用寿命。

（a）心室辅助装置用零件激光抛光前后对比　　　　（b）模具内腔激光抛光前后对比

图 5.52　激光抛光

4. 激光清洗

激光清洗（laser cleaning）技术是近年发展起来的一种新型清洗技术。其清洗机理可分为两大类：一类如图 5.53 所示，表面附着物与基体对某一波长激光的吸收系数差异较大，辐射到表面的激光能量大部分被表面附着

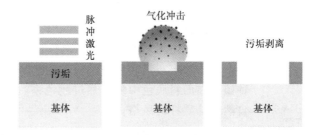

图 5.53　激光清洗基本原理

物所吸收，部分气化蒸发或瞬间膨胀，形成冲击，带动表面更多的附着物脱离基体表面；另一类则是利用高功率的超短脉冲激光冲击表面附着物，部分激光能量形成冲击波，促使污染物破碎后分离。

与传统的物理、化学或机械（水或微粒）清洗技术相比，激光清洗可以克服上述清洗技术中的污染物引入、化学反应等缺陷，不需要任何可能损伤被处理物的水或微粒；当工件表面粘有亚微米级的污染颗粒时，常规的清洗技术往往不能将其去除，而用激光清洗技术则仍然可以高效去除；尤其需要对工件进行非接触清洗时，激光清洗可以轻松实现；激光清洗精密零件或不坚固部位时，其非宏观力特性则可以确保被处理物精度或者结构不受影响。所以激光清洗具有非常独特的优势。

激光清洗在汽车制造、半导体晶圆片清洗、军事装备清洗、建筑物外墙清洗、文物保护、电路板清洗、精密零件清洗、液晶显示器清洗、口香糖残迹去除等领域具有很好的应用前景。激光清洗不但可以用来清洗有机污染物，而且可以用来清洗无机物，包括金属的锈蚀、金属微粒、灰尘等，如图 5.54（a）所示。例如，激光清洗轮胎模具的技术已经大量应用在欧美的轮胎工业中，替代了喷砂、超声波或二氧化碳清洗等传统清洗技术。又如，如何高效清除污垢的同时不破坏文物一直是文物保护中的难题，利用激光清洗技术则可以很好地恢复文物本来面貌，如图 5.54（b）所示。

（a）金属基材激光清洗前后对比

（b）石材雕像激光清洗前后对比

图 5.54　激光清洗前后对比

激光清洗

激光印花
工艺

基于激光清洗原理，人们还开发了应用于服装行业的激光印花工艺。激光印花的工作原理是通过激光设备发射的高强度光束，由计算机控制程序，在各种布匹面料上进行图案印花、打孔，创造出时尚、引领潮流的效果，激光印花效果如图 5.55 所示。这与一般绣花机绣出的效果有着本质的不同。从图案视觉上来看，绣花机是将一根根不同颜色的线缀在面料的表面上，由色块组合成图案，而激光印花则是根据面料的底色来处理的，利用激光清洗原理将面料表面的染料"清洗"出去，从而露出底色或形成对比色，实现印花的效果。该工艺可通过计算机设计图样传输到激光设备，在同一色泽的面料上"绣"出布料底色，可形成各种深浅不一，具有层次感的图案效果。这种蕴藏在面料底色中的自然过渡色系，是设计师难以调配的，具有独特的、自然的、质朴的风格。

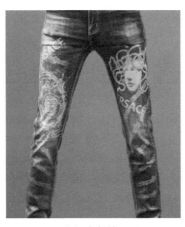

（a）牛仔裤

（b）皮革上衣

图 5.55　激光印花效果

此外，结合视觉识别系统和多激光头加工系统，激光印花技术可以实现印花图案的准确定位、面料的高利用率、多工位加工印花图案、自动扫描识别切割排料等，印花加工速度更准确、更高效，显著节约了人工和时间成本，提高了传统纺织产业的现代化制造水平，目前已在欧洲多国及日本、韩国等服装市场形成了典型应用。

5. 激光打标与激光雕刻

激光打标（laser marking）是利用高能量密度的激光照射工件局部，使表层材料气化或发生颜色变化的化学反应，从而留下永久性标记的一种打标方法。目前，激光打标已广泛应用于包装、零件、首饰、电子元件、集成电路芯片、五金工具等众多领域的文字和图形的标记，如图 5.56 所示。当使用超高速激光打标时，则有可能形成彩色标记，称为激光彩色打标，如图 5.57 所示。激光彩色打标的原理是激光作用在样品上形成不同厚度（一般为纳米量级）的氧化膜，由干涉作用除去入射白光中的部分波长，在特定干涉级下留下部分波段，故显现出彩色。激光彩色打标工艺通过调节参数，能可控地使样本形成对应厚度的氧化膜，就可人为控制打标显示的颜色。激光彩色打标的特点是颜色鲜艳、稳定，不易因环境温湿度等条件变化而改变色泽，表面光滑细腻、耐摩擦，并且不会有掉色等问题。

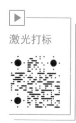

图 5.56　激光打标样品

图 5.57　激光彩色打标样品

激光雕刻（laser engraving）是根据标刻字符、图形的信息，控制聚焦的激光束选择性辐照或扫描在物体表面，高能量密度激光使材料瞬间加热气化或发生光化学反应，致使作用区域异于未作用区域，从而形成具有良好对比度或锐度的图案。一般来说，激光打标只要求在材料表面留下视觉痕迹，对雕刻深度不做要求；而激光雕刻则要求雕刻图案具有一定的触觉深度，以满足某种实用功能，如印章。和其他雕刻加工方法相比，激光雕刻具有速度快、精度高、雕刻材料不受限制、可接近性好及可以在非规则表面和易变形表面进行加工等优点。

当前主流激光雕刻为扫描式雕刻，是将需要的雕刻信息，通过计算机应用程序，控制激光器和 $X-Y$ 扫描光学系统，使高能激光点在被加工器件表面做扫描运动，从而形成标记。通常 $X-Y$ 扫描机构有两种结构形式：一种是机械扫描式，另一种是振镜扫描式。机械扫描式雕刻通过机械的方法调节反射镜偏移，实现激光束在 $X-Y$ 平面的平移，从而改变

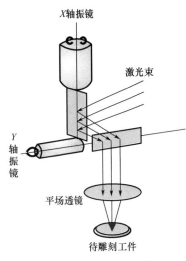

X轴振镜

激光束

Y轴振镜

平场透镜

待雕刻工件

图 5.58　振镜扫描式激光雕刻原理

激光束达到工件的位置。振镜扫描式雕刻是将激光束入射到两反射镜（振镜）上，这两个振镜可分别沿 X、Y 轴扫描，同时通过控制反射镜的偏转角度，使激光能在被雕刻的工件表面打出数字、文字、图形等，如图 5.58 所示。这种形式利用了计算机对图形的处理，具有作图效率高、图形精度好、无失真的特点；其雕刻范围可调，而且具有速度响应快、雕刻速度高（每秒可雕刻几百个字符）、雕刻质量高、光路封闭性能好、对环境适应性强等优势，已经成为目前主要采用的雕刻方式。

激光雕刻加工技术以其精确、快捷、操作简单等优点，广泛应用于广告艺术、有机玻璃加工、工艺礼品、装潢装饰、鞋材、皮革服装、商标加工、木材加工、包装印刷、模型制造（建筑模型、航空航海模型、木制玩具）、家具制造、激光刀模、印刷烫金、电子电器等行业。激光雕刻能制作精美图案文字并对圆柱、圆锥面进行精密雕刻，雕刻产品如图 5.59 所示。

激光雕刻加工

图 5.59　激光雕刻产品

由于激光器的快速发展及加工材料研究的深入，利用材料与高强度激光作用时产生的自聚焦、多光子吸收等非线性效应可以形成新的雕刻工艺，如激光内雕就是通过透明材料（如水晶、玻璃、亚克力等）对高强度激光（一般采用波长为 532nm 的绿色激光）吸收造成的多光子电离损伤致使材料体内部形成极小的白点，通过计算机控制白点的位置，从而在透明体内形成永不磨损的图案，如图 5.60 所示。

6. 激光复合制造

激光复合制造通过对多能场及多工艺复合并有效调控，可使其综合优点大于各工艺的简单叠加，即达到 $1+1>2$ 的效应，从而实现单一工艺无法实现的材料加工过程，或实现比单一工艺更高材料去除率、质量、性能的产品制造。根据其工艺特性，主要可分为激光复合焊接技术、激光复合切割/打孔技术、激光复合表面改性技术、激光复合成形技术等。

图 5.60 激光内雕作品

电磁场辅助激光焊接技术是在激光焊接过程中施加单一电场、单一磁场或同时施加电磁复合场的一种激光复合焊接技术,如图 5.61 所示。外加电磁场在激光复合焊接中的作用主要体现在两方面:一方面,外加电磁场可有效控制激光焊接等离子体对激光的屏蔽效应,提高激光的利用率,增大熔深;另一方面,基于磁流体动力学原理,外加电磁场能改变熔池金属的传质和传热过程,对液态金属产生磁搅拌作用,细化晶粒,改善焊缝组织,还能消除焊缝中的裂纹、气孔及杂渣等缺陷,提高焊接接头的力学性能。此外,由于电磁力可将液态熔池上拉,电磁复合激光焊接还可减小焊缝凹坑、咬边等缺陷,还可优化焊缝形貌,如图 5.61(c)中随着磁场强度 B 逐渐增加,焊缝形心逐渐上移,当 B 为 208mT 时,焊缝无凹坑、咬边等缺陷,焊缝形貌得到明显优化。

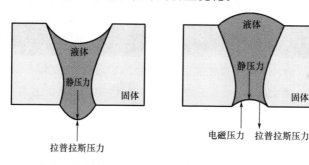

(a)无电磁辅助　　　　　　　(b)有电磁辅助

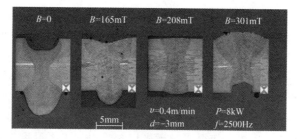

(c)电磁辅助激光焊接截面

图 5.61 底部交变磁场焊接

7. 水导激光切割

水导激光切割(hydraulic laser cutting)是一项以水射流引导激光束对工件切割的加

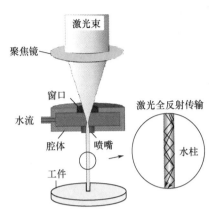

图 5.62 水导激光切割原理

工技术，其原理如图 5.62 所示。由于水和空气的折射率不同，在激光束以一定角度照射在水与空气交界面时，如果入射角小于全反射临界角，激光就会发生全反射而不会透射出去，这就使激光能量始终被限制在水束中，从而使激光沿水束的方向传播，激光能量利用率较高。传统激光切割与水导激光切割表面对比如图 5.63 所示。水导激光切割与传统激光切割相比，有以下优势。

（1）热影响区小，热损伤低，这是因为喷射的水流可以在激光脉冲间隙冷却材料，极大地降低了材料的热变形和热损伤，使材料保持其原来结构。

（2）水导激光形成的类似水光纤的效果使得激光工作距离增大，不需要聚焦，增加了激光切割的厚度。

（3）喷射水流会在切割过程中带走熔融的材料，减少了污染物，有效解决了激光切割易出现的微裂纹、毛刺等问题，从而获得较高的切割质量。

（4）加工精度高于传统的激光加工精度。

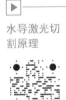

（a）传统激光切割　　　　（b）水导激光切割

图 5.63 传统激光切割与及水导激光切割表面对比

水导激光切割非常适用于微细结构的加工，如硅片的切割、医疗器械和电子产品中微结构的加工、微机电系统中的微结构及微零件的加工等。近年来，对水导激光切割不同材料不同工艺进行了广泛的研究，材料从最初的钢发展到硅、钛合金、金刚石、PCBN 等多种难加工材料。瑞士 Synova 公司将水导激光切割技术应用到难加工材料激光切割和晶圆切割领域，已达工业应用标准，比如其 LCS300 型号设备，加工精度为 $\pm 3\mu m$，重复精度为 $\pm 1\mu m$，使用该设备切割难加工材料如多晶金刚石刀具的加工速度在 5mm/min 以上，切口宽度小于 $30\mu m$，表面粗糙度小于 $Ra0.15\mu m$，加工表面无热影响区，相比于常规激光切割显示出明显的技术优势。

然而，该技术也具有一定的局限性，主要体现在设备昂贵，激光在水中传输能量会衰减，使得水导激光切割难以加工大厚度工件。此外，水导激光加工过程工艺控制难度较大，缺乏完整的加工工艺和评价体系，材料去除率、精度、材料表面完整性等指标难以保证一致，还需系统地研究与总结。

8. 超声振动辅助激光熔覆

超声振动辅助激光熔覆（laser cladding assisted by ultrasonic vibration）是目前

研究较多的一种激光复合表面改性技术，其原理如图 5.64 所示。一般认为，超声振动对激光熔覆过程的作用机制有三种效应，即声空化效应、声流效应和机械效应。这三种效应在金属凝固过程中起到细化晶粒、除气和均匀组织的作用。空化泡溃灭时产生的局部高温、高压和强烈的冲击波，能熔断并击碎固/液界面初生晶体和正在长大的晶体，在声流的搅拌作用下，破碎晶体重新分布到熔体中，提高了形核率，从而使晶粒细化。声空化效应和声流效应是实现除气的主要原因，在高频振动下，无数微小气泡不断产生、破裂或聚集上浮至液体表面。声流效应和机械效应增加了液态熔体的对流，从而促进合金元素均匀分布，减小或消除宏观和微观偏析。

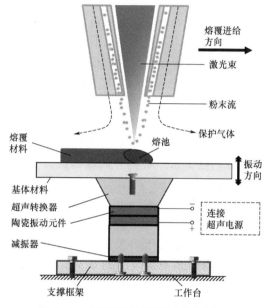

图 5.64 超声振动辅助激光熔覆原理

5.2 电子束加工

电子束加工（electron beam machining，EBM）是近年来发展较快的一种特种加工技术，主要用于打孔、焊接等热加工和电子束光刻加工。在精密微细加工方面，尤其是在微电子学领域得到较多的应用。

5.2.1 电子束加工简介

通常把利用高能量密度的电子束对材料进行工艺处理的各种方法统称为电子束加工。电子束加工是利用高能电子束流轰击材料，使其产生热效应或辐照化学效应和物理效应，以达到预定的工艺目的。

图 5.65 所示为电子束加工原理。通过加热发射材料产生电子，在热电子发射效应下，电子飞离材料表面。在强电

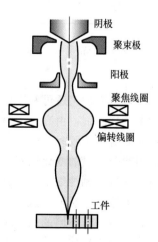

图 5.65 电子束加工原理

场作用下，热发射电子经过加速和聚焦，沿电场相反方向运动，形成高速电子束流。例如，当加速电压为 150kV 时，电子速度可达 1.6×10^5 km/s（约为光速的一半）。电子束通过一级或多级汇聚便可形成高能束流，当它冲击工件表面时，电子的动能瞬间大部分转换为热能。由于光斑直径极小（其直径可达微米级或亚微米级），而获得极高的功率密度，可使材料的被冲击部位在几分之一微秒内，温度升高到几千摄氏度，故局部材料快速气化、蒸发，从而达到加工的目的。这种利用电子束热效应的加工方法称为电子束热加工。上述物理过程只是一个简单的描绘，实际上电子束热加工的物理过程是一个复杂的过程，其动态过程理论分析非常困难，通常用简化的模型进行分析。

当具有一定动能的电子轰击材料表面时，电子将首先穿透材料表面很薄的一层，该层称为电子穿透层。当电子穿透该层时，其速度变化不大，即电子动能损失很小，所以不能对电子穿透层进行加热。当电子继续深入材料时，其速度急剧减小，直到速度降为零。此时电子将从电场获取的约 90% 动能转换为热能，使材料迅速加热。对于导热材料来讲，电子束斑中心处的热量将因热传导而向周围扩散。但由于加热时间持续很短，而且加热仅局限于中心周围局部小范围内，导致加热区的温度极高。

不同功率密度电子束向工件深度方向加工过程可用图 5.66 表示。图 5.66（a）所示为用低功率密度的电子束照射时，电子束中心部分的饱和温度在材料熔化温度附近，材料蒸发缓慢且熔化坑也较宽。图 5.66（b）所示为用中等功率密度的电子束照射时，中心部分先蒸发，出现材料蒸气形成的气泡，由于功率密度不足，在电子束照射完后会按原形状凝固在材料内。如图 5.66（c）所示，在采用远超过蒸发温度的强功率密度电子束照射时，由于气泡内的材料蒸气压力大于熔化层表面张力，因此材料可以从电子束加工的入口处排出，从而有效地向深度方向加工。随着加工孔的深度加深，电子束照射点向材料内部深入。但电子束能量因孔的内壁不断吸收而削弱，因而加工深度受到一定限制。

 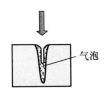  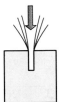 

（a）用低功率密度电子束照射　（b）用中功率密度电子束照射　　（c）用强功率密度电子束照射时的打孔过程

图 5.66　电子束打孔示意图

电子束加工还可利用电子束的非热效应，利用功率密度比较低的电子束和电子胶（又称电子抗蚀剂，由高分子材料组成）相互作用，产生辐射化学效应或物理效应，当用电子束流照射电子胶时，由于入射电子和高分子相碰撞，使电子胶的分子链被切断或重新聚合而引起分子量的变化以实现电子束曝光。将这种工艺与其他处理工艺联合使用，就能在材料表面进行刻蚀细微槽和其他几何形状。电子束非热加工原理如图 5.67 所示，通常是在材料上涂覆一层电子胶，用电子束曝光后，经过显影处理，形成满足一定要求的掩膜图形，然后进行不同的后置工艺处理，达到加工要求。其槽线尺寸可达微纳米级。该类工艺广泛应用于集成电路、微电子器件、集成光学器件、表面声波器件的制作，也适用于某些精密机械零件的制造。

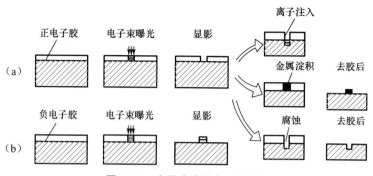

图 5.67　电子束非热加工原理

5.2.2　电子束加工特点

1. 束斑极小

束斑直径可达几十分之一微米，适用于集成电路和微机电系统中的光刻，即可用电子束曝光达到亚微米级线宽。

2. 能量密度高

使材料被照射部位的温度超过其熔化或气化温度，这就易于对钨、钼或其他难熔金属及合金进行加工，而且可以对石英、陶瓷等熔点高、导热性差的材料进行加工。

3. 工件变形小

电子束加工作为热能加工方法，瞬时作用面积微小，因此加工部位的热影响区很小，在加工过程中无机械力作用，工件很少产生应力和变形，加工精度高、表面质量好。

4. 生产率高

由于电子束能量密度高，而且能量利用率可达 90% 以上，因此电子束加工的生产率极高。例如，电子束每秒钟可以在 2.5mm 厚的钢板上加工 50 个直径为 ϕ0.4mm 的孔；电子束可以 4mm/s 的速度一次焊接厚度达 200mm 的钢板，这是目前其他加工方法无法实现的。

5. 可控性好

电子束能量和工作状态均可方便而精确地调节和控制，位置控制精度能准确到 0.1μm 左右，强度和束斑的大小也容易达到小于 1% 的控制精度。电子质量极小，其运动几乎无惯性，通过磁场或电场可使电子束以任意快的速度偏转和扫描，易于对电子束实行数控。

6. 无污染

电子束加工在真空室中进行，不会对工件及环境产生污染，加工点能防止空气氧化产生的杂质，保持高纯度，所以适用于加工易氧化材料或合金材料，特别是纯度要求极高的半导体材料。

7. 成本高

电子束加工需要专用设备，加工成本较高。

5.2.3　电子束加工设备

电子束加工装置的基本结构如图 5.68 所示，其主要由电子枪、真空系统、控制系统和电源等部分组成。

1. 电子枪

电子枪是获得电子束的装置。它包括电子发射阴极、控制栅极和加速阳极等，如图 5.69 所示。阴极经电流加热发射电子，带负电荷的电子高速飞向带高电位的阳极，在飞向阳极的过程中，经过加速阳极加速，又通过电磁透镜把电子束聚焦成很小的束斑。

电子发射阴极一般用钨或钽制成，在加热状态下发射大量电子。小功率时用钨或钽做成丝状阴极，如图 5.69（a）所示，大功率时用钽做成块状阴极，如图 5.69（b）所示。控制栅极为中间有孔的圆筒形，其上加以较阴极为负的偏压，既能控制电子束的强弱，又有初步的聚焦作用。加速阳极通常接地，而阴极为很高的负电压，所以能驱使电子加速。

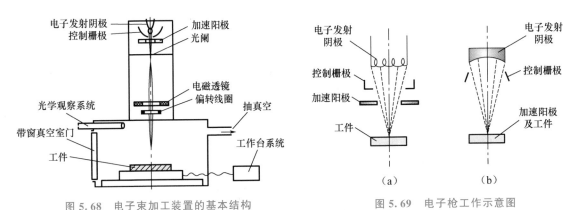

图 5.68　电子束加工装置的基本结构　　　　图 5.69　电子枪工作示意图

2. 真空系统

真空系统是为了保证在电子束加工时维持 $1.33 \times 10^{-4} \sim 1.33 \times 10^{-2}$ Pa 的真空度。因为只有在高真空中，电子才能高速运动。此外，加工时的金属蒸气会影响电子发射，产生不稳定现象，因此需要不断地把加工中产生的金属蒸气抽出去。真空系统一般由机械旋转泵和油扩散泵或涡轮分子泵两级组成，先用机械旋转泵把真空室抽真空，然后由油扩散泵或涡轮分子泵抽至更高真空度。

3. 控制系统和电源

电子束加工装置的控制系统包括束流聚焦控制、束流位置控制、束流强度控制和工作台位移控制等。电子束加工装置对电源电压的稳定性要求较高，电子束聚焦和阴极的发射强度与电压波动有密切关系，必须匹配稳压设备。

束流聚焦控制是为了提高电子束的能量密度，使电子束聚焦成很小的束斑，基本上决定着加工点的孔径或缝宽。聚焦方法有两种：一种是利用高压静电场使电子流聚焦成细束；另一种是利用电磁透镜靠磁场聚焦，后者比较安全可靠。束流位置控制是为了改变电子束的方向，常用电磁偏转来控制电子束焦点的位置。如果使偏转电压或电流按一定程序变化，电子束焦点便能按预定的轨迹运动。束流强度控制通过调整电子发射阴极与加速阳极间电压实现。工作台位移控制是为了在加工过程中控制工作台的位置，因为电子束的偏转距离只能在数毫米之内，过大将增加像差和影响线性，所以在大面积加工时需要用伺服电动机控制工作台移动，并与电子束的偏转相配合。

5.2.4 电子束加工应用

随着电子信息与数控技术的快速发展，电子束加工技术及应用得到了广泛的拓展，电子束加工可用于打孔、焊接、切割、热处理、刻蚀等热加工及辐射、曝光等非热加工，但是生产中应用较多的是焊接、打孔和刻蚀。下面介绍几种电子束加工应用。

1. 电子束打孔

无论工件是何种材料（金属、陶瓷、金刚石、塑料和半导体材料），都可以用电子束加工出小孔和窄缝。电子束打孔（electron beam drilling）利用功率密度高达 $10^7 \sim 10^8 \mathrm{W/cm^2}$ 的聚焦电子束轰击材料，使其气化而实现打孔，打孔过程如图 5.70 所示。第一阶段是电子束对材料表面层进行轰击，使其熔化并进而气化 [图 5.70（a）]；第二阶段随着表面材料蒸发，电子束进入材料内部，材料气化形成蒸气气泡，气泡破裂后，蒸气逸出，形成空穴，电子束进一步深入，使空穴一直扩展至材料贯通 [图 5.70（b）和图 5.70（c）]；最后，电子束进入工件下面的辅助材料，使其急剧蒸发，产生喷射，将孔穴周围存留的熔化材料吹出，完成全部打孔过程 [图 5.70（d）]。被打孔材料应贴在辅助材料的上面，当电子束穿透工件到达辅助材料时，辅助材料应能急速气化，将熔化金属从束孔通道中喷出，形成小孔。由此可见，能否保证打孔质量，选择辅助材料也是很关键的环节。对辅助材料的要求是既要有高蒸发性（如黄铜粉、硫酸钙等），又要有一定的塑性，典型的环氧基辅助材料配方（质量分数）为 75% 的环氧树脂、15% 黄铜粉和 10% 的固化剂。

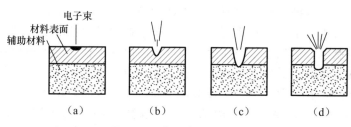

图 5.70 电子束打孔过程

将工件置于磁场中，适当控制磁场的变化使束流偏移，即可用电子束加工出斜孔，倾角在 $35° \sim 90°$，甚至可以用电子束加工出螺旋孔。电子束打孔的速度高，生产率也极高，通常每秒可加工几十至几万个孔，这也是电子束打孔的一个重要特点。例如，板厚 0.1mm、孔径 $\phi 0.1\mathrm{mm}$ 时，每个孔的加工时间仅 $15\mu s$。利用电子束打孔速度快的特点，可以实现在薄板零件上快速加工高密度的孔，如图 5.71 所示，可在 3mm 厚的 316 不锈钢气缸壁上高效打出直径低至 $\phi 0.15\mathrm{mm}$ 的群小孔。

综上所述，电子束打孔的主要特点如下。

电子束打孔

图 5.71　电子束打孔加工群孔零件及局部放大示意图

（1）可以加工各种金属和非金属材料。

（2）生产率极高，其他加工方法无可比拟。

（3）能加工各种异形孔（槽）、斜度孔、锥孔、弯孔。

2. 加工型孔及特殊表面

图 5.72 所示为电子束加工喷丝头异形孔。出丝口的窄缝宽度为 0.03～0.07mm，长度为 0.80mm，喷丝板厚度为 0.6mm。为了使人造纤维具有光泽、松软有弹性、透气性好，喷丝头的异形孔都是特殊形状的。

0.03～0.07

图 5.72　电子束加工喷丝头异形孔

电子束可以用来切割各种复杂型面，切口宽度为 3～6μm，边缘表面粗糙度可控制在 $Ra0.5\mu m$ 左右。电子束切割时，具有较高能量的细聚焦电子流打击工件的待切割处，使这部分工件的温度急剧上升，以至于工件未经熔化就直接变成了气体，于是工件表面就出现了一道沟槽，沟槽逐渐加深而完成工件的切割。电子束不仅可以加工各种直的型孔和型面，而且可以加工弯孔和曲面。利用电子束在磁场中偏转的原理，使电子束在工件内部偏转。控制电子速度和磁场强度，即可控制曲率半径，加工出弯曲的孔。如果同时改变电子束和工件的相对位置，就可进行切割和开槽。图 5.73（a）所示为对长方形工件施加磁场之后，若一面用电子束轰击，一面依箭头方向移动工件，就可获得如实线所示的曲面。经图 5.73（a）所示的加工后，改变磁场极性再进行加工，就可获得图 5.73（b)所示的工件。同样原理，可加工出图 5.73（c）所示的弯缝。如果工件不移动，只改变磁场的极性进行加工，则可获得图 5.73（d）所示的入口为一个而出口有两个的弯孔。

电子束焊接
原理

3. 电子束焊接

电子束焊接是电子束加工应用最广泛的一种。以电子束作为高能量密度热源的电子束焊接，比传统焊接工艺优越得多，具有焊缝深宽比高、焊接速度高、工件热变形小、焊缝物理性能好、可焊材料范围广等特点。电子束焊接时有类似激光深熔焊接加工中的小孔效应，其基本原理如图 5.74（a）所

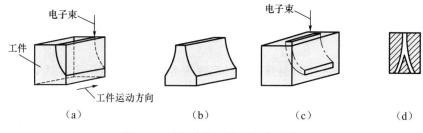

图 5.73 电子束加工曲面、弯孔原理

示，图 5.74（b）所示则为深熔焊接焊缝截面。

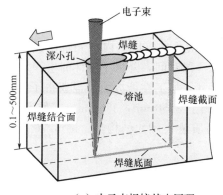

（a）电子束焊接基本原理　　　　　（b）深熔焊接焊缝截面

图 5.74　电子束焊接基本原理及深熔焊接焊缝截面

航空航天领域采用的焊接工艺基本上都是电子束焊接，以确保焊接质量。如在大真空室中电子束焊接 Trent 发动机前盖轴承箱的钛零部件（图 5.75），通过五轴的机械手及自动焊缝追踪装置，可以实现极为复杂的焊接加工过程。目前电子束焊接加工中，还在尝试将更多的工艺程序合并到同一个加工流程中，如同时焊接与硬化和退火等。

电子束焊接应用

图 5.75　电子束焊接 Trent 发动机前盖轴承箱的钛零部件

4. 电子束热处理

电子束热处理也是将电子束作为热源，适当控制电子束的功率密度，使金属表面加热不熔化，达到热处理的目的。电子束热处理的加热速度和冷却速度都很高，在相变过程中，奥氏体化时间很短，只有几分之一秒，乃至千分之一秒，奥氏体晶粒来不及长大，从而能得到一种超细晶粒组织，可使工件获得用常规热处理不能达到的硬度，硬化深度可达 $0.3\sim0.8\mathrm{mm}$。电子束热处理与激光热处理类同，但电子束的电热转换效率高，可达 90%，而激光的转换效率低于 30%。表面合金化工艺同样适用电子束热处理，如铝、钛合金添加元素后能获得更好的表面耐磨性。

5. 电子束成形加工

电子束成形加工属于增材制造领域，相关内容会在第 6 章继续介绍，此处仅仅对电子束成形加工做初步介绍。

电子束成形加工与激光增材制造的成形原理基本相似，差别只是热源不同。电子束成形加工具有加工效率高、零件变形小、成形过程不需要金属支撑、微观组织致密等优点。

电子束成形加工必须在高真空环境下进行，这使得该技术的整机复杂程度提高。在真空环境下，金属材料对电子束几乎没有反射，能量吸收率大幅提高，材料熔化后的润湿性也大大提高，增加了各子层间的冶金结合强度。因此，如不从成本考虑，电子束成形加工零件的质量是非常优异的，许多性能都超过了同种材料精锻的水平。

电子束成形技术还存在如下问题：①在真空成形室抽气过程中粉末容易被气流带走，造成系统污染；② 在电子束作用下，粉末容易溃散。因此，电子束成形技术常常需要将系统预热到较高的温度（如 800℃以上），以保证粉末在真空成形室内预先烧结固化在一起。加工结束后零件需要在真空成形室中冷却相当长一段时间，降低了零件的生产效率。

目前，先进的商用电子束成形设备在零件加工尺寸及加工性能方面已经获得了极大的突破，如 Arcam A2WT 设备最大的成形零件尺寸达到了 $\phi350\text{mm}\times380\text{mm}$，在航空航天、医疗、赛车等领域获得很好的应用，可以直接成形高质量大尺寸结构件。图 5.76 所示为电子束成形航空航天用复杂结构 TC4 零件。

（a）火箭发动机叶轮　　（b）燃气涡轮发动机压缩机支撑机架　　（c）起落架

图 5.76　电子束成形航空航天用复杂结构 TC4 零件

电子束成形技术在医疗领域的应用也取得了很大成果，如图 5.77 所示，在替代人骨方面获得了巨大成功，可以直接成形髋臼杯、翻修杯、补片、股骨柄、颅颌面、脊柱融合器、胫骨托、膝关节、肩关节等部件，而且已经获得了很好的应用。例如，美国华盛顿瓦特里德空军医院已将超过 50 个电子束成形生产的多孔颅骨修复植入物植入人体。

 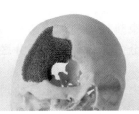  

（a）骨盆　　　　（b）颅骨　　　　（c）椎间盘融合器　　　（d）髋臼杯

图 5.77　电子束成形 TC4 修复植入物

5.3 离子束加工

离子束技术及应用是涉及物理、化学、生物、材料和信息等许多学科的交叉领域，我国自 20 世纪 60 年代以来，离子束技术研究有了很大的进展。离子束加工是利用离子束使材料成形或改性的加工方法。在真空条件下，将由离子源产生的离子经过电场加速，获得一定速度的离子束投射到材料表面，发生撞击效应、溅射效应和注入效应。

5.3.1 离子束加工基本原理

离子束加工（ion beam machining）的原理和电子束加工基本类似，也是在真空条件下，先由电子枪产生电子束，再引入已抽成真空且充满惰性气体的电离室中，使低压惰性气体离子化，然后将离子源产生的离子束经过加速聚焦，使之撞击到工件表面，如图 5.78（a）所示；不同的是，离子带正电荷，其质量比电子大数千数万倍，如氩离子的质量是电子的7.2 万倍，所以一旦离子加速到较高速度时，离子束比电子束具有更大的撞击动能，它是靠微观的机械撞击能量，而不是靠动能转换为热能来加工的。

离子束加工的物理基础是离子束射到材料表面时所发生的撞击效应、溅射效应和注入效应。基于不同效应，离子束加工发展出多种应用，常见的有离子束刻蚀、溅射镀膜、离子镀及离子注入等［图 5.78（b）］。具有一定动能的离子斜射到工件材料（或靶材）表面时，可以将表面的原子撞击出来，这就是离子的撞击效应和溅射效应。如果将工件直接作为离子轰击的靶材，工件表面就会受到离子刻蚀（也称离子铣削）。如果将工件放置在靶材附近，靶材原子就会溅射到工件表面而被溅射沉积吸附，使工件表面镀上一层靶材原子的薄膜。如果离子能量足够大并垂直于工件表面撞击，离子就会钻进工件表面，这就是离子的注入效应。

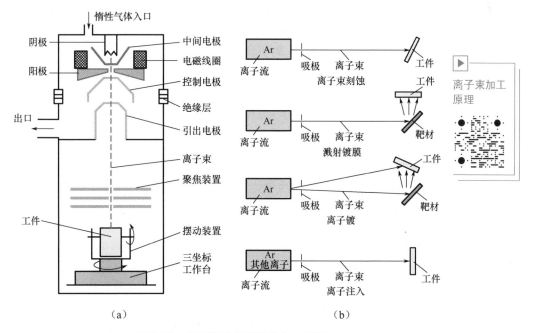

图 5.78 离子源进行离子束加工原理

5.3.2 离子束加工特点

作为一种微细加工手段，离子束加工技术是制造技术的一个补充。随着微电子工业和微机械的发展，离子束加工获得成功的应用，显示出如下独特的优点。

(1) 容易精确控制。离子束加工的尺寸范围可以精确控制。在同一加速电压下，离子的波长比电子的更短，如电子的波长为 0.053Å，离子的波长则小于 0.001Å，因此散射小，加工精度高。在溅射加工时，由于可以精确控制离子束流密度及离子的能量，可以将工件表面的原子逐个剥离，从而加工出极光整的表面，实现微细精加工。而在注入加工时，能精确地控制离子的注入深度和浓度。

(2) 加工产生的污染少。离子的质量远比电子的大，转换给物质的能量多，穿透深度较电子束的小，反向散射能量比电子束的小，因此完成同样加工，离子束所需能量比电子束小，而且无热过程。加工在真空环境中进行，特别适合于加工易氧化的金属、合金及半导体材料。

(3) 加工应力小，变形极小，对材料的适应性强。离子束加工是一种原子级或分子级的微细加工，其宏观作用力很小，故对脆性材料、极薄的材料、半导体材料、高分子材料都可以加工，而且表面质量好。

但是离子束加工设备费用高，成本高，加工效率低，因此应用范围受到一定限制。

5.3.3 离子束加工设备

离子束加工设备包括离子源（离子枪）、真空系统、控制系统和电源系统。对于不同的用途，其设备各不相同，但离子源是各种设备所需的关键部分。离子源用于产生离子束流。产生离子束流的基本原理和方法是使原子电离，具体方法如下：要把电离的气态原子（如氩等惰性气体或金属蒸气）注入电离室，经高频放电、电弧放电、等离子体放电或电子轰击，使气态原子电离为等离子体，然后用一个相对于等离子体为负电位的电极（吸极），就可从等离子体中吸出正离子束流。根据离子束产生的方式和用途不同，离子源有很多形式，常用的有考夫曼型离子源、高频放电离子源、霍尔离子源及双等离子管型离子源等。

5.3.4 离子束加工应用

离子束加工的应用范围正在日益扩大，目前常用的离子束加工主要有离子束刻蚀、溅射镀膜、离子镀、离子注入等。

1. 离子束刻蚀

离子束硅表面铣削头像

离子束刻蚀是以高能离子或原子轰击靶材，将靶材原子从靶表面移去的工艺过程，即溅射过程。进入离子源（考夫曼型离子源）的气体（氩气）转化为等离子体，通过准直栅把离子引出、聚焦并加速，形成离子束流，然后轰击工件表面进行刻蚀。

离子束刻蚀可达到很高的分辨率，适合刻蚀精细图形。当离子束用于小孔加工时，其优点是孔壁光滑，邻近区域不产生应力和损伤，能加工出任意形状的小孔，并且孔形状只取决于掩模的孔形。

离子束刻蚀可以完成机械加工最后一道工序——精抛光，以消除机械加工所产生的刀痕及表面应力。其已广泛应用于光学玻璃的最终精加工。

在机械抛光光学零件时，零件表面会因应力产生裂纹，这会导致光散射，降低光学透明系统的成像效果，在激光系统中散射光还会消耗大量的能量。因此在高能激光系统中，用离子束抛光激光棒和光学元件的表面，能达到良好的效果。只要严格选择溅射参数（入射粒子能量、离子质量、离子入射角、样品表面温度等），就可以使散射光极小，则光学零件可以获得极佳的表面质量，表面可以达到极高的均匀性和一致性，而且在该工艺过程中也不会被污染。

2. 溅射镀膜

20世纪70年代磁控溅射技术的出现，使溅射镀膜进入了工业应用，在镀膜的工艺领域占有极重要的地位。溅射镀膜是基于离子轰击靶材时的溅射效应。各种溅射技术采用的放电方式有所不同，直流二极溅射利用直流辉光放电，三极溅射利用热阴极支持的辉光放电，磁控溅射利用环状磁场控制下的辉光放电。

在高速钢刀具上用磁控溅射镀氮化钛（TiN）超硬膜，可大大提高刀具的寿命。

在齿轮的齿面上和轴承上溅射控制二硫化钼润滑膜，其厚度为 $0.2 \sim 0.6 \mu m$，摩擦系数为0.04。图5.79所示为溅射镀膜产品。

3. 离子镀

离子镀是在真空蒸镀和溅射镀膜的基础上发展起来的一种镀膜技术。从广义上讲，离子镀这种真空镀膜技术是膜层在沉积的同时受到高能粒子束的轰击。这种粒子流的组成可以是离子，也可以是通过能量交换而形成的高能中性粒子。这种轰击使界面和膜层的性能发生某些变化：膜层对基片的附着力、覆盖情况、膜层状态、密度、内应力等发生变化。由于离子镀的附着力好，使原来在蒸镀中不能匹配的基片材料和镀料，可以通过离子镀完成，还可以镀出各种氧化物、氮化物和碳化物的膜层。图5.80所示为采用离子镀技术获得的具有氮化钛涂层的各种刀具。氮化钛涂层可以大大提高刀具的耐热温度、硬度，提高刀具的抗冲击性、抗剪切性，降低摩擦系数，提高耐磨性，并具有优良的抗氧化性和化学稳定性，能大大提高刀具的使用寿命。

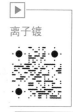

离子镀

图5.79 溅射镀膜产品

图5.80 采用离子镀技术获得的具有氮化钛涂层的各种刀具

离子镀的应用举例如下。

（1）耐磨功能膜。为提高刀具、模具或机械零件的使用寿命，采用反应离子镀镀一层耐磨材料（如铬、钨、锆、钽、钛、铝、硅、硼等的氧化物、氮化物或碳化物）或多层膜（如

Ti+TiC)。实验表明，烧结碳化物刀具用离子镀工艺镀上一层 TiC 或 TiN，可使刀具的使用寿命提高 2～10 倍。高速钢刀具镀 TiC 膜后，使用寿命提高 3～8 倍。镀上 TiC 膜的轴承其耐磨性也提高很多。在磨粒磨损方面，镀有 TiC 的不锈钢试件，其耐磨性为硬铬层的 7～34 倍。

（2）抗蚀功能膜。离子镀所镀覆的抗蚀功能膜致密、均匀、附着良好。英国道格拉斯公司将螺栓和螺母用离子镀镀上 28μm 厚的铝膜，能经受 2100h 的盐雾试验。在与钛合金零件相连接的钢制品上，采用镀铝代替镀镉后，可避免钛合金零件产生镉脆现象。在原子能工业中，反应装置中的浓缩铀芯的保护层，以离子镀铝层代替电镀镍层，可防止高温下剥离。

（3）耐热功能膜。离子镀可以得到优质的耐热膜，如钨、钼、钽、铌、铁、氧化铝等。用纯离子源离子镀在不锈钢表面镀上一层氧化铝，可提高基体在 980℃介质中抗热循环疲劳和抗蚀能力。在适当的基体上镀一层 ADT - 1 合金（质量分数 35%～41%铬、10%～12%铝、0.25%钇和少量镍），有良好的抗高温氧化性和抗蚀性，比氧化铝膜的使用寿命长 1～3 倍，是钴、铬、铝、钇镀层使用寿命的 1～3 倍。这种膜可用作航空涡轮叶片型面、榫头和叶冠等部位的保护层。

4. 离子注入

离子注入是离子束加工中一项特殊的工艺技术。它既不从加工表面去除基体材料，也不在表面以外添加镀层，仅仅改变基体表面层的成分和组织结构，从而造成表面性能变化，满足材料的使用要求。离子注入的过程：在高真空室中，将要注入的化学元素的原子在离子源中电离并引出离子，在电场加速下，离子能量达到几万到几十万电子伏，将此高速离子射向置于靶盘上的零件；入射离子在基体材料内，与基体原子不断碰撞而损失能量，最终离子就停留在几纳米到几百纳米处，形成了注入层；进入的离子在最后以一定的分布方式固溶于工件材料中，改变材料表面层的成分和结构。

目前，离子束加工在半导体方面的应用主要是离子注入，而且主要是在硅片中应用，用以取代热扩散掺杂。

思 考 题

5-1 激光加工的基本原理和特点是什么？

5-2 激光产生的最基本的条件有哪些？

5-3 固体激光器、气体激光器的能量转换过程是否相同？如不相同，则具体差异是什么？

5-4 激光加工技术有哪些典型的应用？

5-5 激光深熔焊接的机理是什么？激光热传导焊接与之相比有什么优缺点？

5-6 什么样的激光器适合精密加工？为什么？

5-7 激光表面加工技术有哪些典型工艺？

5-8 激光冲击的机理是什么？为什么在加工中需要在工件表面增加一层特殊的约束层？

5-9 激光相变硬化与激光重熔在提高工件表面性能方面有何不同？

5-10 激光束、电子束、离子束三种束流的能量载体有何不同？

5-11 电子束与离子束为什么要在高真空条件下工作？离子束为什么能够改变材料性质？

 主编点评

主编点评5-1 表面参数调整一小步，实质效果前进一大步
——超高速激光熔覆的发明

超高速激光熔覆与常规激光熔覆作为激光表面强化工艺方法，其原理看起来是基本相同的，但实质上，超高速激光熔覆的传热模式与常规激光熔覆有着本质的差异，超高速激光熔覆技术制备的涂层的宏观特征、微观组织结构及耐蚀性都表现出优异的独特性。

超高速激光熔覆从表面看，就是将激光辐射焦点从常规激光熔覆时的基体表面转变为聚焦于工件上方，但实质在于常规激光熔覆的能量主要作用在基体上"用来形成熔池"，所以熔池较大，"粉末颗粒的熔化主要靠熔池提供热量"，因此熔覆层具有熔深较大、熔宽较宽的特点。

激光熔覆的主要的目的是对材料表面改性，因此首先其表面强化层并不需要很厚；其次在保障强化粉末与基体发生充分的冶金结合基础上，需要尽可能避免基体金属对涂层性能的改变；最后，能获得尽可能高的表面质量和生产率。超高速激光熔覆将激光辐射焦点聚焦于工件上方，虽然形式上只是抬高了几毫米，但实质上是使激光能量大部分作用于工件上方的粉末上，其工作原理已经发生了本质的改变。这样进行熔覆时，只要保障基体表面与粉末能形成薄薄的冶金结合区就可以，基体的热输入极小，能量大部分作用于工件上方的粉末上，因此也最大限度地降低了涂层的稀释率，一般仅为2%～4%，保障了涂层的质量。采用超高速激光熔覆技术可以制备超薄且质量很高的涂层，并且大大提高了生产率，而且涂层的表面粗糙度较低，进行简单的磨削与抛光后即可投入使用，被誉为替代传统电镀工艺的先进绿色制造技术，具有广阔的应用前景。

主编点评5-2 富于联想，勇于实践
——水导激光加工的发明

水束导光的研究可以追溯到20世纪80年代所报道的喷泉导光现象，当时人们对这方面的应用研究基本都是针对喷泉发光装饰等方面进行的。直到1993年，瑞士的伯诺德（Bernold）博士深入研究了这种现象，认识到可以利用激光在空气和水交界面处发生全发射的原理来传输激光，由此发明了水导激光加工这一通过微细水射流引导激光进行加工的技术，并在瑞士成立了一家水导激光加工设备生产公司——SYNOVA公司。

由于水导激光加工可以使激光工作距离超过100mm，喷射的水流可以在激光脉冲间隙冷却材料，极大地降低了材料的热变形和热损伤，使材料保持原来结构，由此非常适合微细结构的加工，如硅片的切割、医疗器械和电子产品中微结构的加工、微机电系统中微结构及微零件的加工等；并且非常适合硬脆材料（如硅、陶瓷、金刚石）及一些特殊材料（如石墨、碳纤维元件、某些聚合物、镍合金及其他特种材料）的切割；也可对铝材进行高质量及较大厚度的切割；应用于坚硬刀具材料的切割与加工也十分理想。

第6章
增材制造技术

 本章教学要点

知识要点	掌握程度	相关知识
增材制造技术概述	了解增材制造技术的发展历程； 掌握增材制造技术的原理及特点； 熟悉增材制造技术的分类； 掌握增材制造给制造技术带来革命性发展的体现	增材制造技术的原理、分类、特点、影响
增材制造技术的典型工艺与应用	掌握五种典型增材制造工艺的原理及应用； 了解其他增材制造工艺的原理及特点	立体光固化成形、激光选区烧结成形、叠层实体制造、熔融沉积成形、三维打印成形及其他增材制造工艺
金属增材制造技术	掌握金属增材制造技术的工作原理和工作条件； 了解金属增材制造技术的特点	激光熔化沉积、激光选区熔化/电子束选区熔化、电子束自由形状制造、电弧熔丝增材制造、超声波增材制造、金属增材制造后处理
增材制造技术的应用	熟悉增材制造技术在航空航天领域的应用； 了解增材制造技术在生物医学领域、汽车行业的应用	增材制造技术在航空航天领域、生物医学领域、汽车行业及其他领域的应用

随着全球市场一体化的形成，制造业的竞争愈加激烈，产品开发速度与制造技术的柔性日益成为企业发展的关键因素。在这种情况下，自主快速产品开发的周期已逐渐成为制造业全球竞争的实力基础。增材制造技术从 CAD 设计到完成原型制作（图 6.1）通常只需数小时至几十小时，能够快速、直接、精确地将设计思想转化为具有一定功能的实物模型或样件。与传统加工方法相比，增材制造加工周期节约 70% 以上，对复杂零件尤其如此；并且成本与产品复杂程度无关，特别适合于复杂新产品的开发和单件、

小批量零件的生产；同时该制造技术具有较强的灵活性，能够小批量甚至单件生产而不增加产品的成本。有些特殊复杂制件，由于只需单件生产，或少于 50 件的小批量，一般均可用增材制造直接成形，成本低，周期短。那么什么是增材制造技术？增材制造技术的基本原理是什么？它有哪些典型的工艺？这些就是本章要介绍的内容。

图 6.1　增材制造示例

6.1　增材制造技术概述

6.1.1　发展简史

1．概念

增材制造（additive manufacturing，AM）技术是采用材料逐渐累加的方法制造实体零件的技术，相对于传统加工的去除——切削"自上而下，由表及里"而言，是一种"自下而上，叠层累加"的制造方法。增材制造技术被认为是推动新一轮工业革命的重要契机，已经引起全世界的广泛关注。

增材制造技术是 20 世纪 80 年代问世并迅速发展的一项崭新的先进制造技术，是由数字模型直接驱动的快速制造任意复杂形状三维实体技术的总称。它是机械工程、CAD/CAM、数控加工、激光技术、材料工程等多学科的综合渗透与交叉的体现，能自动、快速、直接、准确地将设计实体转化为具有一定功能的原型，或直接制造出零件（包括模具），从而可以对产品设计进行快速评价、修改，响应市场需求，提高企业的竞争能力。增材制造技术的出现，反映了现代制造技术本身的发展趋势和激烈的市场竞争对制造技术发展的重大影响。可以说，增材制造技术是制造技术领域的一次重大突破。增材制造技术利用所要制造零件的二维 CAD/CAM 模型数据直接制成产品原型，并且可以方便地修改

CAD/CAM 模型后重新制造产品原型，因而可以在不用模具和工具条件下制成几乎任意复杂的零部件，极大地提高了生产效率和制造柔性。该技术已经广泛应用于航空航天、汽车、通信、医疗、电子、家电、玩具、军事装备、工业造型、建筑模型、机械行业等领域。

增材制造方法的核心源于高等数学中微积分的概念，用趋于无穷多个截面的叠加构成三维实体，因此增材制造技术最初的名称是快速成形技术或快速原型技术。快速成形技术强调的是省去了费时费钱的模具制作流程，从而具有快速制造单件产品的特点；快速原型技术强调的应用对象是原型制造而不是实用零件的直接制造。自 20 世纪 80 年代末增材制造技术开始逐步发展，其间也曾被称为"材料累加制造""快速原型技术""分层制造""自由实体制造""三维打印技术"等，这些叫法也分别从不同侧面表达了该制造技术的特点。图 6.2 所示为增材制造技术名称的演变过程。

图 6.2 增材制造技术名称的演变过程

2. 发展历程

增材制造技术的起源可追溯至 20 世纪 70 年代末到 80 年代初，美国 3M 公司的艾伦·J. 赫伯特（Alen J. Hebert）（1978 年）、日本的小玉秀男（1980 年）、美国 UVP 公司的查尔斯·W. 赫尔（Charles W. Hull）（1982 年）和日本的丸谷洋二（1983 年）四人各自独立提出了这种概念。1986 年，查尔斯·W. 赫尔与 UVP 公司的股东们一起创立了 3D Systems 公司，该公司于 1988 年根据立体光固化成形（stereo lithography apparatus，SLA）原理推出了世界上第一台商品化光固化增材制造设备 SLA-250。1988 年，美国的斯科特·克伦普（Scott Crump）发明了熔融沉积成形（fused deposition modeling，FDM），并成立了 Stratasys 公司。目前，这两家公司是仅有的在纳斯达克上市的增材制造设备生产企业。1989 年，美国 C. R. 德查尔（C. R. Dechard）发明了激光选区烧结成形（selective laser sintering，SLS），其原理是利用高强度激光将材料粉末直接烧结成形。1992 年，美国 DTM 公司（现属于 3D Systems 公司）的激光选区烧结成形装备研发成功，开启了三维打印技术发展热潮。1993 年，美国麻省理工学院 E. M. 萨克斯（E. M. Sachs）教授发明了一种全新的增材制造技术，这种技术类似于喷墨打印机，通过向金属、陶瓷等粉末喷射黏结剂的方式将材料逐片成形，然后烧结制成最终产品。这种技术的优点在于制作速度快、价格低廉。随后，Z Corporation 公司获得美国麻省理工学院的许可，利用该技术推出增材制造商品机，"三维打印机"的称谓由此而来。此后，以色列人哈南·戈塔特（Hanan Gothait）于 1998 年创办了 Objet Geometries 公司，并于 2000 年在北美推出了可用于办公室环境的商品化增材制造机。国内自 20 世纪 90 年代初开始三维打印技术研发，其中华中科技大学研制的叠层实体制造（laminated object manufacturing，LOM）装备和激光选区烧结成形装备、西安交通大学的光固化成形装备、北京航空航天大学的激光熔化沉积（laser melting deposition，LMD）装备及清华大学的熔融沉积成形装备最具代表性。

6.1.2 增材制造技术原理与分类

1. "叠层累加"方式

自 20 世纪 80 年代增材制造技术兴起并用于模型制造和快速原型制造，增材制造技术经历了几十年的发展，已成为快速发展的先进制造技术之一。增材制造不同于传统的加工过程，它是基于与传统加工完全相反的原理——"离散—堆积"的成形过程，它采用的是材料逐点或逐层累积的方法制造实体零件或零件原型，即材料增量制造。增材制造的工作原理类似喷墨打印机，不过喷出的不是墨水，而是粉状或丝状材料。该技术采用计算机生成零件的三维模型，然后将该模型按一定的厚度分层"切片"，即将零件的三维数据信息转换为一系列的二维轮廓信息，再利用计算机控制的能源，将材料（一般指粉体材料）按照轮廓轨迹逐层堆积，最终形成三维实体零件。因此，增材制造技术也称固体无模成形技术、数字化制造技术、智能制造技术。增材制造技术将材料科学、机械加工和激光技术集于一体，被视为制造业的一个重要变革。增材制造技术原理与基本过程分别如图 6.3、图 6.4所示。

增材制造简介

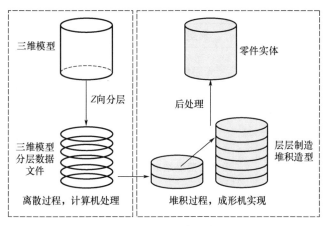

图 6.3 增材制造技术原理

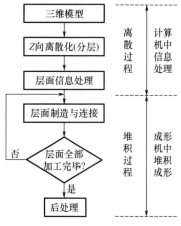

图 6.4 增材制造基本过程

增材制造的工艺过程包括前处理、分层叠加成形和后处理。

（1）前处理。前处理包括零件三维模型的构造及近似处理、成形方向的选择和模型的离散切片处理。建立三维模型的方法主要有两种：一是应用三维建模软件直接建立三维数字化模型；二是应用三维扫描仪获取对象的三维数据，而后经处理，生成数字化三维模型。三维数字模型分切为相应的二维图形信息，其中分割形成薄片的厚度由材料的属性和设备的精度决定。

（2）分层叠加成形。三维模型成形的方式有两种：一种是将打印材料和特殊胶水按照不同的二维图形信息，层层叠加形成三维物体；另一种是使用高能束（激光、电子束等）熔化金属粉末等材料，层层熔化连接形成三维模型。

（3）后处理。由于模型表面会存在残留材料或出现毛刺、截面粗糙等问题，需要人工

清理去除多余的材料粉末，并处理毛刺和粗糙的表面；然后在实物上涂覆增强硬度的胶水，以增加实物强度，最后上色处理得到成品。

2. 技术分类

增材制造是相对传统制造业采用的减材制造、等材制造而言的。

减材制造是指通过模具、车、铣等机械加工方式对原材料定型、切削、去除，从而最终生产出成品；锻造、铸造、粉末冶金等热加工方法，可粗略看作是等材制造。增材制造则是采用材料逐渐累加的方法制造实体零件，它将三维实体变为若干个二维平面，通过对材料处理并逐层叠加进行制造，就好比用砖头砌墙，逐层增加材料，最终形成物件。增材制造是一种"自下而上"的制造方法，大大降低了制造的难度，而且这种数字化制造模式不需要复杂的工艺、庞大的机床、众多的人力，直接从计算机图形数据中便可生成任何形状的零件。

增材制造技术具有数字制造、降维制造、堆积制造、直接制造、快速制造五大技术特征，其核心是数字化、智能化制造与材料科学的结合，是以计算机三维设计模型为蓝本，通过软件分层离散和数控成形系统，利用高能束、热熔喷嘴等将金属粉末、陶瓷粉末、塑料、细胞组织等特殊材料进行逐层堆积黏结，最终叠加成形，制造出实体产品。它形成了最能代表信息化时代特征的新型制造技术，即"以信息技术为支撑，以柔性化的产品制造方式"最大限度地满足无限丰富的个性化需求。增材制造技术的分类见表6-1。

表6-1 增材制造技术的分类

技术分类	技术原理	典型工艺	典型材料
立体光固化	通过光聚合作用选择性地固化液态光敏聚合物	光固化成形	液态光敏聚合物
黏结剂喷射	选择性喷射沉积液态黏结剂黏结粉末材料	三维打印	陶瓷、石膏等粉末
激光选区熔化	通过热能选择性地熔化或烧结粉末床指定区域	激光选区烧结成形	金属或热塑性粉末
材料挤出	将材料通过喷嘴或孔口挤出	熔融沉积成形	工程塑料丝材
定向能量沉积	利用聚焦热将指定区域材料同步熔化沉积	激光熔化沉积	金属粉末
薄材叠层	将薄层材料黏结以形成实物	叠层实体制造	纤维片材

6.1.3　技术特点与影响

1. 技术特点

材料是增材制造技术发展的重要物质基础和核心，在某种程度上，材料的发展决定着增材制造技术能否有更广泛的应用。目前，增材制造材料主要包括工程塑料、光敏树脂、橡胶材料、金属材料和陶瓷材料等。除此之外，彩色石膏材料、人造骨粉、细胞生物原料及砂糖等食品材料也在增材制造领域得到了应用。增材制造所用的这些原材料都是专门针对增材制造设备和工艺而研发的，与普通的塑料、石膏、树脂等有所区别，其形态一般有粉末状、丝状、层片状、液体状等。通常，根据增材制造设备的类型及操作条件的不同，所使用的粉末状增材制造材料的粒径为 $1\sim100\mu m$，而为了使粉末保持良好的流动性，一般要求粉末具有高球形度。

与传统的加工技术相比，增材制造技术有如下特点。

（1）柔性化程度高。增材制造过程不需要模具、夹具约束，而且修改只需改变计算机文件，尤其适用于各种难熔、高活性、高纯净、易污染、高性能金属材料及复杂结构件的制备，是材料制备与成形前沿热点研究课题之一。

（2）产品研制周期短。与传统制造相比，增材制造不必事先制造模具，不必在制造过程中去除大量的材料，省去了传统加工的许多工序，加工速度快；在生产上可以达到结构优化、节约材料和节省能源的目的，原材料利用率高，符合绿色制造理念。因此增材制造适合于新产品开发、快速单件及小批量零件制造、复杂形状零件的制造、模具的设计与制造等，也适合于难加工材料的制造、外形设计检查、装配检验和快速反求工程等。

（3）真正意义上实现了数字化、智能化制造。增材制造尤其适合难加工材料、复杂结构零件的研制、生产。

（4）所制造的零件具有致密度高、强度高等优异性能，还可以实现结构减重。

（5）因为是逐层累积成形，所以不受零件尺寸和形状限制。

（6）可实现多种材料任意配比的复合材料零件的制造。

（7）高能束源和逐层制造的特点使该技术非常适合金属零件的立体修复。

增材制造技术相对传统制造技术还面临许多新挑战和新问题。应该说目前增材制造技术是传统大批量制造技术的一个补充，任何技术都不是万能的，传统制造技术仍有强劲的生命力，增材制造技术应该与传统制造技术优选、集成，以形成新的发展增长点。

2. 意义与影响

增材制造技术以其制造原理的优势成为具有巨大发展潜力的制造技术。随着材料适用范围的增大和制造精度的提高，增材制造将给制造技术带来革命性的发展。

（1）新的生产模式。作为一种"无须工具"的数字化制造技术，增材制造技术将有可能改变某些产品的生产模式，给企业和消费者带来巨大的经济和社会效益。

（2）新的设计理念。由于增材制造是通过层层堆积的方式生产的，因此可以制造出形状高度复杂的产品。这使得过去受到传统加工方式约束，而无法实现的复杂结构制造变为可能，从而大大简化产品设计，并且能够提高零部件的集成度，加快产品开发周期。

（3）新的商业模式。随着数字技术的发展，增材制造与互联网结合起来还将使消费者直接参与到产品生命周期当中，从最初的设计过程到生产制造再到后期产品的维修，并借助网络实现数字化文件的共享和交易。大大规避了传统制造业和零售业的价值链，刺激了新的产品设计模式、销售商业模式和供应链管理模式的产生，使相关企业受益。

（4）实现个性化产品制造。由于具有"自由设计"和"无须工具"的优点，增材制造将使商业化个性制造成为可能，如可运用 X 射线电子计算机断层扫描（computed tomography，CT）和核磁共振成像（magnetic resonance imaging，MRI）扫描，获取数据，然

后打印出百分之百符合患者需求的植入物；又如可通过三维扫描、定制 App 等进行个性化的消费品（如鞋子、珠宝和家庭用品）的定制。

（5）顺应绿色经济发展模式。相对于利用切削机床对毛坯进行加工的减材制造，增材制造减少了原材料的使用量，降低了对自然资源和环境的压力。

6.2 增材制造技术的典型工艺与应用

自第一台增材制造设备出现至今，世界上已有数十种不同的增材制造方法和工艺，而且新方法和工艺仍在不断出现，各种方法均具有自身的特点和适用范围，比较成熟的典型工艺有立体光固化成形、激光选区烧结成形、叠层实体制造、熔融沉积成形、三维打印成形等。

6.2.1 立体光固化成形

1. 立体光固化成形的基本原理

立体光固化成形是一种采用激光束逐点扫描液态光敏树脂使之固化的增材制造工艺。立体光固化成形的基本原理如图 6.5 所示。树脂槽中储存一定量的光敏树脂，由液面控制系统使液体上表面保持在固定的高度，紫外激光束在扫描振镜控制下按预定路径在光敏树脂表面扫描。扫描的速度和轨迹及激光的功率、通断等均由计算机控制。激光扫描之处的光敏树脂由液态转变为固态，从而形成具有一定形状和强度的层片；扫描固化完一层后，未被照射的地方仍是液态光敏树脂，然后升降台带动加工平台下降一个层厚的距离，通过涂覆机构使需固化表面重新充满光敏树脂，再进行激光束扫描固化，新固化的一层黏结在前一层上。如此重复，直至固化完所有层片，这样层层叠加起来即可获得所需形状的三维实体。

从工作台取下完成的零件后，为提高零件的固化程度，增加零件强度和硬度，可以将其置于阳光下或专门的容器中进行紫外光照射。最后，对零件进行打磨或者上漆，以提高其表面质量。

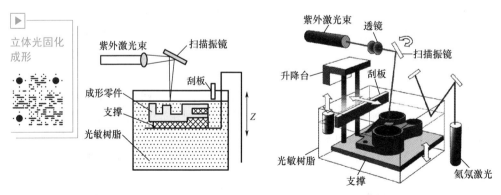

图 6.5 立体光固化成形的基本原理

2. 立体光固化成形的特点

立体光固化成形作为增材制造技术的一种，所依据的仍然是"离散—堆积"成形原理。鉴于层片成形机理的特点，立体光固化成形具有如下特点。

(1) 成形精度高。由于立体光固化成形的扫描机构通常都采用振镜扫描头，光点的定位精度和重复精度非常高，成形时扫描路径与零件实际截面的偏差很小；另外，激光光斑的聚焦半径可以做得很小，目前立体光固化成形中最小的光斑直径可以做到 $\phi 25\mu m$，所以与其他增材制造工艺相比，立体光固化成形工艺成形细节能力非常好。

(2) 成形速度较快。美国、日本、德国和我国的商品化立体光固化成形设备均采用振镜系统控制激光束在焦平面上扫描。波长为 $325\sim365nm$ 的紫外激光热效应很小，无须镜面冷却系统，轻巧的振镜系统可保证激光束获得极大的扫描速度，加之功率强大的半导体激励固体激光器（功率在 1000mW 以上）使目前商品化的立体光固化成形机的最大扫描速度可达 10m/s 以上。

(3) 扫描质量好。现代高精度的焦距补偿系统可以实时地根据平面扫描光程差来调整焦距，保证在较大的成形扫描平面（可达 $600mm\times600mm$）内具有很高的聚焦质量，任何一点的光斑直径均限制在要求的范围内，较好地保证了扫描质量。

(4) 成形件表面质量好。成形过程中不会破坏成形表面或在上面残留多余材料，因此立体光固化成形工艺成形的零件表面质量很高；而且，立体光固化成形可采用非常小的分层厚度，目前的最小层厚达 $25\mu m$，因而成形零件的"台阶效应"非常小，成形件表面质量非常高。

(5) 成形过程中需要添加支撑。由于光敏树脂在固化前为液态，因此成形过程中，对于零件的悬臂部分和最初的底面都需要添加必要的支撑。支撑既需要有足够的强度来固定零件本体，又必须便于去除。由于支撑的存在，零件的下表面质量通常都比没有支撑的上表面差。

(6) 成形成本高。一方面立体光固化成形设备中的紫外线固体激光器和扫描振镜等组件价格都比较昂贵，从而导致设备的成本较高；另一方面，成形材料即光敏树脂的价格也非常高，所以与熔融挤压成形、分层实体制造等其他成形工艺相比，立体光固化成形工艺的成形成本要高得多。但立体光固化成形设备的结构与系统比较简单，振镜扫描系统简单高效又十分可靠。

立体光固化成形的优点是精度较高，一般尺寸精度可控制在 0.01mm；表面质量好；原材料利用率接近 100%；能制造形状特别复杂、精细的零件；设备市场占有率很高。其缺点是需要设计支撑；可以选择的材料种类有限；制件容易发生翘曲变形；材料价格较昂贵。立体光固化成形适合比较复杂的中小型零件的制作。

3. 立体光固化成形设备与应用

立体光固化成形作为最早商品化的增材制造工艺之一，其设备制造商遍布世界各地，其中具有代表性的制造商如美国的 3D Systems 公司，日本的 CMET 公司，以色列的 Cubital 公司，中国的北京殷华激光快速成形与模具技术有限公司、西安科技大学、华中科技大学等。

目前美国 3D Systems 公司的立体光固化成形设备型号包括 ProJet 系列、iPro 系列等。

图 6.6 和图 6.7 所示为 3D Systems 公司推出的 SLA 商业设备 iPro 系列。图 6.8 所示为利用立体光固化成形技术制造出的零件和模型。

图 6.6　3D Systems 公司的 iPro8000　　　　图 6.7　3D Systems 公司的 iPro9000

图 6.8　利用立体光固化成形技术制造出的零件和模型

在当前应用较多的几种增材制造工艺中,立体光固化成形因具有成形过程自动化程度高、制作零件表面质量好、尺寸精度高及能够实现比较精细的尺寸成形等特点,得到了广泛的应用,在概念设计的交流、单件小批量精密铸造、产品模型、快速工模具及直接面向产品的模具等诸多方面广泛应用于航空航天、汽车、电器、消费品及医疗等领域。在航空航天领域,立体光固化成形模型可直接用于风洞试验,进行可制造性、可装配性检验。航空航天零件往往是在有限空间内运行的复杂系统,在采用立体光固化成形技术以后,不但可以基于立体光固化成形模型进行装配干涉检查,而且可以进行可制造性评估,确定最佳的合理制造工艺。通过快速熔模铸造、快速翻砂铸造等辅助技术,立体光固化成形可以进行复杂零件(如涡轮、叶片、叶轮等)的单件小批量生产,并进行发动机等部件的试制和试验。

立体光固化成形工艺除了在航空航天领域有较重要的应用外,在其他制造领域的应用也非常广泛,如在汽车、模具制造、电器和铸造等领域。

现代汽车生产的特点是多型号、短周期;为了满足不同的生产需求,需要不断地改型。虽然现代计算机模拟技术不断完善,可以完成各种动力、强度、刚度分析,但研究开发中仍需要制成实物以验证其外观形象、工装可安装性和可拆卸性。对于形状、结构十分复杂的零件,可以利用立体光固化成形技术制作零件模型,以验证设计人员的设计思想,并利用零件模型做功能性和装配性检验。

立体光固化成形还可在发动机的试验研究中用于流动分析。流动分析技术用来在复杂零件内确定液体或气体的流动模式。将透明的模型安装在简单的试验台上，中间循环某种液体，在液体内加一些细小粒子或细气泡，以显示液体在流道内的流动情况。该技术已成功地用于发动机冷却系统（气缸盖、机体散热器）、进排气管等的研究。

立体光固化成形在汽车行业除了上述用途外，还可以与逆向工程技术、快速模具制造技术相结合，用于汽车车身设计、前后保险杠总成试制、内饰门板等结构样件及功能样件试制、赛车零件制作等。

在铸造生产中，模板、芯盒、压蜡型、压铸模等的制造往往采用机加工方法，有时还需要钳工修整，费时耗资，而且精度不高。特别是对于一些形状复杂的铸件（如飞机发动机的叶片，船用螺旋桨，汽车、拖拉机的缸体、缸盖等），模具的制造更是一个巨大的难题。除了模具加工设备价格昂贵外，模具加工的周期也很长，而且由于没有很好的软件系统支持，机床的编程也很困难。立体光固化成形的出现，为铸造的铸模生产提供了速度更快、精度更高、结构更复杂的保障。

6.2.2 激光选区烧结成形

1. 激光选区烧结成形的基本原理

激光选区烧结成形是采用红外激光作为热源烧结粉末材料，并以逐层堆积方式成形三维零件的一种增材制造技术。激光选区烧结成形工艺流程及原理如图6.9所示。

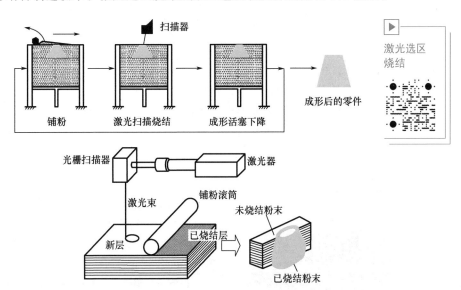

图6.9 激光选区烧结成形工艺流程及原理

第一步，在计算机上，实现零件模型的离散：先利用CAD技术构建被加工零件的三维实体模型；然后利用分层软件将三维CAD模型分解成一系列的薄片，每一薄片称为一个分层，每个分层具有一定的厚度，并包含二维轮廓信息，即每个分层实际上是2.5维的；再用扫描轨迹生成软件将分层的轮廓信息转化为激光的扫描轨迹信息。

第二步，在激光选区烧结成形机上实现零件的层面制造。堆积成形的过程如下：先在成形缸内将粉末材料铺平、预热，然后在控制系统的控制下，激光束以一定的功率和扫描速度在铺好的粉末层上扫描，被激光扫描过的区域内，粉末烧结成具有一定厚度的实体结构，激光未扫描的地方仍是粉末，可以作为下一层的支撑并能在成形完成后去除，这样得到零件的第一层；当第一层截面烧结完成后，供粉活塞上移一定距离，成形活塞下移一定距离，通过铺粉操作，铺上一层粉末材料，继续下一层的激光扫描烧结，新的烧结层与前面已成形的部分连接在一起。如此逐层地添加粉末材料，有选择地烧结堆积，最终生成三维实体原型或零件。

第三步，全部烧结完成后，进行后处理工作，如去掉多余的粉末，再进行打磨、烘干等处理，便获得实体模型或零件。

2. 激光选区烧结成形的特点

与其他增材制造工艺相比，激光选区烧结成形具有如下特点。

（1）可以成形几乎任意几何形状结构的零件，尤其适于生产形状复杂、壁薄、带有雕刻表面和内部带有空腔结构的零件，对于含有悬臂结构、中空结构和槽中套槽结构的零件制造特别有效，而且生产成本较低。

（2）无须支撑。激光选区烧结成形过程中各层没有被烧结的粉末起到了自然支撑烧结层的作用，所以省时省料，同时降低了对 CAD 设计的要求。

（3）可以使用的成形材料范围广。任何受热黏结的粉末都可能被用作激光选区烧结成形原材料，包括塑料、陶瓷、尼龙、石蜡、金属粉末及它们的复合粉。

（4）可快速获得金属零件。采用易熔消失模料可代替蜡模直接用于精密铸造，而不必制作模具和翻模，因而可通过精铸快速获得结构铸件。

（5）未烧结的粉末可重复使用，材料浪费极小。

（6）应用面广。由于成形材料的多样化，激光选区烧结成形适合于多种应用领域，如原型设计验证、模具母模、精铸熔模、铸造型壳和型芯等。

激光选区烧结成形的优点是成形件力学性能相对较好，强度相对较高；无须设计和构建支撑；可选材料种类多且利用率高（接近 100%）。其缺点是制件表面粗糙，疏松多孔，需要后处理。

**图 6.10　美国 3D Systems
公司的 sPro 系列成形设备**

3. 激光选区烧结成形设备与应用

激光选区烧结成形设备最早由美国的 DTM 公司商品化。2001 年，3D Systems 公司并购 DTM 公司后，其设备进入 3D Systems 公司的产品序列。图 6.10 所示为美国 3D Systems 公司的 sPro 系列成形设备，图 6.11所示为采用 sPro 系列成形设备制造的各类零件。

德国 EOS 公司自 1989 年进入增材制造领域，一直专注于激光选区烧结成形设备的研发，目前共有五种型号的产品。EOS 产品最大特点是一机一材。一机一材的好处是可以使设备结构最大限度地适应材料和工艺要求，有利

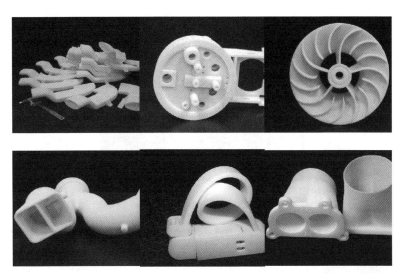

图 6.11　采用 sPro 系列成形设备制造的各类零件

于工业上的连续生产。图 6.12 所示为德国 EOS 公司的 EOSINT P800，图 6.13 所示为采用 EOSINT P 系列设备制造的零件。

国内的激光选区烧结成形设备制造商主要有北京隆源自动成型系统有限公司和武汉滨湖机电技术产业有限公司。图 6.14 所示为北京隆源公司的 AFS－500，图 6.15 所示为采用 AFS－500 制造的零件。图 6.16 所示为武汉滨湖机电公司生产的 HPRS 系列设备，图 6.17 所示为采用 HPRS 系列设备制造的零件。

图 6.12　德国 EOS 公司的 EOSINT P800

图 6.13　采用 EOSINT P 系列设备制造的零件

激光选区烧结成形已经成功应用于汽车、造船、航天航空、通信、微机电、建筑、医疗、考古等诸多领域，为传统制造业注入了新的创造力。

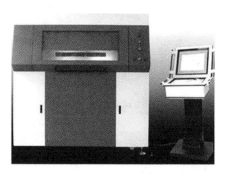

图 6.14　北京隆源公司的 AFS - 500

图 6.15　采用 AFS - 500 制造的零件

图 6.16　武汉滨湖机电公司生产的 HPRS 系列设备

图 6.17　采用 HPRS 系列设备制造的零件

激光选区烧结成形适用于以下场合。

（1）模型快速制造。激光选区烧结成形可快速制造所设计零件的实体模型，并及时对产品进行评价、修正，以提高设计质量；可使客户获得直观的零件模型；能制造教学、试验用复杂模型。

（2）新型材料的制备及研发。利用激光选区烧结成形工艺可以开发一些新型的颗粒以增强各种复合材料性能。

（3）小批量、特殊零件的制造加工。在制造业领域，经常遇到小批量及特殊零件的生产，这类零件加工周期长、成本高，对于某些形状复杂，甚至无法制造的零件，利用激光选区烧结成形技术可经济地实现小批量和形状复杂零件的制造。

（4）模具和工具的快速制造。利用激光选区烧结成形工艺制造的零件可直接作为模具使用，如熔模铸造、砂型铸造、注塑模型、高精度形状复杂的金属模型等；也可以将成形件经后处理，直接作为功能零件使用。

（5）在逆向工程方面的应用。激光选区烧结成形可以在没有设计图纸或者图纸不完全及没有 CAD 模型的情况下，按照现有的零件原型，利用各种数字技术和 CAD 技术重新构造出原型的 CAD 模型。

（6）在医学上的应用。利用激光选区烧结成形工艺烧结的零件具有很高的孔隙率，可用于人工骨的制造。国外对利用激光选区烧结成形技术制备的人工骨进行的临床研究表明，人工骨的生物相容性良好。

6.2.3 叠层实体制造

1. 叠层实体制造的基本原理

叠层实体制造是增材制造中具有代表性的工艺之一。叠层实体制造系统由 CO_2 气体激光器及扫描机构、热压辊、工作台、送纸辊、收纸辊和控制计算机等组成，系统原理如图 6.18 所示。

叠层实体制造的成形工艺基于激光切割薄片材料、由黏结剂黏结各层成形，其具体过程如 6.19 所示。

（1）料带移动，使新的料带移到工件上方。

（2）工作台上升，同时热压辊移到工件上方；当工件顶起新的料带，并触动安装在热压辊前端的行程开关时，工作台停止移动；热压辊来回碾压新的堆积材料，将最上面的一层新材料与下面的工件黏结起来，添加一层新层。

（3）系统根据工作台停止的位置，测出工件的高度，并反馈到计算机。

（4）计算机根据当前零件的加工高度，计算出三维形体模型的交截面。

（5）将交截面的轮廓信息输入控制系统，控制 CO_2 气体激光沿截面轮廓切割。激光的功率设置在只能切透一层材料的功率值上。轮廓区域以外的材料用激光切割成方形网格，以便在工艺完成后进行分离。

（6）工作台向下移动，使刚切割的新层与料带分离。

（7）料带移动一段比切割下的工件截面稍长的距离，并绕在收料轴上。

（8）重复上述工艺过程，直到所有的截面都切割并黏结上，得到一个包含零件的立方体。零件周围的材料由于已经用激光进行网格式切割，被分割成一些小的方块条，比较容

易与零件分离，最后得到三维实体零件。

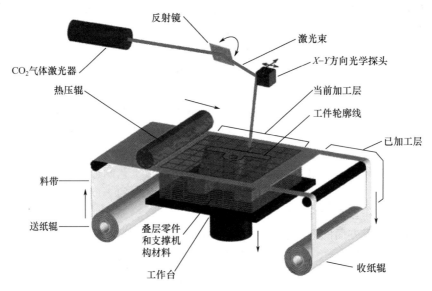

图 6.18 叠层实体制造系统原理

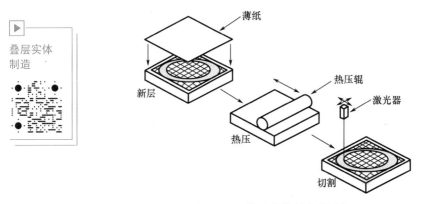

图 6.19 叠层实体制造的过程

2. 叠层实体制造的特点

从叠层实体制造的工艺过程可以看出其具有以下特点。

（1）用激光切割。

（2）零件交截面轮廓区域以外的材料用激光进行网格式切割，便于分离去除。

（3）采用成卷的带料供材。

（4）用行程开关控制加工平面位置。

（5）热压辊对最上面的新层加热、加压。

（6）先热压、黏结，再切割截面轮廓，以防止定位不准和错层问题。

叠层实体制造的优点是无须设计和构建支撑；只需切割轮廓，无须填充扫描；制件的内应力和翘曲变形小；制造成本低。其缺点是材料利用率低，种类有限；表面质量差；内部废料不易去除，后处理难度大。叠层实体制造适合于制作大中型、形状简单的实体零件，特别适用于直接制作砂型铸造模。

3. 叠层实体制造设备与应用

具有代表性的叠层实体制造设备有美国 Helisys 公司的 LOM 系列，日本 Kira 公司的 PLT 系列，新加坡 Kinergy 公司的 ZIPPY 系列，中国华中科技大学的 HRP 系列、清华大学的 SSM 系列等。

图 6.20 所示为美国 Helisys 公司的 LOM 系列设备，图 6.21 所示为采用 LOM 2030E 制造的新型发动机部件模型。图 6.22 所示为采用 LOM 1015 制造的连环。

（a）LOM 2030E　　　　　　　　　　　　　　　　（b）LOM 1015

图 6.20　美国 Helisys 公司的 LOM 系列设备

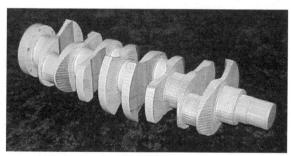

（a）机轴部件(长40cm)　　　　　　　　　　　（b）机壳部件

图 6.21　采用 LOM 2030E 制造的新型发动机部件模型

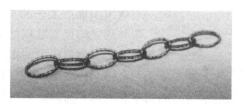

（a）剥离连环周围无用材料　　　　（b）表面进一步抛光处理后获得连环成形件

图 6.22　采用 LOM 1015 制造的连环

图 6.23（a）所示为日本 Kira 公司的 PLT 系列设备，该设备具有体积小、成本低、输出质量高等优点。图 6.23（b）及图 6.23（c）所示为采用 PLT 系列设备制造的零件。

（b）成形齿轮

（a）PLT系列设备　　　　　　　　（c）成形接头

图 6.23　日本 Kira 公司的 PLT 系列设备及其制造的零件

6.2.4　熔融沉积成形

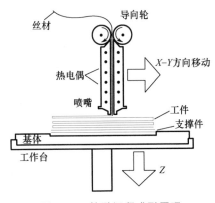

图 6.24　熔融沉积成形原理

熔融沉积
成形

1. 熔融沉积成形的基本原理

熔融沉积成形是一种利用喷嘴熔融、挤出丝状成形材料，并在控制系统的控制下，按一定扫描路径逐层堆积成形的增材制造工艺，其原理如图 6.24 所示。

熔融沉积成形中，喷嘴将丝状材料加热熔融、挤出，喷嘴在 X、Y 扫描机构的带动下沿层面模型规定的路线扫描、堆积熔融的成形材料。一层扫描完毕，底板下降或者喷嘴升高一个层厚高度，重新开始新一层的成形。依此逐层成形直至完成整个零件的成形。

熔融沉积成形工艺的典型特征是使用喷嘴熔化、挤出成形材料堆积成形，层与层之间仅靠堆积材料自身的热量扩散黏结。成形过程中，成形材料加热熔融后在恒定压力的作用下连续从喷嘴挤出，而喷嘴在扫描系统的带动下进行二维扫描运动。当材料挤出和扫描运动同步进行时，由喷嘴挤出的材料丝堆积形成材料路径，材料路径的受控积聚形成了零件的层片。堆积完一层后，成形平台下降一层厚度，再进行新一层的堆积，直至零件完成。

2. 熔融沉积成形的特点

熔融沉积成形是增材制造诸多工艺中发展最快的增材制造工艺之一。与其他增材制造工艺相比，熔融沉积成形具有如下特点。

（1）应用材料广泛。一般的热塑性材料（如塑料、蜡、尼龙、橡胶等）进行适当改性后都可用于熔融沉积成形。目前已经成功应用于熔融沉积成形的材料有蜡、

ABS、PC、ABS/PC 及 PPSF 等。其中 ABS 是目前熔融沉积成形中应用最广泛的成形材料，也是成形工艺中最成熟、最稳定的一类成形材料。即使同一种材料也可以做出不同的颜色和透明度，从而制出彩色零件。熔融沉积成形也可以堆积复合材料零件，如把低熔点的蜡或塑料熔融后与高熔点的金属粉末、陶瓷粉末、玻璃纤维、碳纤维等混合作为多相成形材料。熔融沉积成形工艺成形时需要支撑结构，支撑材料与成形材料可以是异类异种材料，也可以是同种材料。随着可溶解性支撑材料的引入，熔融沉积成形工艺支撑结构的去除难度大大降低。

（2）成形零件具有优良的综合性。利用熔融沉积成形工艺成形 ABS、PC 等常用工程塑料的技术已经成熟，经检测使用 ABS 成形的零件力学性能可达到注塑模具零件的 $60\%\sim80\%$。使用 PC 材料制作的零件，其机械强度、硬度等指标已经达到或超过注塑模具生产的 ABS 材料零件的水平。因此可用熔融沉积成形工艺直接制造能满足实际使用要求的功能零件。此外，用熔融沉积成形工艺制作的零件在尺寸稳定性、对湿度等环境的适应能力上要远远超过立体光固化成形、叠层实体制造等其他增材制造工艺成形的零件。

（3）设备简单、成本低、可靠性高。熔融沉积成形靠材料熔融实现连接成形。由于不使用激光器及其电源，大大简化了设备，使之尺寸减小、成本降低。一台熔融沉积成形设备一般为几千到数万美元，简易型的甚至在 1000 美元以下，而其他增材制造设备一般要十几万至几十万美元。熔融沉积成形设备运行、维护也十分容易，工作可靠。

（4）成形过程对环境无污染。熔融沉积成形所用材料一般为无毒、无味的热塑性材料，因此对周围环境不会造成污染；设备运行时噪声很小，适合于办公应用。

（5）容易制成桌面化和工业化增材制造系统。桌面制造系统是增材制造领域产品开发的一个热点，增材制造系统作为三维 CAD 系统输出外部设备而广泛被人们接受。由于是在办公室环境中使用，因此要求桌面制造系统体积小，操作、维护简单，噪声、污染少，并且成形速度快，但精度要求可适当降低。

但是熔融沉积成形的精度低；不易制造复杂构件，悬臂件需加支撑；表面质量差。故熔融沉积成形适合于产品的概念建模及形状和功能测试，中等复杂程度的中小原型成形；不适合制造大型零件。

3. 熔融沉积成形设备与应用

（1）设备

熔融沉积成形最先由美国 Stratasys 公司于 20 世纪 80 年代中后期提出并推出商品化设备。该公司从 1991 年起，先后推出了基于熔融沉积成形工艺的 FDM 系列成形机。长期以来，该公司在熔融沉积成形设备方面一直处于领先地位。目前 Stratasys 公司推出的 FDM 系列设备的主要型号有 Prodigy Plus、FDM3000、Dimension（图 6.25）等。

北京殷华激光快速成形与模具技术有限公司是国内最早从事增材制造设备及工艺研究开发的单位。该公司研制的熔融沉积成形设备主要有 MEM 系列产品，图 6.26 所示为 MEM 450A。

图 6.25　美国 Stratasys 公司的 Dimension 设备

图 6.26　北京殷华公司的 MEM 450A

　　如今，熔融沉积成形设备凭借其低廉的价格、宽松的作业环境、简单的操作、桌面级的方式已经发展成为大众所熟知和使用的增材制造设备，其在 DIY 模型、教育、工艺品、装饰、珠宝领域都有着广泛应用。图 6.27 所示为美国 MakerBot 公司的桌面级熔融沉积成形设备 Replicator。Replicator 加入了无线网络和以太网功能，融合了云计算技术，不仅支持移动 app 应用程序，也能通过 app 应用程序实现打印的远程监控。

图6.27　美国 MakerBot 公司的桌面级熔融沉积成形设备 Replicator

　　(2) 应用

　　实例 1：韩国现代起亚汽车集团使用 Stratasys 公司的 Fortus 三维成形系统为 Spectra 汽车制造仪表板。先进行仪表板的三维 CAD 造型，如图 6.28 所示；然后熔融沉积成形实际零件，并且用三坐标测量仪扫描检测成形零件是否符合设计公差要求，如图 6.29 所示；最后对成形零件进行表面打磨、喷漆等处理后，进行实际装配，如图 6.30 所示。

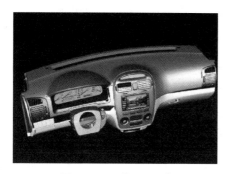

图 6.28 三维 CAD 造型

图 6.29 成形、测试

实例 2：罗技公司在开发蓝牙移动电话过程中也使用了熔融沉积成形技术。为了使蓝牙移动电话能适应更高使用环境要求，必须对电话进行结构优化设计，使其较传统产品具有优良的力学性能。因此，罗技公司使用 Stratasys 公司的 Vantage SE 成形设备，用 ABS 材料设计出一款力学性能较原款有 273％提升的产品，如图 6.31 所示。这其中，熔融沉积成形技术使研发时间大大缩短。

图 6.30 后处理、装配

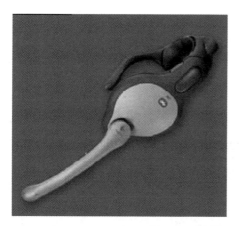

图 6.31 罗技开发的蓝牙移动电话

实例 3：Toro 公司在开发排灌设备时使用了熔融沉积成形技术。为使排灌设备达到更高的使用要求，必须对设计的排灌喷嘴进行力学性能优化设计，并进行水压测试等。由于排灌设备零件繁多、结构复杂，因此非常适合采用增材制造方法。Toro 公司采用 ABS 材料，在熔融沉积成形技术的基础上制造出了符合要求的排灌设备，如图 6.32 所示，水压测试证明设备性能优良。

6.2.5 三维打印成形

1. 三维打印成形的基本原理

三维打印成形工艺是美国麻省理工学院 E. M. 萨克斯教授等学者开发的一种增材制造

工艺，并于 1993 年申请了三个专利。与激光选区烧结成形一样，三维打印成形的成形材料也需要制备成粉末状，所不同的是三维打印成形采用喷射黏结剂黏结粉末的方法来完成成形过程。其具体过程如下：先在底板上铺一层具有一定厚度的粉末；接着用微滴喷射装置在已铺好的粉末表面根据零件几何形状的要求在指定区域喷射黏结剂，完成对粉末的黏结；然后工作平台下降一定高度（一般与一层粉末厚度相等），铺粉装置在已成形粉末上铺设下一层粉末，喷射装置继续喷射以实现黏

图 6.32　Toro 公司开发的排灌设备

结；周而复始，直到零件制造完成。没有被黏结的粉末在成形过程中起到了支撑作用，使该工艺可以制造悬臂结构和复杂内腔结构而不需要再单独设计添加支撑结构。造型完成后清理掉未黏结的粉末就可以得到需要的零件。三维打印成形流程如图 6.33 所示。在某些情况下，还需要进行类似于烧结的后处理工作。三维打印成形是目前唯一可打印全彩色样件的增材制造工艺。

三维打印成形工艺

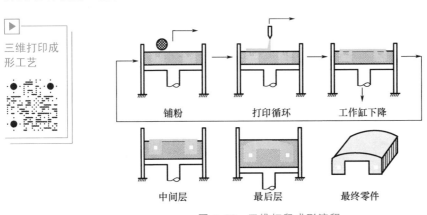

铺粉　　　　　　打印循环　　　　　工作缸下降

中间层　　　　　　最后层　　　　　　最终零件

图 6.33　三维打印成形流程

2. 三维打印成形的特点

三维打印成形最大的特点是采用了数字微滴喷射技术。数字微滴喷射技术是指在数字信号的控制下，采用一定的物理或者化学手段，使工作腔内流体材料的一部分在短时间内脱离母体，成为一个（组）微滴或者一段连续丝线，以一定的响应率和速度从喷嘴流出，并以一定的形态沉积到工作平台的指定位置。图 6.34 为数字微滴喷射技术示意图，一次数字脉冲的激励得到一个射流脉冲，射流脉冲的大小与激励信号的脉冲宽度有关，当这个激励信号的脉冲宽度极小时，射流（实际上已被离散为数十

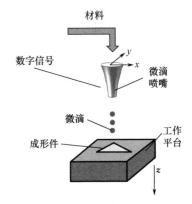

图 6.34　数字微滴喷射技术示意图

至数百微米大小的微滴）成为一个微单元（即一个微滴），可用数字技术中"位"的概念来描述，此时模型成为一种新的数字执行器的原型，喷嘴的流量由数字激励信号的频率和脉冲宽度控制。当射流连续喷射时，可视为是激励信号输出全为"1"的特例。

基于数字微滴喷射技术的三维打印成形具有如下特点。

（1）成形效率高。由于可以采用多喷嘴阵列，因此能够大大提高造型效率。

（2）成本低，结构简单，易于小型化。数字微滴喷射技术无须使用激光器等高成本设备，因此三维打印成形设备的成本相对较低，并且结构简单，可以进一步结合微机械加工技术，使系统集成化、小型化，是实现办公室桌面化系统的理想选择。

（3）可适用的材料非常广泛。从原理上讲，只要一种材料能够被制备成粉末，就可能被应用到三维打印成形工艺中。在所有增材制造工艺中，三维打印成形最早实现了陶瓷材料的增材制造。目前，三维打印成形材料包括塑料、石膏粉、陶瓷和金属材料等。

（4）可以制作彩色原型，粉末在成形过程中起支撑作用，并且成形结束后比较容易去除。

3. 三维打印成形设备与应用

（1）设备

美国麻省理工学院在完成三维打印成形工艺原理性研究后，先后将其授权给多个公司在不同的应用领域进行后续研究开发，包括 Soligen、Z Corp.、Extrude Hone（ProMet-al）、Therics 等公司。其中，Z Corp. 公司的主要设备有 Z 系列（包括 Z310、Z510 等），ProMetal 公司的有 R 系列（包括 R2、R4、R10 等）。图 6.35、图 6.36 所示分别为 Z Corp. 公司的 Z310、Z510。

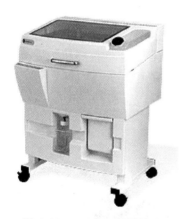

图 6.35　Z Corp. 公司的 Z310

图 6.36　Z Corp. 公司的 Z510

如今活跃在市场上的三维打印成形设备多为全彩打印机，其可以提供全彩、高分辨率、效果逼真的概念模型，销售、营销展示模型，教学模型等。图 6.37、图 6.38 所示为3D Systems 公司推出的全彩色三维打印成形设备 ProJet® 660Pro 及其打印的汽车组件模型。该设备是目前最简便、高效的大型全彩模型三维打印成形设备，成形空间最大范围是254cm×381cm×203cm。它融合了四通道的 CMYK 全彩打印，可生产优异的高分辨率模型，是定格动画、专业模型、个性化产品、数字制造、艺术产品等的理想打印设备。

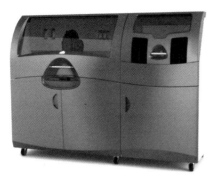 

图 6.37　3D Systems 公司推出的全彩色
三维打印成形设备 ProJet® 660Pro

图 6.38　ProJet® 660Pro 打印的汽车组件模型

（2）应用

实例 1：Timberland 公司制鞋设计。

Timberland 公司利用三维模型直接制备鞋模，取代了传统制备方法并取得了极高的效益。鞋底模型的传统加工方法是由模型造型技术人员根据二维 CAD 绘图制造出木头和泡沫的三维模型。每一个模型不但要花费上千美元，而且要花费几天时间。如果制造时稍有不慎或设计有偏差，还需返工，拉长了研发周期。使用三维打印成形设备 Z510 制造鞋底模型（图 6.39），不仅使成本降低至每个约 30 美元，而且使时间缩短至 2h 以内；通过不同色彩的喷涂打印，不但可以使产品模型栩栩如生，而且可以显示内底的压力点和干涉情况；更为重要的是成形的模型与原三维 CAD 模型完全吻合。

实例 2：WhiteClouds 公司建筑模型的快速制作。

制作一个逼真的建筑模型是一项艰巨的任务。三维效果图虽然可以帮助客户理解设计的美观和功能，但没有什么比得上一个实体模型可以让客户了解得更快、更全面。在过去，模型制造商需要花费几个星期甚至几个月来制作、雕刻、上色而得到一个逼真的模型。现在使用 ProJet® 660，仅花几个小时就可以创造出一个逼真的全彩色的建筑模型（图 6.40）。

图 6.39　Z510 制造的鞋底模型

图 6.40　ProJet® 660 打印的别墅模型

6.2.6　其他增材制造工艺

1. 数字光处理成形技术

数字光处理（digital light processing，DLP）成形技术和立体光固化成形技术比较相似，不过它是使用高分辨率的数字光处理器投影仪来固化液态光聚合物，逐层进行光固化。由于每层固化是通过幻灯片似的片状固化，因此数字光处理成形速度比同类型的立体光固化成形速度更快。数字光处理成形精度高，在材料属性、细节和表面质量方面可与注塑成型的耐用塑料部件相媲美。数字光处理成形原理如图 6.41 所示。

2013 年，美国初创企业 Tangible Engineering 推出了一款基于数字光处理成形技术的桌面型三维打印机 Solidator，如图 6.42 所示，其利用数字光处理成形技术通过可见光将光敏树脂逐层固化成三维对象，并从上到下逐层堆积。该机器能够快速打印较大的对象或零部件，具有较高的分辨率和打印速度。Solidator 的最小打印层厚为 $270\mu m$，它能够以 $100\mu m$ 的分辨率每 10s 构建打印对象的一个单层，该速度和需要构建物体的大小及数量没有关系。

数字光处理

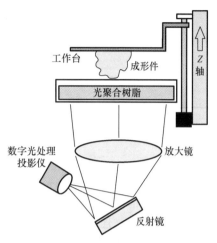

图 6.41　数字光处理成形原理

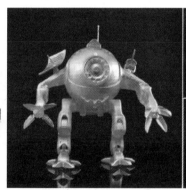

图 6.42　桌面型三维打印机 Solidator 及其打印的模型样品

2. 连续液态界面制造技术

所有增材制造技术，无论对于金属还是非金属，都存在两个共同的缺点：制造一个零部件需耗费大量的时间及制造零部件所采用的多层材料将导致零部件力学性能的各向异性。为克服上述缺点，美国北卡罗来纳大学的研究人员开发了一种新的增材制造技术：连续液态界面制造（continuous liquid interface production，CLIP）技术，其原理如图 6.43 所示。

连续液态界面制造不是基于片层材料，而是用连续法制造。树脂储存在一个特质的储罐内，储罐底部的窗口由可以透过氧气和光的聚四氟乙烯材料制成，连续液态界面制造技术利用氧气阻聚物的特性，氧气通过窗口与树脂底部液面接触，形成了极薄的一层不能被紫外线固化的区域，称为固化死区，而紫外线仍然可以透射通过固化死区，在上方继续产生聚合作用。这样就避免了固化的树脂与底部窗口粘连，紫外线可以连续照射树脂，而打印平台也连续上升，这样大大加快了打印速度。连续液态界面制造技术

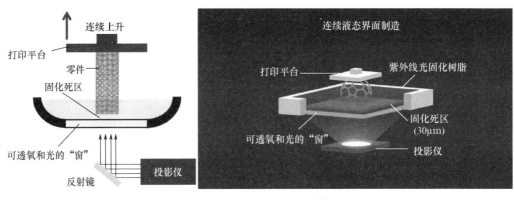

图 6.43　连续液态界面制造技术原理

与传统光固化技术的区别是避免了停顿和重启的过程，连续液态界面制造的打印是连续的。

连续液态界面制造打破了以往增材制造精度与速度不可兼得的困境，其打印的产品及其与其他增材制造工艺的打印效率对比如图 6.44 所示。连续的照射过程令打印速度不再受切片层数量的影响，而仅仅取决于紫外线照射时的聚合速度及聚合的黏性，而切片层厚决定了最终成品的表面精度。经试验验证，在 $1\mu m$ 的切片精度下，打印出了肉眼难以辨识的光滑表面。目前，连续液态界面制造技术原型增材制造机可打印 $50\mu m$ 至 25cm 的物体。

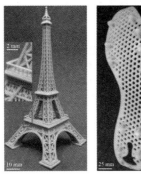

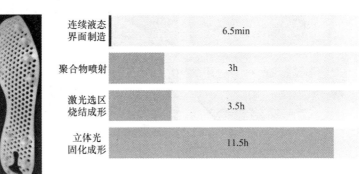

（a）连续液态界面制造打印的产品　　（b）连续液态界面制造与其他增材制造工艺的打印效率对比

图 6.44　连续液态界面制造打印的产品及其与其他增材制造工艺的打印效率对比

3. 容积三维打印技术

美国加州大学伯克利分校的研究人员 2019 年公布了一种高效的连续增材制造技术，称为容积三维打印（volumetric additive manufacturing），通过光敏树脂的光聚合反应，几十秒即可打印出一个完整的人像，其工作原理如图 6.45 所示。其工作过程类似于螺旋计算机断层的二维扫描和三维重建。研究人员从多个不同角度计算出物体的形状并由此生成二维图像，将图像投射到一个装有光敏液态树脂（丙烯酸酯）的圆柱形容器中。当投影仪通过全方位覆盖的图像旋转时，容器也以相应的角度旋转。当圆柱体旋转时，任何接收到光的位置都可以单独控制，如果光的总量超过一定数值，液体就会变成固体。具体而言，当吸收的光子达到一定的门槛时，丙烯酸酯就会聚合，形成固体塑料。剩下的液体随后被移除，留下的就是固态的三维物体。

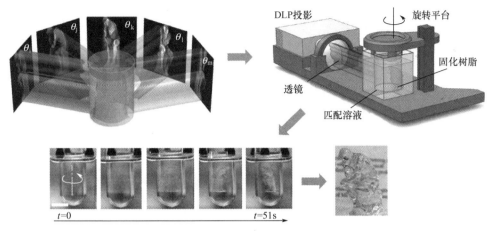

图 6.45 容积三维打印的工作原理

容积三维打印技术的关键是不同角度的二维投影图像的处理，其过程如图 6.46 所示。先进行三维模型的重建，然后进行二维的傅里叶变换。在实际打印过程中，需要对光敏树脂光引发剂的含量进行优化，还涉及氧气抑制、光场干涉、三维空间和二维投影之间的转换匹配等问题。虽然同为连续增材成形新工艺，容积三维打印技术没有连续液态界面制造技术那样高的成形精度，但容积三维打印技术旋转 360° 即可实现零件的连续制造，具有比连续液态界面制造技术更高的成形率。容积三维打印既可以制备较复杂的牙科模型、无支撑镂空结构等，也能够打印出弹性物体，其制备的样件如图 6.47 所示。

▶ 容积三维
打印技术

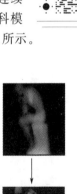

图 6.46 容积三维打印技术的投影图像的处理过程

4. 基于智能结构或材料的四维打印技术

四维打印技术最初被定义为"三维打印＋时间"，即在三维打印的基础上，在一定的外界环境激励下，三维构件的结构在时间维度上产生变化。随着研究和技术的不断发展，四维打印的内涵也更全面。在目前已有的研究

▶ 三维打印
智能材料

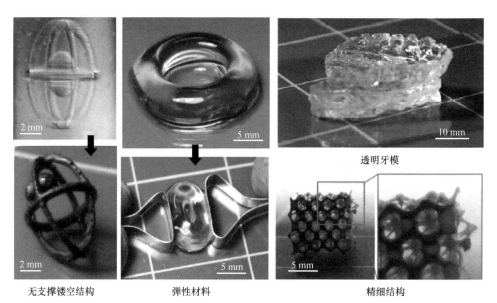

图 6.47　容积三维打印制备的样件

无支撑镂空结构　　　　　　弹性材料　　　　　　精细结构

透明牙模

中，使用可编程物质（通常为智能复合材料）作为四维打印材料，通过三维打印方式打印出三维构件，该构件能随着时间推移，在预定的激励或刺激（如遇水、冷却、通电、光照、加热、加压等）下，自我变换形状、物理属性（如结构、形态、体积、密度、色彩、亮度、弹性、硬度、导电性、电磁特性和光学特性等）或功能。

四维打印

形状编程
（加热 → 形状扭曲 → 冷却）

（冷却 ← 形状恢复 ← 加热）
形状恢复
图 6.48　形状记忆聚合物
四维打印变化过程

四维打印的成形工艺通常为典型三维打印技术，如熔融沉积技术、光固化成形技术等，其核心在于所使用的是智能材料。目前，四维打印智能材料按不同材料属性分为聚合物、形状记忆合金、陶瓷材料等，其中聚合物又包括形状记忆聚合物、电活性聚合物、水驱动型聚合物。下面以形状记忆聚合物和电活性聚合物两种典型的多稳态材料来说明四维打印的过程和应用。

形状记忆聚合物至少存在两种稳定状态，也称存在双稳态，在外界刺激下，构件发生折叠、弯曲、扭曲等一系列宏观变形行为，从而实现从一种状态向另一种状态的转变。此类材料包括聚合物纤维、光敏材料或光响应材料等。图 6.48 所示为形状记忆聚合物四维打印变化过程。一般而言，形状记忆效应涉及两个循环步骤，一是编程步骤，其中结构从其初始形状变形，然后保持亚稳态的临时形状；二是恢复步骤，在该步骤中可以响应适当的外界刺激以恢复原始形状。因此，形状记忆材料可以保持暂时的形状直至被施加适当的外界刺激。

电活性聚合物是一类在电场的刺激下可产生尺寸或形状大幅度变化的新型柔性功能材料，主要包括离子聚合物-金属复合材料、巴克凝胶等。图 6.49 所示为电活性聚合物四维打印的人造肌肉，当有电流通过时就会发生形变，可以实现机器人局部无动力源的感知回应。

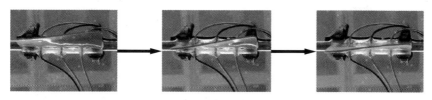

图 6.49　电活性聚合物四维打印的人造肌肉

水驱动的智能材料主要根据材料的吸水特性设计，最终达到所需的变形结构。

四维打印技术的出现使传统材料的制造发生了革命性的变化，不仅使宏观复杂的三维立体结构的成形成为可能，同时还赋予了这种结构先进的智能性。该技术在航空航天、生物医疗、柔性机器人等领域具有广泛的应用前景。如四维打印变形机翼可以适应不同飞行状态的空气动力学需求。四维打印技术虽在诸多领域有广阔的应用前景，但其仍然是一项新颖的技术，还需要面临多方面的挑战，包括具有可逆性的形状记忆材料的开发、具有良好适应性的计算机建模调控软件设计、综合考虑各方面因素的评价体系等。

5. 陶瓷增材制造技术

陶瓷材料具有硬度高、强度高、耐磨性好、耐腐蚀性强、耐高温等优势，广泛应用于航天航空、生物医学、机械生产、电子科技、能源及化工等领域，在众多性能各异的工程材料中独树一帜。由于陶瓷具有极高的熔点及较大的脆性，采用机械加工难度较大，成本较高，这成为陶瓷材料进一步广泛应用的阻碍。除了机械加工，常见的陶瓷加工方法包括干压成形、注射成形等，但在制备陶瓷零件前，需要生产金属模具，大大增加了加工成本，定制化的需求几乎不可能实现。

近年来在陶瓷成形中引入增材制造技术受到广泛关注，有望突破传统陶瓷加工和生产的技术瓶颈，使零件的设计和制作更加自由。目前常见的陶瓷增材制造技术包括陶瓷光固化成形技术及陶瓷熔融沉积成形技术。其中，光固化快速成形是目前最适用于高强度高密度陶瓷成形的一种增材制造方法，其原理是将小颗粒陶瓷粉末均匀地分散到光固化打印所用的液态光敏材料中，得到对应的陶瓷浆料，再采用光固化技术进行增材打印，即可实现陶瓷零件坯体的光固化制造，然后对坯体进行后续的处理即可得到所需的陶瓷零件。目前常用的陶瓷材料光固化成形工艺流程如图 6.50 所示，包括以下四个步骤。

（1）浆料配制：在光敏树脂原材料中添加一定体积分数的陶瓷粉末，在保证浆料流动性的基础上尽可能提高固相含量，从而配制成可光固化成形的陶瓷浆料。

（2）成形：对数字模型添加支撑等前处理后，对模型分层切片并逐层投影或扫描，从而获得一定形状的薄层，薄层累加后成形。

（3）脱脂：采用物理或化学方式尽可能去除坯体中的有机成分，常用方法为热脱脂与溶剂萃取脱脂。

（4）烧结：脱脂后的陶瓷素坯（不含有机成分的陶瓷坯体）在高温下收缩、致密化，获得所需要的陶瓷制件。

陶瓷光固化工艺需要考虑浆料的可固化性，常用的材料体系为氧化锆、氧化铝、磷酸三钙、羟基磷灰石等。此外，陶瓷光固化技术作为光固化技术的衍生技术与传统光固化技术相比，由于陶瓷颗粒对入射光的散射作用，可固化层厚有明显的降低，因此，在成形过程中，

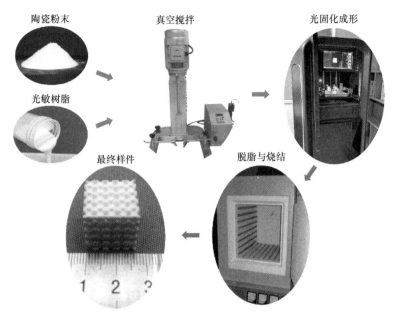

图 6.50　陶瓷材料光固化成形工艺流程

通常取25～50μm的小成形层厚。图 6.51 所示为南京航空航天大学自主研制的 RP400C 陶瓷打印机，该打印机主要由紫外光源、成形缸、透光膜、刮刀、成形平台等构成，成形过程如下。

(1) 刮刀将浆料均匀铺在成形缸底部的透光膜上，多余浆料堆积在料缸的前后两边。

(2) 成形平台下降，直到平台表面/坯体下表面与成形膜相距一个成形层厚单位。

(3) 紫外光源将成形的截面图像投影在成形膜上，预制浆料被固化成形。

(4) 成形平台上升。

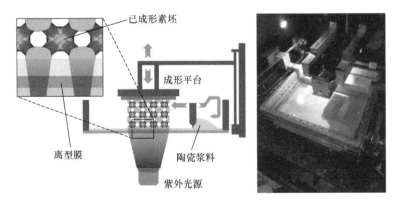

图 6.51　南京航空航天大学自主研制的 RP400C 陶瓷打印机

　　利用陶瓷光固化技术可制备出模具无法成形的复杂结构件。图 6.52 为利用陶瓷光固化技术制备的具有规则单元结构的羟基磷灰石多孔支架及其在烧结前后尺寸对比。在完成烧结后，结构中的有机成分被去除，整个结构在三个维度均按相似的比例收缩，从而达到致密的效果。陶瓷光固化技术作为对传统制造方法的重要补充，目前已经成为相对成熟的技术，并且获得了良好的商业应用，对于该工艺设备、工艺等的优化也正成为研究热点，随着所制备的陶瓷产品的性能与传统方法的日益接近，所打印的陶瓷将更加广泛运用到实际生产及科研中。

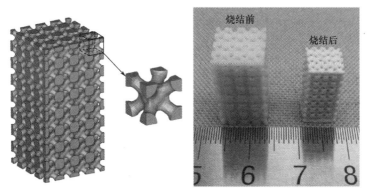

图 6.52　羟基磷灰石多孔支架及其烧结前后尺寸对比

6.3　金属增材制造技术

6.3.1　激光熔化沉积

激光熔化沉积技术是从激光熔覆技术发展而来的金属增材制造技术。作为激光金属增材制造技术的一种典型工艺，激光熔化沉积是将三维打印的"叠层—累加"原理和激光熔覆技术有机结合，以金属粉末为原料，通过"激光熔化—快速凝固"逐层沉积，从而形成金属零件的制造技术。如图 6.53 所示，激光熔化沉积利用激光的高能量使金属粉末和基材发生熔化，在基材上形成熔池，熔化的粉末在熔池上方沉积，冷却凝固后在基材表面形成熔覆层。根据成形件模型的分层切片信息，运动控制系统控制 X-Y 轴工作台、Z 轴上的激光头和送粉喷嘴运动，逐点、逐线、逐层形成具有一定高度和宽度的金属层，最终形成整个金属零件。

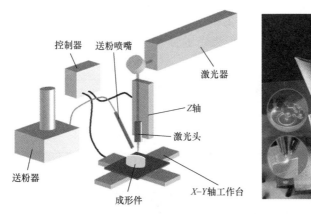

激光熔化沉积

（a）激光熔化沉积原理　　　　（b）实际成形效果

图 6.53　激光熔化沉积原理和实际成形效果

激光熔化沉积具有以下特点。

（1）无须制备零件毛坯，无须加工锻压模具，无须大型或超大型锻铸工业基础设施及相关配套设施。

（2）材料利用率高，机加工量小，数控机加工时间短。

（3）生产制造周期短，工序少，工艺简单，具有高度的柔性与快速反应能力。

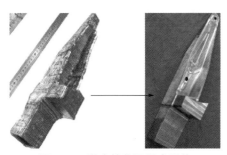

图 6.54 激光熔化沉积成形的结构件与机加工修整后对比

利用激光熔化沉积技术还可根据零件不同部位的工作条件与特殊性能要求实现梯度材料高性能金属零件的直接制造，可完成大型结构件或者结构不是特别复杂的功能性零件的加工制造。图 6.54 所示为激光熔化沉积成形的结构件与机加工修整后对比。

激光熔化沉积在新型汽车制造、航空航天、新型武器装备中的高性能特种零件和民用工业中的高精尖零件的制造领域具有极好的应用前景，尤其是在常规方法很难加工的梯度功能材料、超硬材料和金属间化合物材料零件快速制造及大型模具的直接快速制造方面应用前景广阔。

激光熔化沉积的应用领域主要如下。

（1）难加工特种材料金属零件的直接制造。

（2）含内流道和高热导率部位的模具制造。

（3）模具快速制造、修复与翻新，进行零件表面强化及沉积高性能涂层。

（4）敏捷金属零件和梯度功能金属零件制造。

（5）航空航天重要零件的局部修复。

（6）特种复杂金属零件制造。

（7）医疗器械制造等。

激光熔化沉积成形金属零件有两个主要的发展方向：大型零件的毛坯制造，小型功能梯度或多材料复杂零件的制造。

对于大型零件的毛坯制造，用激光熔化沉积技术直接制造可以节约昂贵的大型模具的开发费用，缩短制造时间，而且成形的零件性能能够达到要求。这种制造一般不需要太高的成形精度，只要为后续加工留有足够的余量，以达到精确的零件尺寸。根据这一要求，激光熔化沉积不必采用闭环控制方式，但激光器的功率要大，以保证提高每层成形高度和扫描速度，达到较高的成形速度。

6.3.2　激光选区熔化/电子束选区熔化

激光选区熔化（1）

1. 激光选区熔化

激光选区熔化（selective laser melting，SLM），也称直接金属激光烧结（direct metal laser sintering，DMLS）是在选择性烧结基础上发展起来的高精度金属近净成形技术。1995 年，德国弗劳恩霍夫激光技术研究院在激光选区烧结成形工艺的基础上应用大功率激光器直接熔化金属粉末，首次提出了激光选区熔化技术。

　　激光选区熔化与激光熔化沉积的主要不同点是激光功率和加工原料供给方式。激光熔化沉积的原料供给方式一般为同轴送粉或者侧向送粉，而激光选区熔化则是粉床铺粉方式。激光选区熔化原理如图6.55所示，根据零件的三维模型的分层切片信息，扫描振镜控制激光束作用于成形仓内的粉末表面；一层扫描完毕，成形仓的活塞下降一个层厚距离；接着送粉仓内活塞上升一个层厚的距离，铺粉刮刀铺展一层厚的粉末沉积于已成形层之上；然后，重复上述两个成形过程，直至所有三维模型的切片层全部扫描完毕。这样三维模型经逐层累积方式直接成形为金属零件。

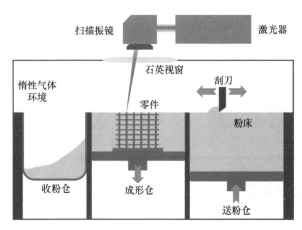

激光选区熔化(2)

图 6.55　激光选区熔化原理

　　激光选区熔化技术是极具发展前景的金属零件增材制造技术。为保证金属粉末材料快速熔化，激光选区熔化需要高功率密度激光器，光斑聚焦到几十微米到几百微米。

　　激光选区熔化的优势如下。

　　(1) 可直接制成终端金属产品，省去了中间过渡环节。

　　(2) 零件具有很高的尺寸精度及较好的表面粗糙度。

　　(3) 适合制造各种复杂形状的零件，尤其适合制造内部有复杂异型的结构、用传统方法无法制造的复杂零件。

　　(4) 适合单件和小批量复杂结构件无模、快速响应制造。

　　目前激光选区熔化的主要应用领域如下。

　　(1) 超轻航空航天零部件的快速制造。在满足各种性能要求的前提下，与传统方法制造的零件相比，采用激光选区熔化工艺制造的零件的质量可以减轻50％以上，并且可以减少装配。图6.56所示为 EOS 公司使用激光选区熔化成形设备制造的航空发动机喷油嘴。该喷油嘴采用整体化设计，避免了多零件组装带来的成本消耗。

　　(2) 刀具的快速制造。采用激光选区熔化工艺快速制造具有随形冷却流道的刀具和模具，使其冷却效果更好，从而缩短冷却时间，提高生产率和产品质量。

图 6.56　EOS 公司使用激光选区熔化成形设备制造的航空发动机喷油嘴

（3）微散热器的快速制造。采用激光选区熔化工艺可以快速制造具有交叉流道的散热器，流道结构尺寸目前可以做到 0.5mm，表面粗糙度可以达到 $Ra8.5\mu m$。这种微散热器可以用于冷却高能量密度的微处理器芯片、激光二极管等具有集中热源的器件，主要应用于航空电子领域。

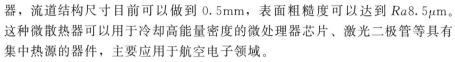

电子束选区熔化成形

（4）骨植入假体的个性化定制。激光选区熔化具有快速响应、周期短的优势，适合个性化假体的快速制造。此外，采用激光选区熔化工艺可为骨组织工程制造拓扑优化的多孔支架。

2. 电子束选区熔化

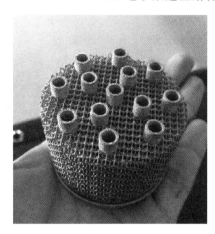

图 6.57　电子束选区熔化
成形的多孔零件

电子束选区熔化（electron beam selective melting, EBSM）技术，业内习惯称之为电子束熔融（electron beam melting，EBM）技术。电子束选区熔化原理和激光选区熔化本质是一样的，只是加工热源换成了电子束，利用高速电子的冲击动能熔化材料。在真空条件下，将具有高速度和能量的电子束聚焦到被加工材料上，电子的动能绝大部分转换为热能，使材料局部瞬时熔融，从而实现材料的层层堆积，最终成形出完整的零件。图 6.57 所示为电子束选区熔化成形的多孔零件。

在电子束选区熔化技术领域，国际上处于领先地位的是已经被通用电气公司收购的瑞典金属三维打印公司 Arcam AB。该公司已经推出了一系列商业化电子束选区熔化设备。图 6.58 所示为 Arcam AB 公司推出的 Q20 及其加工的外框内嵌晶格状结构的功能性零件。

（a）Q20　　　　　　　　（b）外框内嵌晶格状结构的功能性零件

图 6.58　Arcam AB 公司推出的 Q20 及其加工的外框内嵌晶格状结构的功能性零件

6.3.3 电子束自由形状制造

电子束自由形状制造（electron beam free form fabrication，EBF3）技术是近年来发展起来的一种新型增材制造技术，其原理如图 6.59 所示。与其他增材制造技术一样，电子束自由形状制造技术需要对零件的三维模型进行分层处理，并生成加工路径。其利用电子束作为热源，熔化送进的金属丝材，按照预定路径逐层堆积，并与前一层面形成冶金结合，直至形成致密的金属零件。电子束自由形状制造具有成形速度快、保护效果好、材料利用率高、能量转换率高等特点，适合大中型钛合金、铝合金等活性金属零件的成形制造与结构修复。

电子束自由形状制造的优势在于它基本不产生废料，节省了大量的原材料，这对降低成本有非常大的作用，尤其是相对于金属粉末，金属丝材更具有价格优势；另外，对于容易被氧化的金属，金属丝在打印过程中的质量会更稳定；再加上金属丝增材制造的产品尺寸范围要比粉末熔融技术大得多，这使得金属丝增材制造的应用空间更大。

电子束自由形状制造

利用电子束自由形状制造技术成形的飞机钛合金零件如图 6.60 所示。成形钛合金零件时，最大成形速度可达 18kg/h，力学性能满足 AMS 4999A 标准要求。

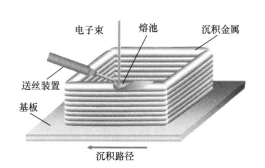

图 6.59　电子束自由形状制造原理

图 6.60　利用电子束自由形状制造技术成形的飞机钛合金零件

电子束选区熔化和电子束自由形状制造可以概括为电子束增材制造技术。

相对于激光增材制造而言，电子束增材制造具有如下特点。

（1）电子束能够极其微细地聚焦（直径可达 $\phi0.1\sim\phi1.0\mu m$），故成形精度更高。

（2）加工材料的范围广，由于电子束的能量密度高，可使任何材料瞬时熔化。

（3）可通过磁场或电场控制电子束的强度、位置、聚焦等，所以整个加工过程便于实现自动化。

（4）加工在真空中进行，污染少，加工表面不易被氧化。

（5）电子束加工需要整套的专用设备和真空系统，价格较高，故在实际生产中受到一定程度的限制。

6.3.4　电弧熔丝增材制造

电弧熔丝增材制造（wire and arc additive manufacturing，WAAM）是采用电弧或等离

子弧作为热源，将金属丝材熔化逐层沉积成形，由线—面—体的路径逐层堆积制造出接近产品形状和尺寸要求的三维金属坯件，电弧熔丝增材制造成形的零件由全焊缝金属组成，成分均匀、致密性高，与铸造和锻造工艺相比，成形件力学性能好、整体质量好、组织致密度高。成形后再辅以少量机械加工，最终达到产品的使用要求。该技术是对目前发展较快的激光增材制造、电子束增材制造的有益补充。

电弧熔丝增材制造有两种形式，图 6.61（a）所示为基于熔化极电弧的同轴送丝形式，采用常规的熔化极电弧焊工艺或冷金属过渡焊工艺；图 6.61（b）所示为基于等离子弧的旁轴送丝形式，其中等离子弧也可换作钨极氩弧。

电弧熔丝增材制造

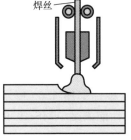

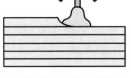

（a）熔化极电弧同轴送丝　　　　　（b）等离子弧旁轴送丝

图 6.61　电弧熔丝增材制造工作原理

与其他金属增材制造技术相比，电弧熔丝增材制造技术不需要高功率激光器、电子束发生器等昂贵设备，只需要常规的金属焊枪，再结合多轴数控运动控制或者机械臂控制及相应的送丝机构，就可实现各种大尺寸金属构件的增材制造及各种金属构件的修复再制造。如图 6.62 所示为英国克兰菲尔德大学电弧熔丝增材制造的大型铝合金框梁，图 6.62（a）所示为成形时的框梁，图 6.62（b）所示为加工后的框梁。电弧熔丝增材制造因为具有设备成本低、容易改装、沉积速率高、节约原材料、不受尺寸限制和易于实时修复等诸多优点，越来越受到研究人员的青睐。

（a）成形时的框梁　　　　　　　　　（b）加工后的框梁

图 6.62　英国克兰菲尔德大学电弧熔丝增材制造的大型铝合金框梁

电弧熔丝增材制造生产率高，激光和电子束作为热源的金属增材制造生产率为 2～10g/min，而电弧熔丝增材制造可达 50～130g/min，若选择适当参数，最高可达到每小时数千克，而且节约原材料，尤其是贵重金属；能量利用率方面，激光为 2％～5％，电子束为 15％～20％，而电弧熔丝增材制造参数选择合适后可达 90％。总体而言，电弧熔丝增材制造具有以下的优点。

（1）设备结构简单，成本低，投资少，焊接系统只需采用部分通用的焊接系统。

（2）生产率高，整体制造周期短，成形大尺寸件时优势明显。

（3）零件由焊缝金属组成，韧性和强度比整体锻造件好。

（4）可以采用不同材料设计零件的不同部位，实现原位复合制造和一体化制造。

（5）制造形式灵活，对零件尺寸、形状和质量限制少。

（6）能及时发现设计和生产中的问题，零件易于修复，并能快速改进，优化设计。

（7）丝材利用率高，焊丝利用率最高达到90%以上，节约原材料，尤其对于比较贵重的合金材料。

但电弧熔丝增材制造技术本质还是一种基于电弧熔丝的堆焊技术，是一个多参数耦合作用的复杂过程，每层堆积高度不稳定，难以精确预测并控制焊缝的尺寸及形貌，因此一般需要在成形过程中通过二次表面机加工控制精度。该技术还需要通过内部质量与性能控制、应力与变形控制、路径规划软件、成形过程在线监控与反馈控制等关键技术的协同，才能稳步推进在航空航天及其他领域的应用。

6.3.5 超声波增材制造

超声波增材制造（ultrasonic additive manufacturing，UAM）技术是目前一种相对冷门的三维打印技术，该技术主要用于为机器设备上的传感器打造金属保护壳。超声波增材制造是由一家工业级三维打印机生产商 Fabrisonic 提出并推广的。它的独特之处在于其使用了一种将超声波焊接与数控加工结合起来的技术。超声波增材制造过程：先将频率高达 2×10^4 Hz 的超声波施加在金属箔上，用超声波的振荡能量使两个需焊接的表面产生摩擦，构成分子层间的熔合，然后以同样的原理逐层连续焊接金属箔，并同时通过机械加工实现精细的三维形状，从而构成坚实的金属物体。超声波增材制造原理如图 6.63 所示。

超声波增材制造工艺主要使用超声波熔融金属薄层，从而完成三维打印。它能够实现真正冶金学意义上的黏合，并可以

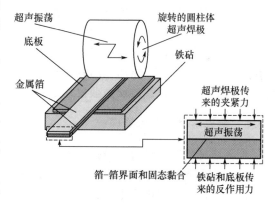

图 6.63 超声波增材制造原理

使用各种金属材料如铝、铜、不锈钢和钛等。Fabrisonic 公司的技术可以同时"打印"多金属材料，而且不会产生不必要的冶金变化，如能够使用成卷的铝或铜质金属箔片制造出带有高度复杂内部通道的金属部件。图 6.64 所示为 Fabrisonic 公司的超声波增材制造设备及其加工的多材料复合零件。

结合增材和减材处理，采用超声波增材制造工艺可以制造出深槽、中空、栅格状或蜂窝状内部结构，以及其他复杂的几何形状，这些结构和形状是无法使用传统的减材制造工艺完成的。另外，因为采用的是超声波焊接，没有进行常规加热焊接，所以许多电子装置可以嵌入而不损坏。据了解，过去采用常规焊

▶
超声波增材
制造技术

（a）超声波增材制造设备　　　　　　（b）多材料复合零件

图 6.64　Fabrisonic 公司的超声波增材制造设备及其加工的多材料复合零件

接加工智能材料所面临的最大挑战是材料熔化往往会大大降低智能材料的性能，而超声波增材制造中材料是固态的，不涉及熔化，故采用超声波增材制造工艺可以将导线、带、箔和所谓的智能材料（如传感器、电子电路和致动器等）完全嵌入密实的金属结构中，而不会导致任何损坏。

总的来说，超声波增材制造具有以下优点。

（1）可进行高速的金属增材制造。

（2）固态焊接可以实现异种金属的接合、包层、形成金属基复合材料、构成"智能"或反应式结构。

（3）低温工艺可以实现电子嵌入防篡改结构，实现非破坏性、完全封装的光纤嵌入。

（4）成形复杂的几何形状。

由于超声波增材制造技术在增材制造每一层的同时还要进行数控加工，因此和其他增材制造技术相比，它不能加工结构过于复杂的零件，适用零件的选择具有一定的局限性，但就其功能而言，还是要比纯数控加工中心能实现的功能强得多。

6.3.6　金属增材制造后处理

金属增材制造完成后，需要将工件从基板上分离，此外在增材制造过程中工件也易产成缺陷，如内部存在孔隙、内应力过大、表面粗糙等，因此，一般需对工件进行相应的后处理，以满足实际应用要求。常用的后处理技术主要包括退火、去支撑、热等静压、表面处理（抛光和喷砂）等。

金属增材零件分离切割

（1）退火。退火就是将制造后的工件缓慢加热到一定温度，保持一段时间，然后缓慢冷却的热处理工艺，可达到进一步提高增材制造金属件表面质量和力学性能的目的。

（2）去支撑。金属增材制造完成后，通常需要将工件通过带锯或电火花线切割等加工方式从基板上分离下来。

为解决金属增材制造中精确分离工件与基板的问题，瑞士阿奇夏米尔公司设计了一种卧式电火花线切割机床 CUT AM500，如图 6.65 所示，电极丝采用水平方向，电极丝直径 $\phi0.2mm$，往复走丝浸液加工。该机床配备了工件筐和旋转轴，工件安装完毕，旋转轴带动安装基板旋转 180°（工件头向下），而后进行电火花线切割分离，分离后的工件落入下方的工件筐。这样的切割方式蚀除颗粒会自动下落，使得蚀除产物的处理比较简单，也避免了对工件的污染，同时保障了切割精度、稳定性及工件的安全性。

金属增材
分离卧式
线切割

图 6.65　卧式电火花线切割机床 CUT AM 500

（3）热等静压。热等静压是将制品置于密闭的容器中，向容器内充惰性气体，在很高的温度（通常接近材料的锻造温度）和很高的压力（通常在 $100\sim140$MPa）下，使制品得以烧结或致密化。增材制造后的金属零件经常会伴随气孔、未熔化等缺陷，而热等静压最突出的作用就是能够消除金属零件内部的孔洞缺陷，提高零件的致密度，尤其适用于钛合金、镍基合金零件。

（4）表面处理。金属增材制造后的工件表面易出现毛刺或分层等现象，需对其抛光处理，主要采用机械抛光，一般使用油石条、羊毛轮、砂纸等，以手工操作为主，特殊零件如回转体表面，可使用转台等辅助工具，表面质量要求高的可采用超精密研磨抛光的方法。

表面喷砂技术是对去支撑后的工件表面处理的主要方法，主要以压缩空气为动力源，形成高速喷射束，将磨料高速喷射到需处理工件表面，利用磨料对工件表面的冲击和切削作用，使工件表面获得清洁及表面质量的提高，并同时改善工件表面的机械性能。

6.4　增材制造技术的应用

6.4.1　增材制造技术在航空航天领域的应用

目前先进的航空航天飞行器越来越轻、机动性也越来越好，这就对结构件提出了如下要求：轻量化、整体化、长寿命、高可靠性、结构功能一体化、低成本运行。而增材制造技术恰能满足这些要求。具体地说，增材制造技术在航空领域的应用主要包括以下几个方面。

1. 大型整体结构件、承力件的加工，缩短加工周期，降低加工成本

为提高结构使用效率、减轻结构质量、简化制造工艺，国内外飞行器越来越多地采用了大型整体钛合金结构。但这类结构给加工带来了极大的困难。美国 F-35 战斗机的主承力构架首先要靠几万吨级的水压机压制成形，然后切削、打磨。这样不仅制作周期长，而且浪费了大量的原材料，约 70% 的钛合金在加工过程中作为边角废料被消耗掉，将来在构件组装时还要消耗额外的连接材料，导致最终成形的构件比三维打印出来的构件重将近 30%。图 6.66 所示为北京航空航天大学在 2013 年中国北京国际科技产业博览会现场展示的飞机钛合金主承力构件加强框，与锻造相比，零件材料利用率提高了 5 倍、制造周期缩短了 2/3、制造成本降低了 1/2 以上。图 6.67 所示为西北工业大学采用激光熔化沉积技术成形的 C919 大飞机中央翼缘条（450mm×350mm×3000mm）。南京航空航天大学针对大型钛合金航空件增材制造技术也进行了深入的研究，通过优化成形工艺克服了成形过程中热应力变形的难题，通过激光熔化沉积技术成形了大型钛合金航空用吊框零件，经验证该成形件的静力学性能超过锻造水平。

图 6.66　采用激光增材制造技术成形
的飞机钛合金主承力构件加强框

图 6.67　采用激光熔化沉积技术
成形的 C919 大飞机中央翼缘条

2. 优化结构设计，显著减轻结构质量，节约昂贵航空材料，降低加工成本

结构质量的减轻是航空航天器最重要的技术需求，目前传统制造技术对此已经接近极限，难以再有更大的作为，而金属三维打印高性能增材制造技术则可以在获得同样性能或更高性能的前提下，通过最优化的结构设计显著减轻金属结构件的质量。根据 EADS 公司介绍，飞机每减重 1kg，每年可以节省 3000 美元的燃料费用。EADS 公司为空客公司进行结构优化后采用金属三维打印制造的机翼支架（图 6.68），比之前使用的铸造支架减重约 40%，而且应力分布更加均匀。

3. 加工形状复杂、具有薄壁特征的功能性部件，突破传统加工技术带来的设计约束

新型航空航天器中常需制造出复杂的内流道结构，以利于更理想的温度控制及更优化的力学结构以避免危险的共振效应，并使同一零件不同部位承受不同的应力状态。增材制造区别于传统的机械加工手段，可以几乎不受限于零件的形状，获得最合理的应力分布结构，并通过最合理的复杂内流道结构以实现最理想的温度控制手段，还可以通过不同的材料复合，实现同一零件不同部位的功能需求。图 6.69 所示为通用航空公司利用激光选区熔化工艺制备的内置流道的航空发动机叶片。

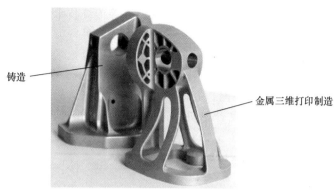

铸造

金属三维打印制造

图 6.68　金属三维打印制造及铸造的机翼支架

图 6.69　利用激光选区熔化工艺制备的
内置流道的航空发动机叶片

4. 加速新型航空航天器的研发

金属三维打印高性能增材制造技术摆脱了常规研发生产中模具制造这一迟滞研发时间的关键环节，兼顾了高精度、高性能、高柔性，可以快速制造结构十分复杂的金属零件，为先进航空航天器的快速研发提供了有力的技术保障。

5. 零件简约化、一体化，缩短加工周期，提高零件性能

激光增材制造可以一次性整体成形过去需由众多零件装配而成的结构件，还可以快速制造出镍基高温合金单晶叶片、整体叶盘、增压涡轮等发动机关键部件，实现"去连接件化"，有效地减少机身及发动机的质量，缩短加工周期，提高零件的整体性能。图 6.70 所示为激光增材制造的一次性整体成形零件，其中图 6.70（a）所示为西安铂力特增材技术股份有限公司展出的利用激光熔化沉积成形的整体叶盘，图 6.70（b）所示为 2015 年 4 月通过美国联邦航空管理局认证的通用电气公司制造的喷气发动机零件——压缩机入口温度传感器 T25 外壳。

（a）整体叶盘　　　　　　　　　（b）一体式传感器T25外壳

图 6.70　激光增材制造的一次性整体成形零件

6. 通过激光组合制造技术改造并提升传统制造技术，实现组合加工

为使机械加工、铸造和锻造等传统制造手段更好地发挥作用，一方面激光增材制造技术可以实现异质材料的高性能结合，可以在铸造、锻造和机械加工等传统技术制造出来的零件上任意添加精细结构，并且使其具有与整体制造相当的力学性能；另一方面激光增材制造技术可以制造毛坯，然后用减材制造的方法进行后处理。这样就可以把增材制造技术成形复杂精细结构、直接近净成形的优点与传统制造技术高效率、低成本、高精度、优良的表面质量的优势结合起来，形成最佳的制造策略。我国华中科技大学张海鸥教授研发的铸锻铣一体化金属三维打印技术，开创了功能复合单机制造大型复杂锻件的新模式，解决了航空发动机领域大型异形复杂零件的制造难题。图 6.71 所示为具有数控加工和激光熔化沉积增材制造组合加工能力的德国德玛吉机床增减材组合加工机匣的加工现场。

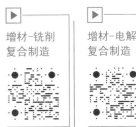

增材-铣削
复合制造

增材-电解
复合制造

7. 航空功能性零件的快速修复

飞机修复中常需要更换零部件，仅拆机时间就长达 1～3 个月。而利用增材制造将受损部件视为基体并增加材料，不仅可以实现在线修复，修复后的零件性能仍然可以达到甚至超过锻件的标准。德国费劳恩霍夫激光技术研究所就利用激光熔化沉积技术进行叶片修复，现场如图 6.72 所示。

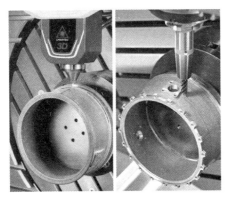

图 6.71　德国德玛吉机床增减材组合
加工机匣的加工现场

图 6.72　利用激光熔化沉积技术进行叶片修复的现场

增材制造技术依靠自身的技术特点，尤其在金属成形方面，在航空航天工业制造中展现出无与伦比的优越性。

6.4.2　增材制造技术在生物医学领域的应用

增材制造技术可以直接将三维模型转化为现实的产品，相较于传统制造方式，更适合制作小批量定制化及复杂形状的产品。由于人体的个体差异，假肢、助听器等辅助器械及外科植入物等对个性化定制的要求很高，因此"个性化"为增材制造技术与医疗行业搭建了深度结合的桥梁。增材制造技术在医学行业"个性化"的主要应用，除了三维打印医疗模型、骨科、牙科植入物、手术导板、假肢外，还包括很多未来可能在临床应用的技术及产品，如可替代人体器官的人造器官等。增材制造技术在生物医学工程中应用广泛，其应用领域主要分为以下几个方面。

1. 体外医疗器械的制造

增材制造产品最突出的特点是精准、复杂成形、个性化，这正好迎合了一些医疗器械用品不仅精准、复杂，而且要求一次性、量身定做的需求。例如，增材制造技术在个性化手术工具定制方面就得到了广泛的应用。个性化手术工具中最典型的是手术导板，包括关节类导板、脊柱导板、口腔种植体导板等。图 6.73 所示为利用增材制造技术加工的膝关节手术导板。此外，还可以制作肿瘤内部内照射源粒子植入的导向定位导板，以解决放射剂量分布不均、容易造成热点（过高剂量区）和冷点（过低剂量区）从而增加肿瘤残留和复发危险的缺陷。个性化手术导板是在术前依据患者手术需要而专门定制的个性化手术辅助工具，是将术前设计与手术操作联系在一起的定制化桥梁。应用个性化手术导板能将患者的解剖特征与植入体的设计进行良好的对接，并将设计参数准确地转化到手术操作中，从而在手术中实现植入体的准确植入。

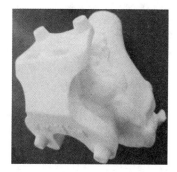 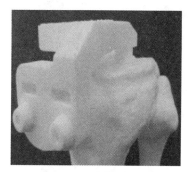

（a）股骨导板　　　　　　　　　　（b）胫骨导板

图 6.73　利用增材制造技术加工的膝关节手术导板

另外，增材制造可以优化原有的医疗辅助工具，提高其使用舒适度。根据媒体报道，维多利亚大学的 Jake Evill 通过增材制造技术制造了一款专门用于治疗骨折的工具。其中骨骼固定架由聚酰胺构成，具有轻质、透气、可清洗的特点，如图 6.74（a）所示。先经过 X 射线和三维扫描确定病人骨折的确切位置和骨折的肢体尺寸，然后将数据输入计算机，生成最适合患者体型的最佳支撑。当然最常用的假肢也可以实现个性化定制，美观且拥有更高的使用舒适度，如图 6.74（b）所示。

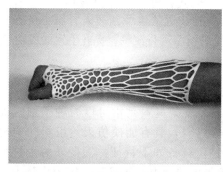 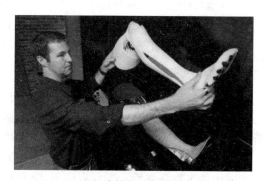

（a）骨折骨骼固定架　　　　　　　　　　（b）个性化的定制假肢

图 6.74　利用增材制造技术优化医疗辅助工具

2. 医学模型、医疗模型的制造

医学模型在基础医学和临床实验教学中用途十分广泛，用量也大，但是用传统方法制作医学模型程序复杂、周期长，同时由于部分模型的原材料多为石膏等，在使用过程中极易损坏。利用增材制造技术制作医学教学用具、医疗实验模型等用品不仅避免了上述问题的出现，而且可以根据实际需要对一些特殊模型实现个性化制造。图 6.75（a）所示为普通光敏树脂固化成形的心脏模型，图 6.75（b）所示为英国伦敦三维打印艺术展上展出的采用特殊光聚合树脂材料打印的透明肝脏模型。

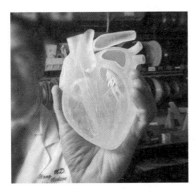 

（a）普通光敏树脂固化成形的心脏模型　　（b）采用特殊光聚合树脂材料打印的透明肝脏模型

图 6.75　医学模型及医疗模型的制造

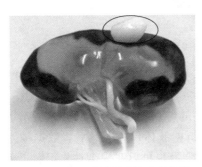

图 6.76　使用增材制造技术制作的含有肿瘤的肾脏精确模型

医疗模型的作用在于高精度模拟外科手术环境，实现可视化手术规划。利用增材制造技术可以快速制造出需要进行手术的器官组织，供医生进行手术演习，与患者商讨医疗方案。一位日本医生在欧洲泌尿外科学会年会上宣布，他们首次使用增材制造技术制作了含有肿瘤肾脏的精确模型（图 6.76），并将其应用于切除手术的模拟。外科医生利用计算机断层扫描，可以生成病人肾脏的三维模型，然后将数据发送到 Stratasys 公司的 Objet Connex 三维打印机上，打印出肾脏的三维实物模型。透明模式使得医生能够清楚地看到病人肾脏上的血管位置。外科医生可以在真正进行手术前用打印出来的肾脏模型进行演练，提升手术的成功率。

3. 生物组织工程的三维构建

组织工程指的是个性化定制、永久植入假体及体内辅助器械的制造等。

经典的组织工程构建需要种子细胞和支架材料。支架材料是指可以为种子细胞提供适合其生长的场所和发挥生物学功能的一种生物学材料，具有能模仿天然组织的构建性能。作为种子细胞的生物学载体，理想的支架材料应具备如下特征：①良好的生物相容性；②适中的生物降解性；③具有诱导或引导组织再生的能力；④具有一定的生物力学强度与可塑形性；⑤无毒性与无免疫原性；⑥具有合适的孔径，利于细胞黏附生长等特点。

早期的支架构建采用的是单纯的铸造技术，尽管可以形成多孔，但孔径的大小无法与细胞相匹配，无法事先确定支架内部结构及细胞与孔径间的连接。随着数字化技术的成熟和增材制造技术的发展，临床上已经开始使用电子束选区熔化和激光选区熔化这样的增材制造技术直接进行金属植入物的制造。其中，电子束选区熔化技术虽然在精度上略逊于激光选区熔化技术，但成形效率高，高温环境下一次成形，残余应力低，无须二次热处理，钛合金成形件生物相容性良好，适用于骨科植入物的直接制造，相关产品已经通过了美国 FDA 认证及欧盟 CE 认证。图 6.77 所示为电子束选区熔化成形的金属骨小梁髋臼假体（多孔钛合金植入假体）。

图 6.77　电子束选区熔化成形的金属骨小梁髋臼假体

增材制造个性化的骨科植入假体是目前增材制造技术在医学领域最成功的应用之一。在骨外科中，骨病损状态形式多样、千差万别，因此用于骨缺损修复的植入物也只能是个体化的，必须"量体裁衣，度身定做"。过去，在骨盆肿瘤手术等高难度骨科手术中，定制化设计只能根据平面 CT 扫描图像，数据的准确性受到严重质疑，而依托三维打印机，可精确定制出一个与患者骨盆一模一样的植入物。

医学上对颅骨植入物的要求非常严格。2015 年，NovaxDMA 公司和德国三维打印服务商 Alphaform 公司合作，由 Alphaform 公司使用 EOS 公司的 EOSINT M280 三维打印系统制作植入物，帮助一名需要颅骨植入手术的病人成功定制了颅骨植入物，如图 6.78 所示。

2011 年，比利时和荷兰的科学家们为一名 83 岁女性三维打印需移植的下颌骨。植入物的研发团队依据患者的 CT 扫描图像，生成三维模型，并通过计算机在植入物模型表面设计了数千条沟槽。这样的设计能够促进患者血管、肌肉及神经与植入物尽快长合。设计好的植入物三维模型最终通过激光选区熔化技术打印出来。打印过程通过激光熔化钛合金粉末并进行 3000 层的叠加，打印完成后再对植入物进行陶瓷涂层处理，成形的下颌骨如图 6.79 所示。

图 6.78　成形多孔组织结构的颅骨植入物

图 6.79　激光选区熔化成形的下颌骨

4. 细胞三维打印

细胞增材制造是利用增材制造技术制造具有个性化结构的功能性人工器官和组织。直接将细胞、蛋白及其他具有生物活性的材料作为增材制造的基本单元，利用增材制造技术直接进行细胞打印，以构建体外生物结构体、组织、器官模型。构建的体外生物结构体可以应用于药物筛选，极大地加快了药物开发进程，更能在未来实现组织、器官再生。这也是增材制造学科最新的发展方向之一。

生物打印

自2003年首次提出细胞打印概念以来，国内外数十家科研机构在生物三维打印设备和生物墨水等方面的深入研究推动了细胞增材制造的快速发展。根据工作原理的不同，现阶段生物三维打印设备所采用的技术主要分为喷墨生物打印、微挤压生物打印和激光辅助生物打印等，如图6.80所示。其成形材料即生物墨水主要为海藻酸盐、胶原和聚乙二醇等能保持细胞存活和功能的生物材料。在医学模型制造、活体细胞三维培养、药物测试开发等领域所取得的一系列研究成果，为开展药物模型和动物实验，建立多组织、器官的打印工艺规范及三维打印成套装备研发奠定了基础。

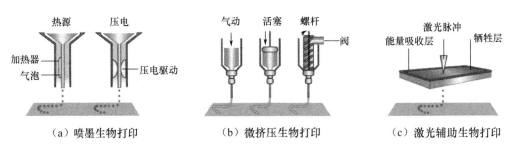

（a）喷墨生物打印　　　　（b）微挤压生物打印　　　　（c）激光辅助生物打印

图 6.80　三种主流的细胞三维打印技术

近年来，国外学者在利用三维打印成形技术构建组织、器官方面取得了令人瞩目的研究进展。美国Organovo公司开发出能够打印人类肾脏和肝脏组织的三维打印设备，基本实现了多细胞、可增殖的组织模型构建。美国加州大学圣地亚哥分校Chen团队利用显微光固化三维打印设备将多种细胞进行联合打印，体外构建仿生人工肝模型来降低药企研发成本。哈佛大学Wyss研究所则开发了一种可自动溶解的生物墨水，打印出含血管网络的功能组织。

2019年4月15日，以色列特拉维夫大学对外宣布：由分子微生物和生物技术学系的Tal Dvir教授领导的团队使用患者自己的细胞和生物材料"打印"了世界上第一个三维血管化心脏，如图6.81所示，并在 *Advanced Science* 中发表了研究成果。这是"世界上第一次有人成功地设计并打印出一个充满细胞、血管、心室的完整心脏"。耗时3h左右打印出来的心脏大小和一个樱桃差不多，拥有清晰的血管脉络，可以像肌肉一样收缩，但不能做完全的泵送运动。它由一个病人身上提取的脂肪组织样本中繁殖的细胞组成，不会产生免疫排斥反应。科学家们先将细胞繁殖成小块的心脏组织，然后扩大手术规模，最终建立起整个器官。虽然如何将细胞样本扩大到足以生产出一个完整的人类心脏还有很长的路要走，但研究的成果已经显示了三维打印成形技术在未来个性化组织和器官替换方面的巨大潜力。

国内在生物三维打印方面的相关研究已经达到国际先进水平。清华大学开发出一种异质细胞集成三维打印装备，实现了体外三维异质肿瘤模型的构建。四川蓝光英诺生物科技

图 6.81　世界上第一个三维打印的血管化心脏

股份有限公司研制出一种三维血管打印机，制备的人工血管已进入动物试验。南京大学附属鼓楼医院则在干细胞、人工肝、软骨修复等方面研发了一系列生物三维打印装备。

6.4.3　增材制造技术在汽车行业的应用

随着增材制造技术的不断发展，该技术越来越多地应用于汽车行业。增材制造技术在汽车行业的应用优势十分明显，包括复杂形状和结构部件、新材料组合、增进汽车轻量化及优化汽车设计等方面。增材制造在汽车领域的应用从简单的概念模型到功能型原型均在朝着更多的功能部件方向发展，并且已经渗透到发动机等核心零部件领域的设计方面。

增材制造技术对于汽车制造而言能更好地缩短设计与研发的过程，将设计师的想法更迅速地转化为现实产品。可以利用增材制造来改善制造环节，如缩短研发生产时间、加速开发新型转向盘和仪表板等及定制概念车。因此，几乎所有的整车厂（如通用、福特、保时捷、本田、丰田、克莱斯勒、奔驰、奥迪、宝马、一汽大众等）都采用了不同工艺的增材制造设备用于满足不同阶段的需要。增材制造技术在汽车领域的应用可以概括为以下几个方面。

1. 造型评审

汽车造型设计是创意驱动的概念设计，而汽车造型设计评审既是设计决策的重要节点，也是设计流程的重要控制节点，决定了汽车造型流程的节点和设计迭代的进程。

在整车开发过程中需要对汽车的外形、内饰等外观造型进行设计、评审和确定，因此需要在小比例或者等比例油泥模型的基础上，制作安装车灯、座椅、转向盘和轮胎轮毂等零件。增材制造技术在这一领域的应用包括 1∶1 全尺寸模型、前格栅、轮毂等的制作，其关键技术包括聚合物喷射技术、塑料和橡胶复合、塑料件和不透明件复合、三维打印表面涂装等。

2. 设计验证

在整车产品开发中通常需要对产品的设计可靠性（安装结构、零件匹配、结构强度等）进行验证，同时为了降低处于整车开发中后期的整车试验带来的设计风险，需要在设计前期制作样件进行验证。

例如，福特公司利用增材制造技术设计修正版的进气歧管（图 6.82）。在设计出一个全新的进气歧管后，只需一个星期就能制造好产品。这让福特公司的汽车（包括普通汽车和赛车）开发工程师能有更多的时间进行测试、调整和完善。

3. 复杂结构零件制造

在整车产品开发过程中，往往为了保证零件的功能性，会设计出结构复杂、难加工或

图 6.82　福特公司利用增材制造技术制造进气歧管并用于 Target Ford EcoBoost-Riley 赛车

者在没有形成批量生产前加工成本非常高的零件。增材制造技术恰恰可以很好地解决这个问题，其去模具化、可加工高度复杂型腔、周期短、不受批量影响的特点很适合加工复杂结构零件。

图 6.83　使用激光选区熔化成形的水泵轮

图 6.83 所示为使用激光选区熔化成形的水泵轮。早在 2010 年，宝马公司采用轻金属水泵轮替代原采用塑料部件生产的水泵轮并成功应用于DTM 赛车上，提高了赛车的动力系统性能。而这种水泵轮采用激光选区熔化技术制造应该是目前最佳的解决方案。

4. 多材料组合零件直接制造

在整车产品开发过程中，难免会遇到多种不同材料的复合，如橡胶和塑料；不同颜色的材料复合，如尾灯外配光镜；透明与不透明材料的复合，如前照灯饰圈等。相比传统的二次注塑与双色注塑工艺，增材制造技术在模具成本、零件结合结构、零件美观与可靠性方面都有着明显的优势。图 6.84 所示为采用双头多材料熔融沉积成形的塑料与橡胶组合的汽车零件。

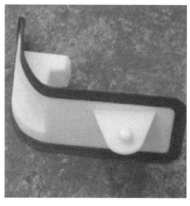 

图 6.84　采用双头多材料熔融沉积成形的塑料与橡胶组合的汽车零件

5. 轻量化结构设计

汽车轻量化在产品开发中占据了越来越重要的地位。一方面，在保证零件结构强度的条件下，可对零件进行减重优化设计，使塑料和金属零件大量采用中空、多孔结构；另一方面，对于多数结构件，可以使用高比强度的新型材料代替金属材料以减重，从而提高整车性能，如可采用碳纤维材料代替金属材料。目前最引人注意的是钛合金汽车零件产品的开发，因为钛合金具有低密度、高强度和耐腐蚀等特性。

6. 定制专用工装夹具

增材制造还有一个特别有价值的应用领域是制造工装夹具。工装夹具的设计质量，对生产效率、加工成本、产品质量及生产安全等均有直接影响。在一套较复杂的工装夹具中，往往设有多处压紧、辅助支撑、调节支撑等元件。由于受空间位置、夹紧力等因素的影响，不同部位所用的夹具结构、外形、大小等会不尽相同，因此工装夹具往往呈现多品种、小批量的特点，如果采用传统工装夹具制造的方式，则成本太高、效率太低，即使借助数控加工中心快速制造，有时也会受制于各种加工限制（如边角加工不到位、孔洞结构不到位等）而无法直接得到所需的工装夹具，后处理将十分麻烦。

随着增材制造技术的出现，工装夹具的制造获得了新的解决方案。用增材制造技术定制工装夹具，成本低、效率高、效果好。目前，定制的三维打印夹具和固定装置在汽车生产线的应用已成为普遍现象。

7. 个性化汽车零件定制

个性化的车身外覆盖件和汽车内饰（保险杠、扰流板、座椅、仪表板等）零件越来越吸引有个性的年轻人，当然最有可能率先实现"定制汽车"概念的无疑是售后市场。增材制造则特别适合这种个性化、小批量零件的制造。或许在不久的将来，汽车就可以实现非简单外观区分的更深层次的个性化定制。自定义汽车的销售方式之中，最大的难题莫过于个性化定制将降低生产环节的效率，并增加规模化生产的难度。而增材制造技术的应用则可以让客户在个性化定制的硬件平台获得自己所喜欢的汽车零部件（如汽车保险杠、后视镜等内外饰件），从而获得客户自己的定制化汽车。再者，利用增材制造技术生产的零部件也可以降低维修成本，可以将损坏的、紧缺的零部件及时成形出来，从而降低库存压力。图 6.85 所示为三维打印的个性化定制汽车座椅。

8. 三维打印汽车

随着世界第一款三维打印汽车 Urbee2 在 2013 年正式推出，以及 2014 年芝加哥机床展会期间打印出来的 Strati 行驶到大街上，再到法拉利和兰博基尼，以及阿古斯塔和杜卡迪等顶级豪车开始逐渐使用三维打印技术实现私人化定制，三维打印正在以前所未有的速度向人们展示其蕴含的巨大潜力。

Urbee2 包含了超过 50 个三维打印组件，如图 6.86 所示，除了底盘、动力系统和电子设备等，超过 50% 的部分都是由 ABS 塑料打印出来的。

Strati 是 Local Motors 公司推出的一款三维打印汽车，号称是全球第一辆全三维打印汽车，如图 6.87 所示。Strati 不仅三维打印的应用率更高，而且已经接受媒体试驾。Strati 诞生于 2014 年，它的底盘部分也利用三维打印技术制造。该车的打印时间仅为

图 6.85　三维打印的个性化定制汽车座椅

图 6.86　世界第一款三维打印汽车 Urbee2

44h。如果加上组装时间，只需要三天就能造出一辆 Strati 汽车。

图 6.87　Local Motors 公司推出的三维打印汽车 Strati

　　当然，真正实现定制化生产并将其商业化，三维打印汽车还有不少路要走。首先要设计好不同部件的兼容性，消费者选择选装件时也能快速完成拼装；其次就是安全问题，不仅要考虑碰撞安全，而且要兼顾个性化外观可能对行人造成的伤害等；最后还要考虑法律因素，繁杂的样式对于合法上路提出了严峻的挑战。可以看出，增材制造技术的发展的确为汽车生产的发展带来了积极的影响，但因其受到成本、材料等方面的制约，增材制造技术从目前到很长一段时间内，应用的范围仍将处于小规模定制化模式，至于增材制造技术在汽车领域的大规模商业化应用，或许还需要很长的时间。

6.4.4 增材制造技术在其他领域的应用

作为一种先进的加工方法，增材制造技术不仅在工业制造业中扮演着重要的角色，而且逐渐深入人们日常生活的方方面面。

增材制造技术在建筑、艺术造型与服装、食品、珠宝首饰等各个领域都已经有了广泛的应用。

增材制造在其他领域的应用

思 考 题

6-1　增材制造技术的基本原理是什么？

6-2　增材制造技术与传统机械加工技术有什么区别？

6-3　增材制造技术能给制造业带来什么样的影响和变革？

6-4　增材制造技术的五种典型工艺是什么？各自有什么特点？

6-5　数字光处理技术和连续液态界面制造技术的区别是什么？

6-6　金属增材制造的主要工艺有哪些？

6-7　电子束成形加工有哪些典型工艺？各有什么优势？

6-8　请列举几种增材制造技术在航空航天领域的应用。

6-9　增材制造技术在生物医学领域的应用主要在哪几个方面？

6-10　查找资料，列举三个增材制造实例（本书介绍的除外）。

主编点评

主编点评 6-1　逆向思维、突破传统、创造条件、付诸实施

——SLA 增材制造方法的发明

同学们在增材制造这章学习的过程中，可能会觉得将材料一层一层"堆叠"上去的制造思路应该并不难想到。不可否认，"堆叠"的想法肯定很多人想过，但由于各种困难并没有付诸实施，这样设想就变成了空想。而一位美国工程师他不仅大胆地想到了增材加工的思路，而且基于其日常的生产活动，提出了具体实现的方法，并克服重重困难实现了初步的数字化增材制造。这位工程师就是查尔斯·W. 赫尔，光固化三维打印机的发明人，同时也是美国 3D Systems 公司的创始人。

时间回溯到 1983 年，查尔斯·W. 赫尔在一家小型塑料制品公司工作，他的主要工作是使用高强度紫外线把液体塑料固化成固体塑料薄片。有一天他突发奇想：利用紫外线先固化具有特定形状的塑料薄片，然后能不能将很多片堆积起来成为一个原型部件？如果可行，将不再需要注塑模具，从而极大地缩短注塑部件的生产周期。有了这个想法后，他搭建了一个原理平台，通过笔式绘图仪和 BASIC 语言编程设计每一层的形状，然后利用紫外线灯固化，经过大量的试验，他终于制造出了第一个实际的立体结构部件——杯子。他在 1986 年获得了光固化快速成形工艺的专利，并创立了著名的 3D Systems 公司，该公司于 1988 年推出了世界上第一台商品化光固化增材制造设备，由此开启了一个全新的制造领域。

第7章
微细及其他特种加工技术

 本章教学要点

知识要点	掌握程度	相关知识
微细电火花加工	熟悉微细电火花加工的特点； 掌握微轴电极的制造方法； 了解微细电火花加工的关键技术	微细电火花加工的特点，微细电极制造方法，微细电火花加工的关键技术
微细电火花线切割	了解微细电火花线切割技术	微细电火花线切割概念、应用领域
微细电化学加工	了解微细电化学加工技术； 掌握 LIGA 技术原理	脉冲微细电解加工、微细电解线切割、微细电解倒锥孔加工、微小阵列结构电解加工、微细电铸与 LIGA 技术
放电辅助化学雕刻	了解放电辅助化学雕刻	放电辅助化学雕刻原理及技术特点
阳极氧化表面处理	了解阳极氧化表面处理技术	阳极氧化机理、阳极氧化工艺流程
微弧氧化表面处理	了解微弧氧化技术原理及特点	微弧氧化技术原理、特点
化学加工	熟悉化学加工特点	化学铣削、光化学腐蚀、化学抛光、化学镀膜的原理及应用
超声及复合加工	熟悉超声加工及超声复合加工原理	超声加工原理、特点，超声复合加工形式，超声波清洗
等离子体加工	熟悉等离子体加工原理及形式	等离子体加工原理、等离子弧切割、等离子喷涂、等离子电弧焊
超音速火焰喷涂	了解超音速火焰喷涂原理	超音速火焰喷涂原理及特点
射流加工	了解射流加工特点	射流加工的原理、特点和应用
其他特种加工方法	了解其他特种加工方法	激光加热辅助切削、磁性磨料研磨加工、磨粒流加工、爆炸成形加工

特种加工除了前面已经介绍的主要方法外，还有微细特种加工及其他特种加工，微细特种加工包括微细电火花加工、微细电化学加工等。其他特种加工如化学加工、超声及复合加工、等离子体加工、射流加工、磨粒流加工等，它们在各自领域都发挥着重要的作用。等离子喷涂技术可以对材料表面进行强化和改性（图 7.1），使零件表面具有耐磨、耐蚀、耐高温氧化、电绝缘、隔热和防辐射等性能；等离子喷涂也可有医疗用途，如在人造骨骼表面喷涂一层数十微米的涂层，作为强化人造骨骼及加强其亲和力的方法。

本章简单介绍几种微细特种加工技术的概念、原理、工艺流程、特点、应用，以及其他特种加工技术原理及应用，有助于同学们拓展视野。

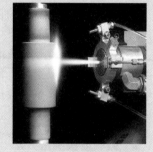

图 7.1 等离子喷涂表面改性

7.1 微细电火花加工

在电火花加工中，通常把电极尺寸在 $1\sim500\mu m$ 的微细加工称为微细电火花加工（micro electrical discharge machining，MEDM）。微细电火花加工与普通电火花加工并无本质区别，不同之处在于其使用微小成形电极。传统的电火花成形加工方法无法进行微细三维轮廓加工，因为形状复杂的微小电极本身就极难制作，而且加工过程中电极损耗严重，成形电极的形状将很快改变而无法进行高精度的三维曲面加工。因此，人们开始探索使用简单形状的电极，借鉴数控铣削的方法进行微细三维轮廓的电火花加工。

7.1.1 微细电火花加工特点

由于微细电火花加工对象的尺寸通常在数十微米以下，为达到加工尺寸精度和表面质量要求，对微细电火花加工有一些特殊的要求，因此微细电火花加工呈现以下特点。

（1）放电面积很小。微细电火花加工的电极直径一般为 $\phi5\sim\phi100\mu m$，对于直径 $\phi5\mu m$ 的电极而言，放电面积不到 $20\mu m^2$。在这样小的面积上放电，放电点的分布范围十分有限，极易造成放电位置和时间上的集中，增大了放电过程的不稳定，使得微细电火花加工变得十分困难。

（2）单个脉冲放电能量很小。为适应放电面积极小的放电要求，保证加工的尺寸精度和表面质量，每个脉冲的去除量应控制在 $0.01\sim0.10\mu m$，因此必须将每个放电脉冲的能量控制在 $10^{-7}\sim10^{-6}$J，甚至更小。

（3）放电间隙很小。由于电火花加工是非接触加工，工具与工件之间有一定的加工间隙。该放电间隙的大小随加工条件的变化而改变，数值从数微米到数百微米不等，放电间

隙的控制与变化规律直接影响加工质量、加工稳定性和材料去除率。

（4）工具电极制备困难。要加工出尺寸很小的微小孔和微细型腔，必须先获得比其更小的微细工具电极。线电极电火花磨削（wire electrical discharge grinding，WEDG）出现以前，微细电极的制造与安装一直是制约微细电火花加工技术发展的瓶颈。从目前的应用情况来看，采用线电极电火花磨削能很好地解决微细工具电极的制备问题。为了获得极细的工具电极，要求具有高精度的线电极电火花磨削系统，同时还要求电火花加工系统的主轴回转精度达到极高的水准，一般应控制在 $1\mu m$ 以内。

（5）排屑困难，不易获得稳定火花放电状态。由于微细电火花加工时放电面积、放电间隙很小，极易造成短路，因此欲获得稳定的火花放电状态，其进给伺服控制系统必须有足够的灵敏度，在非正常放电时能快速回退，消除间隙的异常状态，提高脉冲利用率，保护电极不受损坏。

7.1.2 微轴电极制造方法

1. 电极反拷加工

电极反拷加工是逆电火花加工方法。将工具电极直接安装在电火花机床主轴的夹头上，主轴做上下进给运动的同时做回转运动，以块电极为工具，直接加工出所需尺寸的电极。由于用机械加工方法制造直径很小的细长电极很困难，电极反拷加工是一种行之有效的加工方法。在机床工作台上用一块长约 50mm、厚 5mm 耐电火花腐蚀的铜钨合金或硬质合金块作为反拷电极，其工作面必须研磨过，并校正到与坐标轴方向平行。要修拷的电极夹在主轴夹头内，可随主轴旋转和上下运动。然后按如图 7.2 所示粗拷、开空刀槽和精拷加工，最后为给加工区域留出一定的排屑空间，还需要把圆形电极进行拷扁处理，一般去掉圆形电极的 1/3，作为加工中的排屑空间。

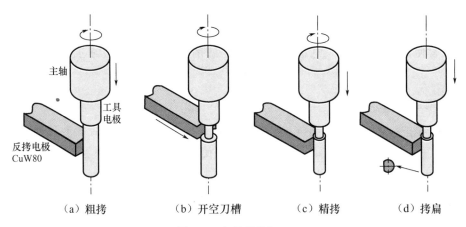

（a）粗拷　　　　（b）开空刀槽　　　　（c）精拷　　　　（d）拷扁

图 7.2　电极反拷加工

2. 原位孔微细电火花磨削

原位孔微细电火花磨削是利用圆柱电极自钻原位孔，并利用该孔加工微细圆柱电极，如图 7.3 所示。具体方法如下：先将圆柱电极作为电火花加工的负极，在板状工件上利用火花放电加工出一个孔；然后电极返回加工前的初始位置，并将电极轴线相对于已加工的孔中心偏离一定距离；最后改变圆柱电极和工件的极性，利用原位孔对回转的圆柱工具电极进行电极反拷加工。如果孔的圆柱度较好，就能获得笔直的圆柱微细电极。只要事先测量出电极与孔壁之间的放电间隙就能加工出任意直径的圆柱微细电极。这种方法的优点是不用附加任何工具电极制备装置，简便易行，具有较高的材料去除率、尺寸精度，形状重复精度容易保证。

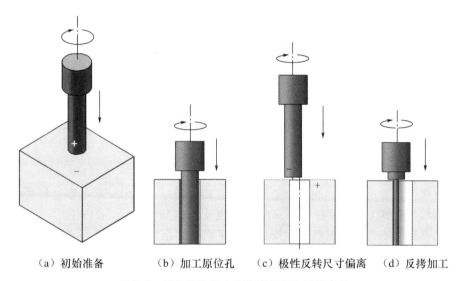

| （a）初始准备 | （b）加工原位孔 | （c）极性反转尺寸偏离 | （d）反拷加工 |

图 7.3　原位孔微细电火花磨削制作圆柱电极

3. 线电极电火花磨削

线电极电火花磨削原理如图 7.4（a）所示，线电极缓慢沿走丝导向器上导向槽滑移，装在主轴头上的工具电极一边随主轴旋转，一边做轴向进给，工具电极的成形是通过线电极和被加工工具电极间的放电加工实现的。与其他微轴电极制造方法相比，这种方法更容易得到更小尺寸的微轴电极，而且易保证较高的尺寸精度和形状精度，因此该方法是目前使用最普遍的微轴电极制造方法。

制备过程中，微细电极或微细轴作为工件，线电极作为电极并沿着走丝导向器移动，线电极在加工过程中的损耗部分离开加工区，保证放电间隙不变；走丝导向器可以避免线电极在移动中的振动，从而实现高精度微细轴的加工。这种方法可以加工直径小于 $\phi 5 \mu m$ 的轴。如图 7.4（b）所示的微小电机轴是纯铜材料，其加工电压为 100V，放电电容为 1000pF，正极性加工，工作液为煤油。

线电极电火花磨削具有如下特点。

（1）线电极和微细电极之间为点放电加工，能够实现微能放电，这是线电极电火花磨削能够实现微细加工的关键所在，也正是由于点放电加工，线电极电火花磨削的材料去除率不高。

（2）连续走丝方式补偿了线电极自身的放电损耗，可以忽略线电极损耗对加工质量的影响。但是当微细电极被磨削到很细时，线上的瑕疵、毛刺会对微细电极造成破坏。

（3）在线制作方式可以保证微细电极的几何轴线与回转轴线始终重合，避免二次装夹造成的偏心和倾斜等误差。

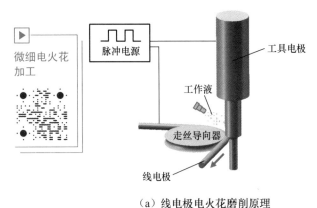

微细电火花加工

脉冲电源

工具电极

工作液

走丝导向器

线电极

（a）线电极电火花磨削原理

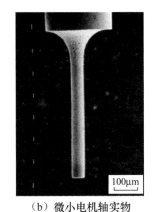

100μm

（b）微小电机轴实物

图 7.4　微小轴（工具电极）的加工

4. 削边电极的加工

工具电极随主轴旋转时，利用微小圆棒（直径不超过 $\phi 0.1\text{mm}$）电极进行微小圆孔的加工一般可顺利达到 0.4mm 左右的深度。但当孔深达到约 0.5mm 以上时，由于排屑不畅，加工状态趋于不稳定，材料去除率会急剧下降，甚至加工无法继续进行。加工微小孔时利用工作液循环强制排屑很难奏效，排屑须依靠放电时产生的压力和小气泡自动带出。工具电极的旋转虽然有助于排屑和提高加工稳定性，但由于侧向放电间隙较小，使得能够加工的孔深受限。

为实现高深径比微小孔的高材料去除率加工，可采取修扁工具电极的方法（图 7.5）。利用线电极放电磨削机构将电极轴两边对等削去一部分，实际单侧削去部分为轴径的 $1/5 \sim 1/4$，既不过分削弱轴的刚度和端面放电面积，又留有足够的排屑空间。用这种削边电极加工微小孔时，电极随主轴旋转，排屑效果显著改善，在加工深径比达 10 以上的微小孔时，能够保持稳定的加工状态和较高的进给速度。

图 7.5　削边电极示意图

7.1.3　微细电火花加工关键技术

1. 微小能量脉冲电源技术

脉冲电源的作用是提供击穿极间加工介质所需的电压，并在击穿后提供能量以蚀除工件材料。减小单个脉冲的放电能量是提高加工精度、降低表面粗糙度的有效途径。微细电火花加工中，要求最小放电能量控制在 $10^{-8} \sim 10^{-6}\text{J}$，相应的放电脉冲宽度在微秒级至亚微秒以下量级。微小能量脉冲电源主要有两种形式：独立式晶体管脉冲电源和弛张式 RC 脉冲电源。晶体管脉冲电源多采用 MOSFET 管做开关器件，具有开关速度高、无温度漂移及无热击穿故障的优点。晶体管脉冲电源的脉冲频率高、脉冲参数容易调节、脉冲波形好、容易实现多回路和自适应控制，因此应用范围比较广泛。弛张式 RC 脉冲电源是利用电容器充电储存电能，而后瞬时释放的原理工作的。弛张式 RC 脉冲电源结构简单、易于调节单脉冲放电能量。

2. 超低电压微细电火花加工方法

进一步缩小单脉冲去除量是微细电火花加工向更加微细乃至纳米尺度加工方向发展的重要一环。然而，由于分布电容的存在，实际能够获得的加工间隙等效电容很难做得很小，因此难以获得更小的单个脉冲放电能量。采用超低压的脉冲电源进行微细电火花加工是降低放电能量的较好方法。实践表明，电源电压在 5V 以上时，用直径 $\phi 7\mu m$ 或 $\phi 15\mu m$ 的钨金属电极，可以进行平均电极进给速度为 $5\mu m/min$ 的放电加工，加工出的微细孔直径为 $\phi 8.5\mu m$ 和 $\phi 20\mu m$；电源电压为 2V 时也可放电加工；采用 20V 的电源电压，可以加工出直径为 $\phi 1\mu m$ 的微细轴。

3. 均匀损耗电极补偿技术

电火花加工中，不可避免存在电极损耗问题。在微细电火花加工中，由于电极尺寸小，电极损耗比传统的电火花加工损耗率大，特别是电极的边角部分，损耗会导致电极迅速变圆，如图 7.6（a）所示。由于使用尺寸与形状在加工中都会发生变化的电极无法精确加工微细形状，但如果电极的损耗只是沿轴向，而电极的形状不变，如图 7.6（b）所示，则通过对电极损耗长度的补偿，可以准确加工三维微细形状。

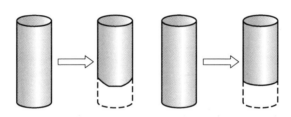

（a）传统铣削存在侧边损耗　（b）层状铣削只存在端面损耗

图 7.6　传统电火花加工的电极损耗形式和电极均匀损耗法

采用均匀损耗法（又称层状加工法）可以实现微细电火花加工过程的电极均匀损耗，保持电极形状不变。其基本原理是在一定的条件下，电极每次进给距离小于放电间隙，因此放电只在电极端面进行，侧面不产生放电，完成一层加工后，只存在端面损耗，通过电极补偿方法可以使由于损耗而变形的工具恢复其原先的形状。

复杂微细三维结构的电火花加工技术在实际加工中往往电极的损耗很大，严重影响加工精度。因此，采用均匀损耗加工技术，合理规划加工轨迹并补偿电极损耗是提高微细三维结构电火花加工精度的重要技术。

4. 微进给机构

电火花微细加工正常的放电间隙只有数微米，在这样微小的放电间隙条件下，排屑和电介质的消电离都很差，放电过程不易稳定。这就要求伺服系统具有较高的灵敏度以适应极间状态的变化，遇到放电异常时能迅速采取相应的动作使放电恢复正常。此外，放电间隙小，可供伺服系统调节的稳定放电间隙也很窄，这又要求伺服系统在跟踪间隙正常变化时必须有足够高的微进给分辨率和低速性能，使调节过程趋于稳定，以保证最大限度地发挥脉冲电源和加工装置的功能，提高脉冲利用率，使微细加工能获得较高的速度。

压电陶瓷在两端加载一定的电压后，将产生微量的变形，电压越大，变形量越大。多片压电陶瓷堆叠在一起，在一定电压的作用下，可以产生最大数微米的变形量，这种器件称为电致伸缩器件。例如一种材料为 PZT 晶体的压电陶瓷，多片堆叠成 45mm 厚的电致伸缩器件后，在 300V 外加电压下，变形量为 $20\mu m$，分辨率可以达到 $0.08\mu m/V$。利用这种器件与步进电动机进给系统结合，形成的进给机构具有微步距分辨率高、传动链短、系统刚度高、响应速度快的特点，可显著提高微细电火花加工伺服系统的控制性能。

这种电致伸缩微进给机构如图 7.7 所示，它由两层工作台构成。下层工作台进给由步进电动机直接驱动，只做大步距的进给或回退动作，它的运动范围是整个加工行程。安装在下层工作台上面的是装有电致伸缩器件的弹性工作台，它是执行微步距伺服控制的元件，弹性工作台也可以装在主轴头上，其工作原理与装在下面一样。

微进给机构的工作原理：将电火花微细加工的总工作行程分为几个小行程，在每一个小行程（$20\mu m$）内由电致伸缩器件构成的执行件做微步距伺服进给，在它的输出总位移达到 $20\mu m$ 的满量程后，使它快速回退到起始位置。然后，由步进电动机驱动下层工作台做一相同距离的大步距进给，到位后再由微进给部件执行伺服进给，整个加工行程由两种进给方式交替进行。图 7.8 所示为微进给机构的进给控制次序。

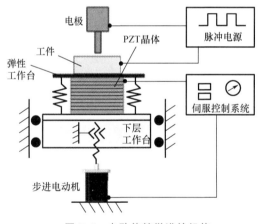

图 7.7　电致伸缩微进给机构

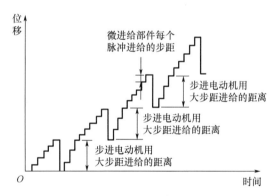

图 7.8　微进给机构的进给控制次序

采用这种方法后微进给部件换到步进电动机驱动下层工作台进给时有较大的回退动作，这对于电火花微细孔加工时非常有利。因为电火花微细孔加工放电间隙小，工作区工作液循环困难，间隙状态恶劣，在伺服进给中经常出现上述的回退动作相当于常规电火花成形加工中的抬刀作用，可以抽吸放电区域的工作液，促进排屑循环，改善间隙状态。

7.1.4　微细电火花加工实例

1. 微刀具加工

线电极电火花磨削方法由于使用细线电极作为工具电极，因此能够加工出更小的形状特征和更高的尺寸精度。图 7.9 所示为线电极电火花磨削在硬质合金上加工的微刀具。微刀具边缘锋利度达到了 1μm 左右。如果用计算机数控控制线电极的导向器位置，还能加工出带有锥度、斜面及螺旋面等复杂形状的微小型零件。此外，只要加工装置的行程允许，还能制成很长的棒形件。

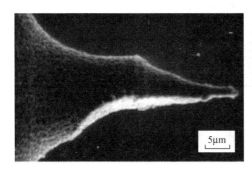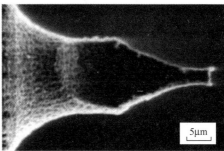

（a）前视图　　　　　　　　　　　　　　　（b）仰视图

图 7.9　线电极电火花磨削在硬质合金上加工的微刀具

2. 孔、2.5 维形状、三维形状加工

利用线电极电火花磨削加工出的微细电极已能加工圆、方、三角形等各种截面形状的微细孔，如图 7.10 所示。目前其应用范围如下：圆孔直径为 $\phi 5.0\mu m$ 左右，方孔单边为 $10.0\mu m$ 左右；可加工材料为金属、合金、导电陶瓷等；在加工深度上，可以加工出微孔深度超过直径 2 倍或在直径超过 $\phi 50\mu m$ 时加工出孔深达到直径 5 倍的深孔。利用微细电火花线切割能很容易加工出 2.5 维形状的零件，但是在其拐角处会带有超出线电极半径的圆弧，三维型腔加工困难更大，但是利用简单的棒状电极，借助于计算机数控扫描，使三维型腔加工成为可能。特别是当与线电极电火花磨削相结合时，能加工出拐角锐利的三维微细型腔（图 7.11）。

图 7.10　加工各种截面形状细微孔

图 7.11　三维微细型腔

3. 微小模具加工

模具制造已成为电火花加工最大的应用领域，随着一部分模具的微细化，应用微细电火花加工是必然趋势。以往与微细加工相关的多数为孔或狭缝加工，而现在已扩大到加工

三维形状的型腔及凸形零件，同时还能直接用于加工微细凸透镜及表面装饰用铸模、压印模等模具。图 7.12 所示为微细电火花加工的微型汽车模具。

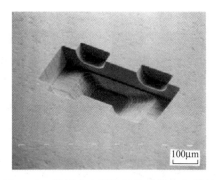

图 7.12　微细电火花加工的微型汽车模具

4. 倒锥孔微细电火花加工

在第 2 章电火花小孔高速加工部分，已经知道利用机构使电极偏摆，电极旋转且与电极整体的旋转方向偏离一定角度，可以加工出具有一定锥度的倒锥孔。这种方法的成形精度较高，但与常规电火花加工相比，需要附加电极偏摆机构。微细电火花倒锥孔加工可以采用在线调节电参数的方式，如图 7.13 所示。先以恒定电参数向下进行孔加工，在孔即将被贯穿时，通过在线调节电参数增大放电能量，由于电蚀产物积累在孔底部，因此孔底部位置优先放电，孔径被扩大。孔贯穿后，电极自动伺服快速进给，电极损耗较小、直径较大的部分快速进给至孔出口处，此时出口处的电蚀产物还未完全排出，出口处优先放电，更大的电极直径加上增大的放电能量使出口处孔径进一步扩大，而前段已有的倒锥形趋势也得到保持，这样加工得到的孔即为倒锥形。为了更好地利用底部蚀除产物，可以在倒锥孔的出口处涂覆石蜡，倒锥孔加工完成后再去除。

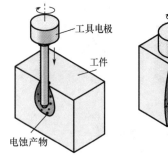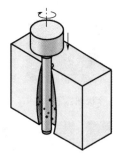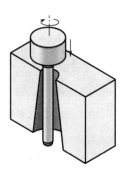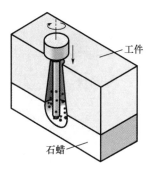

图 7.13　微细电火花倒锥孔加工示意图

7.2　微细电火花线切割

随着微型机械对制造技术的需要，微细电火花线切割（细丝切割）技术近年来取得了迅速的发展，在国防、医疗、化学、仪器仪表等许多领域发挥了重要的作用。细丝切割技术加工成本相对低廉、切割速度较高、加工精度较好，特别适用于微小零件窄槽、窄缝的加工。微细电火花线切割加工中，轴向移动的微细电极丝可补偿电极丝损耗，因此可以获得很高的加工精度。微细电火花线切割广泛应用于微小齿轮、微小花键、微小异形孔及半导体模具、钟表模具等具有复杂形状的二维微小零件的加工。图 7.14 所示为微细电火花线切割加工的典型零件。

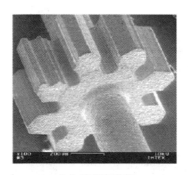

（a）微型齿轮轴 　　　　　　　（b）大长径比零件

图 7.14　微细电火花线切割加工的典型零件

微细电火花线切割是指加工过程中采用微细的钨或其他材料的电极丝（直径为 $\phi0.01 \sim \phi0.05$ mm）切割，主要用于加工尺寸为 $0.1 \sim 1$ mm 的零件。在微细电火花线切割加工时，放电能量非常微弱，随着电极丝直径与放电能量的大幅度减小，放电过程及其作用机理都发生了本质的变化，对走丝系统、微精电源、加工过程控制策略等都提出了针对性的要求。

高速往复走丝电火花线切割走丝速度较快，电极丝获得的冷却更加及时，其切割的持久性、稳定性、切割速度及性价比等指标在某些微细电火花线切割加工区域（如电极丝直径为 $\phi0.05 \sim \phi0.10$ mm）大大高于低速单向走丝电火花线切割。

细电极丝是实现微细电火花线切割加工的关键工艺条件，随着细电极丝张力控制系统的不断改进，微细电火花线切割所能使用的电极丝直径不断减小。利用磁力控制的电极丝张力控制系统，采用最小直径仅为 $\phi13\mu$m 的钨电极丝，实现了 15μm 窄缝的切割加工，如图 7.15（a）所示。采用直径为 $\phi30\mu$m 的电极丝，可加工出节圆直径为 $\phi350\mu$m 的微小齿轮，如图 7.15（b）所示。

高灵活性、多自由度是微细电火花线切割的发展方向，桌面式高精度、多功能微细电火花线切割机床成为加工复杂微三维零件的一种实用工具。该机床可以使电极丝和工件的相对位置进行调整，能方便灵活地实现平行切割、垂直切割甚至斜面切割，如图 7.16（a）所示。利用该设备在铝合金材料上可以加工出具有复杂三维形状的微型宝塔，如图 7.16（b）所示。可见，对复杂微小零件的加工，微细电火花线切割表现出高精度、高切割速度和高灵活性的特点。但是，微细电火花线切割仅能加工准三维零件，无法加工具有自由曲面的微小零件。此外，细电极丝直径不可能无限制地减小，也会在微细电火花加工的工件上出现切割圆角，这些缺点也限制了微细电火花线切割的应用。

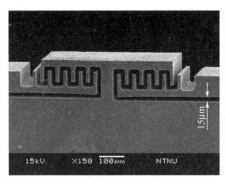 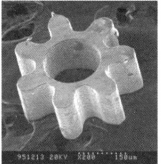

（a）15μm窄缝　　　　　　　　　　（b）微小齿轮

图 7.15　微细电火花线切割加工微结构

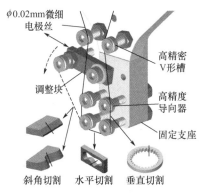 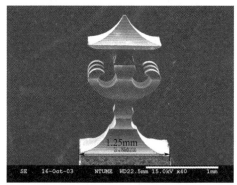

（a）微细电火花线切割原理　　　　　　　（b）微细电火花线切割加工的宝塔

图 7.16　微细电火花线切割原理及加工样件

7.3　微细电化学加工

微细电化学加工包括微细电解加工（electro chemical micro-machining，ECMM）和微细电铸加工（electro chemical micro-forming，ECMF）。

7.3.1　微细电解加工

微细电解加工是指在微细加工范围（$1\mu m \sim 1mm$）内应用电解加工得到高精度、微小尺寸零件的加工方法。在微细电解加工中，工件材料以离子的形式被蚀除，理论上可达到微米甚至纳米级加工精度，大量的研究和实验表明微细电解加工在微机电系统和先进制造领域非常有发展前景。除具有电解加工的优点外，微细电解加工也具有对装备要求高、加工间隙小、加工效率低等特点。虽然微细电解加工技术已成功应用于医疗、电子、航空航天等多个领域，但其发展仍面临许多新的挑战。

在微细电解加工过程中，阴、阳极间电位差在间隙电解液中形成的电场会对工件造成杂散腐蚀，这在很大程度上影响了电解加工的精度。约束电场、改善流场将是提高电解加工蚀除能力和加工精度的基本技术途径。因此，在微细电解加工中，通常通过以下途径来提高加工精度：选择合适的电解液，控制极间间隙电场，合理设计电极结构和流场。微细电解加工材料去除量微小，加工精度要求很高，因此微细电解加工必须在低电位、微电流密度下进行。另外，加工精度的提高也可以通过对电解液流场分布的修整来实现。

常见的微细电解加工有脉冲微细电解加工、微细电解线切割、微细电解倒锥孔加工、微小阵列结构电解加工几种方式。

1. 脉冲微细电解加工

脉冲微细电解加工是一种采用脉冲电流代替传统连续直流电流的电解加工方法。高频的脉冲电流相对于低频的脉冲电流而言，加工过程更加稳定。因为在加工过程中，不仅有电化学作用，而且高频脉冲电流所形成的压力波还会对电解液起到搅拌作用，使电解液及时得到更新和补充，加工的产物可以更好地被清理出加工间隙，从而解决了在小加工间隙下排热、排屑不好等问题。

超短（纳秒）脉冲电源与低浓度电解液、加工间隙的实时检测及调整等技术结合后，加工间隙可缩小到几微米，从而可以实现亚微米级精度的加工。图 7.17 所示为脉冲微细电解加工的微细结构。

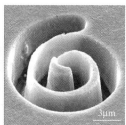

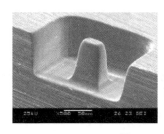

图 7.17　脉冲微细电解加工的微细结构

采用脉冲微细电解加工是为了有效控制工件材料的定域蚀除，脉冲电源的脉冲宽度达到纳秒级甚至皮秒级，加工峰值电压小于 10V，并且加工间隙较小，电解液也采用浓度较低的钝化性溶液。此外，脉冲微细电解加工是利用电极反应的暂态过程加工，而传统电解加工主要是利用电极过程进入稳态后的电化学反应实现工件材料的去除加工。

2. 微细电解线切割

微细电解线切割（图 7.18）是一种用线状阴极切割工件的加工方法。微细电解线切割不但继承了微细电解加工的优点，而且具有其自身的特点：采用简单的阴极线，结合二维平面运动，能够简单地实现复杂微结构的加工；加工状态可以用较简单的数学模型来描

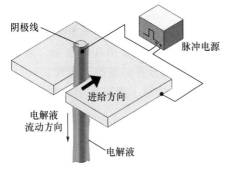

阴极线

脉冲电源

进给方向

电解液
流动方向

电解液

图 7.18 微细电解线切割原理

述，间隙的实时控制比普通微细电解加工更容易；不用制造复杂的成形阴极，加工准备时间短，成本低。由于微细电解线切割的工具电极为阴极线，因此更容易加工出普通加工方法很难加工的大深宽比结构。

在微细电解线切割加工中，要求电解液的流速增加以排除极间的电解产物，提高加工稳定性，因此需要适当增大极间间隙，但切割精度提高的要求则需要减小极间间隙，针对这两种互相矛盾的要求，一般采用阴极线沿轴向做微小振动的手段使阴极线和工件之间相对运动，从而改善微尺度间隙的流场，进而提高加工的稳定性。通过在线制作钨线阴极的方法，切割出如图 7.19 所示的群缝及微五角星。

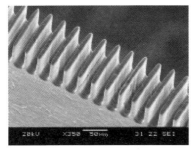

（a）群缝

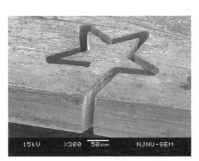

（b）微五角星(缝宽20μm)

图 7.19 微细电解线切割实物

3. 微细电解倒锥孔加工

微细电解倒锥孔加工原理如图 7.20 所示。预先采用电火花等高效加工方法加工出直孔作为底孔，此时形状一般为入口略大于出口的正锥形。在微细电解加工中，采用高频脉冲电源，侧壁绝缘阴极，将加工区域约束在阴极端面附近。将工具阴极置于底孔中心轴线上，在工具阴极与底孔间注入电解液，以工件作为阳极，控制工具阴极沿底孔轴线运动，同时控制改变电源电压、脉冲宽度、阴极进给速度等加工参数，这样就能控制改变工具阴极的加工范围，进而得到孔径沿轴线变化的倒锥微孔。

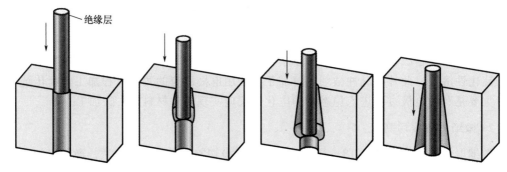

绝缘层

图 7.20 微细电解倒锥孔加工原理

采用该方法加工的倒锥孔，只需使工具阴极直线进给，不需复杂的运动机构，通过微细电解加工可获得较高的表面质量，无须进一步抛光。此外，由于前道工序加工的底孔为通孔，这样再采用微细电解加工，加工产物易于流动和排出，有望获得较高的加工速度。这种方法理论上不限于加工倒锥孔，还可加工出孔径沿轴向呈不同形式变化的微细孔，因此与电火花加工、激光加工方法相比，这种加工方法更加灵活。

4. 微小阵列结构电解加工

在航空航天、电子、仪器、纺织、印刷、医疗器械、图像显示器、汽车等领域，以微细阵列孔为关键结构的零部件越来越多，如航空发动机轮盘、叶片上多种类型的小孔及深小孔，光纤连接器，化纤喷丝板，打印机喷墨孔，电子显微光栅，微喷嘴，过滤板等结构，其深径比越来越大，孔径越来越小，精度要求也越来越高。因此对微细孔及孔阵列加工的研究提出了越来越高的要求，实现微细孔及孔阵列的高质量、低成本、批量化加工的工艺和装备成为现代制造加工技术最迫切需要解决的技术之一。

目前，加工微细孔及孔阵列的电解加工方法主要有成型管电解加工法、毛细管电解加工法、光刻电解加工法、阵列微细成形阴极加工法等。

（1）成型管电解加工（shaped tube electrochemical machining, STEM）法

成型管电解加工法加工群孔原理及加工现场如图7.21所示，当加工孔径很小或深径比很大时，为避免电解液中的电解产物或杂质堵塞加工间隙，需要采用酸性电解液，相应地需要选用耐酸蚀的钛合金管制造工具阴极，并在外表面均匀涂覆绝缘层，随着阴极的伺服进给，阳极离子不断溶解，从而实现群孔的加工。该方法大幅度降低了杂散腐蚀和电解产物堵塞的影响，提高了加工过程的稳定性。其加工微孔的深径比高达300∶1，孔径精度可控制在±0.025～±0.05mm，表面粗糙度可以达到 $Ra0.32～Ra0.63\mu m$。该加工工艺已应用于镍、钴、钛、奥氏体不锈钢等高强度合金航空发动机轮盘、叶片上多种类型的小孔加工，如平行孔、斜孔，还可同时加工多个深小孔。将该方法用于群孔加工时效率高、成本低，航空发动机燃烧室和涡轮叶片上的近万个微细孔，可以采用该方法加工。

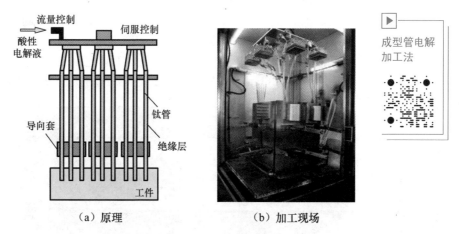

（a）原理　　　　　　　（b）加工现场

图7.21　成型管电解加工法加工群孔原理及加工现场

（2）毛细管电解加工法

毛细管电解加工法又称电液束打孔（electro-stream drilling, ESD）法或小孔电液束加

工 (electro-stream machining, ESM) 法，是一种电解加工小孔的方法。该方法是基于电化学阳极溶解原理，利用"负极化"电解液作为工具，工件作为阳极，在阴、阳极之间施加高电压，使工件材料产生溶解去除的加工方法。毛细管电解加工过程示意图如图7.22所示。加工过程中，在收敛状绝缘玻璃管喷嘴中设置金属丝以连接电源负极，电解液经导电密封装置进入玻璃管内，并通过高压电场射向工件加工部位，高速流动电解液经高电压作用，在玻璃管和工件间产生辉光现象。

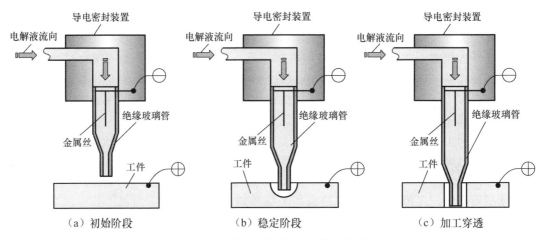

图 7.22　毛细管电解加工过程示意图

　　毛细管电解加工具有加工表面完整性好和深径比大等特点，可以加工其他工艺难以加工的孔，即位置特殊、表面质量要求高、无重铸层的深小孔，因此可用于加工航空工业中的各种小孔结构，可满足高质量发动机的需要，对航空发动机的延寿、性能的提高具有重要意义。与传统电解加工不同，毛细管电解加工用的电源是高压电源，其电压高达300～1000V，但总电流不大，一般不高于4A，而其电流密度可高达每平方厘米数百安培；电解液一般采用酸性电解液，常用浓度10％左右的 H_2SO_4 或者 HCl 水溶液。由于毛细管非常细，故毛细管电解加工能加工出比成型管电解加工的孔径更小的微细孔，其加工的最小孔径为 $\phi0.2mm$，深径比高达 100∶1，群孔的孔径精度可达±0.03mm。图 7.23 是在镍基高温合金 263A 用毛细管电解加工法加工的小孔形貌。工具电极是石英玻璃管，其毛细段长度为 25mm、直径仅为 $\phi0.36mm$，电解液是 $NaNO_3$ 和 H_2SO_4 的混合水溶液。

毛细管电解
加工法打孔

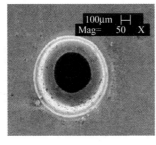

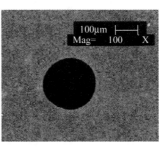

（a）入口　　　　　　　　（b）出口

图7.23　在镍基高温合金 263A 用毛细管电解加工法加工的小孔形貌

（3）光刻电解加工法

光刻电解加工是一种群孔电解加工的新技术，可应用于厚度为 0.5mm 以下的薄壁零件的海量群孔加工。光刻电解加工原理如图 7.24 所示，在工件表面覆盖掩膜板，使工件上形成具有特定图案的裸露表面，然后利用掩膜板使电流集中于加工区域进行电解加工，以得到所需形状，而非加工区域由于掩膜屏蔽不产生电化学腐蚀。掩膜板中的绝缘层是具有特定镂空图案的绝缘材料薄板，与工件相互独立，两者可分离，因此不存在去胶的问题。光刻电解加工法通过掩膜板限制工件蚀除区域，在工件上加工出与掩膜板上图案相应的结构，是一种简单易行、低成本的金属微结构制造方法。加工时，将具有群孔结构的掩膜板紧贴于工件表面，并保持掩膜板与工件之间无缝隙，金属板即导电层（阴极）与绝缘板保持一定间隙，电解液从间隙中高速流动以排出电解产物并带走加工过程中产生的热量，由于金属在沿孔的轴线方向溶解的同时也会形成沿孔径方向的溶解，为了提高加工速度和加工精度，可以进行双面光刻微细电解加工，在工件两面都覆盖一层图案完全相同的掩膜板，从两边同时溶解，以提高加工厚度，降低孔的出口斜度。

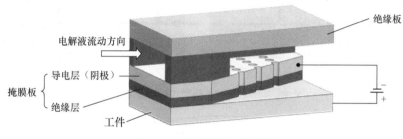

图 7.24　光刻电解加工原理

图 7.25（a）所示为单面光刻电解加工的微细结构，图 7.25（b）所示为双面光刻电解加工的微细结构。

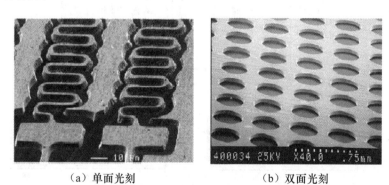

（a）单面光刻　　　　　　　　（b）双面光刻

图 7.25　光刻电解加工的微细结构

（4）阵列微细成形阴极加工法

阵列微细成形阴极可以采用 LIGA（**LIGA** 是德文 lithographie、galvanoformung 和 abformung 三个词，即光刻、电铸和注塑的缩写）技术或线切割制备（图 7.26），用于对金属合金材料进行电解蚀除加工，如图 7.27 所示。阴极侧壁覆上绝缘薄膜后，有利于减小电解加工中杂散电场的不利影响，适用于大深宽比的阵列微细型孔加工。阵列阴极侧壁绝缘加工过程如图 7.28 所示，阵列阴极基体制作完成后，利用气相沉积技术在微细阴极表面沉积一层绝缘薄膜，然后向阵列阴极空隙部分填充光刻胶，凝固后磨平阴极端面，露出微细阴极端面金属，最后去掉光刻胶，完成阵列阴极侧壁绝缘。加工过程中，阵列阴极沿垂直于工件待加工表面的方向做进给运动，通过微小间隙检测装置实时测量，并通过微动工作台自动保持一微小加工间隙，以提高形状复制精度。加工时只需要浸液，不需要冲液，对电解液的供液系统要求较低，但需要辅以脉冲电源技术、微小间隙检测和控制技术，实现稳定加工。加工过程中工具阴极不损耗，阴极可反复使用，成本低，并且可重复性好。加工完成后微细结构没有毛刺、表面光滑、无内应力和裂纹等缺陷。这种方法加工的阵列微细型孔尺寸一致性好，适合批量生产。侧壁未绝缘及绝缘的阵列微细阴极的电解加工实物如图 7.29 所示。

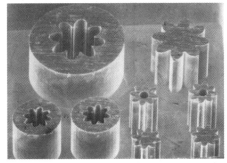

（a）LIGA制备 　　　　　　　　　　　　　（b）线切割制备

图 7.26　微细电解加工阵列阴极

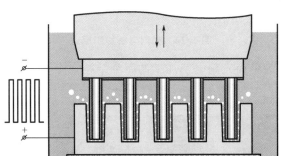

图 7.27　阵列微细成形阴极电解加工

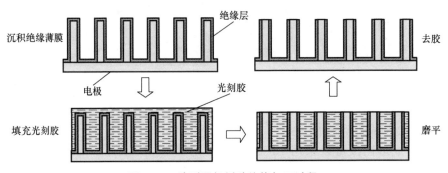

图 7.28　阵列阴极侧壁绝缘加工过程

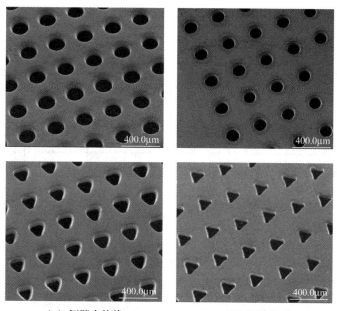

(a) 侧壁未绝缘   (b) 侧壁绝缘

图 7.29 侧壁未绝缘及绝缘的阵列微细阴极的电解加工实物

7.3.2 微细电铸加工与 LIGA 技术

电铸加工是以离子形式进行的电化学沉积，由于离子的尺寸达到亚纳米级别，因此电铸加工被应用于多种微细零部件的制造，在精密微细制造领域发挥了重要应用。在 LIGA 技术中，电铸是其中不可替代的组成部分，它所具有的高复制精度和高重复精度的特点得到了充分发挥。

1. LIGA 技术原理

LIGA 技术是一种基于 X 射线光刻技术的微机电系统加工技术。由于 X 射线具有非常高的平行度、极强的辐射强度和连续的光谱，使 LIGA 技术能够制造出高宽比达到 500∶1、厚度大于 $1500\mu m$、结构侧壁光滑且平行度偏差在亚微米范围内的三维立体结构。利用 LIGA 技术，不仅可以制造出微纳尺度结构，而且能加工微观尺度的结构（尺寸为毫米级的结构），因此被视为微纳米制造技术中最有生命力、最有前途的加工技术。

LIGA 技术利用 X 射线进行光刻，能够制作出形状复杂的大深宽比微结构，可加工的材料也比较广泛，包括金属及其合金、陶瓷、塑料、聚合物等，是非硅微细加工技术的首选方法。用 LIGA 技术可以制作各种各样的微器件、微结构和微装置。目前用 LIGA 技术已开发和制造了微传感器、微电机、微执行器、微机械零件、集成光学和微光学元件、微波元件、真空电子元件、微型医疗器械和装置、流体技术微元件、纳米技术元件及系统、各种层状和片状微结构等。

LIGA 技术由多道工序组成，可以进行三维微器件的大批量生产，主要工序包括溅射隔离层、涂光刻胶、同步辐射 X 射线曝光、显影、微电铸、清除光刻胶、去除隔离层、制造微塑铸模具、微塑铸和第二次微电铸等。LIGA 工艺的基本工艺步骤共分八步，其工艺流程如图 7.30 所示。

（1）涂胶。在金属衬底的导电基板上聚合一层 PMMA（聚甲基丙烯酸甲酯）光刻胶，

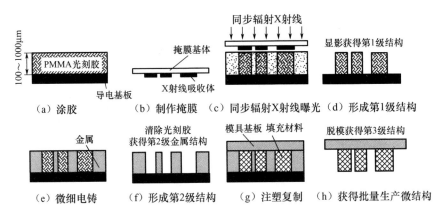

图 7.30　LIGA 技术的工艺流程

厚度为 $100 \sim 1000 \mu m$。

　　(2) 制作掩膜板。LIGA 掩膜板必须有选择地透过和阻挡同步辐射 X 射线。

微金属零件
UV-LIGA 技
术批量生产
过程

　　(3) 同步幅射 X 射线曝光。该工艺需采用平行的 X 射线光源，由于需要曝光的光刻胶厚度达几百微米，因此需要采用设备昂贵的同步辐射 X 射线光源（波长 $0.2 \sim 0.5nm$），以达到穿透厚光刻胶并缩短曝光时间的目的。

　　(4) 形成第 1 级结构。对已受同步辐射 X 射线照射的光刻胶进行显影，将曝光部分溶解而形成第 1 级结构。

　　(5) 微细电铸。对显影后的样件进行微细电铸，获得由金属组成的微结构。由于电铸是离子的沉积，因此作为阴极的金属表面有一层光刻胶图形时，金属离子能沉积到光刻胶的空隙中，形成与光刻胶相对应的精细金属微结构。

　　(6) 形成第 2 级结构。清除光刻胶，得到一个全金属的第 2 级结构。

　　(7) 注塑复制。将聚合物注入第 2 级结构中进行模塑，此时可以选择的材料有金属及其合金、陶瓷、塑料、聚合物等。

　　(8) 获得批量生产微结构。从金属模中抽出模塑的聚合物从而形成第 3 级结构，形成批量生产的微结构。

　　与其他微细加工方法相比，**LIGA 技术**具有以下特点。

　　(1) 可制作任意截面形状图形结构，加工精度高，可制造高宽比 500∶1 以上的微细结构，其厚度可达到几百微米，并且侧壁陡峭，表面光滑。

　　(2) 通过注塑工艺形成的第 3 级结构，可以选择不同的材料形成金属、陶瓷、玻璃等微细结构。

　　(3) 第 2 级结构和第 3 级结构通过微细电铸和注塑工艺可以重复复制，符合工业化大批量生产要求，制造成本相对较低。

　　(4) LIGA 技术与牺牲层技术相结合可在一个工艺步骤中同时加工出固定的和活动的金属微结构，省去了调整和装配的步骤，特别适合于制作电容式微加速度传感器这类带有活动结构的三维金属微器件。

　　2. 准 LIGA 技术

　　LIGA 技术可加工出具有较大高宽比和很高精度的微结构产品，而且加工温度较低，使得它在微传感器、微执行器、微光学器件及其他微结构产品加工中显示出突出的优点。

然而，它需要用的高能量 X 射线来自同步回旋加速器，这一昂贵的设施和复杂的掩膜板制造工艺限制了它的广泛应用。为此，人们研究了便于推广的准 LIGA 技术。

准 LIGA 技术是利用常规光刻机上的深紫外光对厚胶或光敏聚酰亚胺进行光刻，形成电铸模，结合电沉积或牺牲层技术，获得固定的或可转动的金属微结构。它不需要 LIGA 技术所需的昂贵设备，制作方便，是微结构加工的一项重要技术。利用准 LIGA 技术可以降低微结构器件的生产成本和缩短器件生产周期。目前，利用准 LIGA 技术已制作出微齿轮、微线圈、光反射镜、磁传感器、加速度传感器、射流元件、微陀螺、微电机等多种微结构。图 7.31 所示为利用准 LIGA 技术制备的微型零件。

 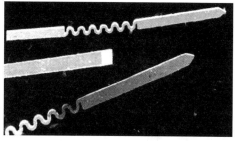

（a）电铸镍微型线圈　　　　　　　（b）电铸镍微接触探针

图 7.31　利用准 LIGA 技术制备的微型零件

7.4　放电辅助化学雕刻

放电辅助化学雕刻（spark assisted chemical engraving，SACE）是一种主要应用于玻璃材料微型结构加工的方法。其加工机理类似于 2.10.5 节中的电解电火花放电复合加工，因此也被称为电化学放电加工、电火花辅助刻蚀。

放电辅助化学雕刻的加工原理如图 7.32 所示。工件浸没在电解液（一般采用 KOH 溶液）中，在工具电极（阴极）和辅助电极（阳极）间施加直流电源。辅助电极呈片状，表面积远大于工具电极（约 100 倍）。当施加的电压小于临界电压（25V）时，极间出现电解现象，在工具电极表面出现大量的氢气泡，而在辅助电极表面出现氧气泡。随着电压继续增加，电流密度迅速上升，气泡不断出现，体积不断膨胀，最终在工具电极表面形成一层气膜，随后工具电极与电解液间的气膜被击穿而发生火花放电。当工具电极和工件（玻璃样件）间距很小（一般小于 $25\mu m$）时，依靠火花放电的加热催化作用，使得玻璃材料（SiO_2）在强碱的作用下，转化为离子态的 SiO_3^{2-} 并溶解于水中，从而实现玻璃材料的去除加工。其化学反应式如下。

$$SiO_2 + 2K^+ + 2OH^- \xrightarrow{pH=14} 2K^+ + SiO_3^{2-} + H_2O$$

$$2H_2O + 2e^- \rightarrow 2OH^- + H_2 \uparrow$$

放电辅助化学雕刻加工是一个多学科交叉问题，涉及微观放电、流体动力、临界现象、化学、电化学、材料科学等多领域的知识。

放电辅助化学雕刻加工中电解液的特性、温度及浓度对于击穿电压均有一定影响，其中电解液浓度对于击穿电压的影响最大。

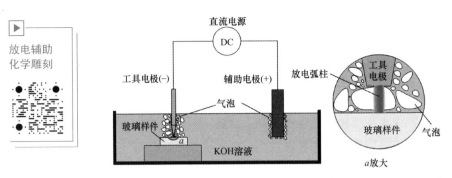

图 7.32　放电辅助化学雕刻的加工原理

放电辅助化学雕刻可以应用于玻璃材料的微细钻削、微细铣削及微细切削，加工样件细节如图 7.33 所示。

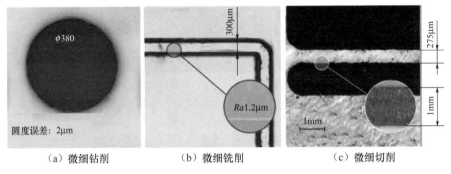

（a）微细钻削　　　　　（b）微细铣削　　　　　（c）微细切削

图 7.33　放电辅助化学雕刻加工样件细节

放电辅助化学雕刻简单、灵活，易于获得光滑的加工表面，但其加工重复性受到产生放电击穿气膜的不稳定性影响，一方面气膜是加工的必要条件，另一方面气膜的状态会影响加工性能。气膜的形成过程决定了最终的气膜厚度，而气膜的厚度会影响加工深度，从而决定重复加工的一致性。

放电辅助化学雕刻目前主要应用在玻璃基电路、微流体装置、光电装置、可视化印制电路板通孔钻削及增材制造等领域，其加工的产品如图 7.34 所示。

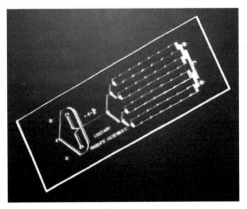
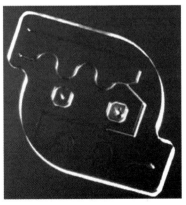

（a）用于癌症研究的芯片级实验室　　　　　（b）多层微细混合结构

图 7.34　放电辅助化学雕刻加工的产品

7.5 阳极氧化表面处理

7.5.1 阳极氧化机理

阳极氧化（anodizing）是一种金属表面处理工艺，实施阳极氧化处理最多的金属材料是铝。铝的阳极氧化一般在酸性电解液中进行，以铝合金作为阳极，铅板等惰性电极作为阴极，通以电流，使其表面得失电子形成具有较大厚度的氧化膜。

在电解过程中，氧离子到达阳极铝表面，产生氧化膜。这种膜初形成时不够细密，虽有一定电阻，但电解液中的氧离子仍能到达铝表面继续形成氧化膜。随着膜厚度增大，阳极表面电阻也变大，从而电解电流变小。这时，与电解液接触的外层氧化膜发生化学溶解。当铝表面形成氧化物的速度逐渐与化学溶解的速度平衡时，阳极表面氧化膜达到这一电解参数下的最大厚度。铝阳极氧化膜微观结构如图7.35所示。

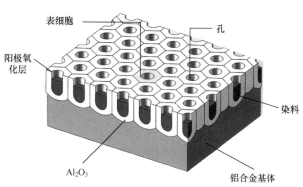

图 7.35 铝阳极氧化膜微观结构

铝的氧化膜外层是多孔结构，容易吸附染料和有色物质，因而可进行染色，提高其装饰性。氧化膜再经热水、高温水蒸气或镍盐封闭处理后，可进一步提高耐蚀性和耐磨性。除铝外，工业上采用表面阳极氧化处理的金属还有镁合金、钛合金、铜和铜合金、锌和锌合金、钢、镉、钽、锆等。金属材料或制品经过表面阳极氧化处理后，其耐蚀性、硬度、耐磨性、绝缘性、耐热性等均有大幅度提高。

阳极氧化

7.5.2 阳极氧化工艺流程

以铝合金阳极氧化为例，其工艺流程如图7.36所示，主要包括以下环节。

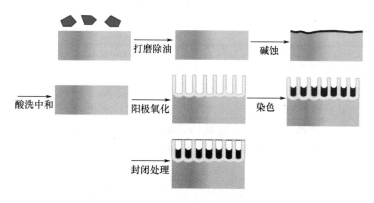

图 7.36 铝合金阳极氧化工艺流程

样品打磨除油→水洗→碱蚀处理→水洗→酸洗中和→阳极氧化→染色→封闭处理。

（1）打磨除油，对铝合金进行打磨和除油操作并水洗干净。

（2）碱蚀处理，该工艺是前处理的关键，一般需要在特定的温度条件下将铝合金放入碱液中进行全方位的浸蚀，去除可溶于碱的杂质及自然环境中形成的氧化膜。

（3）酸洗中和，溶解掉表面剩余的氧化膜及杂质，使基体裸露并形成光洁的表面，为阳极氧化的进行做好前期准备。

（4）阳极氧化，将铝合金作为阳极，惰性电极作为阴极，通电进行阳极氧化，使其表面形成孔径从十几到几十纳米的多孔铝合金阳极氧化膜。

（5）染色，孔中沉积有色物质形成着色膜。

（6）封闭处理，为获得性能更好的阳极氧化膜，常用封闭工艺将氧化膜表面的孔隙加以处理封闭，传统工艺使用最广泛的封闭工艺有沸水封闭和水蒸气封闭两种。

经过阳极氧化并着色后的铝合金型材如图 7.37 所示。

图 7.37 经过阳极氧化并着色后的铝合金型材

7.6 微弧氧化表面处理

7.6.1 微弧氧化技术原理

微弧氧化（micro-arc oxidation，MAO）又称等离子体电解氧化（plasma electrolytic oxidation，PEO）、微等离子体氧化（micro plasma oxidation，MPO）等，是基于电火花（短电弧）放电和电化学、化学等综合作用，通过电解液与相应电参数的组合，在铝、镁、钛等金属及其合金表面依靠弧光放电产生的瞬时高温高压作用，原位生长出以基体金属氧化物为主的陶瓷层。

微弧氧化技术是在普通阳极氧化基础上发展起来的一种表面处理技术，可以在金属表面原位生成陶瓷层。其原理如图 7.38 所示。加工开始时，在 $10\sim50V$ 直流低电压和工作液的作用下，正极铝合金表面产生有一定电阻率的阳极氧化薄膜，随着此氧化膜的增厚，为保持一定的电流密度，直流脉冲电源的电压相应不断地提高，直至升高至 300V 以上，此时氧化膜已成为电阻率更高的绝缘膜。当电压继续升高至 400V 左右时，铝合金表面产生的绝缘膜被击穿形成微电弧（电火花）放电，此时可以看到表面上有很多红白色的细小火花亮点，此起彼伏、连续、交替并转移放电。当电压继续升高至 500V 或更高时，微电弧放电的亮点成为蓝白色，并且更大、更粗，同时伴有连续的"噼啪"放电声。此时微电弧放电通道 3000℃以上的高温将铝合金表面熔融的铝原子与工作液的氧原子，以及电解时阳极上的铝离子（Al^{3+}）与工作液中的氧离子（O^{2-}）发生电、物理、化学反应结合形成 Al_2O_3 陶瓷层，达到工件表面强化的目的。其实际过程还处在不断研究和深化认识中。

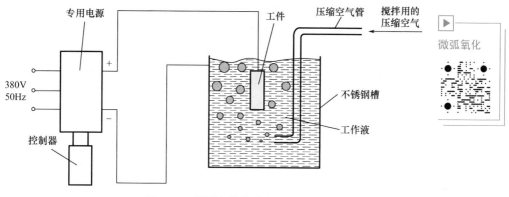

图 7.38　微弧氧化技术原理

7.6.2　微弧氧化技术的特点

微弧氧化技术的特点如下。

（1）大幅度地提高了材料的表面硬度，显微硬度通常在 1000～2000HV，最高可达 3000HV，可与硬质合金相媲美，大大超过热处理后的高碳钢、高合金钢和高速工具钢的硬度。

（2）良好的耐磨性。

（3）良好的耐热性及抗腐蚀性。这从根本上克服了铝合金、镁合金、钛合金材料在应用中的缺点。

（4）良好的绝缘性，绝缘电阻可达 100MΩ。

（5）溶液较环保。

（6）工艺稳定可靠，设备简单。

（7）反应在常温下进行，操作方便，易于掌握。

（8）基体原位生长陶瓷层，结合牢固，陶瓷层致密均匀。

7.6.3　微弧氧化技术在铝、镁、钛等合金中的应用

微弧氧化技术不同于阳极氧化技术，所形成的陶瓷膜远比阳极氧化膜具有更多良好的功能和性能。铝合金经过微弧氧化处理形成的 Al_2O_3 层厚度可达 100～300μm，性能和陶瓷类似，显微硬度可达到 1000～1500HV，具有很好的耐磨性及耐高温性，还具有很高的绝缘电阻和耐酸碱腐蚀性等。因此已经被广泛应用于航天航空和其他民用工业中的铝合金表面处理方面。此外，镁合金和钛合金比铝合金具有更好的性能，所以镁合金、钛合金表面的微弧氧化技术也必将在航天航空及高档装饰业中获得更加广泛的应用。

7.7　化 学 加 工

7.7.1　化学加工原理

化学加工（chemical machining，CHM）是利用酸、碱、盐等化学溶液与金属产生化

学反应，使金属溶解，从而改变工件的尺寸、形状及表面性能。

化学加工的形式很多，属于成形加工的主要有化学铣削、光化学腐蚀，属于表面加工的有化学抛光和化学镀膜等。

7.7.2　化学加工分类

1. 化学铣削

化学铣削（chemical milling，CHM）实质上是较大面积和较深尺寸的化学刻蚀（chemical etching），其加工原理如图 7.39 所示，通过表面预处理、涂保护层、固化、刻形后，使未保护的刻蚀区域接触化学溶液，达到溶解腐蚀的作用，从而形成凹凸或者镂空成形的效果。

化学铣削

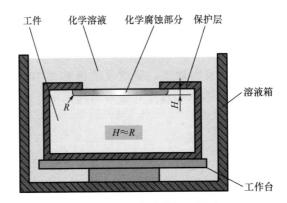

图 7.39　化学铣削加工原理

化学铣削工艺流程如图 7.40 所示，先清洗金属零件并除油，在表面上涂覆能够抵抗腐蚀作用的可剥性保护涂料，然后经室温或高温固化后刻形；人工剥除涂覆于需要铣切加工部位的保护层，然后把零件浸入腐蚀溶液中，对裸露的表面腐蚀加工，腐蚀加工完毕，进行清洗，最后剥去剩余保护层。

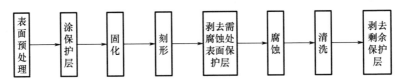

图 7.40　化学铣削工艺流程

化学铣削可用于航空、机械、化学工业中电子薄片零件精密刻蚀产品的加工，也广泛应用于大型薄板类零件质量的减轻。

2. 光化学腐蚀

光化学腐蚀又称光化学加工（optical chemical machining，OCM），是光学照相制版和光刻相结合的一种精密加工方法。它与化学铣削的区别在于不靠人工刻形剥去涂层，而是用照相感光确定工件表面需要蚀除的图形、线条，因此可以加工出十分精细的文字图案及零件。目前光化学腐蚀常用于在薄片金属基底上批量生产高精度的薄片金属零件，尤其在电子工业及精密机械领域，如进行各种筛片、电动机的定子片和转子片、电子构件的系统载体、特种簧片、发动机的装饰栅片和保护栅片等。

光化学腐蚀工艺流程如图 7.41 所示。

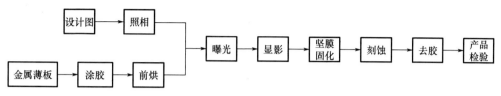

图 7.41　光化学腐蚀工艺流程

光化学腐蚀在半导体器件和集成电路制造领域称为光刻，光刻工艺中最关键的工艺步骤是运用曝光的方法将精细的图形转移到光刻胶上。在微电子方面，光刻工艺主要用于集成电路的 PN 结、二极管、晶体管、整流器、电容器等元器件的制造，并通过金属互连将它们连接在一起构成集成电路。

3. 化学抛光

化学抛光（chemical polish，CP）是用硝酸或磷酸等氧化剂溶液，使工件表面氧化，产生的氧化层又能慢速溶入溶液，微凸处氧化较快，而微凹处氧化较慢，从而使表面逐步平整。化学抛光可以对形状复杂的零件抛光，能够明显改善零件表面粗糙度。

化学抛光设备简单，只需盛抛光液的玻璃杯和夹持试样的夹子。有些非导体材料也可以用化学抛光，非导体嵌镶的试样也可以直接化学抛光。

但化学抛光具有一些明显的缺点。

（1）化学抛光的质量不如电解抛光。

（2）化学抛光所用溶液的调整和再生比较困难，在应用上受到限制。

（3）化学抛光操作过程中，硝酸散发出大量黄棕色有害气体，对环境污染非常严重。

（4）化学抛光溶液的使用寿命短。

4. 化学镀膜

化学镀膜是在含金属的盐溶液中加入还原剂，将镀液中的金属离子还原成原子沉积在被镀的工件表面。镀膜主要起装饰、防腐蚀或导电作用。应用广泛的化学镀是镀镍、镀铬、镀钴、镀锌，其次是镀铜、镀锡。在电铸前非金属工具电极的导电化处理经常采用的是化学镀铜或镀银。

7.8　超声及复合加工

7.8.1　超声加工原理

声波是人耳能感受的一种纵波，人耳能感受的频率在 20Hz～20kHz。当频率超过 20kHz 就称为超声波。超声波和普通声波一样，可以在气体、液体和固体介质中传播。由于超声波频率高、波长短、能量大，因此传播时反射、折射、共振及损耗等现象更显著。

▶ 薄片金属零件光化学腐蚀批量加工

▶ 光化学腐蚀工艺流程

▶ 黄铜化学抛光

▶ 塑料表面化学镀膜
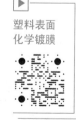

　　超声加工（ultrasonic machining，USM）是利用工具端面做超声振动，通过磨料悬浮液加工硬脆材料的一种加工方法，如图7.42所示。加工时，在工具头与工件之间加入液体与磨料混合的悬浮液，并在工具头振动方向加一个不大的压力，超声波发生器产生的超声频电振荡通过换能器转变为超声频的机械振动，变幅杆将振幅放大到0.01～0.15mm，再传给工具，并驱动工具端面做超声振动，迫使悬浮液中的悬浮磨料在工具头的超声振动下以很大速度不断撞击、抛磨被加工表面，把加工区域的材料粉碎成很细的微粒，从工件表面打击下来。虽然每次打击下来的材料不多，但由于每秒打击16000次以上，因此仍具有一定的加工速度。与此同时，悬浮液受工具端部的超声振动作用而产生的液压冲击和空化现象促使液体钻入加工材料的裂隙处，加速了对材料的破坏作用，而液压冲击也使悬浮液在加工间隙中强迫循环，使变钝的磨料及时得到更新。

　　由此可见，超声加工去除材料的机理主要如下：①在工具超声振动的作用下，磨料对工件表面的直接撞击；②高速磨料对工件表面的抛磨；③悬浮液的空化作用对工件表面的侵蚀。其中磨料的撞击作用是主要的。

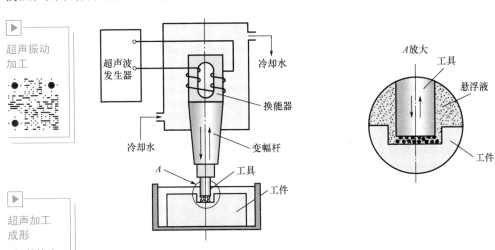

超声振动
加工

超声加工
成形

图7.42　超声加工示意图

　　目前超声加工主要用于对硬脆材料圆孔、型孔、型腔、套料、微细孔等的加工，如图7.43所示。

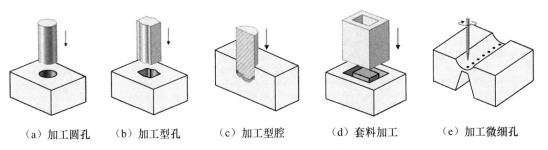

（a）加工圆孔　　（b）加工型孔　　（c）加工型腔　　（d）套料加工　　（e）加工微细孔

图7.43　常见超声加工方式

7.8.2 超声加工特点

根据超声加工的原理，可以得出超声加工的特点如下。

（1）适合加工各种硬脆材料，特别是不导电非金属材料，如玻璃、陶瓷、石英、石墨、玛瑙、宝石、金刚石等。

（2）由于工具可用较软的材料制成复杂的形状，不需要使工具和工件做比较复杂的相对运动，因此机床结构简单。

（3）由于去除加工材料是靠磨料瞬时局部撞击的作用，工件表面的宏观切削力很小，切削应力、切削热也很小，不会引起工件的热变形和烧伤，加工出的表面质量好。

超声加工的精度，除受机床、夹具精度影响外，还与磨料粒度、工具精度及磨损情况、工具横向振动、加工深度、被加工材料性质等有关。一般加工孔的尺寸精度可达 $\pm 0.02 \sim 0.05$mm。

1. 孔的加工范围

在通常加工速度下，一般超声加工的孔径范围为 $\phi 0.1 \sim \phi 90$mm，深度可达直径 $10 \sim 20$ 倍以上。

2. 加工孔的尺寸精度

当工具尺寸一定时，加工出孔的尺寸将比工具尺寸有所扩大，加工出孔的最小直径 $D_{\min}$ 约等于工具直径 D_t 加所用磨料磨粒平均直径 d_s 的两倍，即 $D_{\min} = D_t + 2d_s$。

对于加工圆形孔，其形状误差主要有椭圆度和锥度，椭圆度与工具横向振动大小和工具沿圆周磨损不均匀有关；锥度与工具磨损量有关。如果采用工具或工件旋转的方法，可以提高孔的圆度和生产率。

7.8.3 常见超声复合加工

1. 超声-电火花加工

超声-电火花加工是将超声部件固定在电火花加工机床主轴头下部，电火花加工用的方波脉冲电源（或 RC 脉冲电源）加在电极和工件上（精加工时，工件接正极），加工时主轴做伺服进给，工具端面做超声振动。微细加工时，如果仅利用电火花对小孔、窄缝进行加工，当蚀除产物逐渐增多时，极间间隙状态将变得十分恶劣，极间会出现搭桥、短路等现象，进给系统将一直处于进给—回退的非正常振荡状态，导致加工不能正常进行。因此，及时排出加工区的蚀除产物就成为保障电火花微细加工能顺利进行的关键所在。此时在工具电极上引入超声振动（图7.44），利用电极对极间工作介质的冲击及空化作用，使得极间间隙状况得到改善，有利于火花放电蚀除产物的排出和材料去除率的提高。引入超声振动后，有效放电脉冲比例将由 5% 增加到 50% 或者更高，从而达到提高材料去除率的目的。

2. 超声-电火花抛光

超声抛光是以高频率、小振幅振动的工具，配以适当压力与工件接触，磨粒在超声振动作用下，使加工表面达到抛光的目的。超声抛光特别适用于电火花加工表面的抛光，因为电火花加工表面重铸层非常坚硬。

超声-电火花抛光依靠超声抛磨和火花放电的综合效应达到光整工件表面的目的。抛光时，工件接电源正极，工具接电源负极，在工具和工件之间通入工作液，抛光过程中工具对工件表面的抛磨和放电腐蚀是连续而交替进行的。由于超声抛磨的空化作用使工件表面软化并加速分离剥落；与此同时，促使电火花放电的分散性大大增加，其结果是进一步加快工件表面的均匀蚀除。此外，空化作用还会增强液体的搅动作用，故可及时排出抛光产物，从而降低蚀除产物二次放电的机会，提高放电能量的利用率。图 7.45 所示为超声-电火花抛光的工作原理。

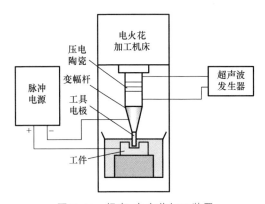

图 7.44　超声-电火花加工装置

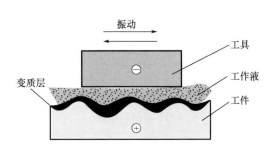

图 7.45　超声-电火花抛光的工作原理

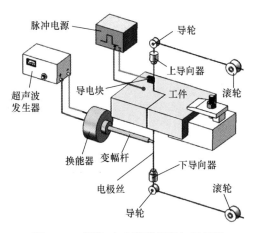

图 7.46　超声-电火花线切割加工原理

3. 超声-电火花线切割

超声-电火花线切割加工原理如图 7.46 所示。超声波发生器产生超声脉冲电压并传输给压电陶瓷，压电陶瓷把电能转化为超声频的机械伸缩振动并传递给变幅杆，通过变幅杆的放大作用，振动装置输出满足加工所需的振幅，并最终由变幅杆传输给电极丝，在电极丝上产生高频受迫振动，电极丝振动形态的改变必然对极间放电状态产生影响，使得放电形式发生变化，同时，超声振动在工作液中产生空化作用，也影响极间放电蚀除产物的排出和切缝中工作液的循环状态，并最终改变放电加工状态，提高电火花线切割的切割速度。

4. 超声-电解加工

超声-电解加工是同时利用超声振动磨粒的机械作用和金属在电解液中的阳极溶解作用进行的加工，比单纯的超声加工具有更大的加工速度，而且工具损耗明显降低。超声-电解加工适用于加工导电材料，如超硬合金、耐热工具钢等。

超声-电解加工原理如图 7.47 所示。工件接电解电源的正极，工具（图 7.47 中为小孔加工工具，用银丝、钨丝或铜丝制成）接负极，工作液由电解液和一定比例的磨料混合而成。加工时工件的被加工表面在电解作用下产生阳极溶解而生成阳极薄膜，此薄膜随即在超声振动的工具及磨料作用下被刮除，露出新的材料表面而继续发生溶解。超声振动引起的空化作用加速了薄膜的破

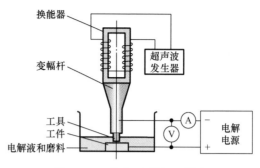

图 7.47　超声-电解加工原理

坏、工作液的循环更新及阳极溶解过程的进行，从而大大提高了材料去除率和质量。

在超声-电解加工间隙内，由于磨料同时也会撞击和抛磨工具，因此工具不会像单一电解加工那样理论上没有损耗，随着加工工件数量增多或加工深度增加，工具损耗将加大。例如，加工硬质合金时，工具的最大体积损耗在 15%～20%；加工钢时，工具的最大体积损耗则在 5%～10%。但是，超声-电解加工的工具损耗要比单一超声加工的工具损耗低得多。

5. 超声-电解抛光

超声-电解抛光是超声加工和电解加工组成的另一种复合加工方法。它可以获得优于靠单一电解或单一超声抛光的材料去除率和表面质量。超声-电解抛光的加工原理如图 7.48 所示。抛光时工件接直流电源正极，工具接负极，工件与工具间通入钝化性电解液。高速流动的电解液不断在工件待加工表层生成钝化膜，工具则以极高的频率振动，通过磨料不断将工件表面凸起部位的钝化膜去掉。被去掉钝化膜的表面迅速产生阳极溶解，溶解下来的产物不断地被电解液带走。而工件表面凹下去部位的钝化膜抛磨不到，因此不溶解。这个过程一直持续到将工件表面整平为止。

工件在超声振动下，不但能迅速去除钝化膜，而且在加工区域内产生的空化作用可增强电化学反应，进一步提高工件表面凸起部位金属的溶解速度。

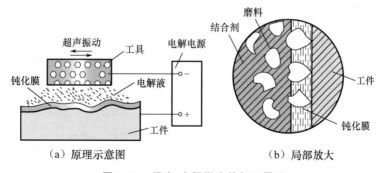

（a）原理示意图　　　　　　（b）局部放大

图 7.48　超声-电解抛光的加工原理

6. 超声振动切割

用普通机械方法切割硬脆的半导体材料是十分困难的，采用超声振动切割则较有效。

图 7.49为用超声振动切割法切割单晶硅片示意图。用锡焊或铜焊将工具（薄钢片或磷青铜片）焊接在变幅杆的端部。加工时喷注磨料液，一次可以切割 10～20 片。

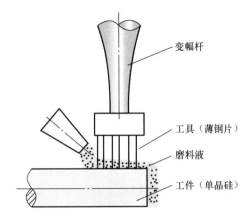

图 7.49　用超声振动切割法切割单晶硅片示意图

图 7.50 （a） 所示为成批切槽（块）刀具，为多刃刀具铆合在一起，然后焊接在变幅杆上。刀片伸出的高度应足够在磨损后可进行几次重磨。在最外边的刀片应高出其他刀片，切割时插入坯料的导槽中，起定位作用。加工时喷注磨料液，将坯料片先切割成宽的长条，然后将刀具转过 90°，使导向片插入另一导槽中，进行第二次切割，以完成模块的切割加工，图 7.50 （b） 所示为切割成的陶瓷模块。

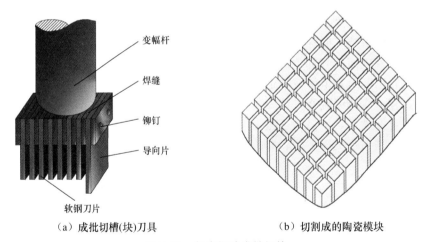

（a）成批切槽(块)刀具　　　　　　　（b）切割成的陶瓷模块

图 7.50　超声振动成批切块

7. 超声振动切削

超声振动切削是指刀具以 20～50kHz 的频率、沿切削方向高速振动的一种特种切削方法。超声振动切削从微观上看是一种脉冲切削，在一个振动周期内，刀具的有效切削时间很短，大于 80％时间里刀具与工件、切屑完全分离。刀具与工件、切屑断续接触，使得刀具所受到的摩擦变小，所产生的热量大大减少，切削力显著下降，避免了普通切削时的让刀现象，并且不产生积屑瘤。利用超声振动切削，在普通机床上就可以进行精密加工。与高速硬切削相比，超声振动切削不需要高的机床刚性，并且不破坏工件表面金相组织；在曲线轮廓零件的精加工中，可以借助数控车床、加工中心等进行仿形加工。图 7.51 所示为超声振动车削原理。

为进一步全方位改善刀具和工件的切割条件，日本学者于 20 世纪 90 年代提出了超声椭圆振动切削技术，切削原理如图 7.52 所示。与普通超声振动切削仅沿切削直线方向振动不同，超声椭圆振动切削的振动附加于刀具上，从而使切削过程发生了一些实质性变化，形成了更加优良的切削效果。在此基础上，日本学者于 2005 年进一步提出了三维椭圆超声振动加工的方法，并成功应用在三维球形零件的镜面加工，加工的球形镜面如图 7.53 所示。

硬脆材料超声振动车削

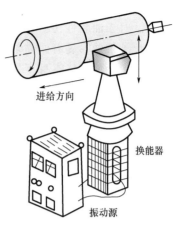

图 7.51　超声振动车削原理

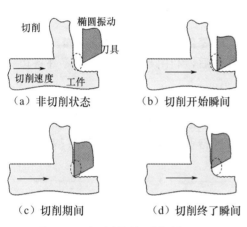

（a）非切削状态　　　　（b）切削开始瞬间

（c）切削期间　　　　（d）切削终了瞬间

图 7.52　超声椭圆振动切削原理

图 7.53　三维椭圆超声振动加工的球形镜面

超声加工的生产率虽然比电火花、电解加工等低，但其加工精度和表面质量都比它们好，而且能加工半导体、非导体等硬脆材料，如玻璃、石英、宝石、锗、硅、金刚石等。即使是电火花加工后的一些淬火钢、硬质合金冲模、拉丝模、塑料模，最后还常用超声抛磨进行光整加工。

7.8.4　超声波清洗

超声波清洗（ultrasonic cleaning）是利用超声波在液体中的空化作用、加速度作用及直进流作用对污物进行直接、间接的冲击，使污物层被分散、乳化、剥离而达到清洗目的。目前所用的超声波清洗机中，空化作用和直进流作用应用得较多。

超声波清洗发动机部件

超声波传播时能够引起质点振动，质点振动的加速度与超声波频率的平方成正比。因此几万赫兹的超声波会产生极大的作用力，强超声波在液体中传播时，由于非线性作用，会产生声空化。在空化气泡突然闭合时发出的冲击波可在其周围产生上千个大气压力，从而对污物层直接反复冲击，一方面降低污物与清洗件表面的吸附程度，另一方面也会引起污物层的破坏而脱离清洗件表面并使它们分散到清洗液中。气泡的振动也能对固体表面进行擦洗。气泡还能"钻入"裂缝中做振动,使污物脱落。对于油脂性污物,由于超声空化作用,会导致两种液体在界面迅速分散而乳化,当固体粒子被油污裹着而黏附在清洗件表面时,油被乳化,固体粒子即脱落。空化气泡在振动过程中会使液体本身产生环流,即所谓声流。它可使振动气泡表面存在很高的速度梯度和黏滞应力,促使清洗件表面污物的破坏和脱落。超声空化作用在固体和液体表面上所产生的高速微射流能够除去或削弱边界污物层及腐蚀的固体表面,增加搅拌作用,加速可溶性污物的溶解,强化化学清洗剂的清洗作用。此外,超声振动在清洗液中引起质点很大的振动速度和加速度,也使清洗件表面的污物受到频繁而激烈的冲击。

超声波清洗的工艺流程一般依据被清洗物体清洗的难易程度及清洗数量而决定,主要流程如下。

(1)热浸洗或喷洗:目的是将零件上的污物软化、分离、溶解,并减轻下道清洗工序的负荷。

(2)超声波清洗:利用超声波产生的强烈空化作用及振动将零件表面的污物剥离、脱落,同时还可将油脂性的污物分解、乳化。

(3)冷漂洗:利用流动的净水将已脱落但尚浮在零件表面的污物冲洗干净。

(4)超声波漂洗:溶剂为干净的清水,浸入零件后,利用超声波将浮在零件各边、角及孔隙处的污物清洗干净。

(5)热净水及冷净水漂洗:进一步去除附着在零件表面的污物微粒。

(6)热风烘干:利用一定的温度和风速,使零件表面快速干燥。

超声波清洗广泛应用于表面喷涂处理行业、机械行业、电子行业、医疗行业、半导体行业、钟表首饰行业、光学行业、纺织印染行业。

7.9 等离子体加工

7.9.1 等离子体加工原理

等离子体加工又称等离子弧加工(plasma arc machining,PAM),是利用电弧放电使气体电离成过热的等离子气体流束,靠局部熔化及气化去除工件材料。等离子弧是高能量密度的压缩电弧,是近代发展的一种高温新热源,它的温度高达$15000\sim30000℃$,现有的任何高熔点金属和非金属材料都可被等离子弧熔化。图7.54所示为等离子体加工原理。当对两个电极施加一定的电压时,空气中的分子将发生放电电离,形成等离子区,在此区域电子和离子高速对流,相互碰撞,产生大量的热能。

图7.54(a)所示为等离子体射流加工。它是由进气口向喷枪吹入工质气体,形成回旋气流,使阴极和阳极喷嘴之间产生电弧放电,导致气体受热膨胀,从喷嘴喷出射流。其中心部位温度约为$20000℃$,平均温度可达$10000℃$,但由于是靠热传导作用加热,效果较差,因此多用于各种材料的喷涂及材料的球化等。

图7.54(b)所示为等离子体电弧加工。它是通过阴极喷嘴直接向阳极工件进行电弧放电。在喷嘴的内侧面流过的工质气流形成与电弧柱相应的气体鞘,压缩电弧,使电流密

度大大提高。因为等离子体电弧加工是电弧直接对材料加热，其效果要比等离子体射流加工好得多，所以多用于对金属材料的切割、焊接和熔化等。

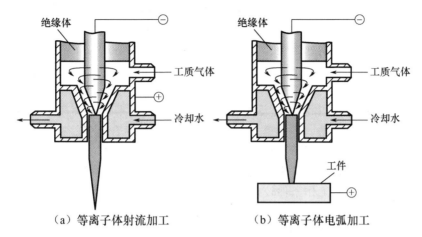

（a）等离子体射流加工　　　　（b）等离子体电弧加工

图 7.54　等离子体加工原理

7.9.2　等离子弧切割

等离子弧切割是利用高速、高温和高能量的等离子焰流来加热、熔化被切割材料，并借助内部或外部的高速气流或水流将熔化材料吹离基体，随着等离子弧割炬的移动而切割，同时被高速焰流吹除而形成切口的过程。

常见的水压缩等离子弧切割原理及切割现场如图 7.55 所示。高压水从枪体通入，由喷嘴孔道喷出，与等离子弧直接接触。一方面强烈压缩等离子弧，使其能量密度提高；另一方面因等离子弧的高温而分解得到的氢气和氧气，也构成切割气体的一部分。分解成的氧气对切割碳钢更有利，加强了碳钢的燃烧。高速水流冲刷切割处，对工件有强烈冷却作用。割口倾斜角度小，割口质量好。这种切割应用于水中切割工件，可以大大降低切割噪声、烟尘和烟气。

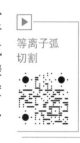

等离子弧切割

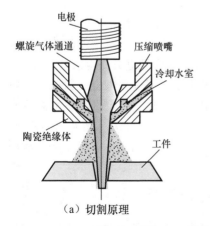

（a）切割原理

（b）切割现场

图 7.55　常见的水压缩等离子弧切割原理及切割现场

等离子弧切割具有以下特点。

(1) 等离子弧温度高，能量密度大。弧柱的稳定性、挺直度好，焰流有很大的冲刷力，割件的切口窄、整齐、光洁、无挂渣，割件变形和热影响区较小，切口边缘的硬度及化学成分变化不大，一般切割后可以直接焊接而无须再清理。

火焰切割

(2) 切割速度快、生产率高。如切割厚 25mm 以下的碳钢板时，等离子弧切割比火焰切割要快，而切割大于 25mm 的板时，火焰切割的速度则快些。

(3) 可以切割绝大多数金属和非金属。采用等离子体电弧可切割钛、钼、钨、铸铁、不锈钢、铜及铜合金、铝及铝合金等；采用等离子体射流，还可以切割花岗石、碳化硅等各种非金属材料。

(4) 切割用等离子弧，其电源空载电压高，等离子流速高，热辐射强，噪声、烟气和烟尘严重，工作条件较差，使用时应注意加强安全防护。

7.9.3 等离子喷涂

等离子喷涂是利用等离子弧的高温，将难熔的金属或非金属粉末快速熔化，并以很高的速度将其喷射成很细的颗粒，随等离子焰流一起喷射到工件上，产生塑性变形后黏结在工件表面形成一层结合牢固的具有特殊性能的涂层。等离子喷涂加工原理如图 7.56 所示，发动机叶片表面等离子喷涂陶瓷涂层现场如图 7.57 所示。

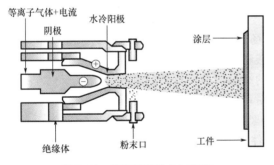

图 7.56　等离子喷涂加工原理　　　　图 7.57　发动机叶片表面等离子喷涂陶瓷涂层现场

等离子喷涂
及应用

常用的等离子喷枪功率可达 $60\sim80$kW。等离子喷涂可用于喷涂氧化铝、钼粉等（作为耐热层），也可喷涂碳化钨、碳化钛、碳化硼粉等（作为耐磨层），还可喷涂铜粉或氧化铝、铝矾土等（作为导电或介电层）。

等离子喷涂一个很有前途的应用是陶瓷喷涂。因多种陶瓷材料的共同特点是熔点高、硬度高、耐高温、耐磨损、耐腐蚀、化学稳定性好，而且成本较低。常用的喷涂材料有 Al_2O_3（熔点 2030℃）、Cr_2O_3（熔点 2265℃）、ZrO_2（熔点 2677℃）、TiO_2（熔点 1850℃）。图 7.58 所示为喷涂了陶瓷涂层的发动机叶片。喷涂后叶片的耐高温性显著提高。

7.9.4 等离子电弧焊

等离子电弧焊是一种惰性气体保护焊，特别在薄板焊接及钢丝焊接方面，更能发挥其优越性；同时也可高效地焊接中等厚度的板料。中厚板等离子电弧焊以高效焊接为目的，而薄板等离子电弧焊以精密焊接为目的。图 7.59 所示为等离子电弧焊焊接原理及加工现场。

通常将 2～12mm 厚的板材焊接称为中厚板焊接，小于 2mm 厚的板材焊接称为薄板焊接。中厚板对接焊是伴随着穿孔过程的进展而进行的，即焊接开始时，在材料的对接处，先由等离子弧喷熔出一个小孔，等离子体射流便将小孔中的材料从下部喷出，随着等离子弧沿着焊缝向前移动，熔孔也随之移动，而孔中被熔金属便围绕熔化的孔壁向

图 7.58　喷涂了陶瓷涂层的发动机叶片

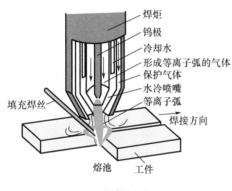

（a）焊接原理　　　　　　　　　（b）加工现场

图 7.59　等离子电弧焊焊接原理及加工现场

后方依次填充，一边移动，一边凝固，逐步形成焊缝金属结构。薄壁板焊接则不会产生穿孔现象，只是熔入焊缝。

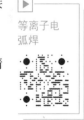

等离子电弧焊

等离子电弧焊具有如下特点。

（1）中厚板焊接具有较深的焊缝，焊透性好，焊速快，热影响区小，精度高。

（2）等离子弧喷射方向性好，工作稳定、可靠。

（3）焊接过程污染少，焊缝金属纯度高。

（4）焊缝力学性能良好。

7.10　超音速火焰喷涂

7.10.1　超音速火焰喷涂原理

超音速火焰喷涂（high-velocity oxygen-fuel，HVOF）是 1981 年由美国的勃朗宁（Browing）发明的一种新型热喷涂工艺。超音速火焰喷涂设备的核心为喷枪，喷枪由燃烧室（使喷涂材料粒子得到充分加热加速）、Laval 喷嘴（将焰流加速到超音速）和等截面长

喷管（使喷涂材料粒子得到充分加热加速）三部分组成。

超音速火焰喷涂原理如图 7.60 所示。由小孔进入燃烧室的液体（如煤油），经雾化与氧气混合后点燃，发生强烈的气相反应，燃烧放出的热使产物剧烈膨胀，此膨胀气体流经 Laval 喷嘴时受喷嘴的约束形成超音速高温焰流。此焰流加热加速喷涂材料至基体表面，形成高质量涂层。

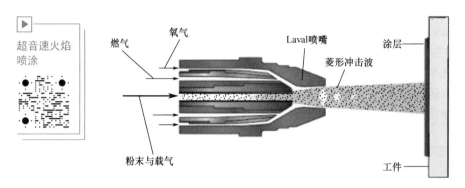

超音速火焰
喷涂

图 7.60　超音速火焰喷涂原理

超音速火焰喷涂工艺流程：①施工前的准备工作；②表面预处理；③喷涂；④喷涂后处理。

7.10.2　超音速火焰喷涂的特点

超音速火焰喷涂的最大特点，就是将大量燃气（或用液体燃料）和氧气（或用压缩空气）在高压下供给喷枪，燃烧火焰通过细长的喷嘴，形成超音速射流，粉末送至流动的火焰中，在运动中被加热并加速，高速地喷射到工件表面并冷凝后形成涂层。

超音速火焰喷涂的主要优点如下。

（1）粉末粒子的飞行速度高，冲击能量大，可以形成致密的、结合强度高而无分层现象的高质量涂层。

（2）火焰温度不高，粉末粒子在火焰中停留和加热的时间短，因此，其材料的相变、氧化和分解受到抑制，特别适合喷涂在高温下极易分解和退化的碳化钨等金属陶瓷材料。

（3）喷涂距离可在较大范围内变化而不影响涂层质量。

超音速火焰喷涂的缺点如下。

（1）喷涂消耗的燃料和助燃气量大，设备价格昂贵，运行成本很高。

（2）喷涂噪声大，需要在隔音室中操作。

（3）火焰温度不高，不适于喷涂高熔点的材料。

（4）喷涂所使用的粉末粒度要求较高，一般只能喷涂细且粒度范围窄的粉末。

7.10.3　超音速火焰喷涂的应用

超音速火焰是利用丙烷、丙烯等碳氢系燃气或氢气与高压氧气在燃烧室内（或在特殊的喷嘴中）燃烧产生的高温、高速燃烧焰流（燃烧焰流速度可达 1500m/s 以上），将粉末轴向送进该火焰，可以将喷涂粒子加热至熔化或半熔化状态，并加速到 300～500m/s 甚至更高的速度，从而获得结合强度高、致密的高质量的涂层。超音速火焰速度很高，但温度相对较低，对于 WC-Co 系硬质合金，可以有效地抑制 WC 在喷涂过程中分解，涂层结合强度高且致密，耐磨性优越，其耐磨性大幅度超过等离子喷涂层，与爆炸喷涂层相当，也超过了电镀硬铬层、喷熔层，应用极其广泛。

自从超音速火焰喷涂技术诞生以来，其应用范围就在不断扩展之中，超音速火焰喷涂已经成为热喷涂技术的主流发展方向，目前在国外已经渗透到各种领域，如石油化工、机械、印刷、航空航天、冶金、电力、塑料等工业部门。特别是在高科技领域，超音速火焰喷涂的高质量涂层能够满足航空航天和原子能等尖端领域对材料的苛刻要求。美国已经采用超音速火焰喷涂逐步取代常规的等离子喷涂修复飞机发动机部件，这样既降低了成本，又改善了涂层的质量。

7.11　水射流切割

7.11.1　水射流切割原理

水射流切割（water jet cutting，WJC）又称液体喷射加工（liquid jet machining，LJM），是利用水或水加添加剂，经水泵增压后达到 100～400MPa 的压力，再经蓄能器，使高压液流平稳流动，加工时通过增压器的作用，最高能到达 7000MPa 的压力，高速液流束通过孔径为 $\phi0.1～\phi0.5mm$ 的人工宝石喷嘴喷射到工件上，从而达到去除材料的目的。此时水流具有极大的动能，可以穿透化纤、木材、皮革、橡胶等，在高速水流中混合一定比例的磨料，则可以穿透几乎所有坚硬材料（如陶瓷、石材、玻璃、金属、合金等）。加工深度取决于射流喷射的速度、压力和喷射距离。被冲刷下来的切屑被液体带走。入口处射流的功率密度可达 $10^6 W/mm^2$。图 7.61 所示为水射流切割原理，图 7.62 所示为水射流切割机床及加工现场。

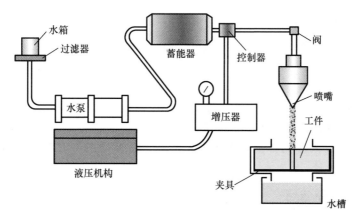

图 7.61　水射流切割原理

水射流切割需要液压系统和机床本体。液压系统包括控制器、过滤器、密封装置、水泵、阀、增压器、蓄能器等。机床本体可根据加工要求具体设计。

水射流切割

（a）切割机床

（b）加工现场

图 7.62　水射流切割机床及加工现场

7.11.2　水射流切割的特点

在切割过程中，切屑混入液体中，所以不存在扬灰，不会有爆炸和火灾的危险。在加工某些材料时，由于射流中夹杂着空气，将会增大噪声。减小喷嘴距离、调节适当的角度能够减小噪声。水射流切割时，作为工具的射流是不会变钝的。为延长喷嘴的使用寿命，液体需要经过很好的过滤（内含微粒直径应小于 $\phi0.5\mu m$），液体经脱矿物质和去离子处理后，可以减小对喷嘴的腐蚀作用。切割时可以多个喷嘴同时工作，达到多路切割的效果。

水射流切割精度主要受喷嘴精度的影响，切缝比所采用的喷嘴孔径约大 0.025mm，加工复合材料时采用的射流速度要高、喷嘴直径要小、喷射距离要短。喷嘴越小，加工精度越高，但切割速度降低。切边质量受材料性能影响很大，软材料可以获得光滑表面，塑性好的材料可以切割出高质量的切边。液体压力过低会降低切边质量，尤其对复合材料，容易引起材料的离层和起鳞。进给速度低可以改善切边质量，因此切割复合材料时应用小的进给速度，这样可以避免切割过程中产生离层现象。

水中加入添加剂可以改善切割性能和减小切割宽度。另外，喷嘴距离对切口斜度的影响很大，距离越小，切口斜度越小。有时为了提高切割速度和厚度，在水中混入磨料细粉。

水射流切割有以下特点。

（1）加工精度高，切边质量好，加工精度可达 0.005～0.075mm。

（2）可切割多种材料，不但可以切割钢、铝、铜等金属材料，而且可以切割塑料、皮革、纸张等非金属材料。

（3）加工速度快。

（4）切缝窄，切缝一般可达 0.04～0.075mm。

（5）不产生热量，适合于木材等易燃材料的加工。

（6）加工产物混入液流排出，无尘、无污染，喷嘴使用寿命长，设备简单，加工成本低。

7.11.3　水射流切割的应用

水射流切割按工作介质分为纯水射流切割和在水中加磨料的磨料水射流切割两种基本类型。纯水射流切割由于仅利用水的高压动能，切割能力较差，适用于切割质地较软的材料，可以对很薄、很软的金属或非金属（如铜、铝、铅、塑料、木材、橡胶、纸张等）切割、打孔。而磨料水射流切割由于液体喷射中磨料的冲击作用远大于纯水，因此加工能力大大提高，可以代替硬质合金切槽刀具，而且切边质量很好，特别适合加工硬质材料，各种金属材料、陶瓷材料和复合材料都可以加工。如切割 19mm 厚的吸声天花板，采用水压 310MPa，切割速度达到 76m/min。

水射流切割的速度取决于工件材料，并与功率成正比，与材料厚度成反比。

水射流切割应用广泛，汽车工业中用于切割石棉制动片、橡胶地毯、复合材料板、玻璃纤维等；航天工业中常用于切割复合材料、蜂窝夹层板、钛合金元件和印制电路板等；机械工业中常用于铸件的清砂、钢板的除锈、去毛刺、代替喷丸处理等。图 7.63 所示为水射流切割生产的零件。

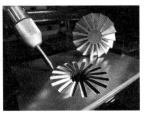

图 7.63　水射流切割生产的零件

7.12　激光加热辅助切削

加热切削是通过对工件局部瞬时加热，改变切削区工件材料的力学性能和表层金相组织以降低切削区工件材料的强度，使其切削加工性能改善，从而降低切削力和刀具的磨损，延长刀具使用寿命，提高材料去除率。它是对铸造高锰钢、无磁钢和不锈钢等难切削材料进行高效率切削的一种方法。加热切削把工件材料加热到超塑性状态，使刀具对工件材料的切削始终在超塑性状态下进行，从而达到降低切削力，提高切削材料去除率和加工表面质量的目的。

目前常用的加热热源有等离子弧、氧-乙炔焰和激光等。与其他热源相比，激光光斑尺寸小、能量密度高，并在能量分布和时间特性上有很好的可控性，在加热辅助加工方面得到越来越广泛的应用。这里主要介绍激光加热辅助切削。

7.12.1　激光加热辅助切削原理

激光加热辅助切削（laser assisted machining，LAM）是将高功率激光束聚焦在切削刃前的工件表面，在材料被切除前的短时间内将局部加热到很高的温度，使材料的切削性能在高温下发生改变，从而可以采用普通刀具进行加工。通过对工件加热，提高材料的塑性，降低切削力，减少刀具磨损，减小振动。对硬脆材料可将其脆性转化为延展性，使屈服强度降低到断裂强度以下，避免加工中出现裂纹，从而达到提高加工效率、降低成本、提高表面质量的目的。图 7.64 为激光加热辅助切削示意图。

7.12.2　激光加热辅助切削的特点

采用激光加热辅助切削加工金属材料可以有效降低切削力（降低 20%～50%）及刀具磨损，较低的动态切削力与加工表面的低硬度提高了加工表面质量。

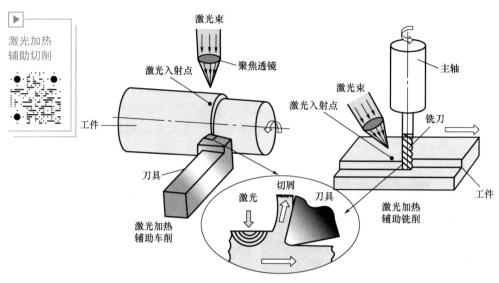

激光加热
辅助切削

图 7.64　激光加热辅助切削示意图

激光加热辅助切削因加工区域温度的升高,切削能降低 25％;材料强度降低使刀具使用寿命提高 1 倍;工件表面组织没有发生变化,硬度与传统加工的硬度相同,并可以使加工时间节省 20％～50％。

激光加热辅助切削加工过程复杂,是间歇切削过程,对刀具与工件的冲击力大。

7.12.3　激光加热辅助切削的应用

目前激光加热辅助切削主要应用于切削氮化硅、氧化铝、氧化锆、莫来石等硬脆的工程陶瓷,Al_2O_3 颗粒增强铝基材料、SiC/SiC 陶瓷基复合材料,以及各种高强度钢。例如,在航空航天领域日益广泛应用的氮化硅陶瓷就是一种典型的高硬度、高脆性的高性能材料,采用激光加热辅助切削可实现氮化硅陶瓷工件外圆、平面及复杂沟槽加工,而且加工表面质量好,不产生裂纹,加工后材料没有发生物相变化。这充分展现了激光加热辅助切削在难加工材料,尤其是在复合材料加工中的应用前景。随着激光技术、加热辅助切削技术及成套装备的出现,激光加热辅助切削将在未来难加工材料的加工应用中占有重要的位置。

7.13　磁性磨料研磨加工

磁性磨料研磨加工(magnetic abrasive machining,MAM)是一种光整加工方法,将磁性研磨材料放入磁场中,磨料在磁场力的作用下将沿磁力线方向有序地排列形成磁力刷。这种磁力刷具有很好的研磨抛光性能,同时具有很好的可塑性。当切削阻力大于磁场的作用力时,磨料会产生滚动或滑动,不会对工件产生严重的划伤,适用于对精密零件抛光和去毛刺。

7.13.1 磁性磨料研磨加工原理

磁性磨料研磨加工原理如图 7.65 所示。把磁性磨料放入磁场中，磁性磨料在磁场中将沿着磁力线的方向有序地排列成磁力刷。把工件放入 N 极和 S 极中间，并使工件相对 N 极和 S 极保持一定的距离，当工件与磁极做相对运动时，磁性磨料将对工件表面进行研磨加工。磁力与磁场强度的平方成正比。磁场强度又与直流电源的电压有关，增加电压，磁场强度增强，因此，只要调节外加电压，就可以调节磁场强度。

磁力抛光去毛刺

磁性磨料研磨加工的工艺虽不完全相同，但使用的原材料是基本相同的。常用的原料是铁加普通磨料（如 Al_2O_3、SiC 等）。一般的制造方法是将一定粒度的 Al_2O_3 或 SiC 与铁粉混合、烧结，然后粉碎、筛选，制成一定尺寸的磁性磨料，如图 7.66 所示。

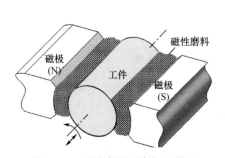

图 7.65 磁性磨料研磨加工原理

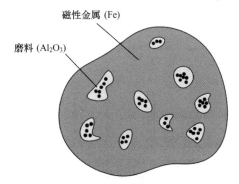

图 7.66 磁性磨料结构示意图

磁性磨料的尺寸较大时，其受到磁场的作用力大，研磨加工的材料去除率高；磁性磨料的尺寸较小时，研磨加工过程容易控制，易于保证工件的加工表面质量，但材料去除率较低。

7.13.2 磁性磨料研磨加工的应用实例

磁性磨料研磨加工主要用于精密机械零件的表面精整和去毛刺（去毛刺的高度不能超过 0.1mm），如用于液压元件的阀体内腔抛光及去毛刺，效率高、质量好，棱边倒角可以控制在 0.01mm 以下，这是其他方法难以实现的。磁性磨料研磨加工还可以用于油泵齿轮、轴瓦、轴承、异形螺纹滚子等的研磨抛光。常见的两种应用如下。

1. 利用回转磁极研磨球面

如图 7.67 所示，工具磁极（回转磁极）的端面为球面，两个工具磁极绕同一轴线转动，转动方向相反。研磨时，工件不仅转动，而且摆动，但球心始终不动。利用这种方法，可以在几分钟内将球面从 $Ra6.0\mu m$ 研磨抛光为 $Ra0.1\mu m$。

2. 磁性磨料研磨阶梯形零件

如图 7.68 所示，利用磁性磨料研磨抛光圆柱阶梯形零件，可以在几分钟内去除棱边上 $20\sim30\mu m$ 高的毛刺，研磨成的棱边圆角半径为 0.01mm，这是其他方法无法或者很难实现的，在精密耦合件中用来抛光和去毛刺十分有效。

磁性磨料研磨加工

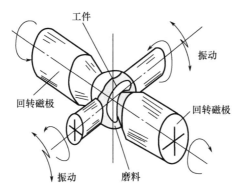

工件
振动
回转磁极
回转磁极
振动
磨料

图 7.67　球面的磁性磨料研磨

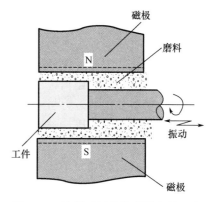

磁极
磨料
N
振动
工件
S
磁极

图 7.68　阶梯形零件的磁性磨料研磨

7.14　磨粒流加工

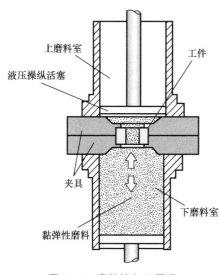

上磨料室
工件
液压操纵活塞
夹具
下磨料室
黏弹性磨料

图 7.69　磨粒流加工原理

磨粒流加工

7.14.1　磨粒流加工原理

　　磨粒流加工(abrasive flow machining, AFM)也称挤压珩磨, 是以一种含磨料的半流动状态的黏弹性磨料介质, 在一定压力下流过被加工表面, 由磨粒的刮削作用去除工件表面微观不平材料的加工方法。该方法几乎能加工所有的金属材料, 也能加工陶瓷、硬塑料等。图7.69所示为磨粒流加工原理。工件安装并被压紧在夹具中, 夹具与上、下磨料室相连, 磨料室内充以黏弹性磨料, 由活塞在往复运动过程中通过黏弹性磨料对所有表面施加压力, 使黏弹性磨料在一定压力作用下反复在工件待加工表面上滑移通过, 类似用砂布均匀地压在工件上慢速移动, 从而达到表面抛光或去毛刺的目的。

7.14.2　磨粒流加工的特点

1. 适用范围

　　由于磨粒流加工介质是一种半流动状态的黏弹性材料, 它可以适应各种复杂表面的抛光和去毛刺, 如各种型孔、型面、齿轮、叶轮、交叉孔、喷嘴小孔、液压部件、各种模具等, 适用范围很广。

2. 抛光效果

　　磨粒流加工后的表面粗糙度与原始状态和磨料粒度等有关, 一般可降低到加工前表面粗糙度的十分之一，最佳的表面粗糙度可以达到 $Ra0.025\mu m$（镜面效果）。磨粒流加工可以去除在 $0.025mm$ 深度的表面残余应力，可以去除前工序（如电火花加工、激光加工等）形成的表面变质层和其他表面微观缺陷。

3. 材料去除率

磨粒流加工的材料去除厚度一般为 $0.01\sim0.1mm$，加工时间通常为 $1\sim5min$，最多十几分钟即可完成，与手工作业相比，加工时间可减少 90% 以上，对一些小型零件，可以多件同时加工，效率可大大提高，对多件装夹的小零件的生产率可达每小时 1000 件。

4. 加工精度

磨粒流加工是一种表面加工技术，因此它不能修正零件的形状误差；切削均匀性可以保持在被切削量的 10% 以内，因此也不至于破坏零件原有的形状精度。由于磨粒流加工材料去除量很少，因此可以达到较高的尺寸精度，一般尺寸精度可控制在微米数量级。

磨粒流加工可用于边缘光整、倒圆角、去毛刺、抛光和少量的表面材料去除，特别适用于难以加工的内部通道的抛光和去毛刺，从软的铝到韧性的镍合金材料均可进行磨粒流加工。磨粒流加工已用于硬质合金拉丝模、挤压模、拉深模、粉末冶金模、叶轮、齿轮、燃料旋流器等零件的抛光和去毛刺；还用于去除电火花加工、激光加工或渗氮处理这类热能加工产生的变质层。

7.15 爆炸成形加工

7.15.1 爆炸成形加工原理

爆炸成形（explosive forming）加工是利用爆炸物质在爆炸瞬间释放出巨大的化学能对金属坯料成形加工的高能率成形加工方法。爆炸成形加工是一个多学科相互交叉、相互渗透的领域。典型的爆炸成形系统由以下四个基本部分组成。

（1）炸药或火药（用火药时可以采用接触装药爆炸成形）。

（2）能量传递的介质（水、油、砂或空气等）。

（3）模具。

（4）工件。

在有些加工过程中还需要成形水槽、空气压缩机、真空泵、液压机，以及搬运模具和工件用的起重机等辅助设备。

爆炸成形加工原理如图 7.70 所示。爆炸成形时，爆炸物质爆炸产生的高温高压气团剧烈膨胀，通过水介质产生冲击波，瞬间传递到放在凹模内的毛坯上，冲击波的冲量转化为成形毛坯的动量；高温高压气团剧烈膨胀所引起的水流动压又对毛坯施加比较持久的第二次压力，使毛坯塑性变形，紧贴在凹模内表面，制成工件。爆炸成形的模具只有凹模，不需要冲压设备，能提高材料的塑性变形能力，能加工塑性差的难成形材料及常规方法难以生产的大型零件。目前，爆炸成形主要用于板材的拉深、胀形、校形等成形工艺，在一些应用中，价值几美元的炸药可以完成价值百万美元冲床的工作。

爆炸成形
加工

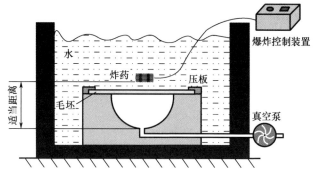

水
爆炸控制装置
炸药
压板
适当距离
毛坯
真空泵

图 7.70　爆炸成形加工原理

7.15.2　爆炸成形加工特点

爆炸成形加工的主要特点如下。

（1）能提高材料的塑性变形能力，适用于塑性差的难成形材料。

（2）一般情况下，爆炸成形无须使用冲压设备，生产条件简单。

（3）模具简单，仅用凹模即可，节省模具材料，降低成本。

（4）适于大型零件成形，爆炸成形不需专用设备，而且模具及工装制造简单，生产周期短，成本低。爆炸成形尤其适用于单件、小批量生产的大型、复杂件的板料胀形、拉深和校形。爆炸成形加工的介质一般为水，也可以用砂；为了提高爆炸效率，保证生产安全，一般在井下爆炸。

7.15.3　爆炸成形加工应用

爆炸成形加工的应用可以分为两个方面。一是用来生产各种复合材料，如不同金属组合的复合板材、带材、管材或棒材等，主要用于制造各种压力容器、贮罐、反应釜及各种制动片、双金属轴套和电解电极等；二是作为连接技术应用于各种制造业中，如各种列管式交换器中管与管板的爆炸焊接，造船业中铝上层建筑与钢甲板的连接，等等。因此爆炸焊接技术在石油、化工、轻工、电子、电力、造船、航空航天、原子能等许多工业部门都有广泛的应用。

爆炸成形诸项内容中最具发展潜力的是爆炸压实技术，主要是宇航和原子能工业部门要求用压制成高密度的粉末材料来制造一些特殊的零部件。爆炸压实不仅可以把松散的粉末材料压实到其理论密度的90%以上，而且可以把用传统工艺不能压制的金属材料、陶瓷材料及低延展性金属等压制成高强度复合材料。

思　考　题

7-1　简述微细电火花加工的特点及微细电火花加工电极的制造方法。

7-2　微细电化学加工有什么特点？其主要加工方法有哪些？

7-3　简述 LIGA 技术的工艺流程。

7-4 简述放电辅助化学雕刻加工原理及工业特点。

7-5 简述阳极氧化机理及工艺流程。

7-6 简述微弧氧化技术的基本原理和特点。

7-7 化学加工原理是什么？其主要加工方法有哪些？

7-8 什么是超声加工？其主要适用于哪些材料的加工？

7-9 超声-电火花加工装置主要由哪些部分组成？各有什么功能？

7-10 在等离子体加工过程中，为什么可以获得极高的能量密度？

7-11 简述超音速火焰喷涂的原理及特点。

7-12 简述水射流切割的特点。

7-13 激光加热辅助切削的特点是什么？其适合什么材料的加工？

7-14 简述磨粒流加工的原理及特点。

7-15 简述爆炸成形加工的特点及适用范围。

主编点评

主编点评 7-1　间歇输出，制胜法宝
——特种加工关键技术的实质

在特种加工课程的学习过程中，同学们已经接触到多种间歇能量或进给的输出方式，如电火花加工中的脉冲电源能量输出、电化学加工中的脉冲电解及精密电解加工中脉冲电解与电极机械振动耦合等情况。因此可以获知在特种加工中，无论是电还是机的间歇输出方式都始终贯穿于众多的特种加工工艺方法中，成为其关键技术的实质。间歇输出方式的主要目的是改善极间的加工状况，并让工具电极有停歇时间，以延长使用寿命，达到降低电极损耗，避免损坏（如电极丝断丝）情况的出现。

这一方法同样适用在切削加工中，本章所学的超声振动切削实质就是间歇切削。超声振动切削在一个振动周期内，刀具的有效切削时间很短，大于 80% 时间刀具与工件、切屑完全分离，从而使刀具所受到的摩擦变小，所产生的热量大大减少，切削力显著下降，可以进行精密切削。

虽然加工方法千变万化，但万变不离其宗的是要改善工件与刀具（电极）之间的加工状况，并保障刀具（电极）具有良好的使用寿命，而间歇能量或运动方式的输出，则是制胜法宝。

"不会休息的人就不会工作"。人们每天上班、下班，周末休息，类似于电火花加工中的分组脉冲电源输出形式。而前面已经学习过，电火花线切割分组脉冲电源在切割速度基本相同的情况下，可以获得比普通脉冲电源更好的加工质量，而一旦拉弧出现，就会产生断丝。因此特种加工中很多知识和人们日常生活中的道理是相通的，平时人们要做到劳逸结合，合理安排工作与休息，这样才有利于提高工作效率，收到事半功倍的效果。

参 考 文 献

白基成，郭永丰，刘晋春，2006. 特种加工技术［M］. 哈尔滨：哈尔滨工业大学出版社.

蔡维展，2013. 电铸阴极沉积均匀性基础研究［D］. 南京：南京航空航天大学.

丁飞，2017. 微小孔冰层反衬电火花：电解复合加工方法及试验研究［D］. 南京：南京航空航天大学.

韩子平，2008. 脉冲微细电解加工技术研究［D］. 广州：广东工业大学.

郝庆栋，2014. 电解抛光在压缩机叶片再制造加工中的应用［D］. 济南：山东大学.

黄俊齐，2018. 石墨电极的微铣削/微细电火花成形组合加工工艺研究［D］. 哈尔滨：哈尔滨工业大学.

黄天琪，2015. 激光诱导不锈钢表面着色工艺及其应用研究［D］. 济南：山东大学.

纪岗昌，李长久，王豫跃，等，2002a. 超音速火焰喷涂 Cr_3C_2 - NiCr 涂层磨粒磨损行为［J］. 材料热处理学报，23（4）：34 - 38，73 - 74.

纪岗昌，李长久，王豫跃，等，2002b. 喷涂工艺条件对超音速火焰喷涂 Cr_3C_2 - NiCr 涂层冲蚀磨损性能的影响［J］. 摩擦学学报，22（6）：424 - 429.

金庆同，1988. 特种加工［M］. 北京：航空工业出版社.

井上潔，1983. 放电加工的原理：模具加工技术［M］. 帅元伦，于学文，译. 北京：国防工业出版社.

井上潔，1986. 数控电火花线切割加工［M］. 张耀中，姚汝彬，译. 北京：国防工业出版社.

雷明凯，刘臣，董志宏，等，2007. 强流脉冲离子束辐照涡轮叶片表面的清洗加工［J］. 中国机械工程，18（5）：604 - 607.

李长久，1996. 超音速火焰喷涂及涂层性能简介［J］. 中国表面工程（4）：29 - 33.

李长久，大森明，原田良夫，1997. 碳化钨颗粒尺寸对超音速火焰喷涂 WC - Co 涂层形成的影响［J］. 表面工程（2）：22 - 27，34.

李朝将，赵雷，李勇，等，2016. 气膜冷却孔电火花加工参数优化及重熔层厚度测量实验［J］. 电加工与模具（2）：15 - 19，30.

李德胜，王东红，孙金玮，等，2002. MEMS 技术及其应用［M］. 哈尔滨：哈尔滨工业大学出版社.

李权，王福德，王国庆，等，2018. 航空航天轻质金属材料电弧熔丝增材制造技术［J］. 航空制造技术，61（3）：74 - 82，89.

李文通，2018. 深窄槽电火花高效低损耗加工工艺实验研究［D］. 哈尔滨：哈尔滨工业大学.

刘晋春，赵家齐，赵万生，2004. 特种加工［M］. 4 版. 北京：机械工业出版社.

刘宇，2011. 微细电火花加工中集肤效应的影响机理及相关技术研究［D］. 大连：大连理工大学.

刘志东，2007. 高精度高速走丝线切割机床大锥度机构的实现［J］. 航空精密制造技术（5）：45 - 47.

刘志东，高长水，2011. 电火花加工工艺及应用［M］. 北京：国防工业出版社.

卢秉恒，李涤尘，2013. 增材制造（3D 打印）技术发展［J］. 机械制造与自动化，42（4）：1 - 4.

罗学科，李跃中，2003. 数控电加工机床［M］. 北京：化学工业出版社.

彭永森，2014. 薄壁复杂结构件电铸成形基础试验研究［D］. 南京：南京航空航天大学.

孙自敏，刘理天，李志坚，1999. 利用多层光刻胶工艺的准 LIGA 技术［J］. 微细加工技术（2）：52 - 56.

谈耀麟，2013. 水射流导向激光技术［J］. 超硬材料工程，25（3）：47 - 50.

汪磊，2017. IPMC 人工肌肉驱动的胶囊机器人推进性能优化研究［D］. 南京：南京航空航天大学.

王国峰，2017. 形状记忆碳纤维复合材料 3D 打印技术［D］. 哈尔滨：哈尔滨工业大学.

王昆，2007. 微细电解线切割加工技术的基础研究［D］. 南京：南京航空航天大学.

王先逵，2001. 精密加工技术实用手册［M］. 北京：机械工业出版社.

王扬，李春奇，杨立军，等，2011. 非常规激光加工技术的研究［J］. 红外与激光工程，40（3）：448 - 454.

王至尧，1987. 电火花线切割工艺［M］. 北京：原子能出版社.

王至尧，2006a. 中国材料工程大典：第 24 卷 材料特种加工成形工程 上 [M]. 北京：化学工业出版社.

王至尧，2006b. 中国材料工程大典：第 25 卷 材料特种加工成形工程 下 [M]. 北京：化学工业出版社.

王志强，佟浩，李勇，等，2014. 气膜冷却孔电火花加工用复合功能主轴 [J]. 清华大学学报：自然科学版，54（9）：1131 - 1137.

夏然飞，2016. 电弧增材制造成形尺寸及工艺参数优化研究 [D]. 武汉：华中科技大学.

徐辉，顾琳，赵万生，等，2015. 高速电弧放电加工的工艺特性研究 [J]. 机械工程学报，51（17）：177 - 183.

徐家文，王建业，田继安，2001. 21 世纪初电解加工的发展和应用 [J]. 电加工与模具（6）：1 - 5.

徐家文，云乃彰，王建业，等，2008. 电化学加工技术：原理、工艺及应用 [M]. 北京：国防工业出版社.

薛浩，2013. 铝合金的电解质：等离子抛光工艺参数及试验装置研究 [D]. 哈尔滨：哈尔滨工业大学.

颜永年，张人佶，2001. 快速成形技术国内外发展趋势 [J]. 电加工与模具（1）：5 - 9.

杨强，鲁中良，黄福享，等，2016. 激光增材制造技术的研究现状及发展趋势 [J]. 航空制造技术（12）：26 - 31.

郁子欣，2015. 钛合金格栅精密高效电火花加工技术 应用基础研究 [D]. 南京：南京航空航天大学.

曾永彬，2008. 屏蔽模板随动式微细电铸技术的基础研究 [D]. 南京：南京航空航天大学.

张定军，2004. 光固化成形涂层工艺研究及其在功能陶瓷材料中的应用 [D]. 北京：清华大学.

张寰臻，2018. 碳化硅颗粒增强铝基复合材料脉冲激光刻蚀规律研究 [D]. 北京：北京工业大学.

张强，贺斌，田东坡，等，2018. 飞秒激光带热障涂层叶片气膜孔加工技术研究进展 [J]. 航空科学技术，29（2）：9 - 14.

张学仁，高云峰，白基成，2008. 低速走丝数控电火花线切割机床的应用 [M]. 哈尔滨：哈尔滨工业大学出版社.

张勇斌，刘广民，吴祉群，等，2015. 微细电火花单道扫描加工积分蚀除机理研究 [J]. 电加工与模具（6）：1 - 5.

张震华，张庆茂，郭亮，等，2016. 基于纳秒激光彩色打标机理的研究 [J]. 应用激光，36（3）：331 - 336.

张志强，宋文兴，陆海鹰，2011. 热障涂层在航空发动机涡轮叶片上的应用研究 [J]. 航空发动机，37（2）：38 - 42.

章勇，2017. 电铸技术的发展和应用综述 [J]. 沙洲职业工学院学报，20（2）：1 - 4.

赵宏亮，2008. 金属激光彩色打标技术研究 [D]. 北京：北京工业大学.

赵万生，2000. 电火花加工技术 [M]. 哈尔滨：哈尔滨工业大学出版社.

赵万生，顾琳，徐辉，等，2012. 基于流体动力断弧的高速电弧放电加工 [J]. 电加工与模具（5）：50 - 54.

赵阳培，2005. 射流电铸快速成型纳米晶铜工艺基础研究 [D]. 南京：南京航空航天大学.

郑卫国，颜永年，周赫林，等，2002. 快速成形技术在临床外科手术中的潜在应用 [J]. 清华大学学报：自然科学版，42（8）：1038 - 1042.

中国机械工程学会特种加工分会，2016. 特种加工技术路线图 [M]. 北京：中国科学技术出版社.

周炳琨，高以智，陈倜嵘，等，2009. 激光原理 [M]. 6 版. 北京：国防工业出版社.

周凯，胡瑞钦，李勇，2012. 微细倒锥孔在线加工参数调控的电火花加工工艺 [J]. 电加工与模具（5）：24 - 28.

朱林泉，白培康，朱江森，2003. 快速成型与快速制造技术 [M]. 北京：国防工业出版社.

BACHMANN F, POPRAWE R, LOOSEN P, 2007. High power diode lasers: technology and applications [M]. Berlin: Springer-Verlag.

GUO J, ZHANG J G, PAN Y N, et al., 2020. A critical review on the chemical wear and wear suppression of diamond tools in diamond cutting of ferrous metals [J]. International Journal of Extreme Manu-

facturing，2 (1)：1 – 23.

KELLY B E，BHATTACHARYA I，HEIDARI H，et al.，2019. Volumetric additive manufacturing via tomographic reconstruction ［J］. Science，363 (6431)：1075 – 1079.

NOOR N，SHAPIRA A，EDRI R，et al.，2019. 3D printing of personalized thick and perfusable cardiac patches and hearts ［J］. Advanced Science，6 (11)：1900344.

KUMAR R，AGRAWAL P K，SINGH I，2018. Fabrication of micro holes in CFRP laminates using EDM ［J］. Journal of Manufacturing Processes (31)：859 – 866.

SHAMOTO E，SUZUKI N，TSUCHIYA E，et al.，2005. Development of 3 DOF ultrasonic vibration tool for elliptical vibration cutting of sculptured surfaces ［J］. CIRP Annals，54 (1)：321 – 324.

TONG H，ZHANG L，LI Y，2014. Algorithms and machining experiments to reduce depth errors in servo scanning 3D micro EDM ［J］. Precision Engineering，38 (3)：538 – 547.

WANG F，LIU Y H，ZHANG Y Z，et al.，2014. Compound machining of titanium alloy by super high speed EDM milling and arc machining ［J］. Journal of Materials Processing Technology，214 (3)：531 – 538.

WONG Y S，LIM L C，RAHUMAN I，et al.，1998. Near－mirror－finish phenomenon in EDM using powder－mixed dielectric ［J］. Journal of Materials Processing Technology，79 (1－3)：30 – 40.

YANG C，BOORUGU M，DOPP A，et al.，2019. 4D printing reconfigurable，deployable and mechanically tunable metamaterials ［J］. Materials Horizons，6 (6)：1244 – 1250.

ZHANG L，TONG H，LI Y，2015. Precision machining of micro tool electrodes in micro EDM for drilling array micro holes ［J］. Precision Engineering (39)：100 – 106.

ZHU Y M，FARHADI A，HE G J，et al.，2018. High-efficiency machining of large aspect-ratio rotational parts by rapid contour approaching WEDM ［J］. International Journal of Advanced Manufacturing Technology，94 (9-12)：3577 – 3590.